日本大学付属高等学校等

基礎学力到達度テスト 問題と詳解

〈2021 年度版〉

理 科

収録問題　平成 30～令和 2 年度
物理／化学／生物／地学
3 年生 9 月

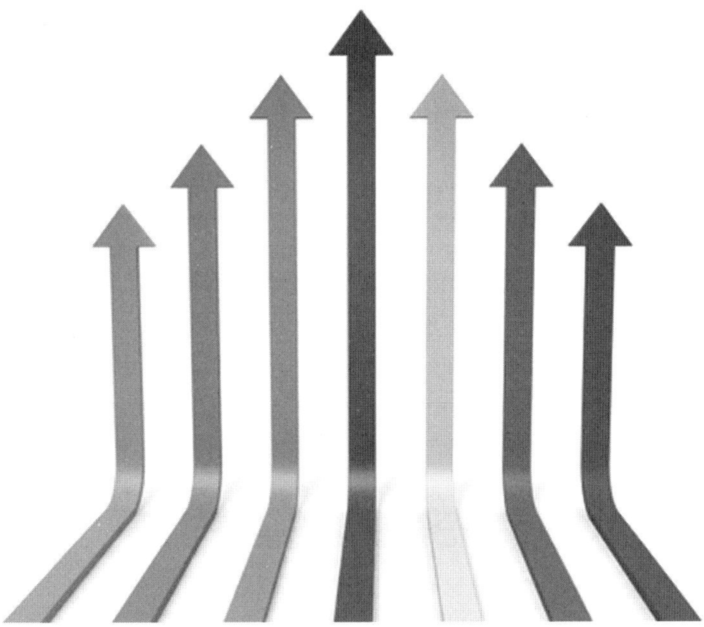

清水書院

目　次

平成30年度

令和元年度

令和２年度

デジタルドリル「ノウン」のご利用方法は巻末の綴じ込みをご覧ください。

平成30年度

基礎学力到達度テスト
問題と詳解

平成30年度　物　理

Ⅰ　次の文章⑴～⑸の空欄【１】～【５】にあてはまる最も適当なものを，解答群から選べ。ただし，同じものを何度選んでもよい。

⑴　抵抗値が一定の抵抗の消費電力 y と抵抗に加える電圧 x の関係を表すグラフは【１】である。

⑵　真空中を伝わる光の速さ y と光の振動数 x($x≠0$)の関係を表すグラフは【２】である。

⑶　真空中を自由落下する物体がもつ運動エネルギー y と物体の落下距離 x の関係を表すグラフは【３】である。

【１】～【３】の解答群

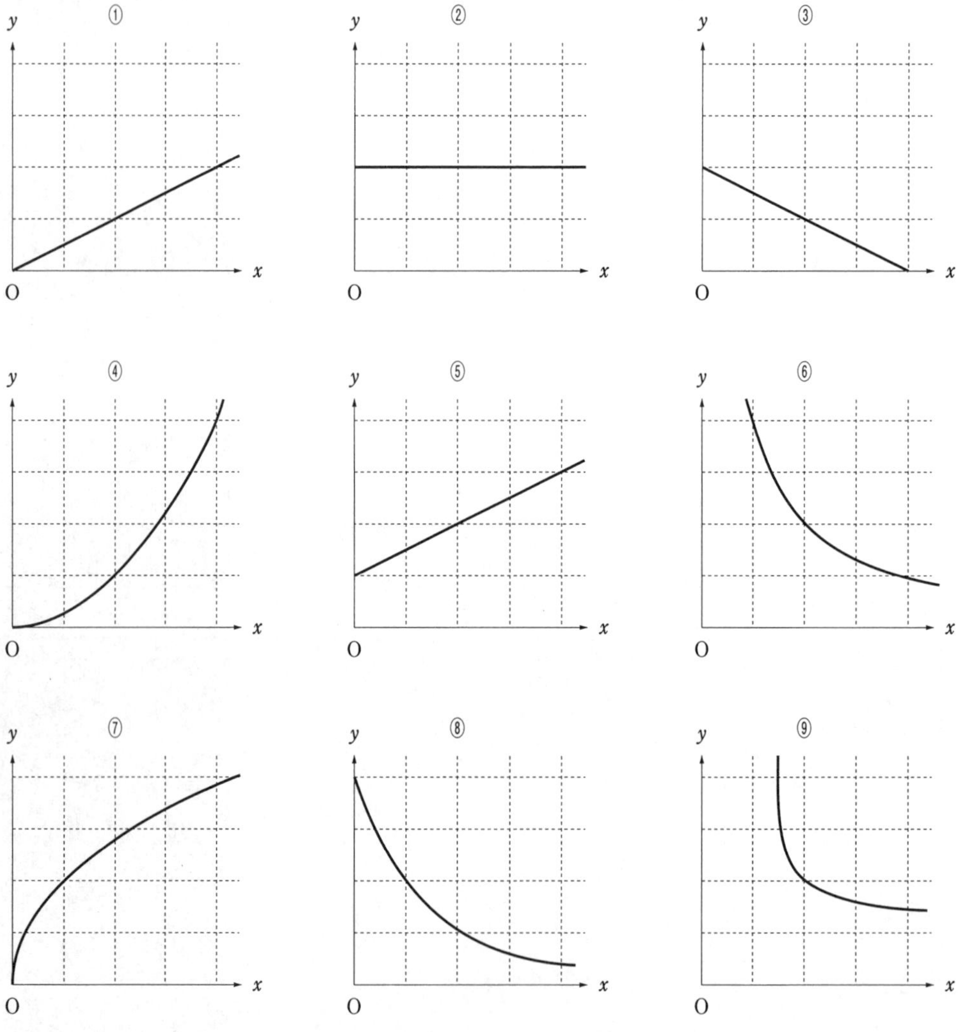

(4) 床から，鉛直上方に小球を投射する。小球を投射する初速度を２倍にすると，小球の床からの最高点の高さは【４】倍になる。

(5) 断面が円の一様な細長い導体がある。導体を，長さは同じで断面の円の半径が２倍の同じ材質のものにかえると，導体の抵抗値は【５】倍になる。

【４】，【５】の解答群

① $\frac{1}{4}$　② $\frac{\sqrt{2}}{4}$　③ $\frac{1}{2}$　④ $\frac{\sqrt{2}}{2}$　⑤ 1

⑥ $\sqrt{2}$　⑦ 2　⑧ $2\sqrt{2}$　⑨ 4

2 次の文章の空欄【6】～【10】にあてはまる最も適当なものを，解答群から選べ。ただし，同じものを何度選んでもよい。

軽くて伸び縮みしない糸1に質量$2m$の小球Aをつり下げ，軽くて伸び縮みしない糸2で小球Aと質量mの小球Bを連結する。初め，図1のように糸1，2にたるみはなく，小球Bは床と接し，小球A，Bは静止している。重力加速度の大きさをgとする。

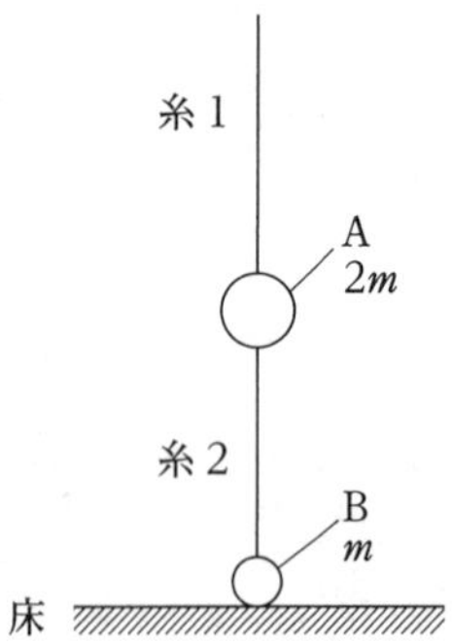

図1

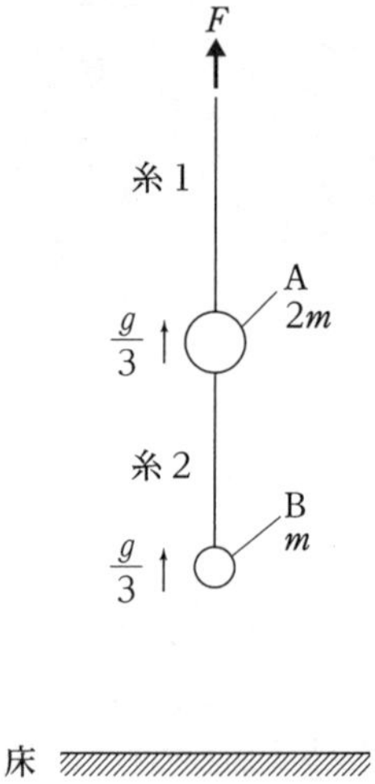

図2

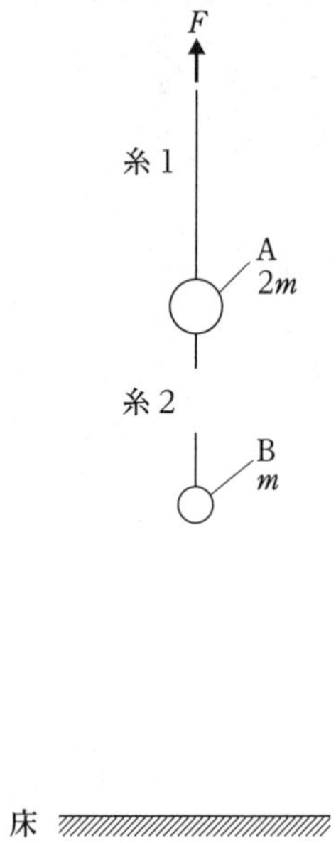

図3

時刻$t=0$以降，糸1の上端を鉛直上方に大きさFの力で引き上げると，小球A，Bに大きさ$\frac{g}{3}$の加速度が生じ，$t=t_0$で図2の状態になった。このときの小球Bの速さは【6】$\times gt_0$，小球Bの床を基準としたときの高さは【7】$\times gt_0^2$，$F=$【8】$\times mg$，糸2の張力の大きさは【9】$\times mg$である。

$t=2t_0$で，図3のように糸2を切り離した。糸1の上端を鉛直上方に大きさFの力で引き上げ続けるとき，小球Aに生じる加速度の大きさは【10】$\times g$である。

【6】～【10】の解答群

① $\frac{1}{6}$	② $\frac{1}{3}$	③ $\frac{1}{2}$	④ $\frac{2}{3}$	⑤ 1
⑥ $\frac{4}{3}$	⑦ $\frac{3}{2}$	⑧ 2	⑨ 3	⓪ 4

3 次の文章の空欄【11】～【15】にあてはまる最も適当なものを，解答群から選べ。ただし，同じものを何度選んでもよい。

図１のような，質量 $2m$ の小球Aをつけた，糸の長さが r の単振り子があり，小球Aは点Oで静止している。糸は軽くて伸び縮みしない。重力加速度の大きさを g とする。図２のように，小球Aを点Oを基準としたときの高さが h の点Pまで，糸がたるまないように持ち上げて静かに放すと，図３のように，点Oを速さ $v=$【11】$\times\sqrt{gh}$ で通過する。このときの糸の張力の大きさは【12】$\times\dfrac{mg}{r}$ である。また，h が r と比べて十分に小さいとき，小球Aが点Pから初めて点Oに達するまでにかかる時間は【13】$\times\pi\sqrt{\dfrac{r}{g}}$ である。

図１

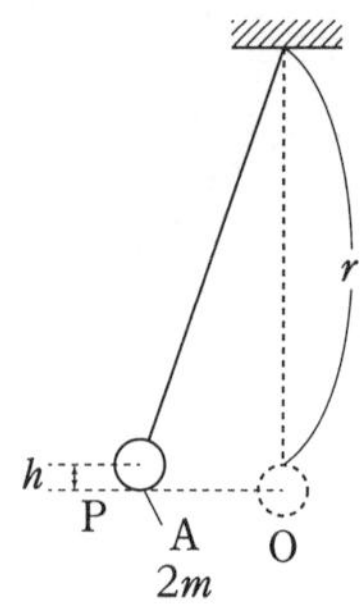

図２

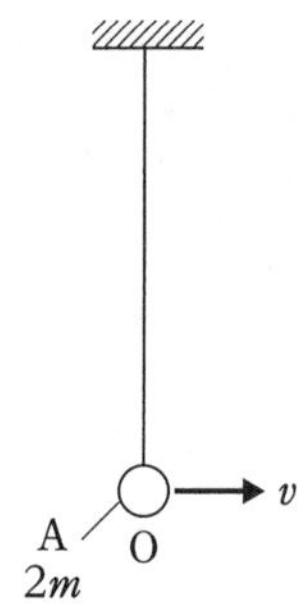

図３

次に，図４のように，質量 m の小球Bをつけた，糸の長さが r の単振り子を，図１の単振り子と同じ点からつるし，点Oを基準としたときの高さが h の点まで，糸がたるまないように小球A，Bをそれぞれ持ち上げて同時に静かに放すと，点Oで小球A，Bは衝突した。小球Aと小球Bの間のはね返り係数(反発係数)を $\dfrac{1}{2}$ とする。衝突直後の小球Aの速さは【14】$\times v$，小球Bの速さは【15】$\times v$ である。

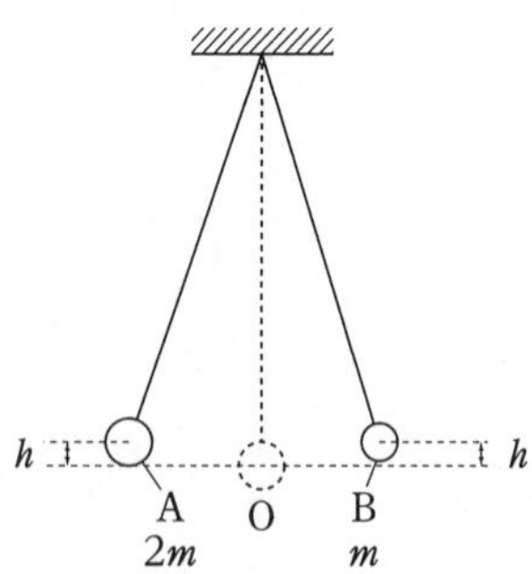

図４

【11】,【13】の解答群

① $\frac{1}{3}$　② $\frac{\sqrt{2}}{3}$　③ $\frac{1}{2}$　④ $\frac{\sqrt{3}}{2}$　⑤ 1

⑥ $\sqrt{2}$　⑦ $\sqrt{3}$　⑧ 2　⑨ 3

【12】の解答群

① r　② $(r+h)$　③ $(r+2h)$　④ $2(r+h)$　⑤ $2(r+2h)$

⑥ h　⑦ $(r-h)$　⑧ $(r-2h)$　⑨ $2(r-h)$　⓪ $2(r-2h)$

【14】,【15】の解答群

① 0　② $\frac{1}{3}$　③ $\frac{1}{2}$　④ $\frac{2}{3}$　⑤ 1

⑥ $\frac{4}{3}$　⑦ $\frac{3}{2}$　⑧ $\frac{5}{3}$　⑨ 2　⓪ 3

4 次の文章の空欄【16】～【20】にあてはまる最も適当なものを，解答群から選べ。ただし，同じものを何度選んでもよい。

単原子分子理想気体が，断面積 S の，軽くてなめらかに動くピストン付きシリンダーに入っている。大気圧を p_0，重力加速度の大きさを g とする。

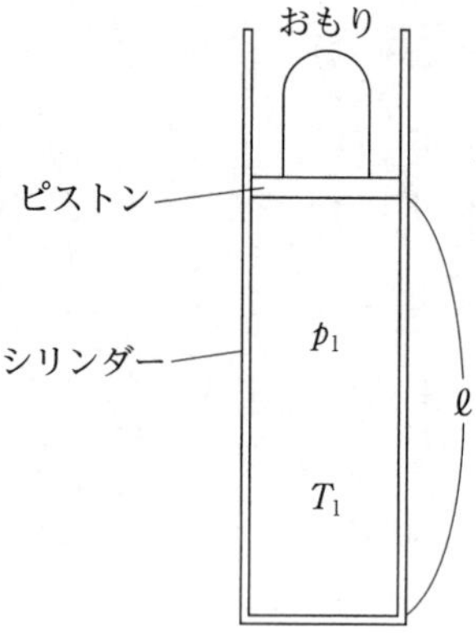

図1

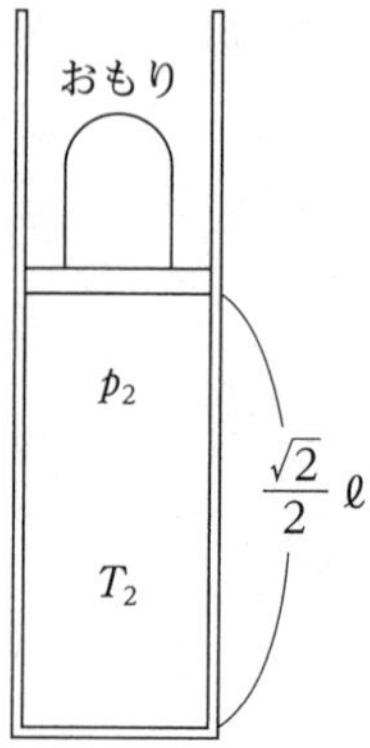

図2

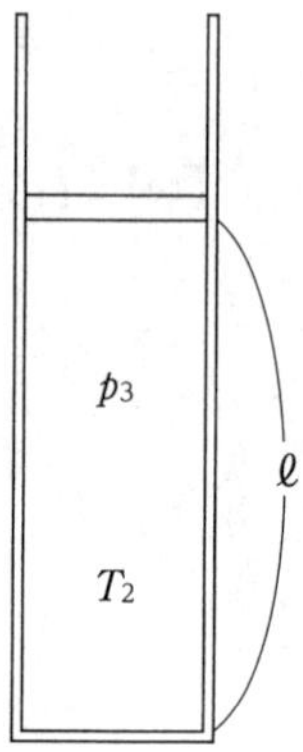

図3

図1のようにピストンに質量 m のおもりをのせたとき，シリンダーの底からのピストンの高さは ℓ，理想気体の絶対温度は T_1 であった。このときの理想気体の圧力 p_1 は，$p_1=p_0+$【16】$\times mg$ である。

図1の状態からシリンダーをゆっくりと冷却し，図2のように理想気体の絶対温度を T_2 にすると，シリンダーの底からのピストンの高さは $\frac{\sqrt{2}}{2}\ell$ になった。このときの理想気体の圧力 p_2 は，$p_2=$【17】$\times p_1$ である。また，$T_2=$【18】$\times T_1$ である。

理想気体の絶対温度を T_2 に保ちながら図2のおもりをゆっくりと取り去ると，図3のようにシリンダーの底からのピストンの高さは ℓ に，理想気体の圧力は p_3 になった。理想気体の内部エネルギーの変化を ΔU，理想気体に与えられた熱量を Q，理想気体がされた仕事を W とする。図2から図3の理想気体の状態変化で ΔU，Q，W がそれぞれ正であるか，負であるか，0であるかの組み合わせは【19】である。また，図1から図2の理想気体の状態変化で ΔU，Q，W がそれぞれ正であるか，負であるか，0であるかの組み合わせは【20】である。

【16】の解答群

① $\frac{1}{2}$　② 1　③ 2　④ $\frac{S}{2}$　⑤ S

⑥ $2S$　⑦ $\frac{1}{2S}$　⑧ $\frac{1}{S}$　⑨ $\frac{2}{S}$

【17】,【18】の解答群

① 0　② $\frac{1}{4}$　③ $\frac{\sqrt{2}}{4}$　④ $\frac{1}{2}$　⑤ $\frac{\sqrt{2}}{2}$

⑥ 1　⑦ $\sqrt{2}$　⑧ 2　⑨ $2\sqrt{2}$　⓪ 4

【19】,【20】の解答群

	①	②	③	④	⑤	⑥	⑦	⑧	⑨	⓪
ΔU	正	正	正	正	0	0	負	負	負	負
Q	正	負	0	正	正	負	負	正	0	負
W	負	正	正	0	負	正	正	負	負	0

5 次の文章〔A〕,〔B〕の空欄【21】～【27】にあてはまる最も適当なものを，解答群から選べ。ただし，同じものを何度選んでもよい。

〔A〕 9 のように光る物体から出た光が，焦点距離 f の凸レンズを通って半透明のスクリーンにつくる実像について調べた。図のように，物体と凸レンズの距離が a のとき，凸レンズとスクリーンの距離を $b(b < a)$ にすると，スクリーンに実像ができた。像の倍率は【21】，$f=$【22】である。

また，スクリーンにできる像をスクリーンの凸レンズと反対側から見ると，【23】のようになる。

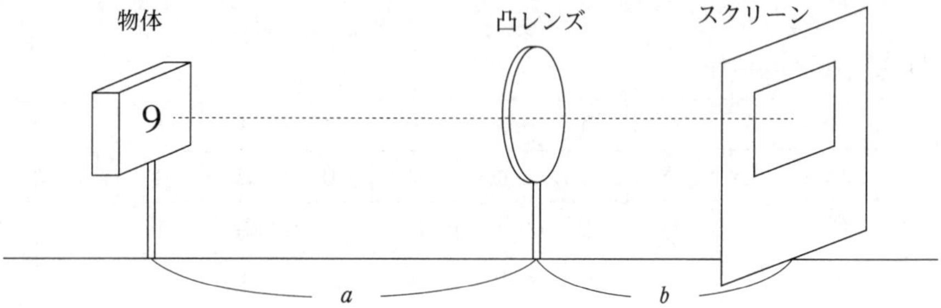

【21】，【22】の解答群

① $\frac{b}{a}$　② $\frac{a}{b}$　③ $\frac{a+b}{a}$　④ $\frac{a-b}{a}$　⑤ $\frac{a+b}{b}$

⑥ $\frac{a-b}{b}$　⑦ $\frac{ab}{a+b}$　⑧ $\frac{ab}{a-b}$　⑨ $\frac{a+b}{ab}$　⓪ $\frac{a-b}{ab}$

【23】の解答群

① 9　② 6　③ 　④ 

〔B〕 図のように，振動数 1.60×10^3 Hz のサイレンを鳴らす車が 20 m/s で，同じ直線道路上で静止している観測者に近づいている。時刻 $t=0$ s のとき，車と観測者の距離は 340 m であった。音速を 340 m/s とし，車は観測者に衝突することなく直進するものとする。

$t=1.00$ s のとき，車と観測者の距離は【24】$\times10^2$ m である。この距離に 1.60×10^3 個の波があるから，観測者が受けとる波の波長は【25】$\times10^{-1}$ m である。したがって，観測者が聞く音の振動数は【26】$\times10^3$ Hz である。

車が観測者のいる地点を通過した後，車の速さが変わり，観測者が聞く音の振動数が 1.50×10^3 Hz になった。このときの車の速さは【27】m/s である。

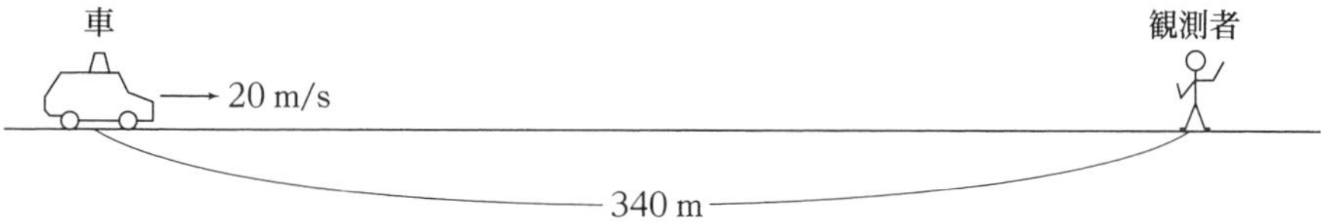

【24】～【26】の解答群

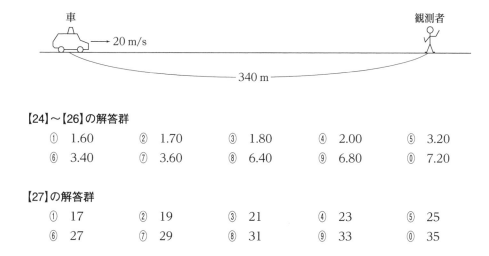

① 1.60	② 1.70	③ 1.80	④ 2.00	⑤ 3.20
⑥ 3.40	⑦ 3.60	⑧ 6.40	⑨ 6.80	⓪ 7.20

【27】の解答群

① 17	② 19	③ 21	④ 23	⑤ 25
⑥ 27	⑦ 29	⑧ 31	⑨ 33	⓪ 35

6 次の文章〔A〕,〔B〕の空欄【28】〜【34】にあてはまる最も適当なものを，解答群から選べ。ただし，同じものを何度選んでもよい。

〔A〕 図1のように箔検電器の金属板に指を触れると箔が閉じた。指を離してから，図2のように正の帯電体を金属板に近づけると箔が開いた。

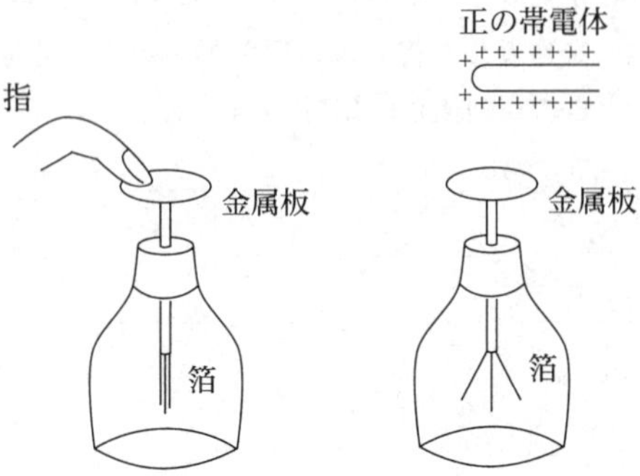

図1　　図2

次に，図3のように箔検電器の金属板に指を触れると箔が閉じた。指を離さずに，図4のように正の帯電体を金属板に近づけても箔は閉じたままであった。その後，図5のように指を離しても箔は閉じたままであった。図6のように正の帯電体を金属板から遠ざけると箔が開いた。

箔検電器の金属板と箔に現れる電荷の符号は，図2のとき【28】，図5のとき【29】，図6のとき【30】である。ただし，電荷が現れていない状態を0で表すものとする。

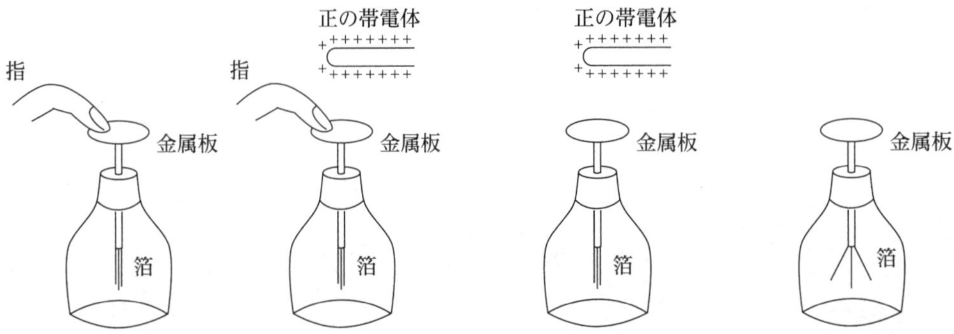

図3　　図4　　図5　　図6

【28】〜【30】の解答群

	①	②	③	④	⑤	⑥	⑦	⑧	⑨
金属板	正	正	正	負	負	負	0	0	0
箔	正	負	0	正	負	0	正	負	0

〔B〕 図の回路の電池の起電力は 4.0 V で内部抵抗は無視できる。コンデンサー C_1 ，C_2 の電気容量はそれぞれ 1.0 μF，4.0 μF，抵抗 R_1 ，R_2 の抵抗値はいずれも 20 Ωである。スイッチはA側とB側に切り替えることができる。初め，コンデンサーに電荷は蓄えられていない。なお，1 μF$=10^{-6}$ F である。

最初に，スイッチをA側に閉じ，十分に時間が経過した。このとき，コンデンサー C_1 の電気量は**【31】**$\times10^{-6}$ C，静電エネルギーは**【32】**$\times10^{-6}$ J である。

次に，スイッチをB側に閉じ，十分に時間が経過した。このとき，コンデンサー C_1 の極板間の電圧は**【33】** V である。このスイッチの操作で，抵抗 R_2 に**【34】**$\times10^{-6}$ J のジュール熱が発生する。

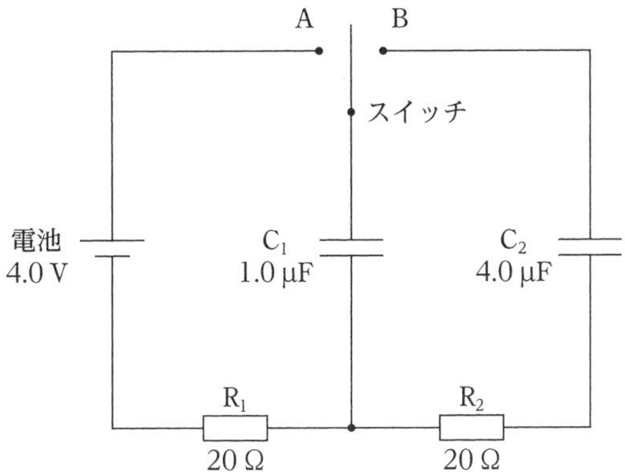

【31】～【34】の解答群

① 0.16　② 0.32　③ 0.40　④ 0.64　⑤ 0.80
⑥ 1.6　⑦ 3.2　⑧ 4.0　⑨ 6.4　⓪ 8.0

平成30年度　化　学

Ｉ　物質の構成に関する以下の問いに答えよ。

次の(1)~(4)の文中の【１】~【７】に最も適するものを，それぞれの解答群の中から１つずつ選べ。

(1)　冷却して液体にした空気から窒素や酸素を分離する操作を【１】という。

【１】の解答群

①　抽出　　②　再結晶　　③　昇華法
④　ろ過　　⑤　分留　　⑥　クロマトグラフィー

(2)　カリウムイオン $^{39}_{19}K^{+}$ に含まれる陽子の数と中性子の数と電子の数の大小関係として正しいものは【２】である。

【２】の解答群

①　陽子の数 ＞ 中性子の数 ＞ 電子の数　　②　陽子の数 ＞ 電子の数 ＞ 中性子の数
③　中性子の数 ＞ 陽子の数 ＞ 電子の数　　④　中性子の数 ＞ 電子の数 ＞ 陽子の数
⑤　電子の数 ＞ 陽子の数 ＞ 中性子の数　　⑥　電子の数 ＞ 中性子の数 ＞ 陽子の数

(3)　次の表は周期表の一部を示したものであり，表中のａ～ｔは元素記号の代わりに用いた記号である。価電子の数の和が８になる原子の組み合わせは【３】である。元素ｈと元素ｍからなる化合物の組成式として正しいものは【４】である。また，第２周期でイオン化エネルギーが最も小さい原子は【５】である。

周期＼族	1	2	13	14	15	16	17	18
1	a							b
2	c	d	e	f	g	h	i	j
3	k	l	m	n	o	p	q	r
4	s	t						

【３】の解答群

①　ｅとｎ　　②　ｅとｏ　　③　ｇとｎ
④　ｌとｑ　　⑤　ｍとｐ　　⑥　ｊとｒ

【4】の解答群

① h_2m	② h_3m_2	③ hm	④ h_2m_3	⑤ hm_2
⑥ m_2h	⑦ m_3h_2	⑧ mh	⑨ m_2h_3	⓪ mh_2

【5】の解答群

① c	② d	③ e	④ f
⑤ g	⑥ h	⑦ i	⑧ j

(4) 次の分子のうち，単結合のみからなるものは【6】種類あり，無極性分子は【7】種類ある。

I_2　　N_2　　CCl_4　　NH_3　　H_2O　　HCl　　CO_2

【6】の解答群

① 1	② 2	③ 3	④ 4
⑤ 5	⑥ 6	⑦ 7	

【7】の解答群

① 1	② 2	③ 3	④ 4
⑤ 5	⑥ 6	⑦ 7	

2 物質の変化に関する以下の問いに答えよ。

〔A〕 5.00 g の炭酸カルシウム $CaCO_3$ に 2.00 mol/L の塩酸を加えて反応させた。この反応に関する次の(1)~(3)の文中の【8】~【10】に最も適するものを，それぞれの解答群の中から1つずつ選べ。ただし，標準状態での気体のモル体積は 22.4 L/mol，原子量は C=12，O=16，Ca=40 とする。

(1) この反応の化学反応式の係数 b は【8】である。ただし，化学反応式の係数は最も簡単な整数比をなすものとし，係数が1のときは1とする。

$$a\ CaCO_3 + b\ HCl \longrightarrow c\ CaCl_2 + d\ H_2O + e\ CO_2 \uparrow$$

【8】の解答群

① 1	② 2	③ 3
④ 4	⑤ 5	⑥ 6
⑦ 7	⑧ 8	⑨ 9

(2) 5.00 g の炭酸カルシウム $CaCO_3$ が完全に反応したとき，発生する二酸化炭素 CO_2 の物質量は【9】mol である。

【9】の解答群

① 1.00×10^{-2}	② 2.00×10^{-2}	③ 5.00×10^{-2}
④ 1.00×10^{-1}	⑤ 2.00×10^{-1}	⑥ 5.00×10^{-1}
⑦ 1.00	⑧ 2.00	⑨ 5.00

(3) 2.00 mol/L の塩酸を V_1〔mL〕加えたときに発生する二酸化炭素 CO_2 の標準状態での体積を V_2〔L〕とすると，V_1 と V_2 の関係を示すグラフは**【10】**である。

【10】の解答群

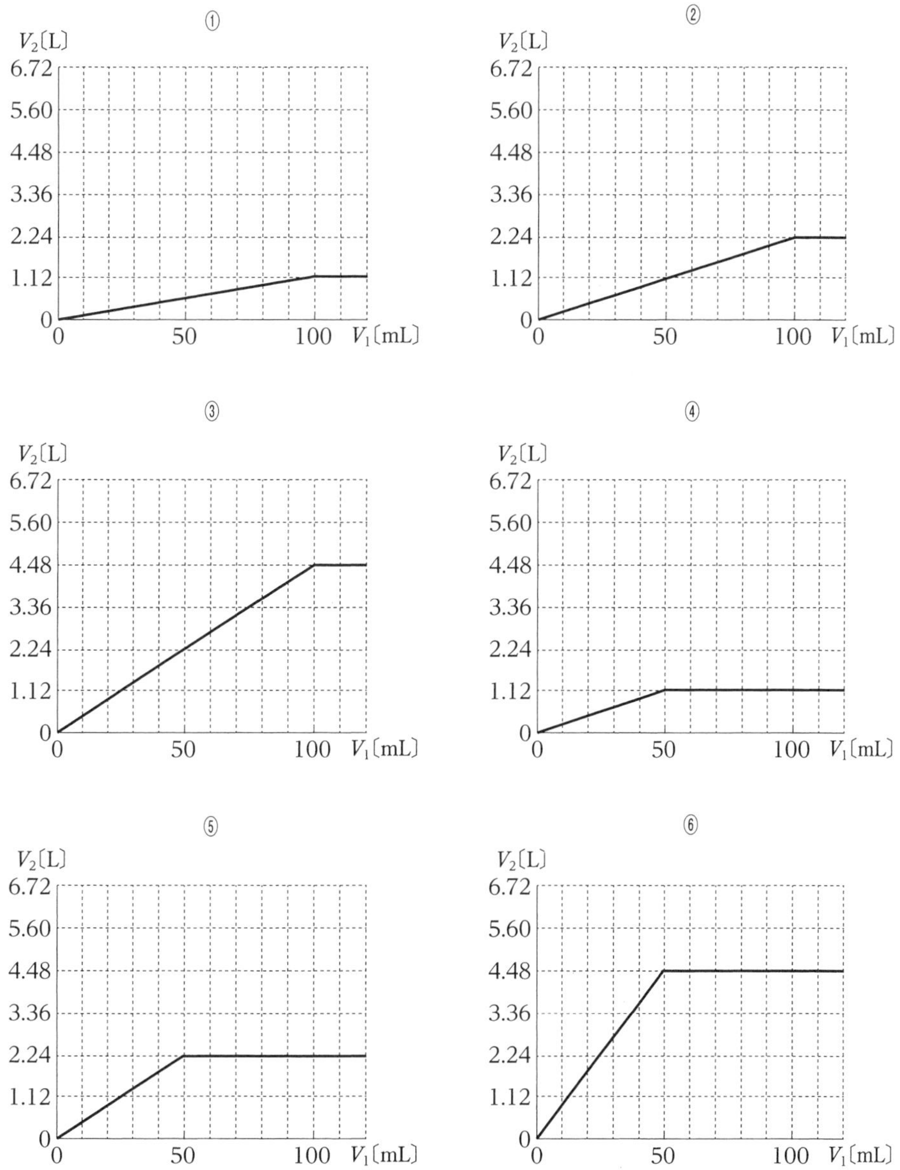

〔B〕 シュウ酸$(COOH)_2$の水溶液は，酸化還元滴定と中和滴定のいずれにも用いられる。硫酸で酸性にしたシュウ酸水溶液を加温して過マンガン酸カリウム$KMnO_4$水溶液を加えると，酸化還元反応を起こす。このとき，MnO_4^-は酸化剤として，$(COOH)_2$は還元剤として，それぞれ次のように反応する。下の(1)～(3)の文中の【11】～【14】に最も適するものを，それぞれの解答群の中から1つずつ選べ。

$$MnO_4^- + 8H^+ + 5e^- \longrightarrow Mn^{2+} + 4H_2O$$

$$(COOH)_2 \longrightarrow 2CO_2 + 2H^+ + 2e^-$$

(1) この酸化還元反応で，炭素C原子の酸化数は【11】に変化する。

【11】の解答群

① +1から+2　② +1から+4　③ +2から+1
④ +2から+3　⑤ +3から+2　⑥ +3から+4
⑦ +4から+1　⑧ +4から+3

(2) 0.10 mol/Lのシュウ酸水溶液10.0 mLをコニカルビーカーにとり，希硫酸を加えて60～70℃に加温後，次の図のように濃度不明の過マンガン酸カリウム水溶液をビュレットから滴下したところ，25.0 mL加えたところで，コニカルビーカー中の溶液はわずかに赤紫色を呈した。この過マンガン酸カリウム水溶液のモル濃度は，【12】mol/Lであり，このとき発生する二酸化炭素の物質量は【13】molである。

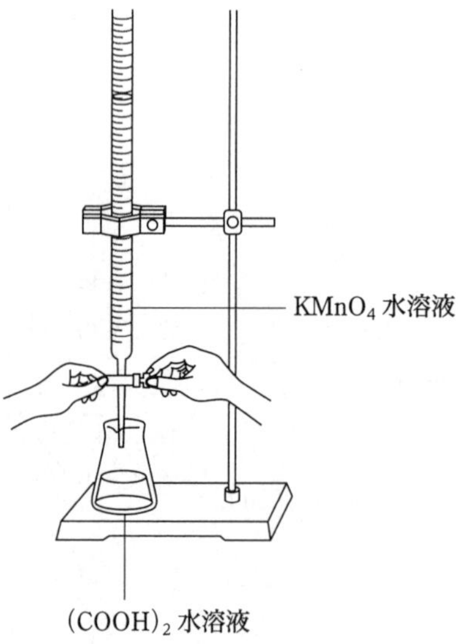

【12】の解答群

① 1.0×10^{-2}	② 1.6×10^{-2}	③ 2.0×10^{-2}
④ 2.4×10^{-2}	⑤ 3.2×10^{-2}	⑥ 4.0×10^{-2}
⑦ 6.0×10^{-2}	⑧ 8.0×10^{-2}	⑨ 1.0×10^{-1}

【13】の解答群

① 2.0×10^{-3}	② 3.0×10^{-3}	③ 4.0×10^{-3}
④ 2.0×10^{-2}	⑤ 3.0×10^{-2}	⑥ 4.0×10^{-2}
⑦ 2.0×10^{-1}	⑧ 3.0×10^{-1}	⑨ 4.0×10^{-1}

(3) 0.10 mol/L のシュウ酸水溶液 10.0 mL を濃度不明の水酸化ナトリウム水溶液で滴定したところ，中和点までに要した体積は 8.0 mL であった。この水酸化ナトリウム水溶液のモル濃度は【14】mol/L である。

【14】の解答群

① 0.25	② 0.30	③ 0.35	④ 0.40	⑤ 0.45
⑥ 0.50	⑦ 0.55	⑧ 0.60	⑨ 0.65	⓪ 0.70

3　物質の状態に関する以下の問いに答えよ。

〔A〕 次の(1), (2)の文中の【15】,【16】に最も適するものを，それぞれの解答群の中から 1 つずつ選べ。ただし，原子量は H=1.0, C=12, N=14, O=16, 気体定数は 8.3×10^3 Pa・L/(mol・K) とする。また，気体は理想気体であるものとする。

(1) 容積一定の容器に気体の酸素 O_2 32 g と気体のメタン CH_4 32 g が入っている。この容器内の酸素の分圧 $P_{酸素}$ とメタンの分圧 $P_{メタン}$ の比 $P_{酸素}:P_{メタン}$ は【15】である。

【15】の解答群

① 1：1	② 2：3	③ 1：2	④ 1：3
⑤ 3：2	⑥ 2：1	⑦ 3：1	

(2) 27℃, 8.3×10^4 Pa において，密度が 0.93 g/L の気体がある。この気体は【16】である。

【16】の解答群

① H_2	② CH_4	③ CO_2
④ C_2H_6	⑤ NO_2	⑥ N_2

〔B〕 次の文中の【17】～【20】に最も適するものを，それぞれの解答群の中から１つずつ選べ。

次の図は，ある金属結晶の単位格子である。単位格子は立方体であり，そのすべての辺の中心，および立方体の中心に原子が位置している。この単位格子に含まれる金属原子の数は【17】個であり，その配位数は【18】である。

この単位格子の一辺の長さを a〔cm〕，金属原子のモル質量を M〔g/mol〕，アボガドロ定数を N_A〔/mol〕とすると，この結晶の密度 d〔g/cm^3〕は，$d=$【19】〔g/cm^3〕である。

また，金属原子を球とし，最も近くに存在する球と球が接しているとし，金属原子の半径を r〔cm〕とすると，$r=$【20】〔cm〕である。

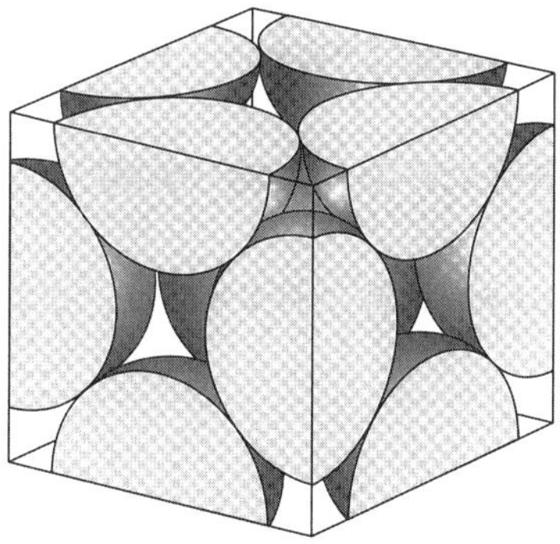

【17】の解答群

① 1　② 2　③ 3　④ 4　⑤ 5
⑥ 6　⑦ 7　⑧ 8　⑨ 9　⓪ 10

【18】の解答群

① 2　② 4　③ 6　④ 8　⑤ 10
⑥ 12　⑦ 14　⑧ 16　⑨ 18　⓪ 20

【19】の解答群

① $\dfrac{N_Aa^3}{2M}$　② $\dfrac{N_Aa^3}{4M}$　③ $\dfrac{N_Aa^3}{6M}$　④ $\dfrac{N_Aa^3}{8M}$　⑤ $\dfrac{N_Aa^3}{10M}$
⑥ $\dfrac{2M}{N_Aa^3}$　⑦ $\dfrac{4M}{N_Aa^3}$　⑧ $\dfrac{6M}{N_Aa^3}$　⑨ $\dfrac{8M}{N_Aa^3}$　⓪ $\dfrac{10M}{N_Aa^3}$

【20】の解答群

① $\dfrac{\sqrt{2}a}{4}$　② $\dfrac{\sqrt{3}a}{4}$　③ $\dfrac{\sqrt{5}a}{4}$
④ $\dfrac{\sqrt{2}a}{3}$　⑤ $\dfrac{\sqrt{3}a}{3}$　⑥ $\dfrac{\sqrt{5}a}{3}$
⑦ $\dfrac{\sqrt{2}a}{2}$　⑧ $\dfrac{\sqrt{3}a}{2}$　⑨ $\dfrac{\sqrt{5}a}{2}$

4 物質の変化と平衡に関する以下の問いに答えよ。

〔A〕 次の(i)~(iii)の熱化学方程式を参考にして，下の(1)~(3)の文中の【21】~【23】に最も適するものを，それぞれの解答群の中から1つずつ選べ。

$$CH_3OH(液) + \frac{3}{2}O_2(気) = CO_2(気) + 2H_2O(液) + 726\,kJ \quad \cdots\cdots(i)$$

$$CH_4(気) + 2O_2(気) = CO_2(気) + 2H_2O(液) + 891\,kJ \quad \cdots\cdots(ii)$$

$$C_2H_6(気) + \frac{7}{2}O_2(気) = 2CO_2(気) + 3H_2O(液) + 1561\,kJ \quad \cdots\cdots(iii)$$

(1) 次の熱化学方程式中の Q の値は【21】である。

$$CH_3OH(気) = C(気) + 4H(気) + O(気) - Q〔kJ〕$$

ただし，H−C，H−O，C−O の結合エネルギーを，それぞれ 413 kJ/mol，463 kJ/mol，352 kJ/mol とする。

【21】の解答群

① −2467　② −2054　③ −1641　④ −1228
⑤ −837　⑥ 837　⑦ 1228　⑧ 1641
⑨ 2054　⓪ 2467

(2) メタノール CH_3OH(液)の生成熱は【22】kJ/mol である。ただし，黒鉛 C，水素 H_2 の燃焼熱(生成する H_2O が液体のとき)をそれぞれ 394 kJ/mol，286 kJ/mol とする。

【22】の解答群

① −890　② −680　③ −240　④ −108　⑤ −46
⑥ 46　⑦ 108　⑧ 240　⑨ 680　⓪ 890

(3) メタン CH_4 とエタン C_2H_6 の混合気体 1.00 mol を完全燃焼させたところ，1025 kJ の発熱があった。混合気体中のメタンの物質量は【23】mol である。

【23】の解答群

① 0.100　② 0.200　③ 0.300　④ 0.400　⑤ 0.500
⑥ 0.600　⑦ 0.700　⑧ 0.800　⑨ 0.900　⓪ 1.00

〔B〕 電解質水溶液の電離平衡に関する次の(1)，(2)の文中の【24】～【26】に最も適するものを，それぞれの解答群の中から１つずつ選べ。

(1) ギ酸は，水溶液中で次のように電離する。

$$HCOOH \rightleftarrows H^{+} + HCOO^{-}$$

25℃におけるギ酸の電離定数は $K_a = 2.8 \times 10^{-4}$ mol/L である。25 ℃における 0.10 mol/L のギ酸水溶液の電離度 α は【24】であり，pH は【25】である。ただし，このギ酸水溶液の α は小さく，$1-\alpha \fallingdotseq 1$ と近似できるものとする。また，$\sqrt{28} = 5.3$，$\log_{10}28 = 1.4$ とする。

【24】の解答群

① 1.4×10^{-3}	② 2.8×10^{-3}	③ 5.3×10^{-3}
④ 1.4×10^{-2}	⑤ 2.8×10^{-2}	⑥ 5.3×10^{-2}
⑦ 1.4×10^{-1}	⑧ 2.8×10^{-1}	⑨ 5.3×10^{-1}

【25】の解答群

① 1.0	② 1.6	③ 2.3	④ 2.7	⑤ 3.0
⑥ 3.3	⑦ 3.6	⑧ 4.0	⑨ 4.3	⓪ 4.8

(2) 25℃におけるアンモニアの電離定数は $K_b = 2.3 \times 10^{-5}$ mol/L である。25℃における 0.10 mol/L のアンモニア水の pH は【26】である。ただし，このアンモニア水の電離度 α は小さく，$1-\alpha \fallingdotseq 1$ と近似できるものとする。25℃における水のイオン積 K_w を 1.0×10^{-14} $(\text{mol/L})^2$，$\log_{10}2.3 = 0.36$ とする。

【26】の解答群

① 8.2	② 8.7	③ 9.2	④ 9.7	⑤ 10.2
⑥ 10.7	⑦ 11.2	⑧ 11.7	⑨ 12.2	⓪ 12.7

5 無機物質に関する以下の問いに答えよ。

〔A〕 次の文中の【27】～【29】に最も適するものを，それぞれの解答群の中から１つずつ選べ。

実験室では，アンモニアは水酸化カルシウムと塩化アンモニウムからつくられる。このときのアンモニア発生・捕集装置として適当なものは【27】である。アンモニアの乾燥剤として適当なものは【28】である。

また，アンモニアは，工業的には窒素と水素から直接合成される。この工業的な製法は【29】と呼ばれる。

【27】の解答群

①
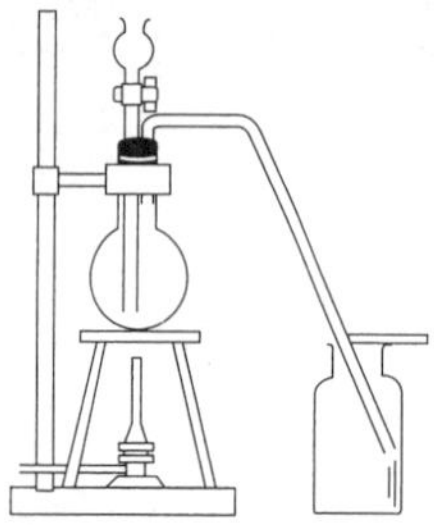

②
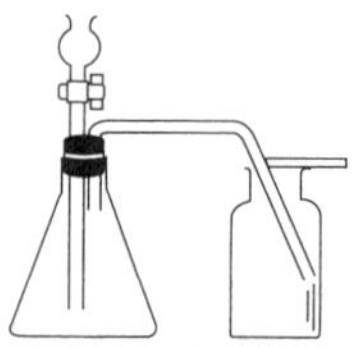

③
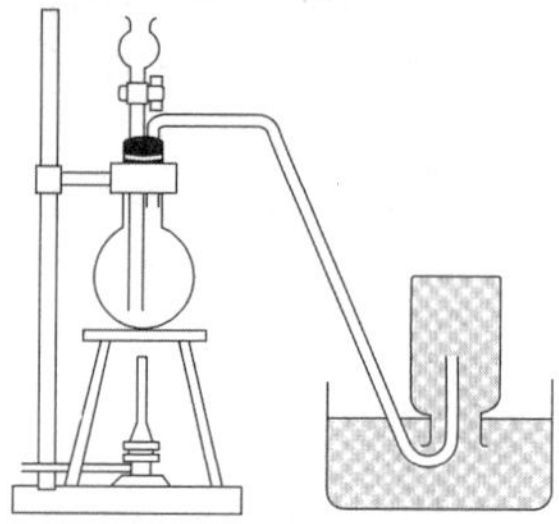

④
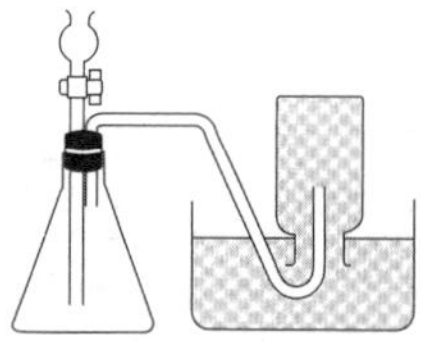

⑤
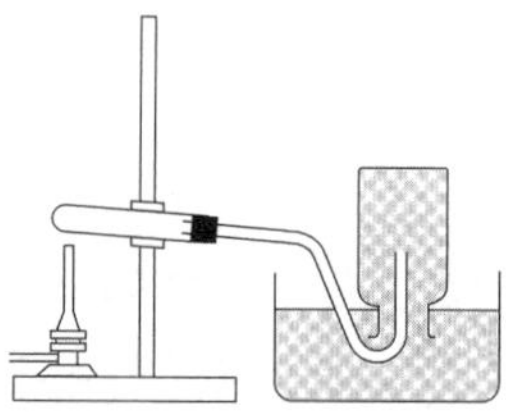

⑥
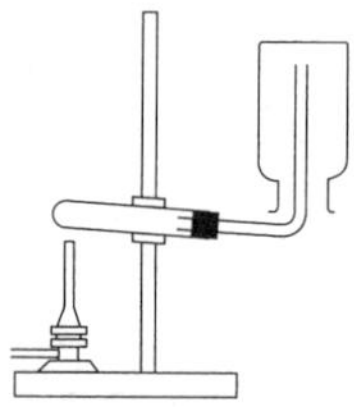

【28】の解答群

① 塩化カルシウム　② ソーダ石灰　③ 濃硫酸　④ 十酸化四リン

【29】の解答群

① ハーバー・ボッシュ法　② オストワルト法　③ 接触法
④ アンモニアソーダ法　⑤ テルミット法

〔B〕 次の(1)~(3)の文中の【30】~【33】に最も適するものを，それぞれの選択肢の中から１つずつ選べ。

(1) 次の(a)~(c)の文中のＡ～Ｄは，鉄，アルミニウム，銅，亜鉛のいずれかの金属の単体である。Ａにあたる金属は【30】，Ｂにあたる金属は【31】である。

(a) Ａ～Ｄのそれぞれに希塩酸を加えたところ，Ａ，Ｂ，Ｄは溶けたが，Ｃは溶けなかった。
(b) Ａ～Ｄのそれぞれに濃硝酸を加えたところ，Ｃ，Ｄは溶けたが，Ａ，Ｂは溶けなかった。
(c) Ａ～Ｄのそれぞれに濃い水酸化ナトリウム水溶液を加えたところ，Ｂ，Ｄは溶けたが，Ａ，Ｃは溶けなかった。

【30】,【31】の解答群

① 鉄　② アルミニウム　③ 銅　④ 亜鉛

(2) Cu^{2+}，Ag^{+}，Fe^{2+}，Pb^{2+}，Zn^{2+}のうち，硫化水素を通じたとき，強酸性溶液では沈殿しないが中性・塩基性溶液では沈殿を生じるイオンの組み合わせは【32】である。

(3) Cu^{2+}，Ag^{+}，Fe^{2+}，Pb^{2+}，Zn^{2+}のうち，少量のアンモニア水で沈殿し，さらに過剰なアンモニア水を加えると無色の溶液となるイオンの組み合わせは【33】である。

【32】,【33】の解答群

① Cu^{2+}とAg^{+}　② Cu^{2+}とFe^{2+}　③ Cu^{2+}とPb^{2+}
④ Cu^{2+}とZn^{2+}　⑤ Ag^{+}とFe^{2+}　⑥ Ag^{+}とPb^{2+}
⑦ Ag^{+}とZn^{2+}　⑧ Fe^{2+}とPb^{2+}　⑨ Fe^{2+}とZn^{2+}
⓪ Pb^{2+}とZn^{2+}

平成30年度　生　物

I　**生物の観察に関する次の各問いについて，最も適当なものを，それぞれの下に記したもののうちから１つずつ選べ。**

顕微鏡で観察物の大きさを測定するにはミクロメーターを用いる。対物ミクロメーターには1 mmを100等分した目盛りがついている。ある倍率で接眼ミクロメーターと対物ミクロメーターの目盛りは図1のようであった。同じ倍率で動きを止めたゾウリムシを観察したところ，図2のように見えた。ゾウリムシの全長Lは，接眼ミクロメーターの15目盛り分であった。

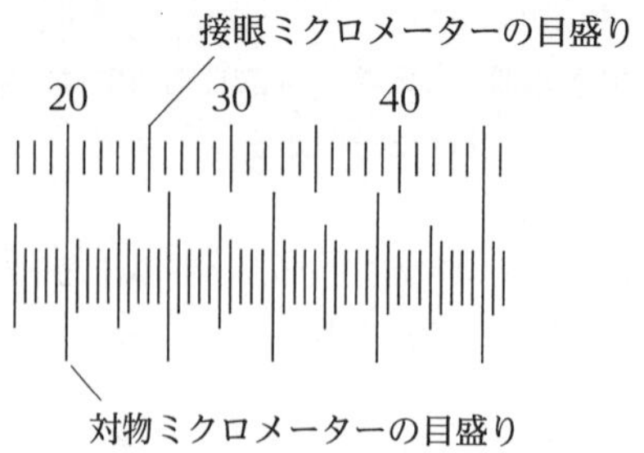

図1

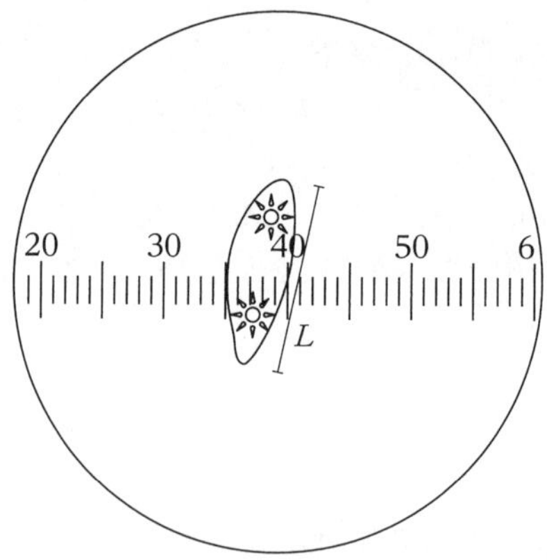

図2

【1】　対物ミクロメーターの使い方に関する記述として正しいものはどれか。

① レボルバーに装着する。
② 接眼レンズの中に装着する。
③ 観察物を対物ミクロメーター上に載せて使用する。
④ 接眼ミクロメーターとともにステージに載せる。
⑤ ステージに載せて使用するが，プレパラート観察時には使用しない。

【2】 図2の状態ではLの測定は困難である。Lの測定を容易にするためにはどのような操作をすればよいか。

① しぼりを開く。
② しぼりを絞る。
③ レボルバーを回す。
④ 接眼レンズを回す。
⑤ 接眼レンズを交換する。

【3】 Lの値は何 µm か。

① 40 µm ② 120 µm ③ 240 µm ④ 360 µm ⑤ 720 µm

【4】 L, ヒトの赤血球の直径A, ヒトの卵の直径Bの大小関係はどのようになるか。

① $A < B < L$ ② $A < L < B$ ③ $B < A < L$
④ $B < L < A$ ⑤ $L < A < B$ ⑥ $L < B < A$

【5】 ゾウリムシを観察すると，水分を細胞外に排出する働きをもつ収縮胞の拡張と収縮が見られた。外液の塩分濃度を上げると，単位時間あたりの収縮胞の拡張と収縮の回数はどのようになるか。

① 体内に入ってくる水分の量が減るため，拡張と収縮の回数は減少する。
② 体内に入ってくる水分の量が減るため，拡張と収縮の回数は増加する。
③ 体内に入ってくる水分の量が増えるため，拡張と収縮の回数は減少する。
④ 体内に入ってくる水分の量が増えるため，拡張と収縮の回数は増加する。
⑤ 体内に入ってくる水分の量は一定に保たれているため，拡張と収縮の回数は変化しない。

2 **遺伝情報の発現に関する次の各問いについて，最も適当なものを，それぞれの下に記したもののうちから１つずつ選べ。**

遺伝子は染色体にある。真核生物の染色体はタンパク質とDNAからなり，DNAがヒストンと呼ばれるタンパク質に巻き付いた［ア］が集まって［イ］繊維を形成している。DNAは２本のヌクレオチド鎖が結合して全体として二重らせん構造をとっている。ヒトの１細胞あたりのDNAは，伸ばすと約２mにもなる。

遺伝子工学により，タンパク質を大腸菌などを用いて多量に合成させることができる。次の図のようにプラスミドを取り出し，プラスミドを切断後，あるタンパク質Xの遺伝子を挿入する。Xの遺伝子を挿入したプラスミドを大腸菌に導入すると，その中でXの遺伝子からmRNAが合成され，mRNAの情報をもとに［ウ］においてXが合成される。

病気を予防するために接種する［エ］には，弱毒化した病原体やそれに含まれるタンパク質などが用いられるが，［エ］の生産にも遺伝子工学が利用されている。例えば，B型肝炎の［エ］は，B型肝炎ウイルスに含まれるタンパク質が用いられており，その遺伝子を酵母に導入してつくられている。

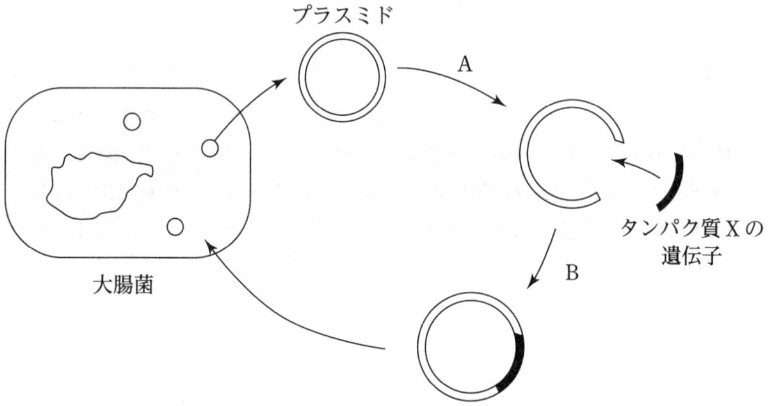

【6】 文中の［ア］，［イ］にあてはまる語の組み合わせはどれか。

	ア	イ
①	ヌクレオソーム	クロマチン
②	ヌクレオソーム	アクチン
③	クロマチン	ヌクレオソーム
④	クロマチン	アクチン
⑤	アクチン	ヌクレオソーム
⑥	アクチン	クロマチン

【7】 下線部に関する記述a～eのうち正しいものの組み合わせはどれか。

a　2本のヌクレオチド鎖の5′末端から3′末端への向きは同じである。

b　2本のヌクレオチド鎖の5′末端から3′末端への向きは逆向きである。

c　1つのヌクレオチドは塩基・リン酸・糖の順に結合している。

d　1つのヌクレオチドは塩基・糖・リン酸の順に結合している。

e　1つのヌクレオチドはリン酸・塩基・糖の順に結合している。

① a・c　② a・d　③ a・e
④ b・c　⑤ b・d　⑥ b・e

【8】 図中のA，Bの反応を進める酵素の組み合わせはどれか。

	A	B
①	DNA合成酵素(DNAポリメラーゼ)	制限酵素
②	DNA合成酵素(DNAポリメラーゼ)	DNAリガーゼ
③	制限酵素	DNA合成酵素(DNAポリメラーゼ)
④	制限酵素	DNAリガーゼ
⑤	DNAリガーゼ	DNA合成酵素(DNAポリメラーゼ)
⑥	DNAリガーゼ	制限酵素

【9】 文中の［ウ］，［エ］にあてはまる語の組み合わせはどれか。

	ウ	エ
①	リソソーム	抗体
②	リソソーム	ワクチン
③	リボース	抗体
④	リボース	ワクチン
⑤	リボソーム	抗体
⑥	リボソーム	ワクチン

【10】 スプライシングに関する記述ａ～ｆのうち正しいものの組み合わせはどれか。

ａ　一般に原核細胞ではスプライシングは行われない。
ｂ　スプライシングはすべての細胞で行われる。
ｃ　真核細胞では核内でイントロンの部分が除かれるスプライシングが起こる。
ｄ　真核細胞では核内でエキソンの部分が除かれるスプライシングが起こる。
ｅ　真核細胞では細胞質でイントロンの部分が除かれるスプライシングが起こる。
ｆ　真核細胞では細胞質でエキソンの部分が除かれるスプライシングが起こる。

① ａ・ｃ	② ａ・ｄ	③ ａ・ｅ	④ ａ・ｆ
⑤ ｂ・ｃ	⑥ ｂ・ｄ	⑦ ｂ・ｅ	⑧ ｂ・ｆ

3 **生物の特徴に関する次の各問いについて，最も適当なものを，それぞれの下に記したもののうちから１つずつ選べ。**

次の９種類の生物Ａ～Ｉについて考える。

Ａ　アメーバ	Ｂ　イカ	Ｃ　イルカ
Ｄ　オオカナダモ	Ｅ　カエル	Ｆ　ネンジュモ
Ｇ　バッタ	Ｈ　マグロ	Ｉ　ミドリムシ

【11】 原核生物を過不足なく選んだものはどれか。

① Ｆ　② Ａ・Ｆ　③ Ａ・Ｆ・Ｉ
④ Ａ・Ｉ　⑤ Ｄ・Ｆ　⑥ Ｄ・Ｆ・Ｉ

【12】 空気中の窒素を取り込んでNH_4^+に還元する働きをするものはどれか。

① Ａ　② Ｂ　③ Ｃ　④ Ｄ　⑤ Ｅ
⑥ Ｆ　⑦ Ｇ　⑧ Ｈ　⑨ Ｉ

【13】 光合成を行うものを過不足なく選んだものはどれか。

① Ｄ　② Ｉ　③ Ａ・Ｆ　④ Ａ・Ｉ
⑤ Ｅ・Ｈ　⑥ Ｄ・Ｉ　⑦ Ｄ・Ｆ・Ｉ

【14】 細胞内にミトコンドリアをもたないものを過不足なく選んだものはどれか。

① Ａ　② Ｆ　③ Ｉ　④ Ａ・Ｉ　⑤ Ａ・Ｆ

【15】 真核生物のうち，動物，植物，菌類を除いたもの(原生生物)を過不足なく選んだものはどれか。

① Ａ　② Ｄ　③ Ａ・Ｄ
④ Ａ・Ｆ　⑤ Ａ・Ｉ　⑥ Ｄ・Ｆ・Ｉ

4 生物の体内環境に関する次の各問いについて，最も適当なものを，それぞれの下に記したもののうちから１つずつ選べ。

肝臓は消化器に付属する最も大きな内臓器官であり，次の図に示す肝小葉と呼ばれる基本単位からなる。肝小葉を拡大した図中の矢印は，血液または胆汁の流れを示している。

肝臓の働きの１つに血糖濃度の調節がある。血糖濃度が変化すると，それに応じてグルコースがグリコーゲンに，グリコーゲンがグルコースに変換される。また肝臓はタンパク質の代謝の結果生じる有害な［ア］を毒性の低い［イ］につくり変えている。血しょう中のタンパク質である［ウ］は肝臓で合成される。

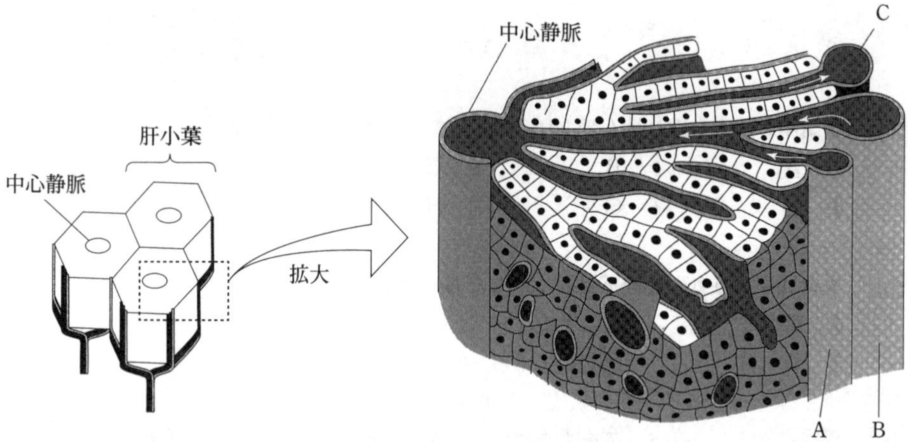

【16】 ヒトの肝臓の切片(1 辺の長さが 5 mm の正方形)を観察したところ，切片には 25 本の中心静脈が見られた。肝小葉の形を正方形として考えた場合，この正方形の 1 辺の長さはいくらか。

① 20 μm　② 50 μm　③ 100 μm　④ 0.2 mm　⑤ 0.5 mm　⑥ 1 mm

【17】 文中の［ア］，［イ］にあてはまる語の組み合わせはどれか。

	ア	イ
①	アミノ酸	アンモニア
②	アミノ酸	尿素
③	アンモニア	アミノ酸
④	アンモニア	尿素
⑤	尿素	アミノ酸
⑥	尿素	アンモニア

【18】 文中の ウ にあてはまる語の組み合わせはどれか。

① アルブミン・ヘモグロビン
② アルブミン・フィブリノーゲン
③ アルブミン・免疫グロブリン
④ ヘモグロビン・フィブリノーゲン
⑤ ヘモグロビン・免疫グロブリン
⑥ フィブリノーゲン・免疫グロブリン

【19】 図中のA，B，Cの名称の組み合わせはどれか。ただし，Bには消化管とひ臓からの血液が流れている。

	A	B	C
①	胆管	肝動脈	肝門脈
②	胆管	肝門脈	肝動脈
③	肝動脈	肝門脈	胆管
④	肝動脈	胆管	肝門脈
⑤	肝門脈	胆管	肝動脈
⑥	肝門脈	肝動脈	胆管

【20】 肝臓において，下線部の反応が促進されているのはどのようなときか。

① 血糖濃度が下がり，交感神経が働いて，すい臓からのインスリンが分泌されたとき。
② 血糖濃度が下がり，交感神経が働いて，すい臓からのグルカゴンが分泌されたとき。
③ 血糖濃度が下がり，副交感神経が働いて，すい臓からのインスリンが分泌されたとき。
④ 血糖濃度が下がり，副交感神経が働いて，すい臓からのグルカゴンが分泌されたとき。
⑤ 血糖濃度が上がり，交感神経が働いて，すい臓からのインスリンが分泌されたとき。
⑥ 血糖濃度が上がり，交感神経が働いて，すい臓からのグルカゴンが分泌されたとき。
⑦ 血糖濃度が上がり，副交感神経が働いて，すい臓からのインスリンが分泌されたとき。
⑧ 血糖濃度が上がり，副交感神経が働いて，すい臓からのグルカゴンが分泌されたとき。

5 代謝に関する次の各問いについて，最も適当なものを，それぞれの下に記したもののうちから1つずつ選べ。

次の図は，呼吸の過程を示したものである。

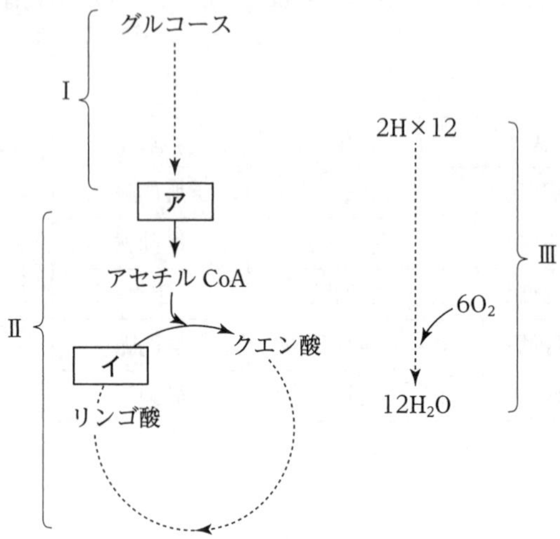

【21】 図中の ア ， イ にあてはまる有機酸の組み合わせはどれか。

	ア	イ
①	オキサロ酢酸	コハク酸
②	オキサロ酢酸	ピルビン酸
③	コハク酸	オキサロ酢酸
④	コハク酸	ピルビン酸
⑤	ピルビン酸	オキサロ酢酸
⑥	ピルビン酸	コハク酸

【22】 反応Ⅰの名称と細胞内で行われる場所の組み合わせはどれか。

	名称	場所
①	解糖系	細胞質基質
②	解糖系	ゴルジ体
③	解糖系	ミトコンドリア
④	電子伝達系	細胞質基質
⑤	電子伝達系	ゴルジ体
⑥	電子伝達系	ミトコンドリア

【23】 反応Ⅰ，Ⅱ，Ⅲのうちから，脱炭酸酵素が働く反応を過不足なく選んだものはどれか。

① Ⅰ　② Ⅱ　③ Ⅲ　④ Ⅰ，Ⅱ
⑤ Ⅰ，Ⅲ　⑥ Ⅱ，Ⅲ　⑦ Ⅰ，Ⅱ，Ⅲ

【24】 反応Ⅲに関する記述a～fのうち正しいものの組み合わせはどれか。

a ミトコンドリアのマトリックスで行われる。
b ミトコンドリアの内膜で行われる。
c 基質レベルのリン酸化が起こる。
d 酸化的リン酸化が起こる。
e ATP 合成量は反応Ⅱの最大 17 倍である。
f ATP 合成量は反応Ⅱの最大 34 倍である。

① a・c・e　② a・c・f　③ a・d・e　④ a・d・f
⑤ b・c・e　⑥ b・c・f　⑦ b・d・e　⑧ b・d・f

【25】 酵母は呼吸のほかにアルコール発酵を行う。酵母を酸素存在下で培養したところ，一定時間で酸素が 64 mg 消費され，二酸化炭素が 176 mg 放出された。このとき，アルコール発酵に用いられたグルコース量は，呼吸に用いられたグルコース量の何倍か。原子量は H＝1，C=12，O=16 とする。

① $\frac{1}{5}$倍　② $\frac{1}{3}$倍　③ $\frac{1}{2}$倍　④ 2倍　⑤ 3倍　⑥ 5倍

6 **遺伝子に関する次の各問いについて，最も適当なものを，それぞれの下に記したもののうちから１つずつ選べ。**

ある被子植物において，３組の対立遺伝子に注目した。$_{\mathrm{a}}$遺伝子型が AAbb の個体と aaBB の個体を交配して雑種第一代 F_1 を得た。この F_1 を$_{\mathrm{b}}$検定交雑したところ，子の表現型(〔　〕で表す)とその分離比は次のようになった。

〔AB〕：〔Ab〕：〔aB〕：〔ab〕＝１：８：８：１

次に別の遺伝子 C，c と A，a について調べた。遺伝子型が AACC の個体と aacc の個体を交配して得られた$_{\mathrm{c}}$ F_1 を検定交雑した結果，両遺伝子間の組換え価は５％であることがわかった。

【26】 下線部 a の F_1 において，それぞれの遺伝子は染色体にどのように位置しているか。

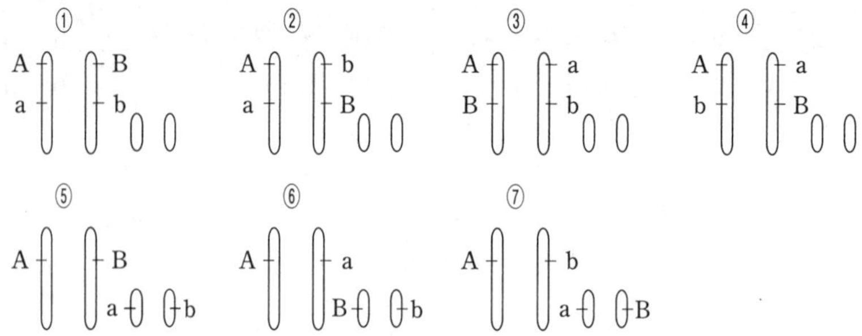

【27】 下線部 b の検定交雑とは，どのような遺伝子型の個体と交配することか。

① AABB　② AaBb　③ AAbb　④ aaBB　⑤ aabb

【28】 (A，a)と(B，b)間の組換え価は約何％か。

① ９％　② 11％　③ 14％　④ 16％　⑤ 18％

【29】 下線部 a の F_1 どうしを交配して得られる F_2 において，〔ab〕の個体は全体の約何％を占めるか。

① 0.3％　② １％　③ ３％　④ ６％　⑤ ９％

【30】 下線部 c の結果生じる子の表現型の分離比〔AC〕：〔Ac〕：〔aC〕：〔ac〕はどのようになるか。

① ５：１：１：５　② １：５：５：１　③ 14：１：１：14
④ １：14：14：１　⑤ 19：１：１：19　⑥ １：19：19：１

7 動物の発生に関する次の各問いについて，最も適当なものを，それぞれの下に記したもののうちから１つずつ選べ。

ウニの卵では，精子が卵に到達すると様々な反応が起こり，受精卵になる。受精卵は卵割が進むと，桑実胚，胞胚，原腸胚を経て幼生となる。次の図はプルテウス幼生の体のつくりを模式的に示したものである。ただし，繊毛は省略してある。

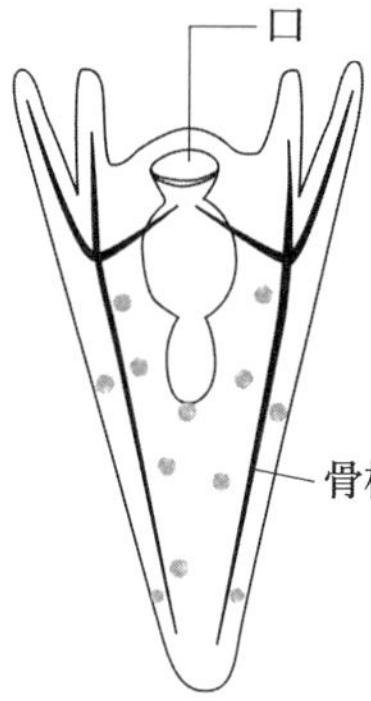

【31】 下線部に関する記述として正しいものはどれか。

① 精子が卵のまわりのゼリー層に到達すると，到達した精子以外の精子はべん毛運動ができなくなり，卵に到達できなくなる。

② 精子が卵のまわりのゼリー層に到達すると，中心体が消失して精核と卵核の融合を促す。

③ 精子が卵のまわりのゼリー層に到達すると，卵の内部からナトリウムイオンが卵の外部に流出する。

④ 精子が卵のまわりのゼリー層に到達すると，細胞膜がやわらかくなって受精膜になる。

⑤ 精子が卵のまわりのゼリー層に到達すると，精子の頭部に先体突起が形成される。

【32】 ウニの卵割に関する記述ａ～ｆのうち正しいものの組み合わせはどれか。

ａ 第一卵割は等割で緯割である。
ｂ 第一卵割は等割で経割である。
ｃ 第二卵割は等割で緯割である。
ｄ 第二卵割は等割で経割である。
ｅ 第二卵割は不等割で緯割である。
ｆ 第二卵割は不等割で経割である。

① ａ・ｃ　② ａ・ｄ　③ ａ・ｅ　④ ａ・ｆ
⑤ ｂ・ｃ　⑥ ｂ・ｄ　⑦ ｂ・ｅ　⑧ ｂ・ｆ

【33】 ウニの16細胞期の胚に関する記述として正しいものはどれか。

① 植物極側，動物極側ともに同じ大きさの割球が８つずつある。
② 植物極側に大割球が６つ，小割球が６つあり，動物極側に中割球が４つある。
③ 植物極側に大割球が４つ，小割球が４つあり，動物極側に中割球が８つある。
④ 植物極側に中割球が４つあり，動物極側に大割球が６つ，小割球が６つある。
⑤ 植物極側に中割球が８つあり，動物極側に大割球が４つ，小割球が４つある。

【34】 図に関する記述ａ～ｅのうち正しいものの組み合わせはどれか。

a 原口が口になった。
b 口は原口の反対側に形成された。
c 骨格(骨片)は内胚葉から生じたものである。
d 骨格(骨片)は中胚葉から生じたものである。
e 骨格(骨片)は外胚葉から生じたものである。

① a・c	② a・d	③ a・e
④ b・c	⑤ b・d	⑥ b・e

【35】 ウニがふ化する時期はいつか。

① 桑実胚期　② 胞胚期　③ 原腸胚期
④ プルテウス幼生期　⑤ プリズム幼生期(プリズム胚期・プリズム期)

8 形態形成に関する次の各問いについて，最も適当なものを，それぞれの下に記したもののうちから１つずつ選べ。

【36】 ショウジョウバエの卵では，母性因子によって前後軸が決定される。図1は4つの母性因子の分布を示しており，図2は母性因子から合成される4種のタンパク質の分布を示している。図1，図2から推測されるビコイドタンパク質の性質はどれか。

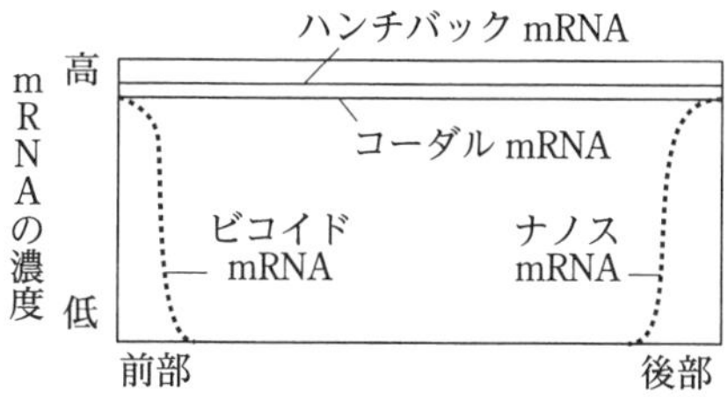

図1

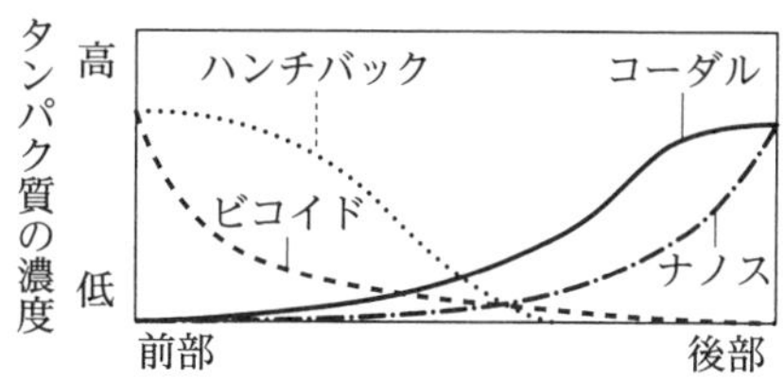

図2

① ナノス遺伝子の転写を阻害する。
② ナノス mRNA の翻訳を阻害する。
③ ハンチバック遺伝子の転写を阻害する。
④ ハンチバック mRNA の翻訳を阻害する。
⑤ コーダル遺伝子の転写を阻害する。
⑥ コーダル mRNA の翻訳を阻害する。

【37】 カエルの卵の背腹軸の決定に関する記述として正しいものはどれか。
① 精子の進入部分の色が黒色から灰色になり，その部分が将来の背側になる。
② 精子の進入部分の色が黒色から灰色になり，その部分が将来の腹側になる。
③ 精子の進入部分の色が白色から灰色になり，その部分が将来の背側になる。
④ 精子の進入部分の色が白色から灰色になり，その部分が将来の腹側になる。
⑤ 精子の進入部分とは反対側の色が黒色から灰色になり，その部分が将来の背側になる。
⑥ 精子の進入部分とは反対側の色が黒色から灰色になり，その部分が将来の腹側になる。
⑦ 精子の進入部分とは反対側の色が白色から灰色になり，その部分が将来の背側になる。
⑧ 精子の進入部分とは反対側の色が白色から灰色になり，その部分が将来の腹側になる。

【38】 イモリの胚の外胚葉は，胚に含まれる物質Xの作用を受けると表皮組織に分化する。しかし，物質Xの作用を受けないと神経組織に分化する。また，原口背唇(部)から分泌されるYはXの作用を阻害することがわかっている。次のア～ウの場合のうち，外胚葉が神経組織に分化するものを過不足なく選んだものはどれか。

ア　外胚葉に物質Xを作用させる。
イ　外胚葉に物質Yを作用させる。
ウ　外胚葉に物質XおよびYを作用させる。

① ア　② イ　③ ウ　④ ア・イ
⑤ ア・ウ　⑥ イ・ウ　⑦ ア・イ・ウ

【39】 脊椎動物の眼の形成において，水晶体形成の形成体(A)，角膜形成の形成体(B)の組み合わせはどれか。

	①	②	③	④	⑤	⑥
A	眼胞・眼杯	眼胞・眼杯	網膜	網膜	前脳	前脳
B	網膜	水晶体	眼胞・眼杯	水晶体	眼胞・眼杯	水晶体

【40】 ニワトリ胚において，表皮は真皮の誘導を受ける。次の表は様々な時期の胚から，背中の表皮，肢の真皮を切り出したものを様々な組み合わせで接着させて培養し，表皮が何に分化したかを示したものである。この結果から推測されることに関する記述a～dのうち正しいものの組み合わせはどれか。

	背中の表皮	
肢の真皮	5日目の胚	8日目の胚
10日目の胚	羽毛	羽毛
13日目の胚	うろこ	羽毛
15日目の胚	うろこ	羽毛

a　背中の表皮の運命は5日目には決定している。
b　背中の表皮の運命は8日目には決定している。
c　13日目の肢の真皮には誘導能がある。
d　15日目の肢の真皮には誘導能がない。

① a・c　② a・d　③ b・c　④ b・d

9 **植生の多様性と分布に関する次の各問いについて，最も適当なものを，それぞれの下に記したもののうちから１つずつ選べ。**

陸上には，次の図のような気候に応じたバイオームが存在する。図中のＡ～Ｋは，それぞれ図の下に記した雨緑樹林～サバンナのいずれかである。

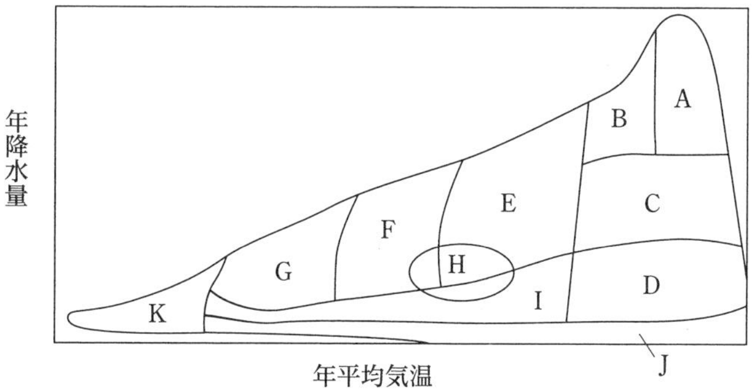

雨緑樹林　硬葉樹林　亜熱帯多雨林　熱帯多雨林　ステップ
針葉樹林　照葉樹林　砂漠　夏緑樹林　ツンドラ　サバンナ

【41】 バイオームに関する記述として正しいものはどれか。

① 日本のバイオームはおもに降水量によって決まる。
② 年平均気温が０℃以下でも森林が形成されるところがある。
③ 緯度に応じたバイオームの分布は垂直分布と呼ばれる。
④ 硬葉樹林は夏に雨が多く，冬に乾燥する地域に分布する。
⑤ サバンナ，砂漠は荒原である。
⑥ 日本の本州中部では，亜高山帯にハイマツが見られる。

【42】 サバンナ，ステップはそれぞれ図中のどれか。

	①	②	③	④	⑤	⑥
サバンナ	A	C	D	D	I	I
ステップ	C	D	I	J	D	J

【43】 雨緑樹林，照葉樹林，硬葉樹林はそれぞれ図中のどれか。

	①	②	③	④	⑤	⑥
雨緑樹林	E	C	C	E	E	H
照葉樹林	C	E	F	C	H	F
硬葉樹林	H	H	E	F	C	C

【44】 バイオームとその代表的な植物種の組み合わせとして**誤りを含むもの**はどれか。

	バイオーム	代表的な植物種
①	針葉樹林	オオシラビソ，トドマツ
②	照葉樹林	スダジイ，タブ
③	硬葉樹林	コルクガシ，オリーブ
④	夏緑樹林	ミズナラ，ブナ
⑤	雨緑樹林	ヘゴ，チーク

【45】 日本の平地で見られるバイオームを北から順に示したものはどれか。

① D → C → B → A　② F → E → C → A　③ F → E → C → B
④ G → F → E → B　⑤ G → F → E → C　⑥ H → I → D → C

平成30年度　地　学

Ⅰ　固体地球とその変動に関する次の各問いについて，最も適当なものを，それぞれの下に記したもののうちから１つずつ選べ。

問１　図１のＰ地点を震央とし，縦線で示す南北走向の垂直な断層を震源断層とする地震に関して，以下の問いに答えよ。

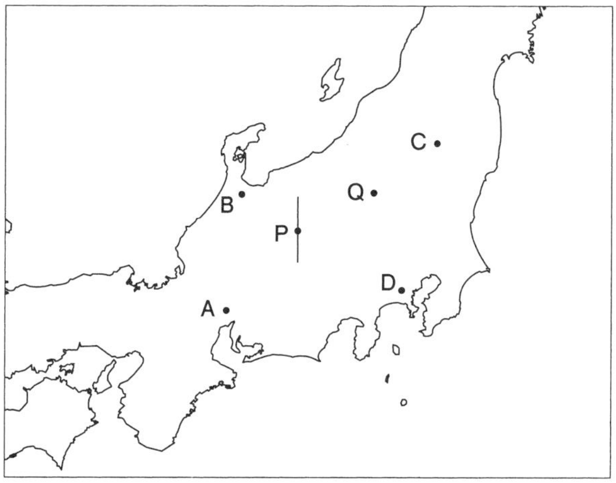

図1

(1)　震央のＰ地点で初期微動継続時間を測定したところ，2.5秒であった。震源までの距離Dを初期微動継続時間Tの関数として表す大森公式の定数kが8 km/sのとき，この地震の震源の深さは何kmか。【１】

①　10 km　　②　20 km　　③　30 km　　④　40 km　　⑤　50 km

(2)　(1)のkをＰ波の速さV_p，Ｓ波の速さV_sで表した式として正しいものはどれか。【２】

①　$k=V_p-V_s$　　②　$k=\frac{V_p-V_s}{V_pV_s}$　　③　$k=\frac{V_pV_s}{V_s-V_p}$　　④　$k=\frac{V_pV_s}{V_p-V_s}$

(3)　文中の下線部に関して，震源断層の走向はさまざまな調査から明らかにすることができる。その調査として正しいものを過不足なく選んだものはどれか。【３】

ア　多くの地点で初期微動継続時間を計測する。
イ　地震に伴い地表に現れた断層を調べる。
ウ　余震の震源分布を調べる。

①　ア　　②　イ　　③　ウ　　④　ア，イ　　⑤　ア，ウ　　⑥　イ，ウ

(4) 図１のQ地点でこの地震の地震波を観測したところ，Ｐ波の初動の上下成分が「上」であった。Q地点でのＰ波の初動の南北成分と東西成分の組み合わせとして正しいものはどれか。【4】

① 北，西　② 北，東　③ 南，西　④ 南，東

(5) 図２は，図１中のA～Dのいずれかの地点で観測した地震波の波形である。

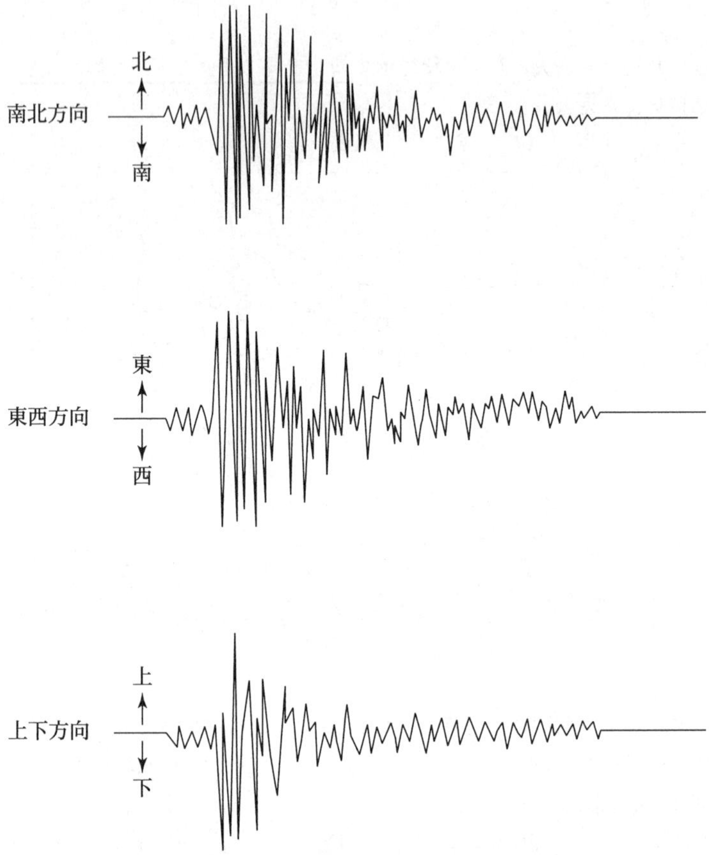

図２

Ｐ波の初動から判断すると，どの地点で観測したと考えられるか。【5】

① A地点　② B地点　③ C地点　④ D地点

(6) (4)，(5)で扱った初動の押し引きから考えて，この地震の震源断層の種類はどれか。【6】

① 逆断層　② 正断層　③ 左横ずれ断層　④ 右横ずれ断層

問２ 次の図は，地震波トモグラフィーという技術で明らかにされた，地球内部の様子を模式的に示したものである。地震波の速度が周囲より速い部分と遅い部分が ■ または ▒ で示されている。■ の部分は周囲より温度が(　ア　)部分である。Ａは日本列島の下に沈み込んだ太平洋プレートである。Ｂを含む ▒ の部分は，周囲より温度が(　イ　)，岩石の密度が(　ウ　)と考えられる。マントルは，(　エ　)質の岩石でできていて，非常にゆっくり対流していると考えられている。Ｂでは，マントル物質は(　オ　)していると考えられる。以下の問いに答えよ。

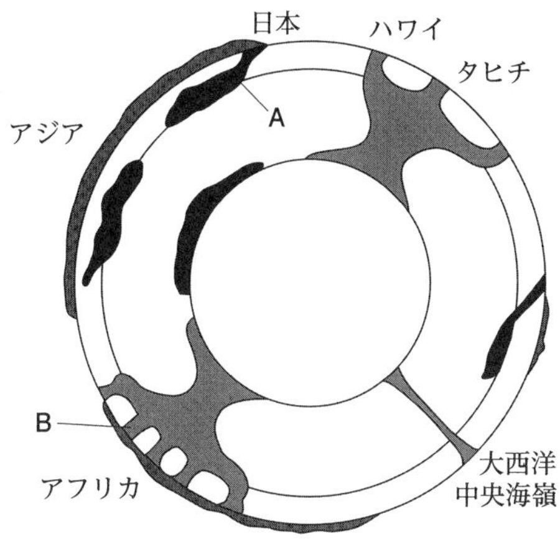

(1) 文中の(　ア　)～(　ウ　)にあてはまる語の組み合わせはどれか。【７】

	ア	イ	ウ
①	高い	低く	大きい
②	高い	低く	小さい
③	低い	高く	大きい
④	低い	高く	小さい

(2) 文中の(　エ　)，(　オ　)にあてはまる語の組み合わせはどれか。【８】

	エ	オ
①	花こう岩	上昇
②	花こう岩	下降
③	玄武岩	上昇
④	玄武岩	下降
⑤	かんらん岩	上昇
⑥	かんらん岩	下降

(3) マントル内の大規模な筒状の上昇部を何というか。【9】

① プルーム(ホットプルーム)　② リソスフェア

③ ホットスポット　④ アセノスフェア

(4) 次のカ～ケのグラフは，地球全体，大陸地殻，マントル，核のいずれかの化学組成(重量パーセント比)を示したものである。

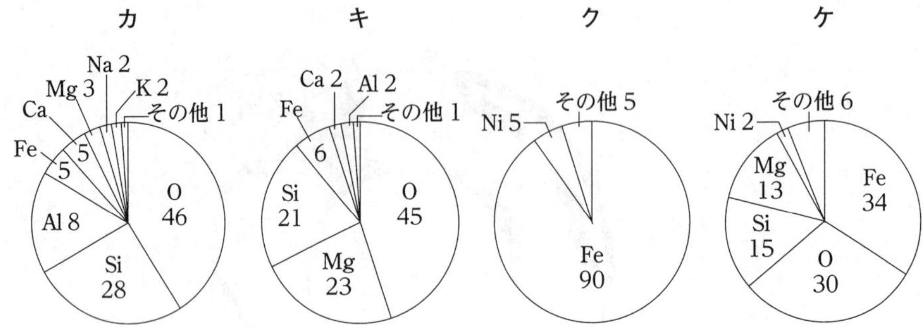

マントルの化学組成を示すものはどれか。【10】

① カ　② キ　③ ク　④ ケ

問3 地球上の火山はプレート境界などに集中して存在している。このことは，マグマの発生とプレート運動が密接に関係しているからであると考えられる。次の図は，マグマの発生を説明するものである。以下の問いに答えよ。

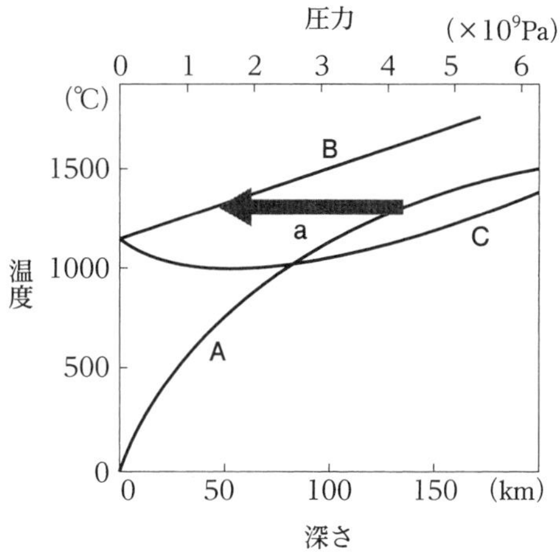

(1) 図中のA～Cのグラフは，次のア～ウのいずれかに対応している。その組み合わせとして正しいものはどれか。【11】

ア マントル物質の融解曲線(水に飽和している場合)
イ マントル物質の融解曲線(無水の場合)
ウ 地下の温度分布

	①	②	③	④	⑤	⑥
A	ア	ア	イ	イ	ウ	ウ
B	イ	ウ	ア	ウ	ア	イ
C	ウ	イ	ウ	ア	イ	ア

(2) ある地点でマグマが発生した際，周辺の環境は図中の矢印aのように変化していたことがわかった。このマグマの発生はどのようなプレート境界で起こっているか。【12】

① 海洋プレートが大陸プレートの下に沈み込む境界
② プレートが互いに水平にすれ違う境界
③ プレートがつくられ拡大する境界
④ 大陸プレートどうしが衝突する境界

(3) 次の文に関する以下の問いに答えよ。

マントル上部で発生した玄武岩質マグマが冷えていくときに，最初に晶出する有色鉱物は(エ)である。(エ)は周囲のマグマに比べ Fe，Mg の含有量が(オ)，密度が(カ)。そのため(エ)はマグマだまりの底に集積することになり，マグマ中の Fe，Mg の含有量は(キ)する。このようにしてマグマが変化する作用を(ク)という。

(i) 文中の(エ)にあてはまる語はどれか。【13】
① 黒雲母　② 輝石　③ かんらん石　④ 角閃石

(ii) 文中の(オ)～(キ)にあてはまる語の組み合わせはどれか。【14】

	オ	カ	キ
①	多く	大きい	増加
②	多く	大きい	減少
③	多く	小さい	増加
④	多く	小さい	減少
⑤	少なく	大きい	増加
⑥	少なく	大きい	減少
⑦	少なく	小さい	増加
⑧	少なく	小さい	減少

(iii) 文中の(ク)にあてはまる語はどれか。【15】
① 級化作用　② 淘汰作用　③ 接触変成作用　④ 結晶分化作用

2 地球の歴史に関する次の各問いについて，最も適当なものを，それぞれの下に記したもののうちから１つずつ選べ。

問１　次の図は，ある地域の地質断面図である。以下の問いに答えよ。

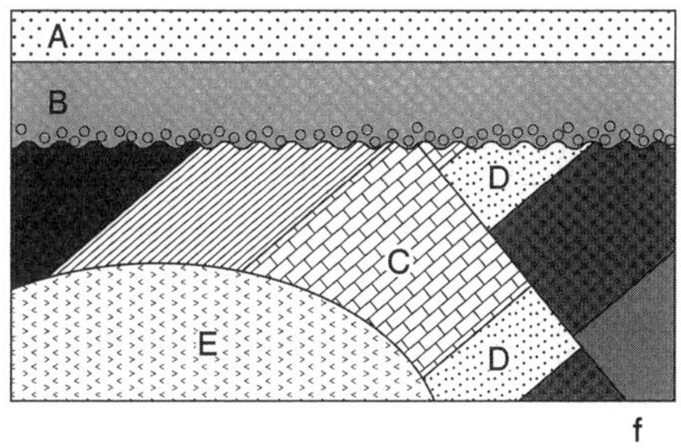

(1)　岩体Ｅは石英，黒雲母，斜長石，カリ長石を含む等粒状の岩石であった。この岩石の名称はどれか。【16】

①　玄武岩　②　流紋岩　③　閃緑岩
④　斑れい岩　⑤　花こう岩　⑥　安山岩

(2)　Ｃ層の岩石はある観察事実から石灰岩であると判断された。どのような観察事実から判断されたと考えられるか。【17】

①　釘で傷がつき，塩酸をかけると発泡する。
②　釘で傷がつき，塩酸をかけても発泡しない。
③　釘で傷がつかず，塩酸をかけると発泡する。
④　釘で傷がつかず，塩酸をかけても発泡しない。

(3)　ある観察事実をもとに，岩体ＥはＣ層の石灰岩より新しいと判断された。どのような観察事実から判断されたと考えられるか。【18】

①　Ｃ層の岩石が岩体Ｅとの境界部付近で細粒になっていた。
②　Ｃ層の岩石が岩体Ｅとの境界部付近で粗粒になっていた。
③　Ｃ層と岩体Ｅの境界部付近が破砕帯になっていた。
④　Ｃ層と岩体Ｅの境界部付近に基底礫岩があった。

(4)　Ａ層とＢ層，Ｃ層とＤ層のそれぞれの関係は整合であり，Ｂ層には基底礫岩が見られる。整合に重なっている地層は一般に上にあるものほど新しいが，地殻変動により上下が逆転し，上にある地層が古い場合もある。これを地層の逆転という。図に関する次のａ，ｂの文の正誤の組み合わせはどれか。【19】

ａ　Ａ層とＢ層は逆転している可能性がある。
ｂ　Ｃ層とＤ層は逆転している可能性がある。

	①	②	③	④
a	正	正	誤	誤
b	正	誤	正	誤

(5) 地層が逆転しているかどうかを判断するための観察として**間違っている**ものはどれか。【20】

① 1枚の地層の上部と下部で粒子の大きさが変化している場合，どちら側が細粒かを観察する。

② リプルマークがあった場合，どちら側がとがっているかを観察する。

③ 整合に重なっている上下の地層から化石が発見された場合，どちらが新しいかを鑑定する。

④ 整合に重なっている上下の地層で硬さが異なる場合，どちらが硬いかを調べる。

(6) 次の図は，D層から発見された化石をスケッチしたものである。この化石の名称と時代の組み合わせとして正しいものはどれか。【21】

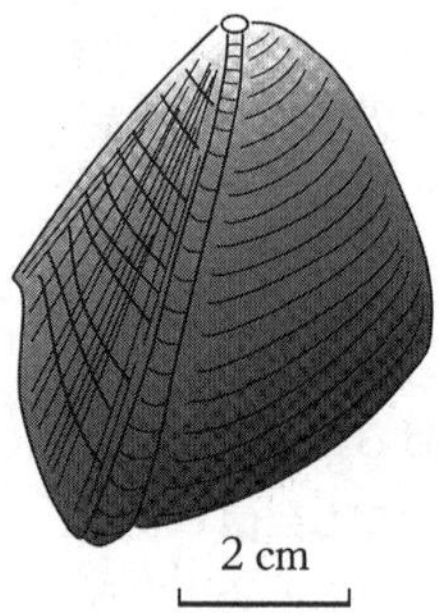

	名称	時代
①	デスモスチルス	古生代
②	デスモスチルス	中生代
③	イノセラムス	古生代
④	イノセラムス	中生代
⑤	アノマロカリス	古生代
⑥	アノマロカリス	中生代
⑦	トリゴニア	古生代
⑧	トリゴニア	中生代

(7) B層からはビカリアの化石が発見された。断層fが活動した時代はどれか。【22】

① 中生代～新生代　② 古生代～新生代　③ 古生代～中生代

④ 新生代のみ　⑤ 中生代のみ　⑥ 古生代のみ

問2　最初に出現した酸素発生型光合成をする生物は27億年前の(　ア　)で，その痕跡は(　イ　)と呼ばれるドーム状の構造として地層中に記録されている。酸素の増加に伴い(　ウ　)の大規模な鉱床が形成されたが，その形成時期は24.5億～20億年前に限定されている。以下の問いに答えよ。

(1)　文中の(　ア　)にあてはまる語はどれか。【23】
　① 有孔虫　② 放散虫　③ ラン藻類(シアノバクテリア)　④ 紡錘虫(フズリナ)

(2)　文中の(　イ　)にあてはまる語はどれか。【24】
　① ストロマトライト　② 縞状鉄鉱層　③ クロスラミナ　④ 溶岩円頂丘

(3)　文中の(　ウ　)にあてはまる語はどれか。【25】
　① 石炭　② 石油　③ アルミニウム　④ ウラン　⑤ 鉄

問3　図1はある地域の地質図である。この地域にはA～Cの地層が分布していた。以下の問いに答えよ。

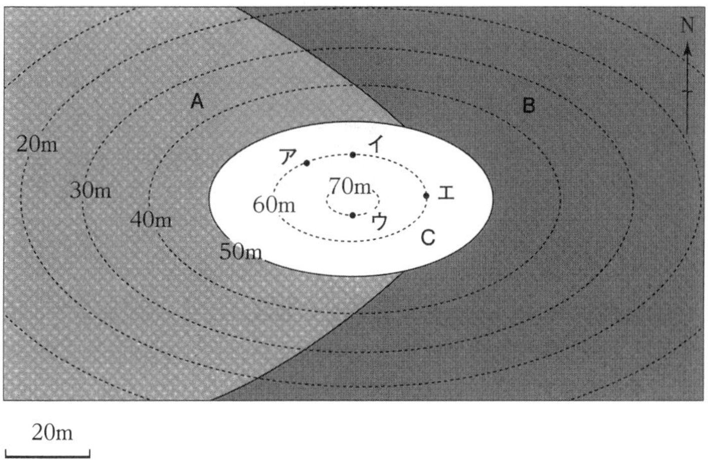

図1

(1)　A層とB層の境界面の走向と傾斜の組み合わせとして正しいものはどれか。【26】

	走向	傾斜
①	N－S	45°W
②	N－S	45° E
③	N 45°W	45°W
④	N 45°W	45° E

⑵ 図 1 中のア～エの地点で地表から 40 m ボーリングをして，それぞれの地点で柱状図を作成した。図 2 はア～エのうちのどの地点のものか。【27】

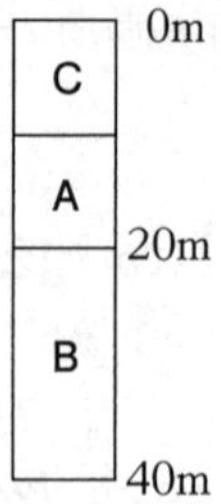

図 2

① ア　② イ　③ ウ　④ エ

3 大気と海洋に関する次の各問いについて，最も適当なものを，それぞれの下に記したもののうちから１つずつ選べ。

問１ 高さによる気圧の変化に関する次の文を読み，以下の問いに答えよ。

気圧は空気の重さによる圧力なので，上空程低くなっている。上空は空気が(　ア　)ため空気の密度が(　イ　)。そのため，高さによる気圧の変化のグラフは右の図の(　ウ　)のようになる。

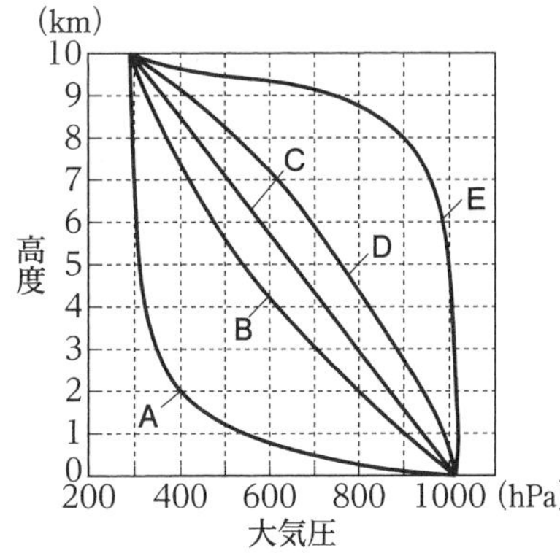

(1) 文中の(　ア　)，(　イ　)にあてはまる語の組み合わせはどれか。【28】

	①	②	③	④
ア	圧縮される	圧縮される	膨張する	膨張する
イ	大きくなる	小さくなる	大きくなる	小さくなる

(2) 文中の(　ウ　)にあてはまるグラフはどれか。【29】

① A　② B　③ C　④ D　⑤ E

問２ オゾン層に関する次の文を読み，以下の問いに答えよ。

オゾンは大気中の(　ア　)が太陽光線中の(　イ　)を浴びることにより生産される。そのためオゾンは(　ウ　)のほうが多く生成される。(　エ　)上空では９月～10月ころにオゾンの量が極端に低下する。この部分はオゾンホールと呼ばれる。

(1) 文中の(　ア　)，(　イ　)にあてはまる語の組み合わせはどれか。【30】

	①	②	③	④
ア	酸素	酸素	フロン	フロン
イ	紫外線	赤外線	紫外線	赤外線

(2) 文中の(　ウ　)，(　エ　)にあてはまる語の組み合わせはどれか。【31】

	①	②	③	④
ウ	極	極	赤道	赤道
エ	北極	南極	北極	南極

問３　次のA～Dの天気図に関する以下の問いに答えよ。

A

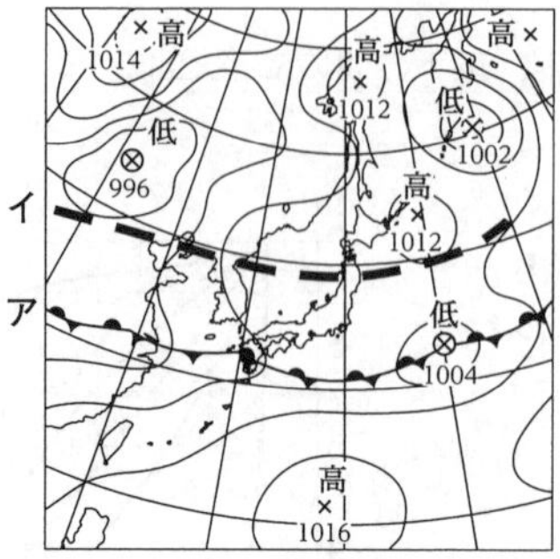

B

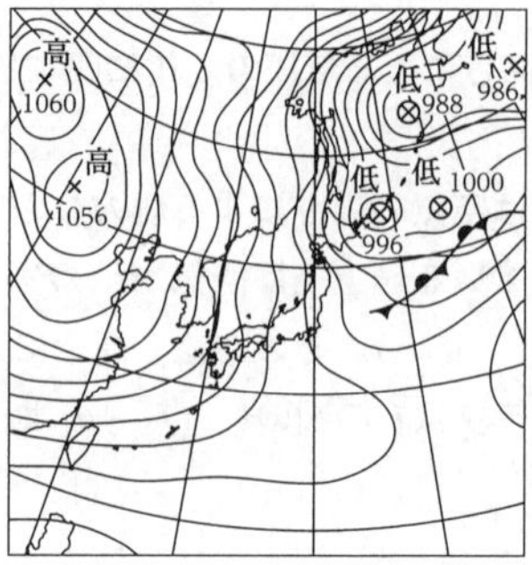

C

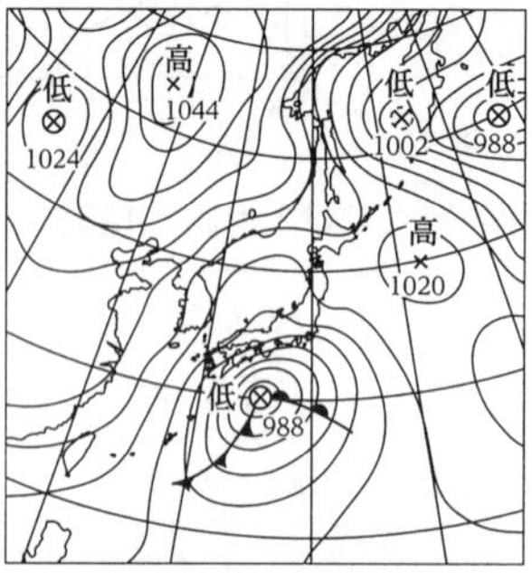

D

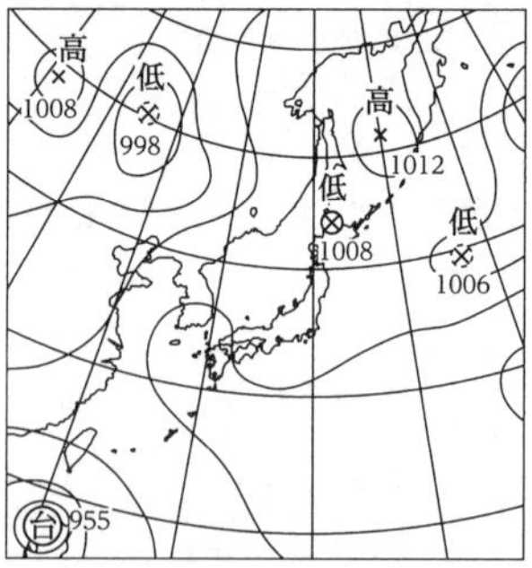

⑴　夏と冬の典型的な天気図の組み合わせとして正しいものはどれか。**【32】**

	①	②	③	④	⑤	⑥	⑦	⑧
夏	A	A	B	B	C	C	D	D
冬	B	C	C	D	A	D	A	B

⑵　天気図Cに関して，このときの東京での風向はどれか。**【33】**

①　南東　　②　南西　　③　北東　　④　北西

⑶　天気図の状態から１日以内に東京で降雪の可能性が最も高いのは，A～Dのどれか。**【34】**

①　A　　②　B　　③　C　　④　D

⑷　天気図Aの前線アがイの位置まで移動したとすると，東京の天気はどのようになると考えられるか。**【35】**

①　天気は良く，気温は移動前より低下する。
②　天気は良く，気温は移動前より上昇する。
③　天気は悪く，気温は移動前より低下する。
④　天気は悪く，気温は移動前より上昇する。

問 4　海洋に関する以下の問いに答えよ。

(1)　図 1 は，中緯度地域の冬の海水温の深さによる変化を示したものである。この海域では夏は表面の海水温が 21℃であった。夏の海水温と深さの関係を示した図として正しいものはどれか。なお，比較のため，図 1 の冬の海水温と深さの関係を破線で示している。**【36】**

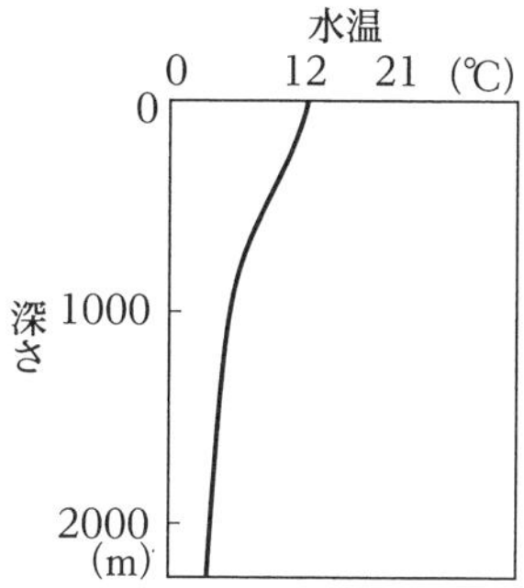

図 1

①

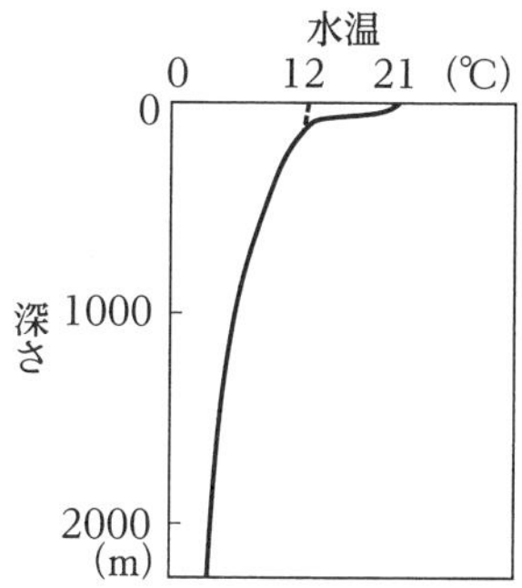

②

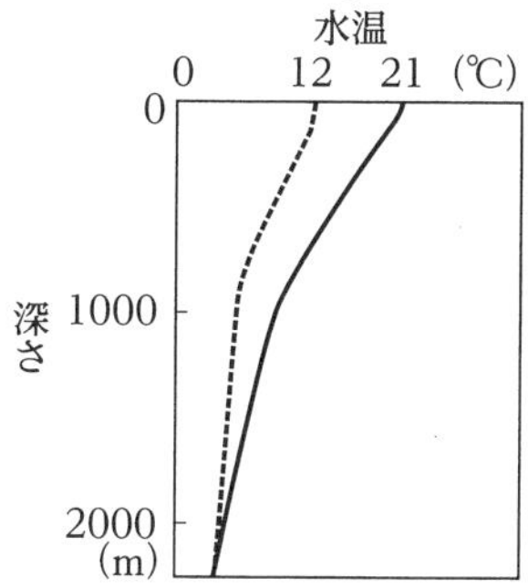

③

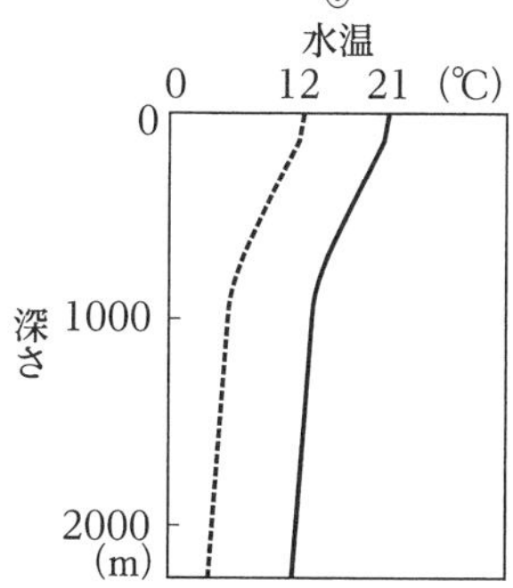

④

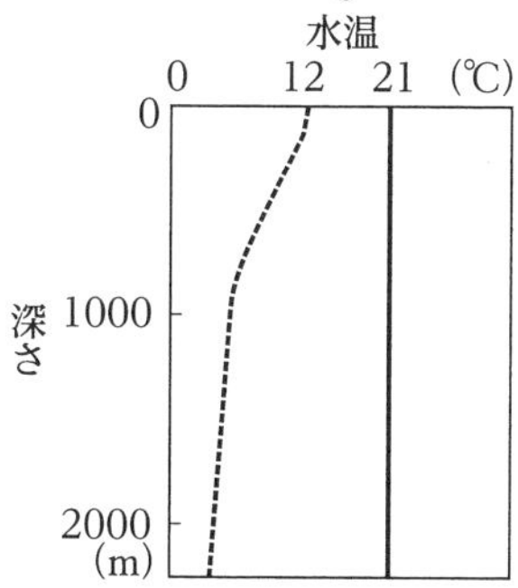

(2) 海洋と海水に関する記述として**間違っているもの**はどれか。【37】

① 海洋の表層には水温の上下の変化が小さい部分があり，表層混合層と呼ばれる。

② 深層と呼ばれる部分の海水温は海水の密度が最も大きくなる4℃でどこでもほぼ一定である。

③ 水温躍層と呼ばれる部分では深くなると急激に海水温が低下する。

④ 海水に含まれる塩分は場所により異なるが，含まれる塩類の比率は一定である。

(3) 次の会話文は留学生のＡさんが自分の出身地について紹介したものの一部である。Ａさんの出身地はどこであると考えられるか。【38】

「私の出身地は図中のア～エのうちのどれかです。」
「私の出身地の近くではクリスマスの頃には海から季節風が吹いてきます。」
「私の出身地の近くでは海流は北から流れてきます。」

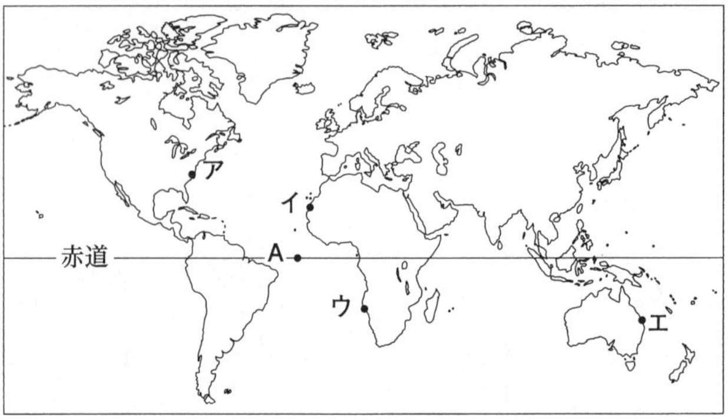

① ア　② イ　③ ウ　④ エ

(4) (3)の図の大西洋のA点付近の深海底の海水に関する記述として正しいものはどれか。【39】

① 下降流になっている。

② 上昇流になっている。

③ 北から冷たい海水が流れてくる。

④ 南から冷たい海水が流れてくる。

4 地球と宇宙に関する次の各問いについて，最も適当なものを，それぞれの下に記したもののうちから１つずつ選べ。

問１ 宇宙の誕生に関するア～ウの出来事を古いほうから順に並べたものはどれか。**【40】**

ア　恒星の形成　　イ　宇宙の晴れ上がり　　ウ　陽子や中性子の形成

① ア→イ→ウ　　② ア→ウ→イ　　③ イ→ア→ウ
④ イ→ウ→ア　　⑤ ウ→ア→イ　　⑥ ウ→イ→ア

問２ 白色矮星に関する記述として**間違っているもの**はどれか。**【41】**

① 白色矮星は惑星状星雲の中心に位置する。
② 白色矮星は巨星が進化してできる。
③ 白色矮星の中心部では He の核融合が起きている。
④ 白色矮星は太陽と比べると高密度で半径が小さい。

問３ 恒星Aは－1 等，恒星Bは 6 等であった。恒星Aの明るさは恒星Bの明るさのおよそ何倍か。**【42】**

① 7 倍　　② 49 倍　　③ 100 倍　　④ 250 倍　　⑤ 630 倍

問４ 天体の距離に関する記述として**間違っているもの**はどれか。**【43】**

① 1 天文単位とは地球と太陽の平均距離のことである。
② 1 天文単位は約 1 億 5000 万 km である。
③ 1 光年とは光が 1 年間に進む距離のことである。
④ 太陽から地球までの距離は光速(30 万 km/s)でおよそ 50 秒かかる。

問５ 図１は，望遠鏡に取りつけた太陽投影板に太陽の黒点を投影してスケッチしたものである。太陽の中央部Aの位置に見えていた黒点は数日後に周縁部Bの位置に移動していた。この黒点の移動は太陽の自転によるものである。黒点のスケッチ上での移動速度を中央部A付近と周縁部B付近で比べた記述として正しいものはどれか。**【44】**

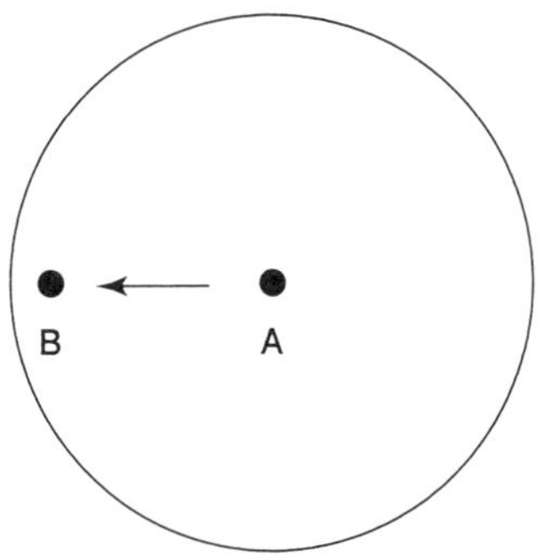

図１

① 周縁部B付近のほうが一般に遅い。
② 周縁部B付近のほうが一般に速い。
③ 同じである。
④ 場合によって異なる。

問6 黒点には，図2のように暗部と半暗部と呼ばれる部分がある。黒点の断面は，図3のように暗部が光球面より低くなっていると考えられているが，それは図1において図2のような黒点が周縁部Bまで移動してくると，暗部と半暗部の見え方が変化することからもわかる。周縁部Bでの黒点の見え方として正しいものはどれか。【45】

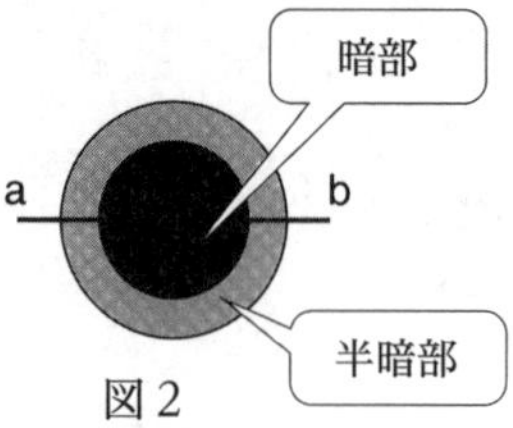

図2

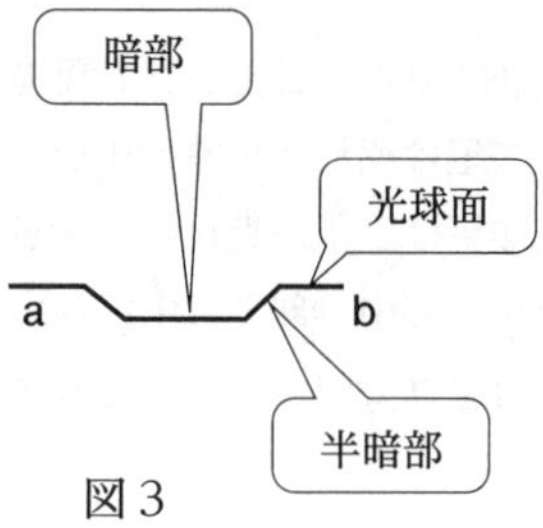

図3

① 黒点全体の形は縦長になり，半暗部は図2のa側で狭くなる。
② 黒点全体の形は縦長になり，半暗部は図2のb側で狭くなる。
③ 黒点全体の形は横長になり，半暗部は図2のa側で狭くなる。
④ 黒点全体の形は横長になり，半暗部は図2のb側で狭くなる。

問7 太陽系の惑星の水に関する記述として**間違っているもの**はどれか。【46】
① 地球表層の水は元々は微惑星に含まれていたものである。
② 地球表層に液体の水が出現したのは地球形成後数億年たってからである。
③ 金星には液体の水が存在している。
④ 火星には固体の水(氷)が存在している。

問8 太陽系の惑星には，構成物質の半分以上が氷のものが2つある。その組み合わせとして正しいものはどれか。【47】
① 天王星・海王星　② 水星・金星　③ 木星・土星　④ 地球・火星

平成30年度　物　理　解答と解説

Ⅰ　さまざまな物理現象

【1】　抵抗の消費電力 $P=\frac{W}{t}=VI=\frac{V^2}{R}$，抵抗値 R の抵抗の消費電力 P は，抵抗がする仕事を W，仕事にかかる時間を t とすると，上記の通り表せる。また，抵抗に加える電圧を V，流れる電流を I とすると同様に上記の通り表せ，そこにオームの法則 $V=RI$ を代入すると，上式の $P=\frac{V^2}{R}$ を得る。

そこで，抵抗値が一定であることを考慮しながら，問で与えられている通り，抵抗の消費電力を y，抵抗に加える電圧を x で表すと，$y=\frac{x^2}{R}$ となる。よって二次関数のグラフは④となる。

答【1】④

【2】　真空中における光の速さは 299,792,458〔m/s〕と定義されており，一定の値をとる。これは電磁気のふるまいを記述する古典電磁気学の基礎的な方程式であるマクスウェル方程式（高等学校では学習しない）より証明される。よって光の速さを c とすると，真空中での光の速さは c＝一定となる。

そこで，問で与えられている通り，光の速さを y で表すと，y＝一定となる。よって y が一定値のグラフは②となる。

また，真空中における光（電磁波）の速さは一定であるものの，波長（振動数）が一定であるわけではない。よって可視光領域においては，この光の波長の違いを，人間の目では色として認識する。さらに，人間の目で認識できない光（電磁波）も存在するため，可視光領域で最も波長の短い紫色よりもさらに波長の短いものを紫外線という。それと同様に可視光領域で最も波長の長い赤色よりもさらに波長の長いものを赤外線という。

答【2】②

【3】　力学的エネルギー保存則 $E=K+U$，重力のみが仕事をする運動の場合 $\frac{1}{2}mv_1{}^2+mgh_1=\frac{1}{2}mv_2{}^2+mgh_2$，力学的エネルギー E とは運動エネルギー K と位置エネルギー U の和であり，物体が保存力だけから仕事をされるとき，力学的エネルギー E は一定に保たれる。また，運動エネルギー K は，物体の質量を m，速さを v とすると，$K=\frac{1}{2}mv^2$ と表せる。さらに位置エネルギー U は，重力加速度の大きさを g，基準面からの高さを h とすると，$U=mgh$ と表せ，保存則は上記の通りとなる。

さて，地面を基準面とし，落下運動を行う前の高さを h' とすると，運動前の力学的エネルギー E は，物体が静止していることを考慮すると $E=mgh'$ となる。また落下距離が x のときの物体の速さを v' とすると，このときの力学的エネルギー E は $E=\frac{1}{2}mv^{2'}+mg(h'-x)$ となる。また，問では外力がはたらかず，これらの力学的エネルギー E は保存されるため，

$mgh'=\frac{1}{2}mv^{2'}+mg(h'-x)$ と表せる。

そこで，問で与えられている通り，運動エネルギーを y で表すと，$mgh'=y+mg(h'-x)$ となる。よって式を整理すると，$y=mgx$ となるため，一次関数のグラフは①となる。

答【3】①

【4】　鉛直投げ上げの $v-y$ の関係式 $v^2-v_0{}^2=-2gy$，初速度 v_0 で鉛直上向きに投げ上げられた物体の速度を v，重力加速度の大きさを g，速度 v のときの基準面からの高さを y とすると，上記の通り表せる。

さて，初速度を変化させたときの最高点での高さの変化を比較するために，初速度が v_0 の場合と $2v_0$ の場合の２式を立てる。初速度が v_0 の

ときの最高点の高さをhとし，最高点での速度は$v=0$であることを考慮すると，$-v_0{}^2=-2gh$と表せるため，以後代入できるように$v_0{}^2=2gh$と整理する。同様に初速度が$2v_0$のときの最高点の高さをh'とすると，$-4v_0{}^2=-2gh'$と表せる。よってこの2式を連立させると，$-4\times 2gh=-2gh'$となるため，$h'=4h$と求まる。

答【4】⑨

【5】 電気抵抗の関係式$R=\rho\dfrac{l}{S}$，抵抗値Rの抵抗は，その抵抗の長さに比例し，断面積に反比例するため，抵抗率をρ，抵抗の長さをl，断面積をSとすると，上記の通り表せる。

さて，断面積の半径を変化させたときの導体の抵抗値の変化を比較するために，半径がrの場合と$2r$の場合の2式を立てる。半径がrのときの抵抗率をρ，抵抗の長さをlとし，断面積Sは$S=\pi r^2$であることを考慮すると抵抗値Rは，$R=\rho\dfrac{l}{\pi r^2}$と表せる。同様に半径が$2r$のとき，断面積Sは$S=4\pi r^2$であることを考慮すると抵抗値R'は，$R'=\rho\dfrac{l}{4\pi r^2}$と表せる。よってこの2式を連立させると，$R'=\dfrac{1}{4}R$と求まる。

答【5】①

答【1】④【2】②【3】①

【4】⑨【5】①

Ⅱ 連結された物体に関する問題

【6】 図1から図2の状態になるまでは一定の力Fで連結された物体を鉛直上方に引き上げているため，加速度の大きさも$\dfrac{g}{3}$で一定である。また，図1から図2までは$t=t_0$の時間がかかっており，かつ時刻$t=0$で物体は静止している。

さて，図2の状態の小球Bの速さを求めるために，等加速度直線運動を考える。一般に初速度の大きさをv_0，加速度の大きさをa，時刻tのときの物体の速さをvとすると，等加速度直線運動の速度の公式は$v=v_0+at$と表せる。よって，上記の留意点を考慮し，上式に代入すると，$v=0+\dfrac{g}{3}t_0$となるため，小球Bの速さは$v=\dfrac{1}{3}gt_0$と求まる。

答【6】②

【7】 図2の状態の小球Bの床を基準としたときの高さを求めるために，【6】同様に等加速度直線運動を考える。基準面からの距離(高さ)をyとし，【6】同様に初速度の大きさをv_0，加速度の大きさをa，時刻tのときの物体の速さをvとすると，等加速度直線運動の距離の公式は$y=v_0t+\dfrac{1}{2}at^2$と表せる。【6】同様に加速度の大きさが$\dfrac{g}{3}$で一定であることと，図1から図2までは$t=t_0$の時間がかかっていること，かつ時刻$t=0$で物体は静止していることを考慮し上式に代入すると，$y=0+\dfrac{1}{2}\times\dfrac{g}{3}\times t_0{}^2=\dfrac{1}{6}gt_0{}^2$と求まる。

答【7】①

【8】 鉛直上方の力Fを求めるために，運動方程式を考える。一般に質量mの物体に，力の大きさFの力を加えた結果，物体にはたらく加速度の大きさがaであったとすると，運動方程式は$ma=F$と表せる。また，それぞれの小球にはたらく力と加速度は下図のように表せる。

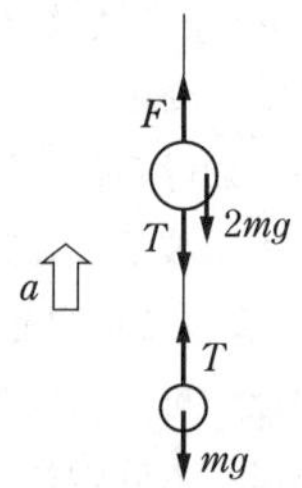

そこで，それぞれの小球ごとに運動方程式をたてる。まず小球Aの運動方程式は，小球Aの質量が$2m$であることと，上図の加速度と力のベクトルに留意すると，$2ma=+F-T-2mg$と表せ，かつ加速度の大きさは$\dfrac{g}{3}$であるため，

$2m\times\frac{g}{3}=F-T-2mg$ となる。同様に小球Bの運動方程式は，$ma=+T-mg$ と表せるため，上記同様に $m\times\frac{g}{3}=T-mg$ となる。よって小球Bの運動方程式を $T=\frac{mg}{3}+mg=\frac{4mg}{3}$ と整理し，小球Aの運動方程式に代入すると，$\frac{2mg}{3}=F-\frac{4mg}{3}-2mg$ となるため，$F=4mg$ と求まる。

答【8】⓪

【9】 糸2の張力 T を求めるために，【8】と同様に運動方程式を考える。【8】より，小球Bの運動方程式は，$m\times\frac{g}{3}=T-mg$ となるため，整理すると，$T=\frac{mg}{3}+mg=\frac{4}{3}mg$ と求まる。

答【9】⑥

【10】 糸2を切り離すと，糸とそれぞれの小球にはたらいていた張力 T はなくなるため，小球Aにはたらく力は下図のようになる。

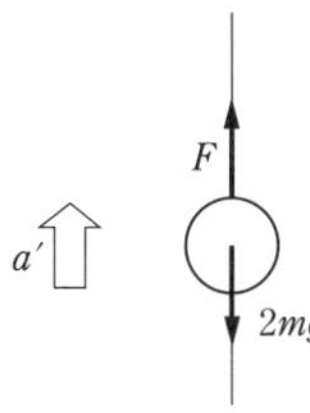

そこで，上図のように加速度の向きを引き続き定義し，小球の運動方程式を再度立てると，$2ma'=+F-2mg$ となる。また【8】より，$F=4mg$ であるため，代入すると $2ma'=4mg-2mg$ となるため，整理すると $a'=g$ と求まる。

答【10】⑤

答【6】②【7】①【8】⓪

【9】⑥【10】⑤

Ⅲ 単振り子に関する問題

【11】 単振り子の点Oでの速さを求めるために，力学的エネルギー保存則を考える。【3】より，力学的エネルギー保存則は $E=K+U$ であり，かつ重力のみが仕事をする運動の場合 $\frac{1}{2}mv_1^2+mgh_1=\frac{1}{2}mv_2^2+mgh_2$ と表せる。そこで点Pで小球Aは静止しているため運動エネルギーをもたない点と，点Oを基準面とするために点Oでは位置エネルギーをもたない点，かつ小球Aの質量が $2m$ であり，点Oから点Pまでの高さが h であることにそれぞれ留意し，力学的エネルギー保存則を立てると，$2mgh=\frac{1}{2}\times2mv^2$ と表せるため，整理すると，$v=\sqrt{2gh}$ と求まる。

答【11】⑥

【12】 点Oの糸の張力の大きさ T を求めるために，円運動での運動方程式を考える。問の物体には下図のように，糸の張力 T と重力 $2mg$ がはたらいている。

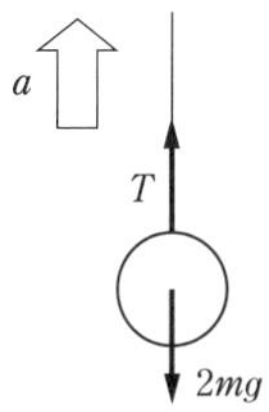

また円運動では，円の中心方向に向心力がはたらくため，同じく上図のように円の中心方向に向心加速度がはたらく。そこで，上図の加速度と力のベクトルに留意し，小球Aの運動方程式を立てると，$2ma=+T-2mg$ と表せる。

さらに，一般に円運動を行う物体の加速度を a，半径を r，角速度を ω とすると，これらには $a=r\omega^2$ の関係があり，かつ速さを v とすると，これらには $v=r\omega$ の関係がある。よってこれらを一般的な運動方程式 $ma=F$ に代入していくと，$ma=mr\omega^2=m\frac{v^2}{r}=F$ と表せる。よって問の円運動の半径が r であることに留意し，これをAの運動方程式に反映させると，$2m\frac{v^2}{r}=T-2mg$ となる。よって上式にさらに【11】より，$v=\sqrt{2gh}$ を代入すると，$\frac{4mgh}{r}=T-2mg$

となるため，整理すると，$T=2(r+2h)\dfrac{mg}{r}$と求まる。

答【12】⑤

【13】 単振り子の周期は $T=2\pi\sqrt{\dfrac{r}{g}}$ である。

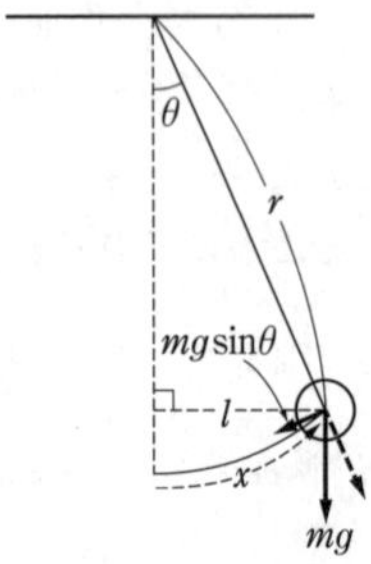

質量 m の小球がついた単振り子は，運動方向の $mg\sin\theta$ を復元力として単振動を行う。よって，復元力の大きさ F は，$F=-mg\sin\theta$ と表せる(上図参照)。また，上図の通り $\sin\theta=\dfrac{l}{r}$ であるが，角 θ が十分に小さいとき，l と x は近似と見なせるため，復元力の大きさ F は，$F=-mg\sin\theta\approx-mg\dfrac{x}{r}$ となる。さて，一般に復元力の大きさは，位置を x，角速度を ω とすると，$F=-m\omega^2x$ と表せるため，上式と連立すると，$F=-mg\dfrac{x}{r}=-m\omega^2x$ となるため，$\omega=\sqrt{\dfrac{g}{r}}$ を得る。また，一般に単振り子の周期 T は，$T=\dfrac{2\pi}{\omega}$ と表せるため，上記式をさらに代入すると，$T=2\pi\sqrt{\dfrac{r}{g}}$ となる。

次に，小球 A が点 P から初めて点 O に達するまでにかかる時間を考える。上記周期は，同じ運動を繰り返す場合の 1 回の運動に要する時間である。よって，次図の場合，周期は，点 P から点 O を通過し，点 Q で折り返し，再び点 P に戻るまでの時間である。

よって，小球 A が点 P から初めて点 O に達するまでの時間は，周期の$\dfrac{1}{4}$であるため，その時間 $t_{PO}=\dfrac{1}{4}T=\dfrac{1}{2}\times\pi\sqrt{\dfrac{r}{g}}$ と求まる。

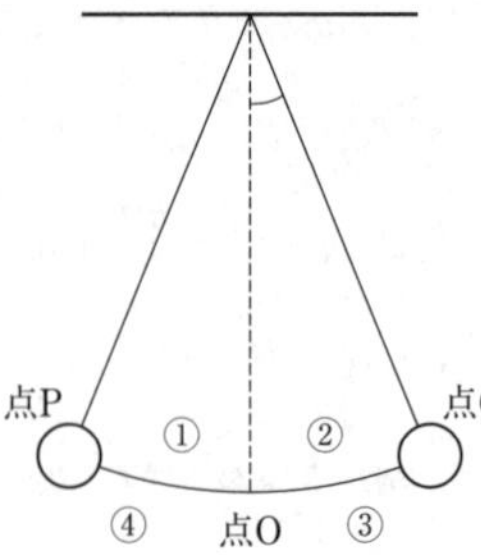

答【13】③

【14】 衝突直後の小球 A の速さを求めるために，運動量保存則と跳ね返り係数の関係式を考える。まず，一般に質量 m_A の物体の衝突前の速さを v_A，衝突後の速さを v_A' とし，同じく質量 m_B の物体の衝突前の速さを v_B，衝突後の速さを v_B' とすると，運動量保存則は $m_Av_A+m_Bv_B=m_Av_A'+m_Bv_B'$ と表せる。さて，衝突する前の点 O における，小球 A, B それぞれの速さは，【11】より力学的エネルギーが保存されるため，ともに v である（ベクトルは逆であることに注意が必要であり，小球 A は右向き，小球 B は左向きである）。また，衝突後のそれぞれの小球の速さを v_A'，v_B' とし，小球の質量がそれぞれ A は $2m$，B は m であることとベクトルにも留意し，問に即して運動量保存則を立てると $2mv-mv=2mv_A'+mv_B'$ となる。

次に，一般に跳ね返り係数を e とすると，それぞれの小球の衝突前後の速さ v_A，v_A'，v_B，v_B' は，$e=-\dfrac{v_A'-v_B'}{v_A-v_B}$ と表せる。よって，運動量保存則同様に，ベクトルに留意し，問に即して跳ね返り係数の関係式を立てると，$e=-\dfrac{v_A'-v_B'}{v-(-v)}$ となる。また，跳ね返り係数は $e=\dfrac{1}{2}$ であるため代入し，上式を整理すると，$v_B'=v+v_A'$ となる。よって，上式を運動量保存則に代入すると，$2mv-mv=2mv_A'+m(v+v_A')$ となるため，整理すると，$v_A'=0\times v$ と求まる。

答【14】①

【15】 衝突直後の小球Bの速さを求めるために，【14】同様の考え方を行う。【14】より，衝突直後の小球Aの速さは $v_A{}'=0$ と求まっているため，同じく【14】の $v_B{}'=v+v_A{}'$ に代入すると，$v_B{}'=1\times v'$ と求まる。

答【15】⑤

答【11】⑥【12】⑤【13】③

【14】①【15】⑤

Ⅳ 気体の状態変化に関する問題

【16】 ピストンに封入されている理想気体の圧力 p_1 を求めるために，圧力を含めたピストンにはたらく力のつりあいを考える。一般に圧力 p は，圧力がかかる物体の面積を S，その面にはたらく力を F とすると，これらは $p=\dfrac{F}{S}$ と表せる。よって上式を変形し，$F=pS$ と整える。また，ピストンにはたらく力は下図のように，おもりがピストンを押す力，大気圧および理想気体の圧力である。

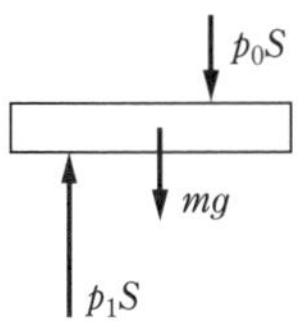

よって，上図を参考に力のつりあいの式を立てると，$p_1S=p_0S+mg$ と表せるため，整理すると，$p_1=p_0+\dfrac{1}{S}\times mg$ と求まる。

答【16】⑧

【17】 シリンダーを冷却した後の理想気体の圧力 p_2 を求めるために，再度圧力を含めたピストンにはたらく力のつりあいを考える。ピストンにはたらく力は下図のように，おもりがピストンを押す力，大気圧および理想気体の圧力である。

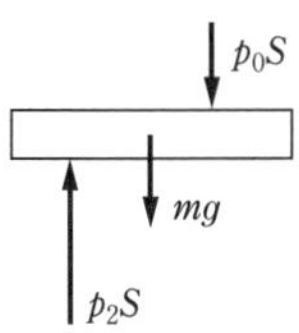

よって，上図を参考に力のつりあいの式を立てると，$p_2S=p_0S+mg$ と表せるため，$p_2=p_0+\dfrac{mg}{S}$ となる。また，【16】より，$p_1=p_0+\dfrac{mg}{S}$ であるため，上式に代入すると，$p_2=1\times p_1$ と求まる。

答【17】⑥

【18】 シリンダーを冷却した後の理想気体の絶対温度 T_2 を求めるために，ボイルシャルルの法則を考える。一般に，理想気体が状態変化する際に，状態Aの絶対温度を T_A，圧力を p_A，体積を V_A とし，状態Bの絶対温度を T_B，圧力を p_B，体積を V_B とすると，これらは $\dfrac{p_AV_A}{T_A}=\dfrac{p_BV_B}{T_B}$ と表せる。そこで，問で与えられている通り，図1での絶対温度 T_1，圧力 p_1，体積 lS と，図2での絶対温度 T_2，圧力 p_2，体積 $\dfrac{\sqrt{2}}{2}lS$ をそれぞれ代入し，かつ【17】より $p_2=p_1$ であることを考慮すると，$\dfrac{p_1lS}{T_1}=\dfrac{p_1\dfrac{\sqrt{2}}{2}lS}{T_2}$ と表せるため，整理すると，$T_2=\dfrac{\sqrt{2}}{2}\times T_1$ と求まる。

答【18】⑤

【19】 図2の状態から図2の理想気体の絶対温度を T_2 に保ちながらおもりをゆっくりと取り去った図3までの状態変化に対する，理想気体の内部エネルギーの変化量 $\varDelta U$ と，理想気体に与えられた熱量 Q および理想気体がされた仕事 W の関係を求めるために，熱力学の第1法則を考える。一般に上記の関係は熱力学の第1法則より，$\varDelta U=Q+W$ と表せる。また，理想気体の内部エネルギー $\varDelta U$ は，理想気体の物質量を n，気体定数を R，絶対温度の変化量を $\varDelta U$ とすると，これらは $\varDelta U=\dfrac{3}{2}nR\varDelta T$ と表せる。さらに，理想気体がされた仕事 W は，気体の圧力を p，体積の変化量を $\varDelta V$ とすると，これらは $W=p\varDelta V$ と表せる。

さて，図2から図3までの絶対温度の変化を考える。問より絶対温度は T_2 に保ちながら変化させるため，$\varDelta T_{23}=0$ となり，温度変化がないため，内部エネルギーの変化 $\varDelta U_{23}$ は $\varDelta U_{23}=0$

と求まる。次に体積の変化を考える。図2の体積は $V_2=\frac{\sqrt{2}}{2}lS$ であり，図3の体積は $V_3=lS$ となる。よって体積変化は $\Delta V_{23}=lS-\frac{\sqrt{2}}{2}lS=\left(\frac{2-\sqrt{2}}{2}\right)lS$ となる。しかし，気体の体積は膨張しているため，実際に気体は外部に仕事をしている。よって気体がされた（注意）仕事 W_{23} は，$W_{23}<0$ と求まる。最後に熱量の変化を考える。熱力学の第1法則より，$\Delta U=Q+W$ に上記結果を反映させると，$0=Q_{23}+W_{23}$ と表せる。また，ここで先述より気体がされた仕事は $W_{23}<0$ であるため，結果的に $Q_{23}>0$ と求まる。よって上記組合せは⑤となる。

答【19】⑤

【20】【19】と同様の考え方を用いて，図1から図2までの状態変化に対する，内部エネルギーの変化量 ΔU と，与えられた熱量 Q および気体がされた仕事 W の関係を求める。まず，絶対温度の変化を考える。【18】より，T_1 は $T_2=\frac{\sqrt{2}}{2}\times T_1$ へと変化するため，内部エネルギーの変化 ΔU_{12} は，$\Delta U_{12}=\frac{3}{2}nR\left(\frac{\sqrt{2}}{2}-1\right)T_1$ と表せる。よって，$\Delta U_{12}<0$ と求まる。次に体積の変化を考える。図1の体積は $V_1=lS$ であり，図2の体積は $V_2=\frac{\sqrt{2}}{2}lS$ となる。そこで気体がされた（注意）仕事 W_{12} は，【17】より $p_2=p_1$ で圧力が一定であることに留意すると，$W_{12}=p_1\left(\frac{2-\sqrt{2}}{2}\right)lS$ と表せる。よって気体がされた仕事 W は，$W_{12}>0$ と求まる。最後に熱量の変化を考える。熱力学の第1法則より，$\Delta U=Q+W$ に上記結果を反映させると，$\Delta U_{12}=Q_{12}+W_{12}$ と表せる。この状態で先述より，$\Delta U_{12}<0$ かつ $W_{12}>0$ であることを考慮すると，結果的には $Q_{12}<0$ と求まる。よって上記組合せは⑦となる。

答【20】⑦

答【16】⑧【17】⑥【18】⑤

【19】⑤【20】⑦

V ［A］凸レンズに関する問題 ［B］ドップラー効果に関する問題

【21】 スクリーンにできる像の倍率を求めるためにレンズの公式を考える。一般にレンズから物体までの距離を a，レンズから像までの距離を b，焦点距離を f とすると，これらは，$\frac{1}{a}+\frac{1}{b}=\frac{1}{f}$ と表せる。また，像の倍率 m も，$m=\frac{b}{a}$ と表せる。よって，問で与えている通り，レンズから物体までの距離もレンズから像までの距離もそれぞれ a，b であるため，倍率 m は $m=\frac{b}{a}$ と求まる。

答【21】①

【22】 凸レンズの焦点距離 f を求めるために，【21】より，$\frac{1}{a}+\frac{1}{b}=\frac{1}{f}$ を用いる。問で与えている通り，【21】より a，b であることを考慮すると，上記同様の形となるため，通分すると $\frac{b+a}{ab}=\frac{1}{f}$ となるため，整理すると $f=\frac{ab}{a+b}$ と求まる。

答【22】⑦

【23】 凸レンズを用いてスクリーンに映した像の向きを求めるために，物体とレンズと像の関係について考える。凸レンズを用いて，物体をレンズの焦点距離よりも遠くに置いた場合の像の作図は下図のようになる。

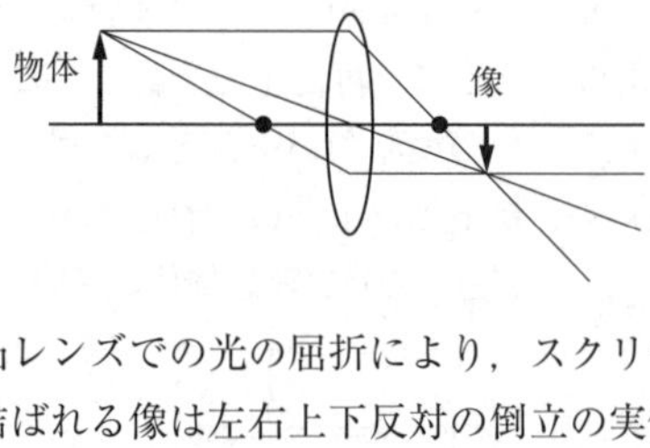

凸レンズでの光の屈折により，スクリーン上で結ばれる像は左右上下反対の倒立の実像となる。よって，次図のような物体であれば，スクリーンにできる像をスクリーンの凸レンズと反対側から見ると，次図の通り映し出される。

よって上記の通り②となる。

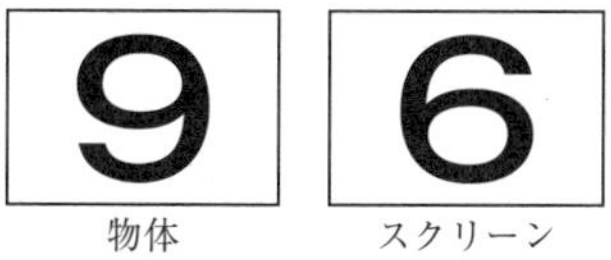

答【23】②

【24】 車と観測者の距離を求めるために等速直線運動について考える。一般に速さ v〔m/s〕の物体が，時間 t〔s〕の間に距離 x〔m〕だけ移動したとき，これらは $x=vt$〔m〕と表せる。

さて車は速さ20〔m/s〕であるため，$t=1.00$〔s〕間で $x=vt=20\times1.00=20.0$〔m〕進む。また，車と観測者との距離は340〔m〕であったため，$t=1.00$〔s〕後の車と観測者との距離は，$x=340-20.0=3.20\times10^2$〔m〕と求まる。

答【24】⑤

【25】 観測者が受けとる波の波長 λ〔m〕を求めるために，波長について考える。波長 λ〔m〕とは波の隣りあう山と山（谷と谷）の間隔のことである。例えば，6〔m〕の間に，均等な間隔の1波長の波が3個あったとすると，この波の波長 λ〔m〕は $6\div3=2$〔m〕と求まる。

さて，【24】より，車と観測者の距離は 3.20×10^2〔m〕であり，問よりこの距離の中に波は 1.60×10^3 個あるため，上記例を参考にすると，このときの波の波長 λ〔m〕は $3.20\times10^2\div(1.60\times10^3)=2.00\times10^{-1}$〔m〕と求まる。

答【25】④

【26】 観測者が聞く音の振動数 f〔Hz〕を求めるために，波の速さの公式について考える。一般に波長 λ〔m〕の波の振動数を f〔Hz〕，波の速さを V〔m/s〕とすると，これらは $V=f\lambda$〔m/s〕と表せる。

さて，【25】より問の波長 λ〔m〕は 2.00×10^{-1}〔m〕であることと，問より音速が340〔m/s〕であることに留意し，上式に代入すると，観測者が聞く音の振動数 f〔Hz〕は，$V=f\lambda$〔m/s〕より $f=\dfrac{V}{\lambda}$〔Hz〕であるため，$f=\dfrac{340}{2.00\times10^{-1}}=1.70\times10^3$〔Hz〕と求まる。

答【26】②

【27】 静止している観測者から車（音源）が遠ざかっていく場合のドップラー効果で車（音源）の速さを求めるために，ドップラー効果を考える。一般に，音源から発せられる音の振動数を f〔Hz〕，観測者が聞く音の振動数を f'〔Hz〕，音速を V〔m/s〕，音源の速さを $v_{音}$〔m/s〕，観測者の速さを $v_{観}$〔m/s〕とし，下図のような状況の場合，これらは，$f'=\dfrac{V-v_{観}}{V-v_{音}}$〔Hz〕と表せる。

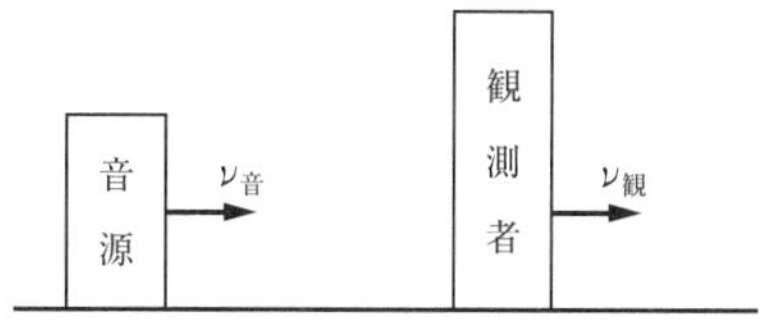

さて，問では観測者が静止していることと，車（音源）が観測者のいる地点を通過した後であることに留意すると，次図のような状況となり，観測者が聞く音の振動数 f'〔Hz〕は，$f'=\dfrac{V}{V+v_{音}}f$〔Hz〕と表せる。

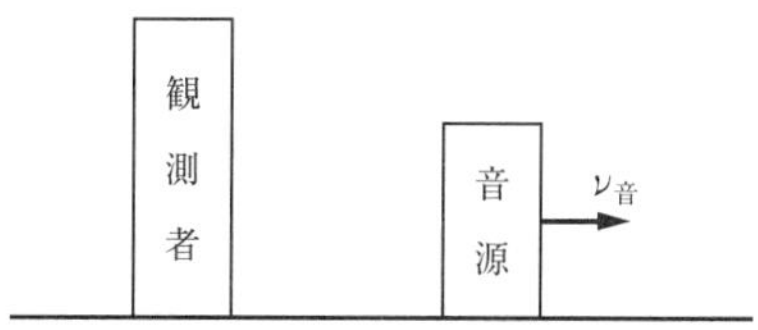

よって，車（音源）の速さ $v_{音}$〔m/s〕は，問より観測者が聞く音の振動数が $f'=1.50\times10^3$〔Hz〕であること，音速が340〔m/s〕であること，音源の振動数が $f=1.60\times10^3$〔Hz〕であることに留意し，上式に代入すると，$1.50\times10^3=\dfrac{340}{340+v_{音}}\times1.60\times10^3$〔Hz〕と表せる。そこで計算し整理すると，$v_{音}=22.66\approx23$〔m/s〕と求まる。

答【27】④

答【21】①【22】⑦【23】②【24】⑤
【25】④【26】②【27】④

Ⅵ ［A］箔検電器に関する問題
［B］電気回路に関する問題

【28】 図2のときの箔検電器の金属板と箔に現れる電荷の符号を求めるために，箔検電器全体の電荷の分布の経過を考える。まず，図1のよう

に，箔検電器の金属板に指を触れると箔検電器内の電荷が一様になるため，下図のように電荷が分布される。よって，箔ではそれぞれの異符号の電荷の静電気力（引力）により，箔は閉じる。

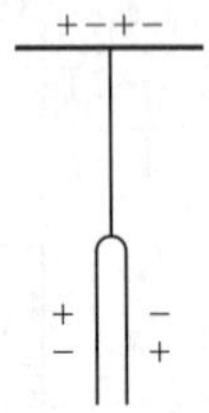

次に図２のように正の帯電体を金属板に近づけると，帯電体の静電気力に異符号の負電荷が引きつけられるため，箔検電器全体の電荷の分布は下図のようになる。

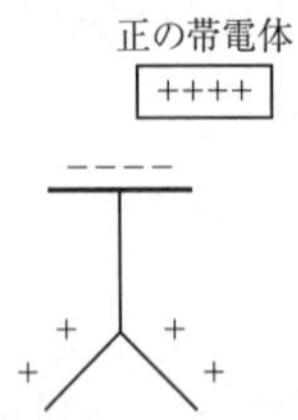

よって，箔検電器内の正電荷が箔に集まるため，静電気力（斥力）により箔は開く。また，電荷の分布は上図の通り，金属板は負の電荷となり，箔は正の電荷となる。

答【28】④

【29】 図５のときの箔検電器の金属板と箔に現れる電荷の符号を求めるために，【28】同様に，図３からの箔検電器全体の電荷の分布の経過を考える。まず，図２の状態から図３のように箔検電器の金属板に再度指を触れると，【28】同様に箔検電器内の電荷が一様になるため，下図のように電荷が分布される。よって，箔ではそれぞれの異符号の電荷の静電気力（引力）により，箔は閉じる。

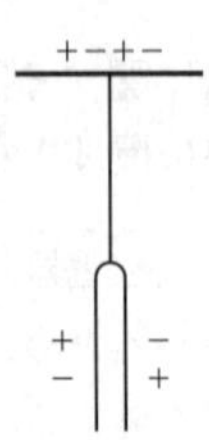

次に，図４のように，指を離さずに，正の帯電体を金属板に近づけると，まずは【28】の図２と同様の理由により，【28】と同様の電荷の分布となる。しかし，図４では金属板から指を離さなかったため，帯電体の静電気力により引きつけられた負の電荷以外，すなわち箔に移動した正電荷が指を通してアースされ，箔検電器から放出される（下図参照）。

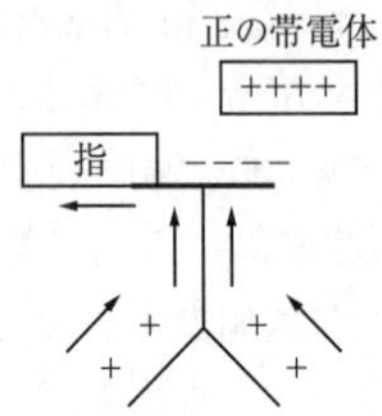

さらに，箔の正電荷がアースされた後の箔検電器の電荷の分布は下図のようになる。

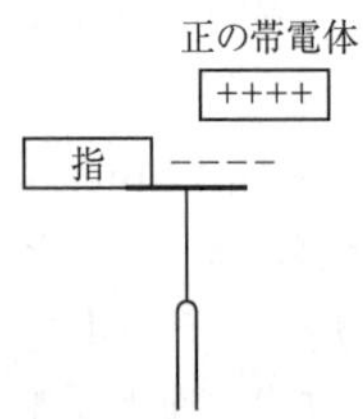

よって，箔の電荷は放出されたため，箔の電荷はなくなり，箔は閉じる。さらに上図の状態から指を離しても，正の帯電体の静電気力により負電荷は引きつけられたままであるため，上図の状態は保たれる。つまり，電荷の分布は上図の通り，金属板は負の電荷となり，箔の電荷は現れていない状態として０となる。

答【29】⑥

【30】 図６のときの箔検電器の金属板と箔に現れる電荷の符号を求めるために，図５からの箔検電器全体の電荷の分布の経過を考える。まず，図５のように指を離した状態の箔検電器の電荷の分布は次図の上部のように表せる。

次に，図６のように，正の帯電体を金属板から遠ざけると箔検電器内の負電荷を引き付ける静電気力はなくなるため，箔検電器内のそれぞれの負電荷の静電気力（斥力）がはたらき，それに伴い負電荷は箔検電器内に一様に分布する（次図の下部参照）。

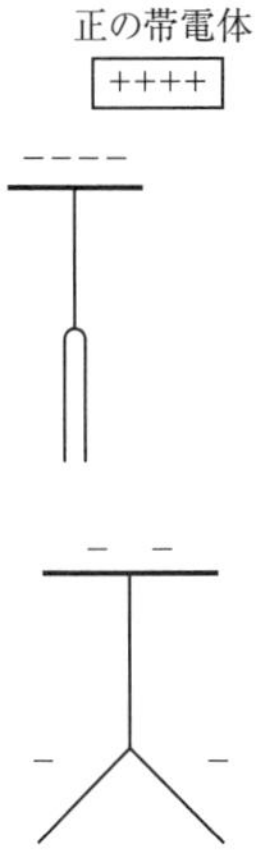

よって，箔には負電荷が帯電するため，お互いの静電気力（斥力）により箔は開く。また，電荷の分布は上図の通り，金属板は負の電荷となり，箔も負の電荷となる。

答【30】⑤

【31】 コンデンサー C_1の電気量 Q_1〔C〕を求めるために，スイッチをA側に閉じたときの電気回路について考える。始めに，コンデンサーの電気容量を C〔F〕，かかる電圧を V〔V〕とすると，コンデンサーに蓄えられる電気量 Q〔C〕は，$Q=CV$〔C〕と表せる。また，スイッチをA側に閉じたときの回路図は下図のようになる。

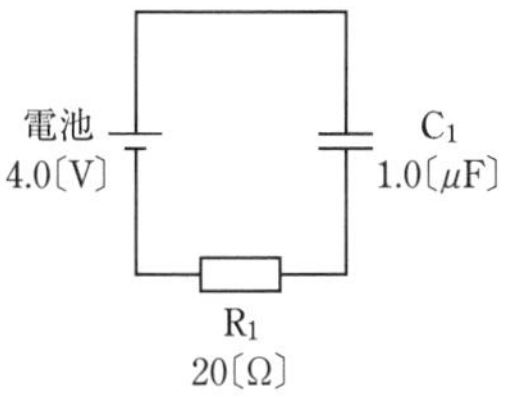

十分に時間が経過すると，コンデンサーの充電は終わり，回路に電流が流れなくなる。一般に抵抗の抵抗値を R〔Ω〕，かかる電圧を V〔V〕，流れる電流を I〔A〕とすると，オームの法則よりこれらは $V=RI$〔V〕の関係を得る。よって，十分に時間が経過した後は回路に電流が流れていないため，上式より抵抗にかかる電圧は0〔V〕である。つまり，電池の起電力とコンデンサーにかかる電圧は等しくなる。ここで，電池の起電力（コンデンサーにかかる電圧）が4.0〔V〕であることと，コンデンサー C_1の電気容量が1.0〔μF〕であることに留意し，上式 $Q=CV$〔C〕に代入すると，コンデンサー C_1の電気量 Q_1〔C〕は $Q_1=1.0\times10^{-6}\times4.0=4.0\times10^{-6}$〔C〕と求まる。

答【31】⑧

【32】 コンデンサー C_1の静電エネルギー U_1〔J〕を求めるために，【31】同様にスイッチをA側に閉じたときの電気回路について考える。一般にコンデンサーに蓄えられる電気量を Q〔C〕，かかる電圧を V〔V〕とすると，コンデンサーの静電エネルギー U〔J〕は，$U=\frac{1}{2}QV$〔J〕と表せる。

よって，【31】より，コンデンサー C_1の電気量が $Q_1=4.0\times10^{-6}$〔C〕であることと，かかる電圧が4.0〔V〕であることに留意し，上式に代入すると，コンデンサー C_1の静電エネルギー U_1〔J〕は，$U_1=\frac{1}{2}\times4.0\times10^{-6}\times4.0=8.0\times10^{-6}$〔J〕と求まる。

答【32】⓪

【33】 スイッチをBに切り替え，十分に時間が経過した後のコンデンサー C_1の電圧 V_1'〔V〕を求めるために，スイッチをB側に閉じたときの電気回路について考える。スイッチをB側に閉じたときの回路図は下図のようになる。

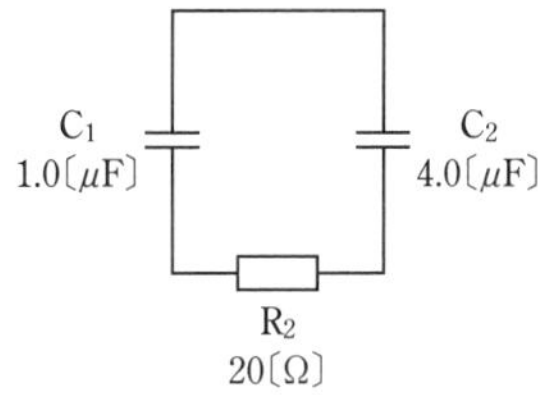

さて，スイッチをA側に閉じたときのコンデンサー C_1の電気量を Q_1〔C〕とし，スイッチをB側に閉じ，十分に時間が経過した後のコンデンサー C_1の電気量を Q_1'〔C〕，コンデンサー C_2の電気量を Q_2'〔C〕とすると，これらは $Q_1=Q_1'+Q_2'$〔C〕の関係を得る。

また，上記回路は並列であるため，コンデンサー C_1および C_2の電圧は等しくなる。そこで，まずコンデンサー C_1，C_2の電圧をそれぞれ，V_1'，V_2'〔V〕とし，かつ各コンデンサーの電気容量を C_1，C_2〔F〕とすると，電気量との関係

式は $Q_1'=C_1V_1'$〔C〕，$Q_2'=C_2V_2'$〔C〕と表せる。よって，この両式の電圧が等しいことに留意すると，$\dfrac{Q_1'}{C_1}=\dfrac{Q_2'}{C_2}$〔V〕と表せる。

さらに，この式に問の電気容量を代入し，$\dfrac{Q_1'}{1.0\times10^{-6}}=\dfrac{Q_2'}{4.0\times10^{-6}}$〔V〕とし整理すると，$Q_2'=4.0Q_1'$〔C〕となる。また，**【31】** より $Q_1=4.0\times10^{-6}$〔C〕であることに留意して，この式を $Q_1=Q_1'+Q_2'$〔C〕に代入すると，$4.0\times10^{-6}=Q_1'+4.0Q_1'$〔C〕となるため，整理すると，$Q_1'=0.80\times10^{-6}$〔C〕と求まる。

さて，最終的にコンデンサー C_1の電圧 V_1'〔V〕は，$Q_1'=C_1V_1'$〔C〕に今までの値を代入すると，$V_1'=\dfrac{0.80\times10^{-6}}{1.0\times10^{-6}}=0.80$〔V〕と求まる。

答 **【33】** ⑤

【34】 抵抗 R_2で発生するジュール熱を求めるために，スイッチ A を閉じたときのコンデンサー C_1の静電エネルギーと，スイッチ B を閉じたときのコンデンサー C_1および C_2の静電エネルギーの和の比較を考える。それぞれの系での静電エネルギーの総量の変化量は，抵抗でのジュール熱に変換される。そこで，まず **【32】** より，スイッチ A を閉じたときのコンデンサー C_1の静電エネルギーは $U_1=8.0\times10^{-6}$〔J〕であった。次に，スイッチ B を閉じたときのコンデンサー C_1および C_2の静電エネルギーをそれぞれ求める。

はじめにコンデンサー C_1の電気量と電圧はそれぞれ，**【33】** より $Q_1'=0.80\times10^{-6}$〔C〕，$V_1'=0.80$〔V〕であるため，かつ **【32】** より，$U=\dfrac{1}{2}QV$〔J〕を用いると，コンデンサー C_1の静電エネルギー U_1'〔J〕は，$U_1'=\dfrac{1}{2}\times0.80\times10^{-6}\times0.80=0.32\times10^{-6}$〔J〕と求まる。

次に，コンデンサー C_2の静電エネルギー U_2'〔J〕を求めるために，コンデンサー C_2に蓄えられる電気量 Q_2'〔C〕を求める。**【33】** より，$Q_1'=0.80\times10^{-6}$〔C〕であり，かつ $Q_2'=4.0Q_1'$〔C〕であるため，$Q_2'=3.2\times10^{-6}$〔C〕と求まる。そこで，並列接続のためそれぞれのコンデンサーの電圧が同じく **【33】** より，$V_1'=V_2'=0.80$〔V〕であることに留意すると，コンデンサー C_2の静電エネルギー U_2'〔J〕は，$U_2'=\dfrac{1}{2}\times3.2\times10^{-6}\times0.80=1.28\times10^{-6}$〔J〕と求まる。

以上を踏まえ，それぞれの系の静電エネルギーの総量を比較すると，静電エネルギーの変化量 ΔU〔J〕は，$\Delta U=U_1-(U_1'+U_2')$〔J〕と表せるため，$\Delta U=8.0\times10^{-6}-(0.32\times10^{-6}+1.28\times10^{-6})=6.4\times10^{-6}$と求まる。この分の静電エネルギーの損失が，抵抗 R_2で発生するジュール熱となる。

答 **【34】** ⑨

答 **【28】** ④ **【29】** ⑥ **【30】** ⑤ **【31】** ⑧
【32】 ⓪ **【33】** ⑤ **【34】** ⑨

物　理　　　正解と配点

（60分，100点満点）

問題番号		正　解	配　点
1	【1】	④	3
	【2】	②	3
	【3】	①	3
	【4】	⑨	3
	【5】	①	3
2	【6】	②	3
	【7】	①	3
	【8】	⓪	3
	【9】	⑥	3
	【10】	⑤	3
3	【11】	⑥	3
	【12】	⑤	3
	【13】	③	3
	【14】	①	3
	【15】	⑤	3
4	【16】	⑧	3
	【17】	⑥	3
	【18】	⑤	3
	【19】	⑤	3
	【20】	⑦	3

問題番号		正　解	配　点
5	【21】	①	2
	【22】	⑦	3
	【23】	②	3
	【24】	⑤	3
	【25】	④	3
	【26】	②	3
	【27】	④	3
6	【28】	④	2
	【29】	⑥	3
	【30】	⑤	3
	【31】	⑧	3
	【32】	⓪	3
	【33】	⑤	3
	【34】	⑨	3

平成30年度　化　学　解答と解説

1　物質の構成

(1) ①　特定の成分だけをよく溶かす液体を利用して，特定の成分を溶かしだすことによって分離する方法。

②　温度による溶解度の差を利用して，特定の物質を沈殿させることによって分離する方法。

③　昇華という状態変化を利用して，特定の物質を分離する方法。

④　溶媒に溶けない物質を，ろ紙などを利用して分離する方法。

⑤　液体の混合物を，沸点の違いを利用して分離する方法。

⑥　固体や液体中の移動速度の差を利用して分離する方法。

液体の窒素と液体の酸素の混合物(液体空気)を，沸点の差（窒素が－196℃，酸素が－183℃）を利用して窒素と酸素に分離する操作なので，⑤の分留が適する。

答【1】⑤

(2) $^{39}_{19}K^+$のような元素記号の左上の数字は，質量数を表す。質量数は原子核中の陽子の数と中性子の数の合計に等しい。つまり，

質量数＝陽子数＋中性子数

ということになる。

また，元素記号の左下の数字は，原子番号を表す。原子番号は原子核中の陽子の数に等しい。これらより，このカリウムイオンがもつ陽子数は19，中性子数は20である。

次に，原子であれば 陽子数＝電子数 であり，全体の電荷は0になる。カリウムイオンは1価の陽イオンなので，原子よりも電子が1つ少ない。これより，このカリウムイオンがもつ電子数は18である。以上のことから，数の大小関係は

中性子の数＞陽子の数＞電子の数

となる。

答【2】③

(3) 各価電子数から，合計の数を計算する。典型元素（1，2族と12～18族）で，18族以外の元素の価電子数は，族番号の1の位と同じ数になる。また18族は化学反応性に乏しいので，価電子を0としている。

① eは3，nは4，計7　② eは3，oは5，計8
③ gは5，nは4，計9　④ lは2，qは7，計9
⑤ mは3，pは6，計9　⑥ jは0，rは0，計0

答【3】②

mは金属元素で，hは非金属元素。金属元素と非金属元素の組み合わせはイオン結合となる。mは3価の陽イオン，hは2価の陰イオンとなる。全体として電荷が0になるように結びつくので，m：h＝2：3となる（m_2h_3）。

答【4】⑨

イオン化エネルギーとは，原子から1個の電子を取り去り，1価の陽イオンにするのに必要なエネルギーのことである。1価の陽イオンが安定な原子ほど，イオン化エネルギーが小さい。1族の元素は最外殻電子が1個なので，電子1個を取り去ることで貴ガスと同じ電子配置になるため，そのイオンは安定する。同じ周期内では，1族の元素のイオン化エネルギーがもっとも小さいので，cが該当する。

答【5】①

(4) 各分子の構造式は次のように表される。

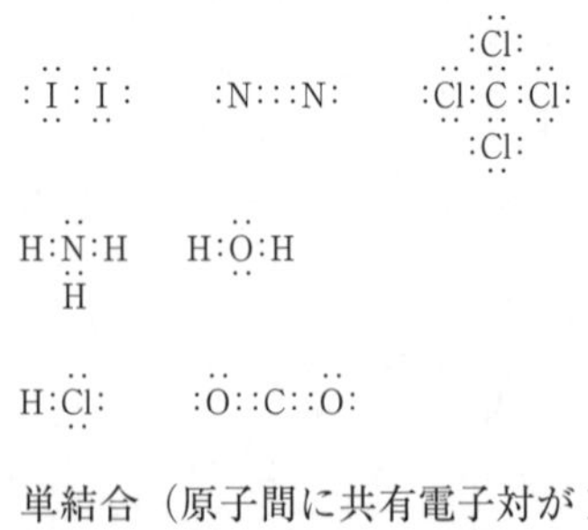

単結合（原子間に共有電子対が1対）だけでできているのは，I_2，CCl_4，NH_3，H_2O，HClの5種類。

答【6】⑤

同じ種類の原子間の結合であれば，極性がないので無極性分子になる。I_2，N_2。

また，異なる種類の原子間の結合であれば，極性がある。しかし，分子の形によっては極性が打ち消されて無極性分子になるものもある。正四面型のCCl_4，直線型のCO_2は無極性分子である。以上より，無極性分子はI_2，N_2，CCl_4，CO_2の４種類。

答【7】④

2 物質の変化

〔A〕

(1) 各元素が，両辺で同じ数になるということを利用して，いくつかの方程式を立てる。

Ca：$a=c$　C：$a=e$　O：$3a=d+2e$

H：$b=2d$　Cl：$b=2c$

これらより，$a:b:c:d:e=1:2:1:1:1$となる。ただし，どうしてもわからなければこの方法（未定係数法）を用いるが，このくらいの問いであれば目算法で解いてほしい（$a=1$，$b=2$，$c=1$，$d=1$，$e=1$）。

答【8】②

(2) 反応する炭酸カルシウムの物質量と，発生する二酸化炭素の物質量は等しい。

$$\frac{5.00\ \text{g}}{100\ \text{g/mol}}=5.00\times10^{-2}\ \text{mol}$$

答【9】③

(3) 発生する二酸化炭素の最大の物質量は，炭酸カルシウムの物質量(5.00×10^{-2} mol)に等しい。

$5.00\times10^{-2}\ \text{mol}\times22.4\ \text{L/mol}=1.12\ \text{L}$

反応に必要な塩化水素の物質量は，炭酸カルシウムの物質量の２倍（1.00×10^{-1} mol）になる。必要な体積V_1 mLは次の式で求められる。

$$2.00\times\frac{V_1}{1000}=1.00\times10^{-1}$$

$V_1=50.0$

これらより必要な塩酸は50 mL，発生する二酸化炭素の最大量は1.12 Lである。

答【10】④

〔B〕

(1) $(COOH)_2$の炭素の酸化数をxとする。分子全体の酸化数の合計は0になるので，次の式が成り立つ。

$\{x+(-2)\times2+(+1)\}\times2=0$

$x=+3$

CO_2の炭素の酸化数をyとする。分子全体の合計は0になるので，次の式が成り立つ。

$y+(-2)\times2=0$

$y=+4$

これらより，酸化数は＋３から＋４へ変化した。

答【11】⑥

(2) $MnO_4^-+8H^++5e^-\longrightarrow Mn^{2+}+4H_2O$の反応では過マンガン酸イオンは1 molあたり，電子を5 mol奪う。

$(COOH)_2\ \longrightarrow\ 2CO_2+2H^++2e^-$

シュウ酸は1 molあたり，電子を2 mol放出する。求める濃度をc mol/Lとすると，次の式が成り立つ。

$$c\times\frac{25.0}{1000}\times5=0.10\times\frac{10.0}{1000}\times2$$

$c=1.6\times10^{-2}$　∴ 1.6×10^{-2} mol/L

答【12】②

発生する二酸化炭素は反応したシュウ酸の物質量の２倍。

$$0.10\ \text{mol/L}\times\frac{10.0}{1000}\ \text{L}\times2=2.0\times10^{-3}\ \text{mol}$$

答【13】①

(3) シュウ酸は２価の酸。水酸化ナトリウムは１価の塩基。水酸化ナトリウム水溶液のモル濃度をc' mol/Lとすると次の式が成り立つ。

$$0.10\times\frac{10.0}{1000}\times2=c'\times\frac{8.0}{1000}\times1$$

$c'=0.25$

答【14】①

3 物質の状態

〔A〕

(1) $PV=nRT$で，V，R，Tは等しいので，分圧Pの比は物質量nの比に等しい。

酸素32 g は$\dfrac{32\ \text{g}}{32\ \text{g/mol}}=1.0\ \text{mol}$

メタン32 g は$\dfrac{32\ \text{g}}{16\ \text{g/mol}}=2.0\ \text{mol}$

$P_{酸素}:P_{メタン}=1:2$

答【15】③

(2) 物質量＝$\dfrac{質量}{モル質量}$と表せる。質量を m，モル質量を M とすると，気体の状態方程式は次のように表せる。

$$PV=\frac{m}{M}RT$$

これを式変形すると，

$$M=\frac{m}{V}\times\frac{RT}{P}$$

となる。$\dfrac{m}{V}$は分母が体積，分子が質量なので，単位は g/L となる。これは密度に相当する。この式に各値を代入する。

$$M=0.93\times\frac{8.3\times10^3\times300}{8.3\times10^4}$$

$$M=27.9$$

モル質量の値は，分子量の値に等しい。

① 2.0　② 16　③ 44

④ 30　⑤ 46　⑥ 28

答【16】⑥

〔B〕

辺上の原子は，2面で切断されているので格子内には$\dfrac{1}{4}$個分の原子が含まれている。立方体には12辺あるので，全部で3個分の原子が含まれる。また単位格子の中心に原子が1個分の原子が存在する。これらの合計なので，この単位格子に含まれる金属原子の数は4個となる。

答【17】④

配位数は最も近くに存在する粒子の数を表す。単位格子の中心にある原子は，辺上の原子12個に囲まれている。そのため，配位数は12となる。なお，この単位格子は面心立方格子である。普通，教科書などに記載されている図の，一辺の半分の長さをずらした構造を表している。

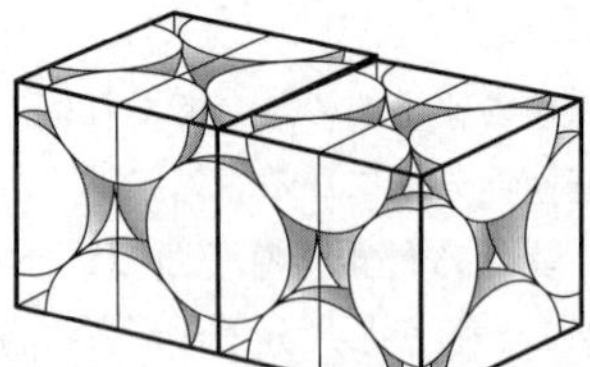

答【18】⑥

密度は単位体積あたりの質量を表すものなので，

$$密度=\frac{質量}{体積}$$

の式で求めることができる。この単位格子の体積は $a^3\ \text{cm}^3$。1 mol（＝N_A 個分）の質量は Mg である。よって原子4個分の質量は$\dfrac{4M}{N_A}$ g。これらより，この単位格子の密度は$\dfrac{4M}{N_A a^3}$ g/cm^3

答【19】⑦

図より，単位格子の一辺の長さの半分$\left(\dfrac{1}{2}a\ \text{cm}\right)$を一辺とする直角二等辺三角形の斜辺$\left(\dfrac{\sqrt{2}}{2}a\ \text{cm}\right)$に，金属原子の半径2個分（$2r$）が並んでいる。

$$r=\frac{\sqrt{2}}{4}a$$

答【20】①

4 物質の変化と平衡

〔A〕

(1) CH_3OH には，C－H の結合が3か所，C－O の結合が1か所，O－H が1か所あり，これらをすべて切断するエネルギーが必要（つまり吸熱反応）となる。熱化学方程式にすでに $-Q$ kJ と負の符号がついているので，Q の値は正の数となる。

$413\times3+352+463=2054\quad Q=2054$

答【21】⑨

(2)

$C(黒鉛)+O_2(気)=CO_2(気)+394\ \text{kJ}$　(iv)

$H_2(気)+\dfrac{1}{2}O_2(気)=H_2O(液)+286\ \text{kJ}$　(v)

これと（i）の式より，黒鉛，水素，酸素から1 mol のメタノールが生成する熱化学方程式を作る。

(iv)×1+(v)×2−(i)より，

$$C(黒鉛)+2H_2(気)+\frac{1}{2}O_2(気)$$
$$=CH_3OH(液)+240\ kJ$$

これより，生成熱は240 kJ/molとなる。

答【22】⑧

(3) 混合気体中のメタンの物質量を x mol とすると，エタンの物質量は（$1.00-x$）mol となる。

これより，次の方程式が成り立つ。

$$891x+1561(1.00-x)=1025$$
$$x=0.800$$

答【23】⑧

〔B〕

(1) $HCOOH \rightleftarrows H^++HCOO^-$ の電離平衡の電離定数は，各物質の化学式を用いて次のように表される。

$$K_a=\frac{[H^+][HCOO^-]}{[HCOOH]}$$

なお，$[H^+]$などはそれぞれ，各粒子の濃度を表している。電離度が α なので，$[H^+]=[HCOO^-]=0.10\alpha$，$[HCOOH]=0.10(1-\alpha)$ となる。これらと，$K_a=2.8\times10^{-4}$を代入する。

$$2.8\times10^{-4}=\frac{0.10\alpha\times0.10\alpha}{0.10(1-\alpha)}$$

問題文に $1-\alpha\fallingdotseq1$ と近似できるとあるので，次のように式を変形する。

$$\alpha^2=28\times10^{-4}$$
$$\alpha=5.3\times10^{-2}$$

答【24】⑥

$\log_{10}5.3$が与えられていないので，以下の数値を使ってpHを求める。

$$[H^+]=0.10\times\sqrt{28}\times10^{-2}$$

pHは，

$$-\log_{10}[H^+]=-\log_{10}(0.10\times\sqrt{28}\times10^{-2})$$
$$=-\log_{10}(\sqrt{28}\times10^{-3})$$
$$=-\frac{1}{2}\log_{10}28+3$$
$$=-0.70+3$$
$$=2.3$$

答【25】③

(2) $NH_3+H_2O \rightleftarrows NH_4^++OH^-$ の電離平衡の電離定数は，各物質の化学式を用いて次のように表される。

$$K_b=\frac{[NH_4^+][OH^-]}{[NH_3]}$$

アンモニア水の濃度を c mol/L とすると，電離度が α なのでそれぞれの濃度は$[NH_3]=c(1-\alpha)$，$[NH_4^+]=[OH^-]=c\alpha$ となる。これらを代入すると，

$$K_b=\frac{c\alpha\times c\alpha}{c(1-\alpha)}$$

問題文に $1-\alpha\fallingdotseq1$ と近似できるとあるので，次のように式を変形できる。

$$\alpha=\sqrt{\frac{K_b}{c}}$$

$[OH^-]=c\alpha$ に代入すると，$[OH^-]=\sqrt{cK_b}$ と表せる。水のイオン積は $K_w=[H^+][OH^-]$ なので，

$$[H^+]=\frac{K_w}{[OH^-]}$$

となる。pHは，

$$-\log_{10}\frac{K_w}{[OH^-]}=-\log_{10}\frac{1.0\times10^{-14}}{\sqrt{0.1\times2.3\times10^{-5}}}$$
$$=14+0.18-3$$
$$=11.18$$

答【26】⑦

5 無機物質

〔A〕

水酸化カルシウム（固体）と塩化アンモニウム（固体）からアンモニアを合成する際，両方の固体を混合し加熱する。その際，水が発生する。この水が加熱部に流れ込むと試験管が割れる可能性があるので，試験管の口を少し下げて加熱する。

発生したアンモニアは水に溶けやすい気体なので，水上置換では捕集できない。分子量が17で，空気のみかけの分子量28.8よりも小さいので，空気の密度に比べて小さい。そのため，上方置換で捕集する。

答【27】⑥

アンモニアは塩基なので，酸としてはたらく化

合物を乾燥剤には使えない。そのため，③，④は除外される。また，塩化カルシウムは酸ではないが，アンモニアと $CaCl_2 \cdot 8NH_3$ という化合物をつくってしまうため適さない。ソーダ石灰は塩基であり，アンモニアと反応しない。また化合物をつくることもない。これらよりアンモニアの乾燥には，ソーダ石灰を利用する。

答【28】②

アンモニアの工業的製法は，ハーバー・ボッシュ法という。②のオストワルト法は硝酸の工業的製法，③の接触法は硫酸の工業的製法，④のアンモニアソーダ法は炭酸ナトリウムの工業的製法，⑤のテルミット法（テルミット反応）はアルミニウム粉末を使った酸化鉄(Ⅲ)の還元法である。

答【29】①

〔B〕

(1) (a)鉄，アルミニウム，銅，亜鉛の中で，希塩酸と反応しないのは，イオン化傾向が水素よりも小さい銅のみである。これより，C は銅だといえる。

(b)鉄，アルミニウム，銅，亜鉛の中で，濃硝酸と反応しないのは，不動態をつくる鉄とアルミニウム。銅はイオン化傾向が水素より小さいが，硝酸は酸化力が強いため，濃硝酸と反応する。

$$Cu + 4HNO_3 \longrightarrow Cu(NO_3)_2 + 2H_2O + 2NO_2$$

D は(a)と(b)より，亜鉛だといえる。また，A，B はどちらかが鉄，どちらかがアルミニウムとなる。

(c)濃い水酸化ナトリウム水溶液と反応するのは，両性金属であるアルミニウムと亜鉛である。B は(b)と(c)より，アルミニウムといえるので，A は鉄となる。

以上の結果から，A は鉄，B はアルミニウム，C は銅，D は亜鉛。

答【30】①　【31】②

(2) 強酸性条件でも硫化水素を通じると沈殿ができるイオンは，Cu^{2+}，Ag^{+}，Pb^{2+} の 3 種類。それぞれ，CuS，Ag_2S，PbS の黒色沈殿が生じる。金属のイオン化傾向が，Sn を含めてそれより小さい場合は，強酸性でも硫化物が沈殿する。

逆に，Fe^{2+}，Zn^{2+} は強酸性条件では沈殿しない。中性・塩基性条件であれば，それぞれ FeS，ZnS の沈殿が生じる。FeS は黒色だが，ZnS は白色である。これらより，選ぶイオンは Fe^{2+}，Zn^{2+} である。

答【32】⑨

(3) アルカリ金属元素，アルカリ土類金属元素以外の金属元素は，少量の塩基が加わると沈殿が生じる。それぞれ $Cu(OH)_2$，Ag_2O，$Fe(OH)_2$，$Pb(OH)_2$，$Zn(OH)_2$ が沈殿する。$Cu(OH)_2$ は青白色，Ag_2O は褐色，$Fe(OH)_2$ は緑白色，$Pb(OH)_2$ と $Zn(OH)_2$ は白色である。Ag^{+} では水酸化物ではなく，酸化物が沈殿するので注意が必要。

これら 5 種類のうち，過剰なアンモニア水を加えると沈殿が溶解するのは，$Cu(OH)_2$，Ag_2O，$Zn(OH)_2$ の 3 種類である。これらは $[Cu(NH_3)_4]^{2+}$，$[Ag(NH_3)_2]^{+}$，$[Zn(NH_3)_4]^{2+}$ の錯イオンを形成する。$[Cu(NH_3)_4]^{2+}$ は深青色溶液となるが，残り 2 つは無色溶液となる。これらより，選ぶイオンは Ag^{+}，Zn^{2+} である。

答【33】⑦

化　学　　　正解と配点

（60分，100点満点）

問題番号		正　解	配　点
1	【1】	⑤	2
	【2】	③	3
	【3】	②	3
	【4】	⑨	3
	【5】	①	3
	【6】	⑤	3
	【7】	④	3
2	【8】	②	2
	【9】	③	3
	【10】	④	3
	【11】	⑥	3
	【12】	②	3
	【13】	①	3
	【14】	①	3
3	【15】	③	3
	【16】	⑥	3
	【17】	④	3
	【18】	⑥	3
	【19】	⑦	4
	【20】	①	4

問題番号		正　解	配　点
4	【21】	⑨	3
	【22】	⑧	3
	【23】	⑧	3
	【24】	⑥	3
	【25】	③	4
	【26】	⑦	4
5	【27】	⑥	2
	【28】	②	3
	【29】	①	3
	【30】	①	3
	【31】	②	3
	【32】	⑨	3
	【33】	⑦	3

平成30年度　生　物　解答と解説

1　顕微鏡による細胞の観察とミクロメーター

【1】 対物ミクロメーターは，スライドガラスに目盛りが印刷されたものである。接眼ミクロメーターの1目盛りの長さを算出する際に使用する。対物ミクロメーターの目盛りは1 mmを100等分してあるので，1目盛りの長さは10 μm である。レボルバーは対物レンズを装着する部分で，接眼ミクロメーターは接眼レンズに装着する。

答【1】⑤

【2】 ゾウリムシの全長 L を測定するためには，接眼レンズを回転させることで，目盛りの方向と L を合わせるように調節することができる。レボルバーを回転させて対物レンズを変換したり，接眼レンズを交換するのは，総倍率を変える操作である。

答【2】④

【3】 接眼ミクロメーター1目盛りの長さ〔μm〕

$$=\frac{10〔\mu\text{m}〕\times\text{対物ミクロメーターの目盛りの数}}{\text{接眼ミクロメーターの目盛りの数}}$$

図1より，接眼ミクロメーター1目盛りの長さを求める場合，接眼ミクロメーター25目盛りと，対物ミクロメーター40目盛りが一致していることから，接眼ミクロメーター1目盛りは(10〔μm〕×40)÷25〔μm〕=16〔μm〕である。

よって，Lの長さは15×16〔μm〕=240〔μm〕。

答【3】③

【4】 ヒトの赤血球の直径は，およそ7～7.5 μm であり，卵の直径はおよそ140 μm であることから，大小関係は赤血球＜卵＜ゾウリムシの L（240 μm）となる。

答【4】①

【5】 通常ゾウリムシは，淡水環境下で生息している単細胞生物である。核をもつ真核生物で，体液の浸透圧は，外液よりも高い。そのため外液の水分が体内に浸透してくるため，収縮胞にたまる余分な水分を，収縮胞を収縮させることで体外に排出している。外液の塩分濃度を上げると，体液との浸透圧の差が小さくなるので，体内に浸透する水分の量は減る。よって収縮回数は減る。

答【5】①

2　遺伝情報の発現

【6】 真核生物の染色体は，問題文にあるようにヒストンにDNAが1.5回転（146塩基対）巻き付いた構造をしている。この構造単位をヌクレオソームといい，ヌクレオソームが集まって直系11nmのクロマチン繊維を形成する。

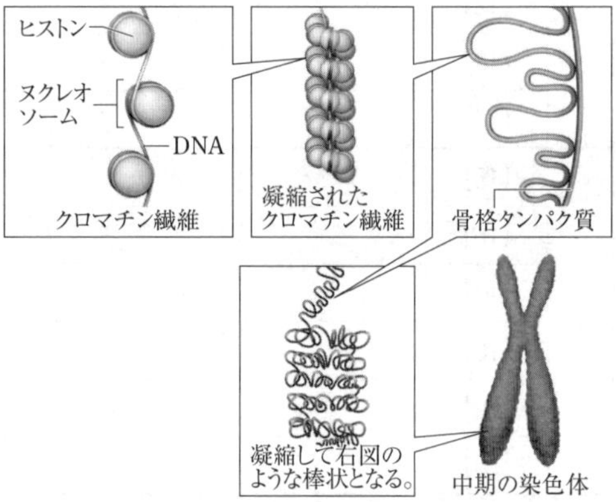

答【6】①

【7】 DNAのヌクレオチドは，糖（デオキシリボース）とリン酸と塩基が結合しており，ヌクレオチドどうしはリン酸と糖で連結しヌクレオチド鎖となる。ヌクレオチド鎖のリン酸側の末端を5′末端といい，結合には5′→3′という

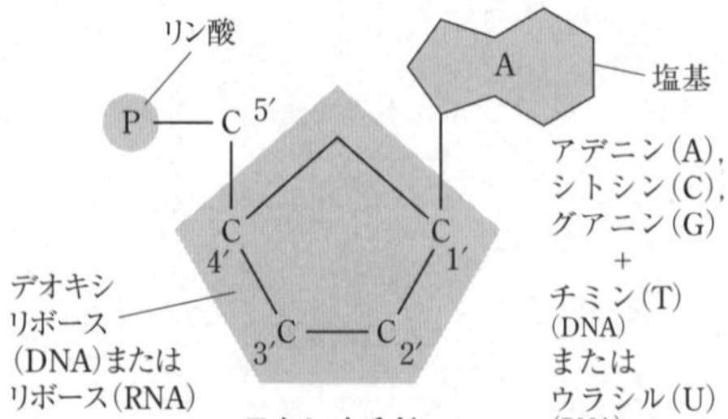

ヌクレオチド

方向性がある。DNA は塩基対を形成すると，もう一方は3´←5´と逆向きになっている。2本のヌクレオチド鎖は，塩基どうしの水素結合で相補的につながってはしご状となり，これがねじれて二重らせん構造となっている。

答【７】⑤

【８】 遺伝子組み換えに大腸菌のプラスミドを利用する。プラスミドは原核生物がもつ小型の環状 DNA で，細胞内に染色体とは別に存在する。プラスミドは自己増殖し，細胞分裂の際に娘細胞へ伝えられる。大腸菌のプラスミドを切断する酵素は制限酵素と呼ばれる。現在までにおよそ3000種類が単離されており，そのうち研究にはおよそ300種類が利用されている。切断末端には，塩基が突出しない平滑末端と，5´または3´のいずれかが突出する粘着末端とがある。粘着末端は多くの場合決まった塩基配列の箇所で切断され，回文構造となっている。また，切断面を接着するＤＮＡ連結酵素はＤＮＡリガーゼと呼ばれる。

制限酵素	認識される塩基配列
Alu I	AG｜CT / TC｜GA（切断面）
*Eco*R I	G｜AATTC / CTTAA｜G
Pst I	CTGCA｜G / G｜ACGTC
制限酵素	**切断後の末端部分**
Alu I	AG / TC　　CT / GA
*Eco*R I	G / CTTAA　　AATTC / G
Pst I	CTGCA / G　　G / ACGTC

答【８】④

【９】 細胞小器官のリボソームはタンパク質を合成する。リソソームは加水分解酵素を含む一重の膜でできた細胞小器官で，外部から取り込んだ物質の細胞内消化や，自己の細胞質を分解する自食作用（オートファジー）を進行させる。リボースは RNA を構成する糖である。予防接種に用いられるワクチンは，病原体を弱毒化，死滅させたものや，病原体の物質を弱毒化，無毒化させたものである。ワクチンを接種することで人工的に抗体産生を記憶させ，免疫を獲得させることができる。

答【９】⑥

【10】 真核生物の遺伝子の発現は，核内における DNA の転写から始まる。転写が完了し，mRNA 前駆体から完成された mRNA が細胞質中のリボソームに移動して翻訳が行われ目的のタンパク質が合成される。

真核生物の遺伝子には，転写後，翻訳される部分（エキソン）と，翻訳されない部分（イントロン）とがある。DNA の非情報部であるイントロンから転写された部分が除去され，情報部であるエキソンから転写を受けた部分だけが結合し mRNA が完成することをスプライシングという。

遺伝子の転写の促進は，DNA の二本鎖の一部がほどけ，遺伝情報となる一方の塩基配列（活性鎖）のプロモーターと呼ばれる塩基配列に，基本転写因子と RNA 合成酵素（RNA ポリメラーゼ）の複合体が結合することが必要である。

真核細胞の DNA には遺伝子の発現を制御する調節タンパク質が結合する特定の塩基配列が

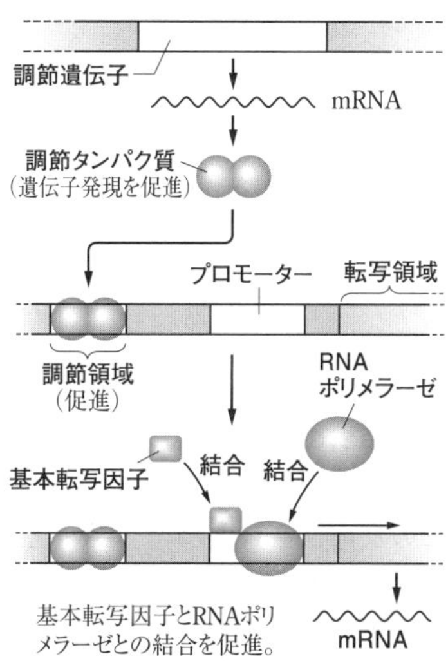

遺伝発現を促進する場合

存在し，このタンパク質の遺伝子を調節遺伝子という。調節タンパク質が結合する塩基配列を調節領域といい，遺伝子の転写が促進される場合は，この調節領域のエンハンサーに転写を促進する調節タンパク質のアクチベーターが結合することによって，基本転写因子とRNA合成酵素のプロモーターへの結合がうながされ，遺伝子の転写が促進される。

また，転写を抑制する転写調節領域はサイレンサーといい，サイレンサーにリプレッサーが結合すると，転写は抑制される。

選択的スプライシングは，単一遺伝子から転写されたmRNA前駆体から除かれるイントロンの配列部分が変化することである。その結果，多種類のmRNAが形成されることになり，そのmRNAから翻訳されて合成されるタンパク質も多種類となる。

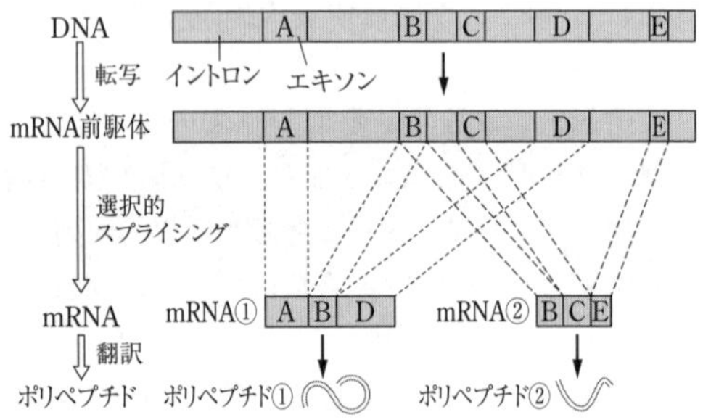

選択的スプライシング

答【10】①

3 生物の特徴

【11】 大腸菌や乳酸菌，ネンジュモは核膜に包まれた核をもたず，染色体が核様体として存在する原核生物である。原核生物には葉緑体やミトコンドリアなどの膜構造はない。

答【11】①

【12】 大気中の窒素（N_2）を還元し，窒素同化に利用するNH_4^+にすることを窒素固定といい，窒素固定を行う細菌を，窒素固定細菌という。この反応はATPのエネルギーを利用し，ニトロゲナーゼという酵素によって触媒される。ある種のシアノバクテリアや，好気性細菌のアゾトバクター，嫌気性細菌のクロストリジウム，シロツメクサのようなマメ科植物の根に共生する根粒菌などが含まれる。

答【12】⑥

【13】 ネンジュモや，ユレモ，アナベナなどはクロロフィルaをもち，酸素発生型の光合成を行う。オオカナダモなどの植物と，原生生物のミドリムシ類（ユーグレナ類）も光合成を行う。

答【13】⑦

【14】 ミトコンドリアをもたないものは原核生物であるネンジュモである。

答【14】②

【15】 原生生物はアメーバ，ミドリムシのほか，ゾウリムシ，ミル，カサノリなどである。

（注）この問いは，生物の系統分類の分野となり試験範囲外として，全員正解とした。

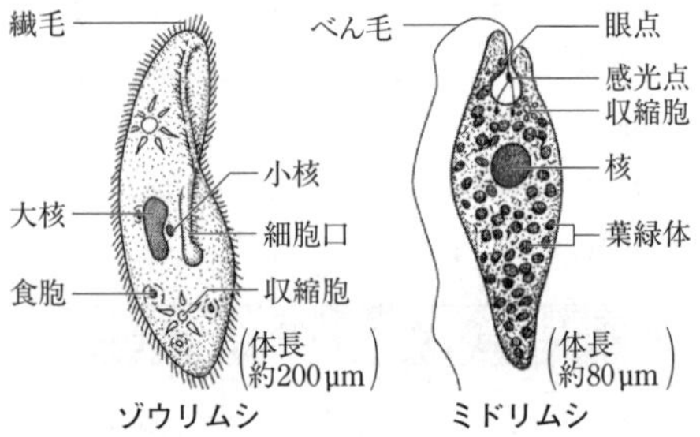

答【15】⑤

4 肝臓の働き

肝臓は消化管に付属する最も大きい内臓器官で，成人で1.2〜2.0kgの重さになる。肝臓には心臓から送り出される血液の3分の1が流入する。肝小葉は中心静脈の周囲に約50万個の肝細胞が集まり，これを血管や胆管が取り囲んでいる。肝細胞で作られた胆汁は，小葉間胆管に集められ，胆のうに送られる。

【16】 1個の肝小葉に1本の中心静脈が通っているので，1辺の長さは（5×5）÷25＝1×1より，1mmとなる。

答【16】⑥

【17】 アミノ酸から，アミノ基（$-NH_2$）が外れるとアミノ基はアンモニア（NH_3）となる。アンモニアは有害で，特に脳に障害を与えやすいため，肝臓の尿素回路（オルニチン回路）で毒

性の低い尿素に作り替えられる。

答【17】④

肝臓の働き	
血糖量の調節	グルコースをグリコーゲンの形で貯蔵したり，逆にグリコーゲンをグルコースに分解したりすることによって血糖量を調節する。
タンパク質の合成・分解	アルブミンや血液凝固に関係するタンパク質を合成し，不要となったタンパク質やアミノ酸を分解する
尿素の合成	代謝の過程で生じた有害なアンモニアを尿素回路（オルニチン回路）によって，比較的低毒性の尿素に変える。
解毒作用	アルコールなどの有害物質を化学反応によって分解する。
赤血球の破壊	古くなった赤血球を破壊する。
体温の維持	流入している多量の血液が，代謝に伴う発熱によって温められ，循環することで体温を維持する。
胆汁の生成	肝細胞で生成された胆汁は，胆のうから十二指腸に分泌され，脂肪の消化・吸収を促進する。また，肝臓の解毒作用でできた不要な物質や赤血球の分解産物を体外に排出する役割もある。

【18】 アルブミンやフィブリノーゲンなどの血しょうタンパク質は肝臓で合成される。アルブミンは血しょう中の60%を占める主要タンパク質で，浸透圧の調節に関与するほか，アミノ酸やホルモンの運搬を行い，また卵白の主成分である。ヘモグロビンは赤血球に含まれ，酸素を運搬するタンパク質である。免疫グロブリンはリンパ球のB細胞が合成する。

答【18】②

【19】 消化管からの血液は，肝門脈から肝臓へ運ばれる。よって図のBが肝門脈である。

答【19】③

【20】 すい臓のランゲルハンス島B細胞から分泌されるインスリンによってグリコーゲンの合成が促進され，血糖量が低下する。食後血糖濃度が上昇すると，間脳の視床下部で感知されたのち副交感神経の働きが促進され，インスリンが分泌される。

答【20】⑦

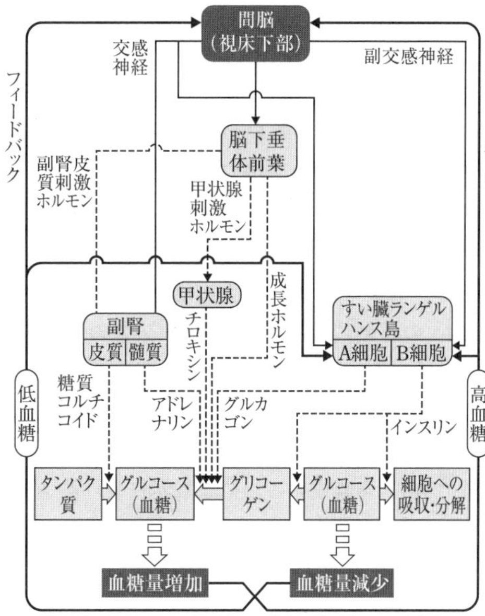

血糖量の調節

5 呼吸のしくみ

呼吸の過程は，解糖系，クエン酸回路，電子伝達系の3段階で進む。

第一段階（解糖系）（図のⅠ）

発酵と共通の過程で，脱水素酵素による脱水素反応が進行し，グルコース1分子につきATPを2分子生成する。

$$C_6H_{12}O_6 + 2NAD^+$$
$$\longrightarrow 2C_3H_4O_3(\text{ピルビン酸}) + 2NADH$$
$$+ 2H^+ + \text{エネルギー}(2ATP)$$

第二段階（クエン酸回路）

ピルビン酸はC_2化合物（アセチルCoA）を経て回路を一巡する間に水が加わり，脱水素と脱炭酸反応により段階的に分解される。これらの反応過程でピルビン酸は完全に分解され，二酸化炭素とH^+やe^-を生じる。H^+とe^-は，電子受容体であるNAD^+やFADに受け渡され，NADHや$FADH_2$となる。

クエン酸回路では，放出されたエネルギーを用いて，グルコース1分子につきATPが2分子合成される。クエン酸回路の反応は，次のように表される。

$$2C_3H_4O_3 + 6H_2O + 8NAD^+ + 2FAD$$

$\longrightarrow 6CO_2 + 8NADH + 8H^+ + 2FADH_2$
$+$エネルギー(2ATP)

第三段階（電子伝達系）

解糖系とクエン酸回路で生じたNADHや$FADH_2$などはミトコンドリア内膜にある電子伝達系に運ばれる。電子伝達系ではNADHと$FADH_2$などからH^+とe^-が放出され，e^-は内膜にあるシトクロムなどの間を次々に伝達される。このe^-の移動に伴ってマトリックスのH^+が内膜と外膜の間に輸送される。このH^+は，内膜にあるATP合成酵素を通ってマトリックスに拡散する。このとき，グルコース1分子当たり最大34分子のATPを合成する。e^-は酸素に受け渡され，さらにH^+と結合して水を生じる。電子伝達系を通じて蓄積されたエネルギーでATPを合成する反応は酸化的リン酸化という。

$10NADH + 10H^+ + 2FADH_2 + 6O_2$
$\longrightarrow 12H_2O + 10NAD^+ + 2FAD$
$+$エネルギー(最大34ATP)

【21】 1分子のグルコースが2分子のピルビン酸になるまでの過程を解糖系といい，図**ア**はピルビン酸である。また，クエン酸回路において，ピルビン酸はピルビン酸脱水素酵素の働きでアセチル基となり，CoAと呼ばれる補酵素と結合してアセチルCoAとなり解糖系とクエン酸回路をつなぐ代謝中間体として働く，その際に1分子のCO_2が放出される。

答**【21】**⑤

【22】 反応Ⅰの解糖系は細胞質基質における反応である。電子伝達系は，ミトコンドリアのクリステ（内膜）における反応で，ゴルジ体は分泌に関与する細胞小器官である。

答**【22】**①

【23】 脱炭酸酵素は，Ⅱのクエン酸回路でのみ働きミトコンドリアのマトリックス（基質）で行われる。

答**【23】**②

【24】 反応Ⅲの電子伝達系は，ミトコンドリア内膜で行われ，酸化的リン酸化が起こる。1分子のグルコースが消費されると，Ⅰの解糖系では差し引き2分子のATPが，Ⅱのクエン酸回路では2分子のATPが，Ⅲの電子伝達系では34分子のATPが合成される。よって反応Ⅱの17倍となる。

答**【24】**⑦

【25】 酵母菌は酸素があってもなくても代謝を行うことができる。酸素があると好気呼吸によって糖を完全に分解する。酸素が不足する場合はアルコール発酵を行う。酸素が存在するときは，発酵は抑制され呼吸が盛んになり，この現象はパスツール効果と呼ばれる。

アルコール発酵は次の3つの反応からなる。

$C_6H_{12}O_6 + 2NAD^+$
$\longrightarrow 2C_3H_4O_3 + 2NADH + 2H^+ + 2ATP$
$2C_3H_4O_3$
$\longrightarrow 2CH_3CHO$(アセトアルデヒド)$+ 2CO_2$
$2CH_3CHO + 2NADH + 2H^+$
$\longrightarrow 2C_2H_5OH + 2NAD^+$

〈呼吸の反応式〉

$C_6H_{12}O_6 + 6H_2O + 6O_2$
$\longrightarrow 6CO_2 + 12H_2O + 38ATP$

消費されたグルコースの量をx〔mg〕，放出された二酸化炭素の量をy〔mg〕とすると，

$C_6H_{12}O_6 : 6O_2 : 6CO_2 = 180 : 6\times32 : 6\times44$
$= x : 64 : y$

$x = 60,\ y = 88$

したがってアルコール発酵で放出された二酸化炭素量は$176 - 88 = 88$〔mg〕

〈アルコール発酵の反応式〉

$C_6H_{12}O_6$
$\longrightarrow 2C_2H_5OH + 2CO_2 +$エネルギー(2ATP)

消費されたグルコース量をz〔mg〕とすると

$C_6H_{12}O_6 : 2CO_2 = 180 : 2\times44$
$= z : 88$

$z = 180$
$z \div x = 180 \div 60 = 3$〔倍〕

答**【25】**⑤

6 遺伝子の連鎖

【26】 F_1の検定交雑より，Aとb，aとBがそれぞれ同じ染色体にあり連鎖していることがわかる。

答【26】④

【27】 検定交雑とは，劣性ホモ接合体と交配することである。

答【27】⑤

【28】 組み換え価（%）

$$=\frac{\text{組み換えを起こした配偶子の数}}{\text{全配偶子の数}}\times 100$$

$$=\frac{\text{組み換えを起こした個体数}}{\text{検定交雑によって生じた全個体数}}\times 100$$

より

$$\text{組み換え価〔\%〕}=\frac{1+1}{1+8+8+1}\times 100=11.1\text{〔\%〕}$$

答【28】②

【29】 連鎖している遺伝子の組み合わせが変わることがある。これは，減数分裂時に相同染色体が対合して分かれるとき，染色体の部分的な交換（乗換え）が起こるためと考えられる。組換えは，ふつう，連鎖している遺伝子間では一定の割合で起こり，その割合を組換え価という。一般に，遺伝子型 AaBb の個体において，遺伝子 A と b（A と b）が連鎖している場合，配偶子 AB：Ab：aB：ab＝1：n：n：1（$n>1$）から生じる子の遺伝子型は次のようになる。

	1AB	nAb	naB	1ab
1AB	1AABB	nAABb	nAaBB	1AaBb
nAb	nAABb	n^2AAbb	n^2AaB	nAabb
naB	nAaBB	n^2AaBb	n^2aaBB	$n$aaBb
1ab	1AaBb	nAabb	$n$aaBb	1aabb

［ab］の割合，$n=8$ であるので

$$\frac{1}{(1+8+8+1)^2}\times 100\text{〔\%〕}=0.3\text{〔\%〕}$$

答【29】①

【30】 A と C，a と c がそれぞれ連鎖しているので，配偶子の遺伝子型の種類と分離比は

AC：Ac：aC：ac＝x：1：1：x（$x>1$）

問題文より組み換え価が 5 % であるから

$$\text{組み換え価（\%）}=\frac{1+1}{x+1+1+x}\times 100$$

$$=5$$

よって $x=19$

答【30】⑤

7 発生のしくみ

【31】 ウニの精子が卵のゼリー層と接触し，ゼリー層に含まれる糖類を受容すると，その情報が先体胞に伝えられる。ゼリー層の糖類の情報を受容した先体胞は，エキソサイトーシスを起こし，タンパク質分解酵素などを含んだ内容物をゼリー層に放出する。核と先体胞の間にあるアクチンが繊維状に変化し，精子頭部の細胞膜などとともに突起をつくる。この突起を先体突起といい，精子がゼリー層に達してから先体突起が伸びるまでの一連の変化を先体反応という。

ゼリー層を通過した精子は卵黄膜に達する。ウニの精子の先体突起には，バインディンと呼ばれるタンパク質があり，ウニ卵の卵黄膜には，バインディンと結合する受容体が存在する。卵黄膜に達した先体突起は，バインディンと受容体とが結合した複合体を形成したのち，卵黄膜を通過し，卵の細胞膜に達する。精子が卵の細胞膜に接すると，細胞膜に受精丘と呼ばれる小さな膨らみが生じる。

受精丘ができたのち，卵の細胞膜の直下にある表層粒がエキソサイトーシスを起こし，細胞膜と卵黄膜の間に内容物が放出される。この反応を表層反応という。

表層反応によって，卵黄膜は押し広げられ，細胞膜から分離したのち，受精膜となる。進入した精子の頭部からは，中心体を伴う精核が放出される。やがて精核は卵の核と融合し，受精

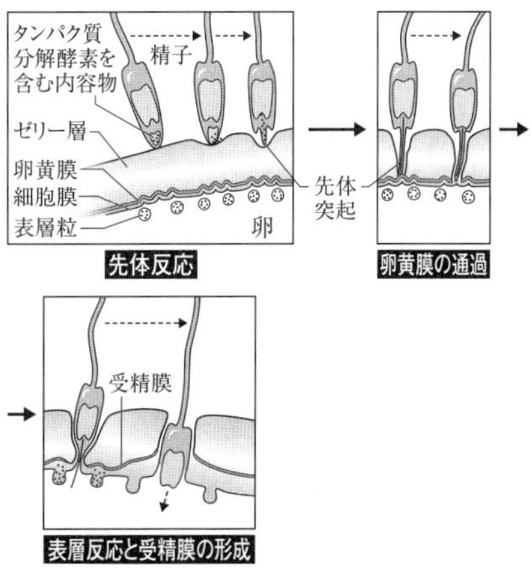

が完了する。

答【31】⑤

【32】 ウニは等黄卵であり，第一卵割，第二卵割ともに等割の経割を行う。

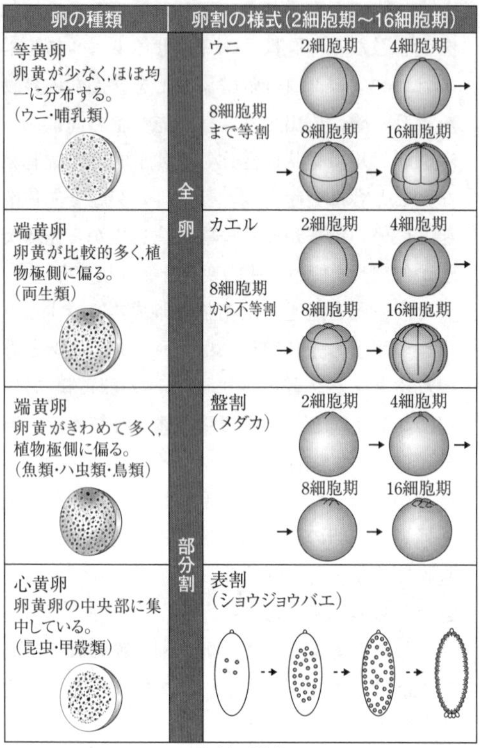

卵の種類
卵割の様式(2細胞期～16細胞期)
等黄卵
卵黄が少なく,ほぼ均一に分布する。
(ウニ･哺乳類)
ウニ
2細胞期
4細胞期
8細胞期まで等割
8細胞期
16細胞期
全卵
端黄卵
卵黄が比較的多く,植物極側に偏る。
(両生類)
カエル
2細胞期
4細胞期
8細胞期から不等割
8細胞期
16細胞期
端黄卵
卵黄がきわめて多く,植物極側に偏る。
(魚類･ハ虫類･鳥類)
盤割
(メダカ)
2細胞期
4細胞期
8細胞期
16細胞期
部分割
心黄卵
卵黄卵の中央部に集中している。
(昆虫･甲殻類)
表割
(ショウジョウバエ)

卵割の様式

答【32】⑥

【33】 第四卵割では，動物極において等割の経割が行われ，植物極側では，不等割の緯割が行われる。

答【33】③

【34】 ウニや脊椎動物では，原口または原口付近に肛門が形成される。骨格（骨片）は一次間充織（中胚葉）に由来する（右上の図参照)。

答【34】⑤

【35】 繊毛が生えた胞胚の時期にふ化酵素が分泌され，受精膜を破って胚は遊泳生活に入る。

答【35】②

8 動物の体軸形成と形態形成

【36】 ショウジョウバエの前後軸は，未受精卵に含まれるビコイドmRNAとナノスmRNAの

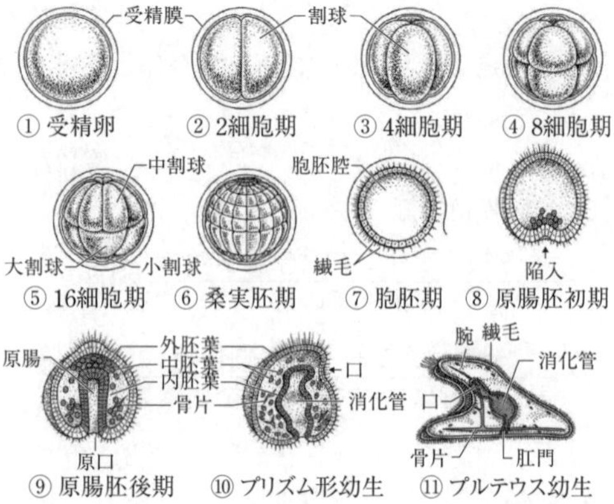

濃度勾配によって決定される。卵細胞内全体に分布して蓄えられていたハンチバックやコーダルのmRNAという母性因子も，同じく胚の前後軸の決定に重要な役割をもつ。グラフより，コーダルmRNAは卵内に一様に分布していたにも関わらず，合成されたコーダルタンパク質は前部にはほとんど存在していないことがわかる。

ビコイドタンパク質は翻訳の調節タンパク質としてコーダルのmRNAの翻訳を抑制する役割を果たし，転写因子としてハンチバック遺伝子の転写を活性化する。ナノスタンパク質も翻訳を調節する機能をもち，ハンチバックmRNAの翻訳を抑制する。その結果，胚に確立されたビコイドとナノスタンパク質の前後軸の濃度勾配が，ハンチバックとコーダルタンパク質の前後軸方向の濃度勾配を形成する。

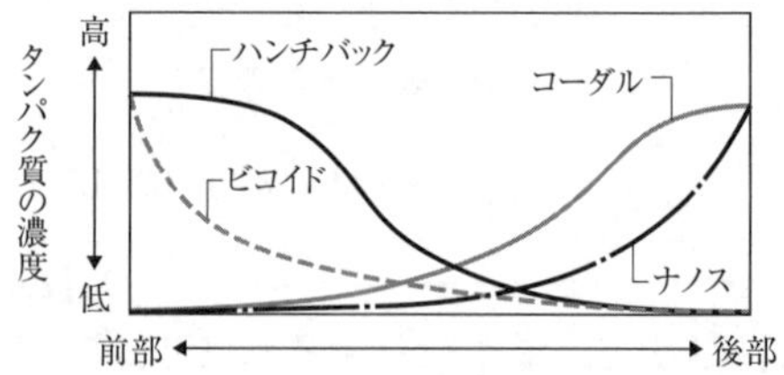

答【36】⑥

【37】 灰色になった部分は灰色三日月（環）と呼ばれ，将来の原口背唇（部）の位置である。カエルの背腹軸は，精子の進入位置によって決まる。受精後，卵表面が約30°回転し，卵の植物極側に局在する母性因子が，精子進入点の反対側の，灰色三日月のできる領域付近に移動する(次図)。

答【37】⑤

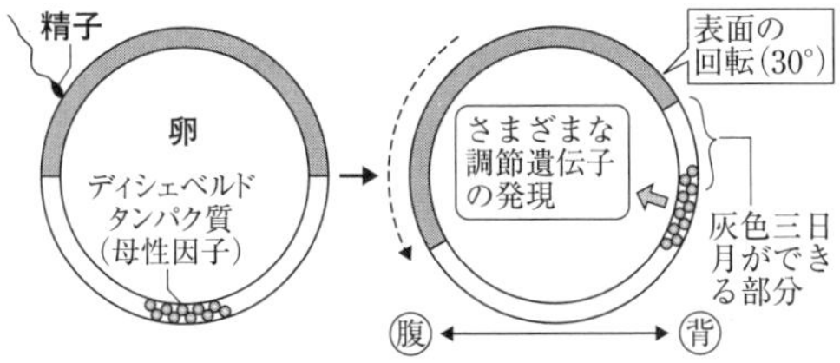

カエルの背腹軸の決定

【38】 神経誘導を行う形成体は，ノーダルタンパク質が最も高濃度に存在する原口背唇付近に形成される。外胚葉はもともと神経に分化する運命をもつ。しかしBMPが細胞膜に存在する受容体に結合すると，遺伝子発現が変化して表皮に分化するようになる。BMP遺伝子は胞胚期では胚全体で発現している。BMPに結合してその作用を阻害するタンパク質に，ノギン，コーディンがあり，原口背唇で発現している。これらのタンパク質がBMPと結合すると，BMPはBMP受容体と結合できなくなる。このため形成体の誘導を受けた細胞は神経に分化する。

問題文に関しては，胚全体に含まれる物質X（BMP）により，外胚葉は表皮になる。原口背唇から分泌される物質Y（ノギン，コーディン）は，BMPと結合しBMPの作用を阻害する。よってイとウが正解。

答【38】⑥

【39】 眼胞・眼杯は表皮を陥入，肥厚，色素を失わせるなどして，水晶体に誘導する。水晶体は表皮の色素を失わせるなどして角膜に誘導する。

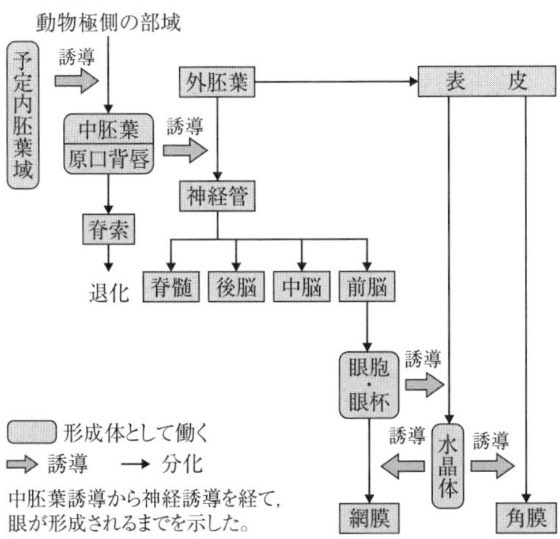

答【39】②

【40】 器官形成は，形成体からの誘導だけでなく，誘導を受ける部位が誘導物質を受容してそれに反応する能力（反応能）がないと進行しない。反応能は，発生の一時期にみられることが多い。

5日目の胚の背中の表皮が10日目の胚の肢の真皮の影響を受けていないことにより，肢の真皮からの誘導作用に対する背中の表皮の反応態は，日数が経過すると8日目には失われ，また同じ5日目の背中の表皮でも10日目の肢の真皮には誘導能がまだ備わっていないと考えられる。

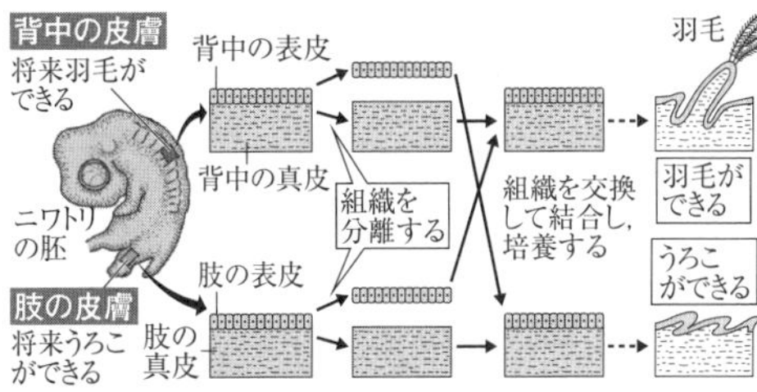

結合した肢の真皮	結合した背中の表皮 5日目	結合した背中の表皮 8日目
10日目	羽毛	羽毛
13日目	うろこ	羽毛
15日目	うろこ	羽毛

表中の日数は，各部位を採取した胚の発生後の経過日数を示す。日数が経過した表皮は反応能を失い，真皮に誘導されず，本来の発生運命に従って分化する。

ニワトリの発生における羽毛，うろこの形成と反応能の変化

答【40】③

9 植　生

植生は気温と降水量の影響を受けて成立する。植生は相観によって，森林，草原，荒原などに分類される。このような植生とそこに生息する生物のまとまりをバイオームという。

バイオームは年間降水量と温かさの指数を含めた年平均気温によって，下図のように分類される。年平均気温が25℃以上で降水量も2500 mm以上の高温多湿の熱帯地域には，熱帯多雨林が見られ

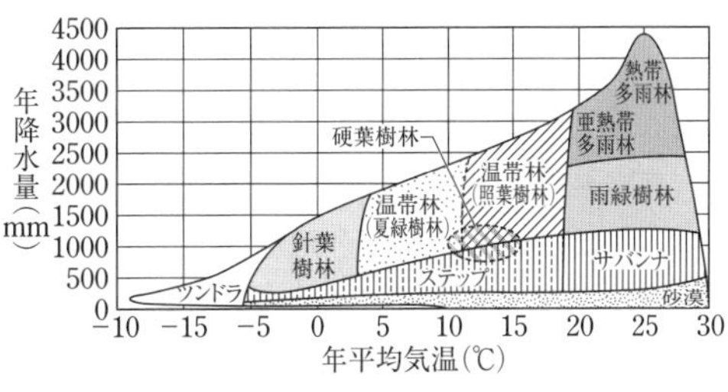

る。

砂漠は荒原のバイオームで，サバンナより年間降水量が少ない地域である。ステップはサバンナより年平均気温が低い地域に形成される。また，ツンドラはステップより年平均気温が異なる。

草原で乾燥に強い木本がまばらに生えるのはサバンナである。砂漠ではサボテンやトウダイグサのように乾燥に適応した植物群集が見られる。チークは雨緑樹林の，オリーブ，コルクガシ，ユーカリは硬葉樹林の樹種の例である。

下図のように南北に長い日本のバイオームは九州南部から沖縄に亜熱帯多雨林が見られる。この地域では，オヒルギがマングローブ林を形成し，木生シダのヘゴが見られる。チークは雨緑樹林の，オリーブ，コルクガシ，ユーカリは硬葉樹林の樹種の例である。

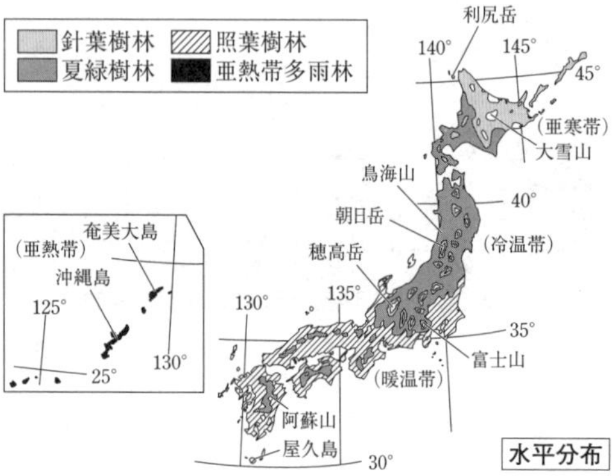

日本の水平分布

【41】 針葉樹林（G）は平均気温が－5℃～4℃の地域で見られる。日本の本州中部では，ハイマツは高山帯に見られる。

答【41】②

【42】 サバンナ（D）とステップ（I）はともに草原である。サバンナの方が高温の地域に見られる。

答【42】③

【43】 図では雨緑樹林（C）は熱帯多雨林（A），亜熱帯多雨林（B）の下に位置する。図では硬葉樹林は夏緑樹林（F），照葉樹林（E），ステップ（I）と重なっているが，夏に乾燥し冬に雨の多い地域に見られる。なお，Jは砂漠，Kは

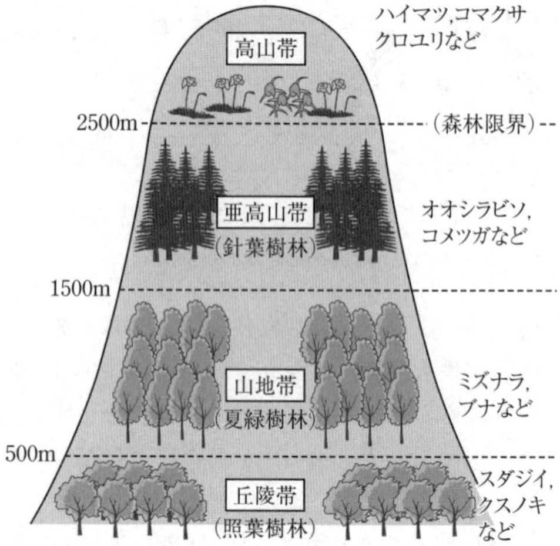

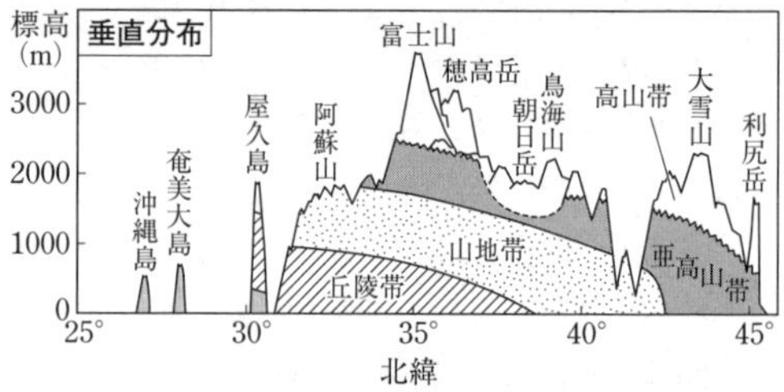

日本の本州中部の垂直分布

ツンドラである。

答【43】②

【44】 ヘゴは木生シダで，亜熱帯多雨林に見られる。

答【44】⑤

【45】 日本は，全体的に降水量は十分であるので，高山など一部を除いて森林が成立する。南北に伸びた地形のため，気温によって形成される森林のバイオームが決まる。

本州中部の垂直分布は，標高の高い順から高山帯，亜高山帯，山地帯，丘陵帯となる。

標高2500m以上の高山帯は，森林限界を超え，高山植物のお花畑のほかに低木のハイマツなどが見られる。山地帯のバイオームは夏緑樹林で，代表的な樹種はミズナラである。スダジイは丘陵帯に見られる照葉樹林の例である。

高緯度地方では，年平均気温が低くなるため分布域の境界線は低くなる。

答【45】④

生　物　　　正解と配点

（60分，100点満点）

問題番号		正　解	配　点
1	【1】	⑤	2
	【2】	④	2
	【3】	③	3
	【4】	①	2
	【5】	①	2
2	【6】	①	2
	【7】	⑤	3
	【8】	④	2
	【9】	⑥	2
	【10】	①	2
3	【11】	①	2
	【12】	⑥	2
	【13】	⑦	2
	【14】	②	3
	【15】	⑤	2 ＊
4	【16】	⑥	2
	【17】	④	2
	【18】	②	2
	【19】	③	3
	【20】	⑦	2
5	【21】	⑤	2
	【22】	①	2
	【23】	②	2
	【24】	⑦	2
	【25】	⑤	3

問題番号		正　解	配　点
6	【26】	④	2
	【27】	⑤	2
	【28】	②	2
	【29】	①	3
	【30】	⑤	2
7	【31】	⑤	3
	【32】	⑥	2
	【33】	③	2
	【34】	⑤	3
	【35】	②	2
8	【36】	⑥	2
	【37】	⑤	2
	【38】	⑥	2
	【39】	②	2
	【40】	③	3
9	【41】	②	3
	【42】	③	2
	【43】	②	2
	【44】	⑤	2
	【45】	④	2

＊【15】は試験範囲外だったため全員正解とした。

平成30年度　地　学　解答と解説

1　固体地球とその変動

問1　(1)　初期微動継続時間 T〔s〕を測定することで，震源までの距離 D〔km〕を求めることができる。震源ではP波とS波が同時に発生するが，P波はS波よりも速く伝わるため，震源から遠い地点ほど，P波が到達してからS波が到達するまでの初期微動が長くなる。地下構造が均一であれば比例関係となることから，$D=kT$ が成り立つ。この大森公式は，日本の地震学者である大森房吉の名にちなむ。この問題では，$k=8$km/s とするので，

$$D=kT=8〔\text{km/s}〕\times 2.5〔\text{s}〕=20〔\text{km}〕$$

答【1】②

(2)　$D=kT$　より　$k=\dfrac{D}{T}$

ここで，T は初期微動継続時間なので，P波の到達時間とS波の到達時間の差を表す。P波の速さを V_P，S波の速さを V_S とすれば，それぞれの地震波が震源までの距離 D に到達するのに要する時間は，P波が $\dfrac{D}{V_P}$，S波が $\dfrac{D}{V_S}$ である。

S波の方が速さが遅く，あとから到達するので，

$$T=\frac{D}{V_S}-\frac{D}{V_P}=\left(\frac{1}{V_S}-\frac{1}{V_P}\right)\times D$$

$$=\left(\frac{V_P-V_S}{V_P V_S}\right)\times D$$

$$\therefore\quad k=\frac{D}{T}=\frac{V_P V_S}{V_P-V_S}$$

答【2】④

(3)　初期微動継続時間は，震源までの距離を推定できるが，震源断層の走向を推定することは困難である。

震源の浅い規模が大きな地震では，震源断層が地表にまで現れることがあり，これを地表地震断層という。地表地震断層の走向は，震源断層の走向を示しているとも考えられる。

規模が大きな地震のあとの余震は，本震を起こした断層面に沿って発生する。余震の震源分布は，断層面の位置を示す。

答【3】⑥

(4)　縦波（疎密波）であるP波の初動の上下成分が「上」になるのは，震源から押される波が初めに到達したことを意味する。Q地点は震央のP地点から見て北東方向に位置する。下図のように，P地点とQ地点を結ぶ断面図を描くと，Q地点でのP波の初動は，北東方向への押し波であることがわかる。よって，初動の南北成分は北，東西成分は東である。

なお，初動の上下成分が下であれば，南西方向への引き波と判断する。

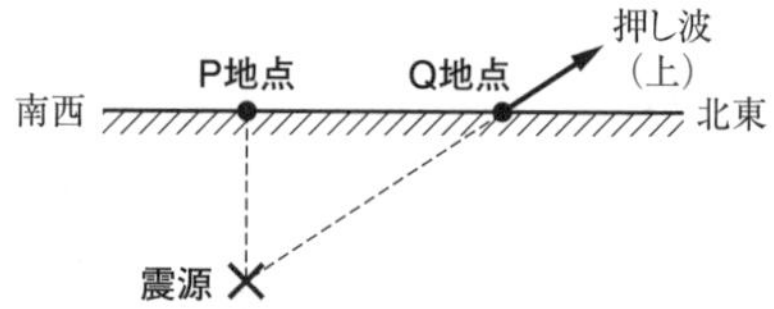

答【4】②

(5)　まずは，3成分それぞれの初めの動いた向きを読みとる。南北方向の初動は北，東西方向は西，上下方向は下になっている。よって，この地点で観測したP波の初動は，北西の引き波である。引き波は，震源に向けて引っ張られる波なので，初動から読みとれる水平成分（南北成分と東西成分）の方向に震央があることになる。観測地点の北西方向に，震央

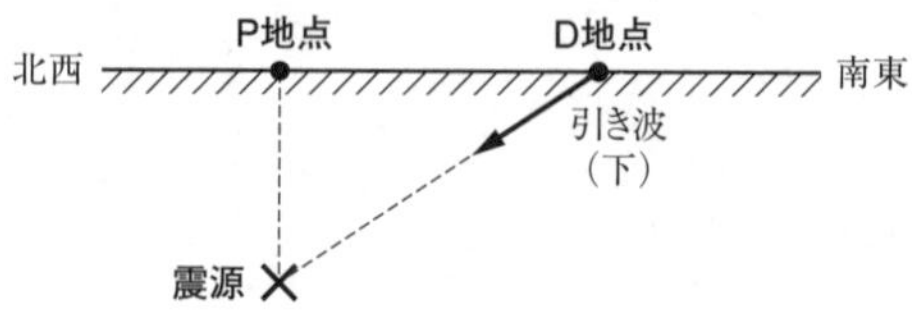

であるＰ地点があるので，観測地点はＤ地点と判断できる。

答【５】④

(6)　初動の押し引き分布は，震源を中心にして，震源断層の走向と，その断層に直交する走向で４つに分割することができる。４つの地域は，押し波と引き波が隣り合わせに分布する。押し波の地域は震源から押される動き，引き波の地域は震源に向けて引っ張られる動きをするためである。この動きを，震源断層の走向に沿って示すと，横ずれ断層の向きを判断できる。鉛直方向の断層（正断層・逆断層）については，この情報だけでは判断できない。

問題の場合，南北に沿う震源断層の走向に対して，Ａ地点とＢ地点は西側に，Ｃ地点とＤ地点は東側に位置する。図のように，Ｂ地点は引き波でＡ地点は押し波，Ｄ地点は引き波でＣ地点は押し波であることから，震源断層の西側（Ａ・Ｂ地点）が南へ，東側（Ｃ・Ｄ地点）が北へ動いたことがわかる。相対的に，震源断層の向こう側が左にずれたので，左横ずれ断層と判断できる。

なお，Ｐ地点を通る震源断層の走向が東西であれば，右横ずれ断層と判断する。同じ押し引き分布でも，震源断層の走向がもう一方ならば，横ずれの向きは反対になる。

答【６】③

問２　(1)　■は，日本列島の下に沈み込んだ部分を含んでいる。海溝から沈み込むのは，冷えて密度が大きく，重くなっているためである。

一方，░は，大西洋中央海嶺やハワイなどのホットスポットに位置している。このような地域は，マントルから熱が上昇する場所である。温度が高く，密度が小さいために上昇する。

答【７】④

(2)　地殻の下を構成するマントルは，かんらん岩質の岩石からなる。かんらん岩は，地表に現れることは少ない。花こう岩や玄武岩は地殻を構成する岩石で，花こう岩は大陸地殻に大量に存在し，玄武岩は海洋地殻をつくる。

Ｂは░の一部であり，高温で密度が小さい部分なので，マントル物質は上昇している。

答【８】⑤

(3)　地震波トモグラフィーで調べた地球内部の温度分布からわかる，マントル内部の大規模な熱の上昇流は，プルーム（ホットプルーム）と呼ばれる。下降流は，特にコールドプルームと呼ぶこともある。

なお，ホットスポットはプレート境界ではない場所に位置する火山をいい，ホットプルーム上に存在する。リソスフェアは地球表面の地殻とマントル上部を含むプレートのことで，その下の流動性のある層をアセノスフェアという。

答【９】①

(4)　選択肢の中で，明らかにほかと異なる特徴を示すのは**ク**であろう。**ク**は，Fe が９割を占める主成分で，次いで Ni を含むことから，重い金属でできた核の化学組成であることがわかる。

カと**キ**は O が半分近くを占める主成分になっているので，Fe と O の両方を主成分とする**ケ**は，地球全体の化学組成を示すことが推定できる。

では，**カ**と**キ**の違いであるが，**カ**は O に次いで Si と Al が多く，**キ**は Mg と Si が多い。SiO_2は地球の岩石の骨格をなす。マントルをつくるかんらん岩は MgO や FeO などの密度の大きい酸化物が多いので，化学組成は**キ**である。一方，**カ**のように Fe や Mg よりも Al が多いのは，地殻をつくる花こう岩や玄武岩の特徴である。火成岩の化学組成の表を確認するとよい。

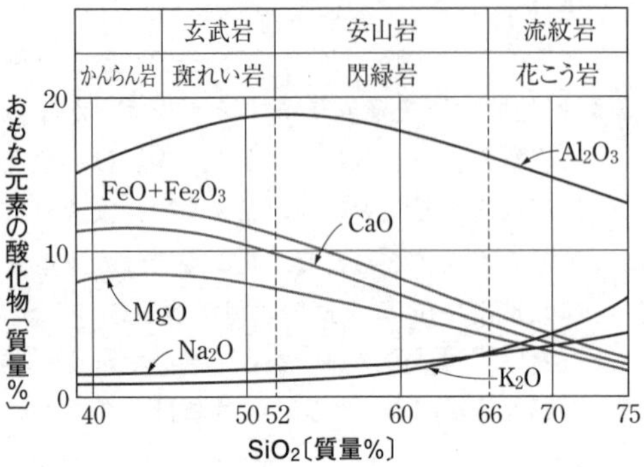

答【10】②

問3 (1) グラフに示される深さは，マントル上部である。マントル物質が固体で存在するのは，ふだんは，マントル物質の融点が地下温度よりも高いからである。よって，Aが地下

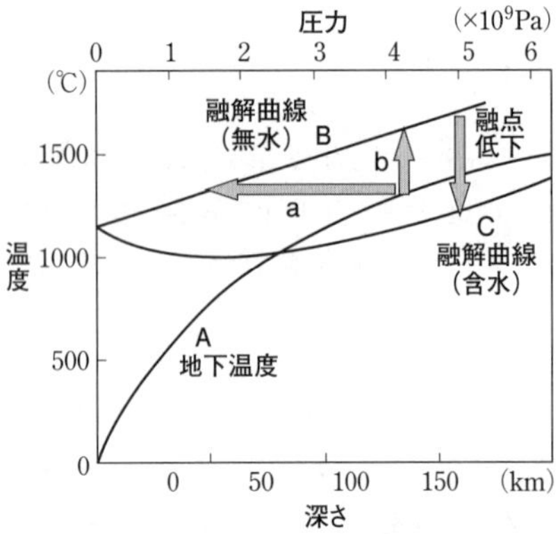

の温度を示し，Bがマントル物質の融点を示す。しかし，プレートの沈み込みに伴ってマントル物質に水が供給されて飽和すると，マントル物質の融点が下がるため，Cの曲線になる。

答【11】⑥

(2) 矢印aは，温度が変化せずに深さが浅くなる変化を示している。このような現象は，物質が上昇する場所で起こる。よって，海嶺が形成される，プレートが拡大する境界の地下の現象である。

なお，左図の矢印bで示したような変化は，温度が上昇して物質が融解する現象を示すが，自然界で起こることはほとんどない。

答【12】③

(3) (i) 玄武岩質マグマが冷えていくときに，最も高温で晶出する有色鉱物はかんらん石である。低温になるにしたがって，輝石，角閃石，黒雲母の順で晶出する。無色鉱物では，最初にCaに富む斜長石から晶出し，Naに富む斜長石へ変わる。その後，カリ長石と石英が晶出する。この順序は，下の火成岩の分類表を見ると，造岩鉱物の欄で，SiO_2の少ない方から多い方へ並べた順序である。

答【13】③

(ii) 左上の火成岩の化学組成の図を見ると，SiO_2が少ない岩石は，FeやMgの含有量

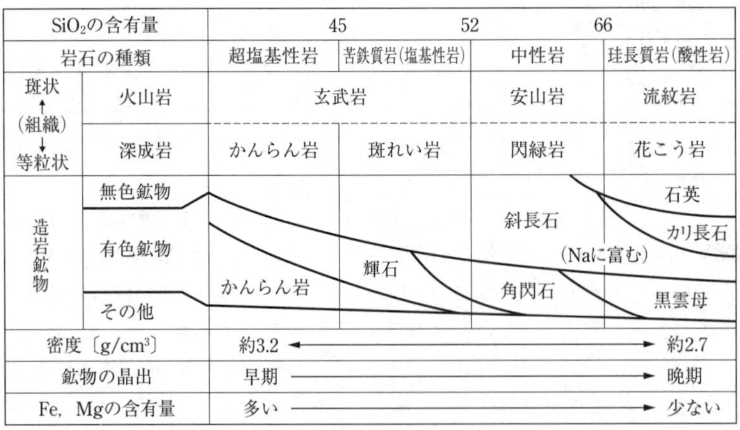

SiO_2の含有量
45
52
66
岩石の種類
超塩基性岩
苦鉄質岩(塩基性岩)
中性岩
珪長質岩(酸性岩)
斑状
(組織)
等粒状
火山岩
玄武岩
安山岩
流紋岩
深成岩
かんらん岩
斑れい岩
閃緑岩
花こう岩
造岩鉱物
無色鉱物
有色鉱物
その他
石英
斜長石
カリ長石
(Naに富む)
輝石
角閃石
かんらん岩
黒雲母
密度〔g/cm^3〕
約3.2
約2.7
鉱物の晶出
早期
晩期
Fe，Mgの含有量
多い
少ない

火成岩の分類

が多いことがわかる。これらの岩石は，FeやMgが多い鉱物から成るので，早期に晶出するかんらん石は，FeやMgの含有量が多い。マントル上部をつくるかんらん岩は，密度が大きいので，地殻をつくる玄武岩や花こう岩よりも深いところに存在する。よって，かんらん岩の造岩鉱物であるかんらん石は密度が大きい。

固体として晶出した密度の大きい鉱物は，先に沈殿する。そのため，残った液体のマグマには，FeやMgが減る。

答【14】②

(iii) マグマが冷えるにしたがって，鉱物が順序よく次々に晶出し，残されたマグマの組成が変化していく過程は，結晶分化作用という。この考え方によって，マグマの多様性を説明することができる。

マグマの成因は，結晶分化作用だけでは説明できず，高温のマグマが周囲の岩石を溶かし込んで組成が変化する「同化作用」や，種類の異なるマグマが混じり合って新たなマグマが生じる「マグマの混合」も考えられている。

答【15】④

2 地球の歴史

問1 (1) 岩体Eは，断面図の形状から，マグマが貫入して固結した火成岩と考えられる。等粒状の火成岩は深成岩であり，問題1の解説に用いた火成岩の分類表を見れば，石英，黒雲母，斜長石，カリ長石を含む火成岩は珪長質岩であることがわかる。よって，この岩石は花こう岩と判断できる。

答【16】⑤

(2) 選択肢の文から，岩石に釘（鉄）で傷がつくか，塩酸をかけて発泡するかを観察している。石灰岩は鉄よりやわらかいので，釘で傷がつく。また，石灰岩は炭酸カルシウム（$CaCO_3$）からできているので，塩酸と反応して，二酸化炭素の泡を発生する。

答【17】①

(3) 岩体Eのもとであるマグマは，すでに形づくられた地層中に，あとから貫入したと考えると，C層やD層は，マグマの熱による接触変成作用を受けたことになる。C層の石灰岩は，接触変成作用を受けると結晶質石灰岩（大理石）に変成する。結晶質石灰岩は，粗粒の方解石からなる。

破砕帯ができるのは，断層活動による。基底礫岩の存在は，不整合の関係にあることを示す。

答【18】②

(4) A層・B層のうち，B層は下のC層・D層と不整合の関係にある。これは，C層・D層が傾斜しており，A層・B層が水平なので，傾斜不整合である。さらに，不整合面の上に基底礫岩が含まれていることも，不整合の証拠となる。基底礫岩は，隆起・海退によって陸化した地表面が侵食されたときに，粗粒な礫が堆積して形成されたものである。したがって，基底礫岩を含むB層の方がA層よりも先に堆積しているので，A層とB層が逆転していることはない。

C層とD層は整合関係にあるという情報だけで，堆積時の上下関係を示す情報はない。したがって，逆転している可能性もある。

答【19】③

(5) 1枚の地層の中で，上下の粒子の大きさが変化する構造は級化層理という。級化層理は，海底斜面で地震が発生したときなどに，堆積物が混濁流（乱泥流）となって崩れ落ち，粗粒で重い粒子が先に，細粒で軽い粒子があとから堆積して粒径が並ぶ。よって，細粒の方が上と判断できるので，地層の上下判定に用いられる。リプルマーク（漣痕（れんこん））は，浅海底において，漣（さざなみ）や水流によって波の跡が残された構造である。とがった方が上と判断できるので，地層の上下判定に用いられる。

整合に重なる地層の上下で異なる化石が発見された場合，化石の時代が特定できれば新旧が判断できる。地層累重の法則に従えば，新しい時代の化石の方が上にあると判断できる。よって，地層の上下判定に用いられる。

地層の硬さは，地層を構成する岩石によって決まることが多い。岩石の硬さの違いは，地層の堆積順序とは関係ないので，地層の上下判定には使えない。

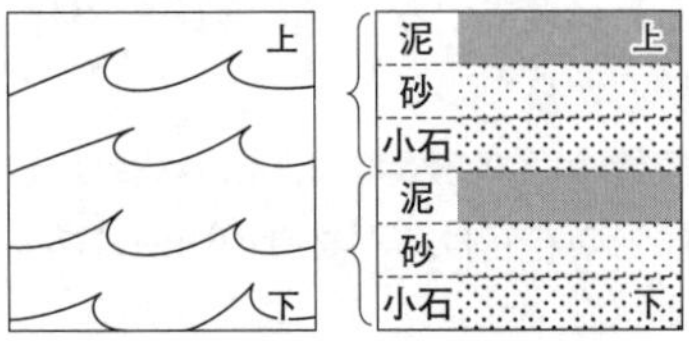

リプルマーク　級化層理

答【20】④

(6) 問題文の図に示される化石は，二枚貝の一種で，三角貝とも呼ばれるトリゴニアである。トリゴニアは，中生代ジュラ紀の代表的な示準化石にあげられる。

デスモスチルスは，新生代新第三紀に繁栄した体長約２mの哺乳類である。足が横に張り出した姿は，爬虫類に似ている。

イノセラムスは，中生代白亜紀の示準化石である。トリゴニアと同様に，二枚貝の一種である。

アノマロカリスは，古生代カンブリア紀に繁栄した。かたい殻で覆われた動物である。バージェス動物群や澄江(チェンジャン)動物群に化石が見られる。

答【21】⑧

(7) B層で発見されたビカリアは，新生代新第三紀の代表的な示準化石である。断層ｆは，B層を切っていないので，B層が堆積する前に活動したといえる。また，前問で，D層は中生代であることがわかった。このD層は断層ｆに切られている。

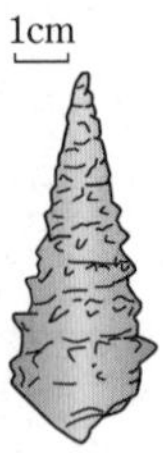

よって，断層ｆの活動は，中生代のD層が堆積した後から，新生代のB層が堆積するまでとなる。

答【22】①

問２ (1) 27億年前の太古代（始生代）に酸素発生型光合成生物として出現したのは，ラン藻類（シアノバクテリア）である。

有孔虫や放散虫は，ミリメートルからマイクロメートル単位の微化石として発見され，年代決定や環境の推定に用いられる。紡錘虫（フズリナ）は，古生代石炭紀からペルム紀（約３億年前）に繁栄した。

答【23】③

(2) ラン藻類（シアノバクテリア）の活動によって形成された生痕化石がストロマトライトである。石灰岩の層状構造になっている。

縞状鉄鉱層は次の問題に関わる。クロスラミナは，海岸近くにおける水流の変化が痕跡として記録された地質構造をいう。溶岩円頂丘は，ドーム状の構造ではあるが，粘性の大きい溶岩がつくる火山地形のことである。

答【24】①

(3) 海水中で生息したラン藻類（シアノバクテリア）が光合成を行ったことにより，海水中に酸素が増加した。過剰になった酸素は，海水中の鉄イオンを酸化し，酸化鉄をつくった。酸化鉄は海底に沈殿し，酸化鉄の赤褐色の層と石英に富むチャートの灰白色の層が交互になって縞状構造ができた。これが，縞状鉄鉱層である。世界の鉄資源の主要な供給源になっている。

答【25】⑤

問３ (1) 境界面の走向は，走向線を引くことで読みとれる。走向線は，地層境界線と各等高線の交点を結ぶ。図では，20m，30m，40mの走向線すべてが北と南を結ぶ線になっている。よって，走向はN－Sと表される。北西から南東を結ぶ走向ならば，N45°Wである。

傾斜方向は，傾斜が下がる方を表し，走向線を引いたときの等高線の値が小さくなる方向で示される。図では，西に下がっていることがわかる。また，傾斜角は，等高線の間隔と，走向線の間隔を縮尺（スケール）に合わせたときの比である。図では，走向線の間隔は，スケールで10mに相当する。等高線の間隔と同じなので，傾斜角は45°となる。

答【26】①

(2) 柱状図から読み取れる情報として，地表は

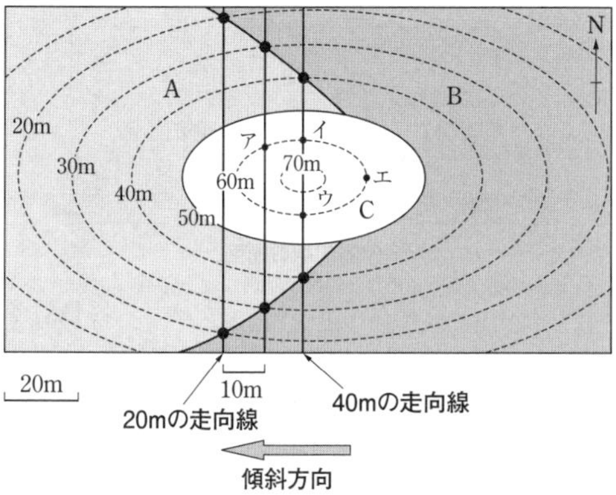

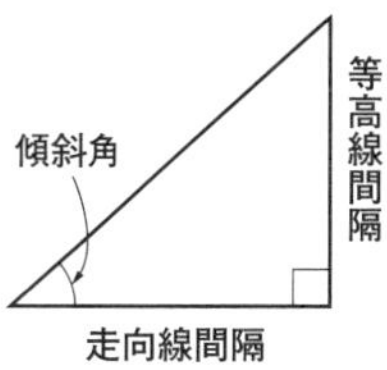

C層で，10m下にA層があり，さらに10m下（地表から20m下）にB層がある。

地質図からは，C層は水平に堆積し，標高50mで下の層に接している。このことから，ボーリングを始めた標高は60mと判断できる。つまり，ボーリングした地点は，**ア**，**イ**，**エ**に絞れる。

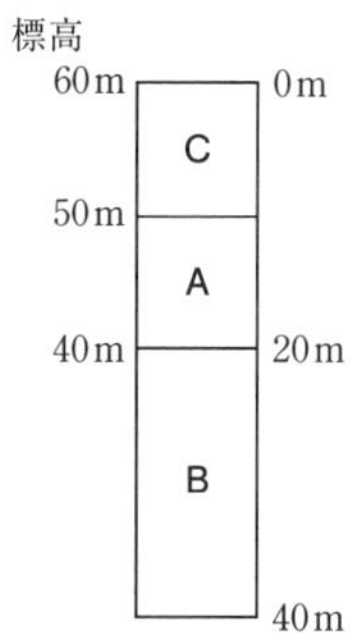

そして，A層の下にB層が現れる標高は40mということになる。前問の図で，A層とB層の地層境界線が標高40mにある走向線は，**イ**地点を通る。

したがって，ボーリングした地点は**イ**である。

答【27】②

3 大気と海洋

問1 (1) 上空で気圧が低くなると，空気塊（広い大気のごく一部分）を外から押す力が小さくなる。空気塊を内部から押す力が一定であれば，空気塊は膨張して体積が増える。

空気塊内部にある窒素や酸素などの物質の質量は変化しないので，空気塊の密度は小さくなる。

答【28】④

(2) グラフの高度の範囲にある対流圏では，高度が約5.5km上がると気圧は半分になる。この割合を示している線は**B**である。

答【29】②

問2 (1) オゾン分子（O_3）は酸素分子（O_2）から生産される。この過程では，太陽からの紫外線が関与する。酸素分子が紫外線によって酸素原子に分解され，大気中の窒素分子などを介してオゾン分子になる。

$$O_2 \xrightarrow{\text{紫外線}} O + O$$

$$O_2 + O + N_2 \longrightarrow O_3 + N_2$$

なお，生産されたオゾン分子は，紫外線を浴びると，酸素分子と酸素原子に分解される。こうして，大気中でのバランスをとっている。

そして，人工物質であるフロンが，オゾン分子を破壊する。

答【30】①

(2) オゾンは，太陽光線が多く当たる赤道上空の成層圏で多く生成される。この生成されたオゾンは，大気の大規模な循環によって高緯度へ運ばれる。こうして，オゾン濃度は低緯度よりも高緯度で高くなる。

オゾンホールが出現しやすいのは，南極上空である。オゾンが分解される原因として，極上空にできる寒冷な渦があげられる。ここでは，フロンによるオゾンの激しい分解が起きている。南極は大陸があり，大陸のない北極よりも冷えやすいので，上空の寒冷な渦の温度が低く，オゾンが破壊されやすいと考えられる。

答【31】④

問3 (1) **A**は，日本の南岸に沿って前線が東西に長く停滞しているので，梅雨，または秋雨の天気図である。

Bは，等圧線の間隔が狭く，日本の西の大陸に気圧の極めて高い高気圧があり，日本の東に低気圧があるので，西高東低型の冬の天気図といえる。

Cは，日本の南岸に低気圧があり，その東に高気圧があることから，天気が周期的に変わる春や秋の天気図と考えられる。また，西高東低型の気圧配置が弱まり，南岸低気圧が進んでくる晩冬の天気図ともいえる。

Dは，等圧線の間隔が広く，太平洋から高気圧を覆う等圧線が張り出してきているので，夏の天気図である。

答【32】⑧

(2) 東京における等圧線の向きは東西である。風は低圧側の南に向かって吹こうとするが，地球が自転しているため，北半球では進行方向に対して右向きの転向力（コリオリの力）がはたらく。よって，東京の位置では，風は南西に向かって吹く。したがって，風が吹いてくる方位を表す風向は，北東である。

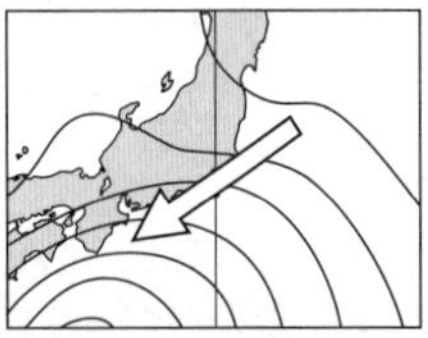

答【33】③

(3) 東京での降雪の可能性は，晩冬の南岸低気圧の進行によるものが最も高い。4つの天気図のうち，1日以内にこの状態になると考えられるのはCである。温帯低気圧は，車並みの速さで1日に約1000km 進む。これは，今日，西日本で降る雨が，明日には東日本にやってくるイメージである。南岸低気圧は，前線を伴うことから判断できるように，北にある高気圧から寒気が流れ込み，南からは暖かく湿った空気が流れ込む。前線の北に沿う太平洋側の地域で降水があり，気温が低いときには雪になる。

答【34】③

(4) 停滞前線の北側では，暖気がはい上がるために雲が広がり，雨が降りやすい。この前線が東京よりも北へ移動すれば，東京では雨が降る可能性は低く，前線に向かって南から入る暖気によって気温が上昇する。

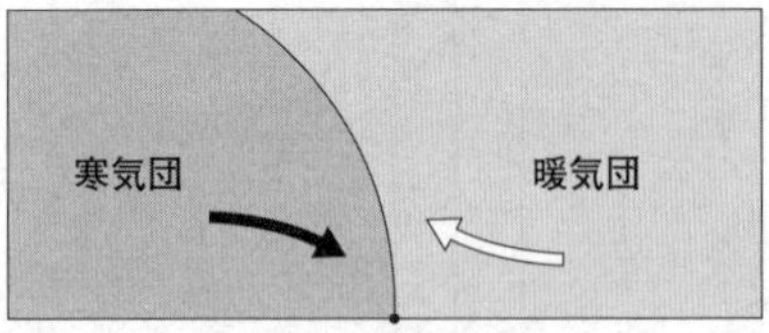

停滞前線の断面

答【35】②

問4 (1) 海洋の表層は，太陽のエネルギーによって暖められ，風や波によってよく混合されて，水温がほぼ一定の層ができる。ここを表層混合層という。一方，深さ1000m 程度より深い部分の水温は，季節や場所によらずほぼ一定である。

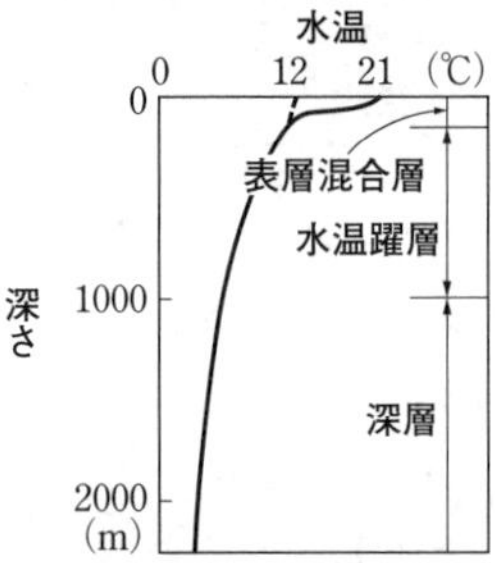

答【36】①

(2) 海洋表層は，海水がよく混合された表層混合層である。

深層の水温は，1～2℃程度になっている。

水温躍層は，表層混合層と深層に挟まれた層で，表層混合層の水温が高いほど，深さとともに水温が急激に下がる。

海水の塩分はおよそ35‰だが，場所や深さで変化する。これは，海水の蒸発や河川水の流入など関係する。一方，塩類はどこの海でも一定で，長い間によくかき混ぜられていることを示している。

答【37】②

(3) 海から季節風が吹くのは夏である。日射量

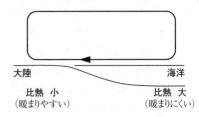

の大きい夏は，比熱の小さい大陸側の方が暖まりやすく，空気は上昇して低圧になる一方，比熱の大きい海洋側の方が暖まりにくく（相対的に低温なので），低圧になった大陸側に向かって空気が流れる。よって，クリスマスの頃に夏になるのは南半球なので，選択肢は**ウ**と**エ**に絞り込める。

規模の大きな海流は，環流を形づくる。北半球では時計回り，南半球では反時計回りの環流になる。よって，海流が北から流れてくる地域は，**イ**と**エ**である。

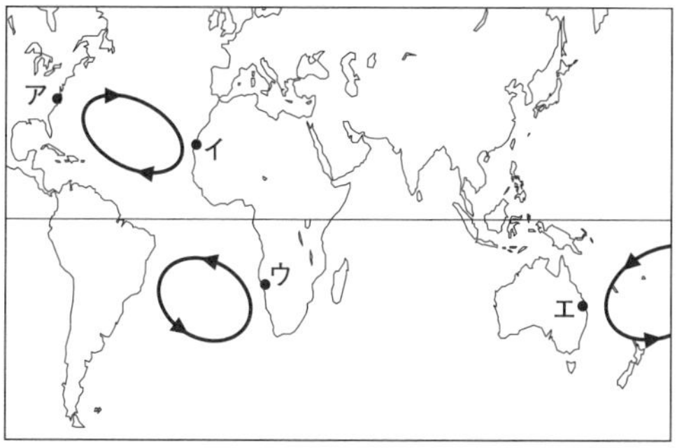

共通する**エ**が答えとなる。

答【38】④

(4) 深層の海水循環を考える。深層循環は，大西洋北部のグリーンランド付近において，低温で塩分の高い海水が沈み込み，大西洋を南下して，インド洋と太平洋に達して浮上する。

よって，A点付近の深海底では，北からの冷たい海水が流れている。

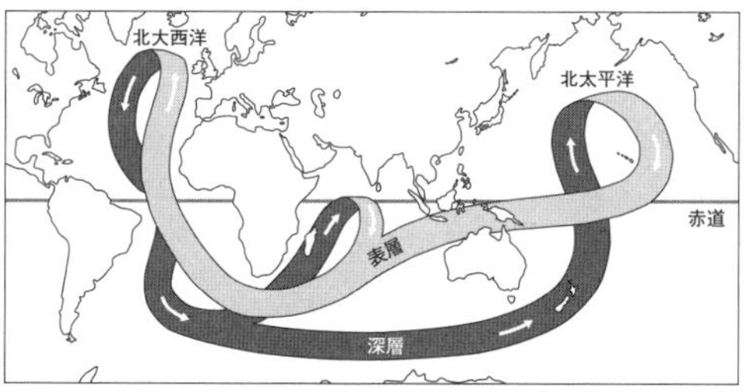

海水の大循環モデル

答【39】③

4 地球と宇宙

問1 宇宙の晴れ上がりとは，空間にばらばらに存在していた原子核（陽子と中性子）と自由電子が結合して原子ができたときをいう。光が直進できる状態になったので，宇宙の晴れ上がりと呼ぶ。このときには，すでに陽子や中性子は形成されていたことになる。また，恒星は水素原子やヘリウム原子から成る。

よって，出来事の順として，陽子や中性子が形成され，宇宙の晴れ上がりを経て，恒星が形成されたといえる。陽子や中性子の形成はビッグバン直後，宇宙の晴れ上がりは宇宙誕生から約38万年後，最初の恒星は宇宙誕生から数億年後である。

答【40】⑥

問2 白色矮星は，太陽程度の質量をもつ恒星が主系列星ののちに巨星になり，その後に巨星外層部のガスを放出しながら収縮してできる。ガスを放出した状態が，惑星状星雲と呼ばれ，白色矮星の周囲にリング状のガスをもつ形状である。こと座の惑星状星雲 M57がよく知られている。

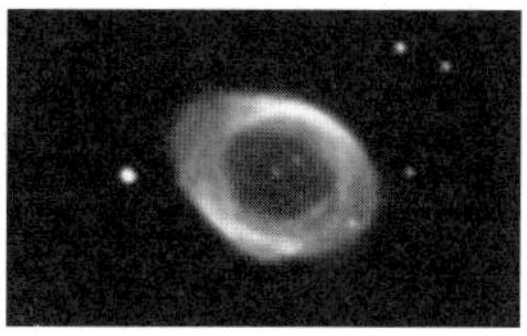

（提供：国立天文台）

白色矮星の密度は大きい。これは，白色矮星が，巨星から太陽よりも小さく収縮した天体だからである。

白色矮星の内部では，すでに核融合は停止している。核融合が起きていないので，天体を膨張させる力がはたらかず，残された重力によって収縮するのである。

答【41】③

問3 等級が小さい天体ほど明るい。天体の等級と明るさの関係は，5等級差で100倍，1等級差で約2.5倍である。

恒星Aは恒星Bよりも7等級小さい（明るい）。よって，明るさの倍数は次のようになる。

$100 \times 2.5 \times 2.5 = 625$

答【42】⑤

問4 光年，天文単位とも，距離を示す単位である。

1光年は，光が1年間で進む距離で，約10兆km（もう少し正確には9.5兆 km）に相当する。太陽系外の天体の距離を表すのが適切な単位である。

1天文単位は，地球と太陽の平均距離で，約1.5億 km に相当する。この単位は，太陽系内の惑星などの距離を表すのに適切である。

太陽から地球までの距離が1.5億 km なので，光速でかかる時間は

$$\frac{1.5\times10^8\ 〔\mathrm{km}〕}{30\times10^4\ 〔\mathrm{km/s}〕}=500\ 〔\mathrm{s}〕$$

選択肢②と④を組み合わせると，どちらか一方が間違いの記述であることがわかる。

答【43】④

問5　太陽の中央部に見える黒点は，太陽の自転によって一定の緯度を移動していく。同緯度における黒点の移動の速さ（自転の速さ）は一定なので，投影面で見る黒点の移動の速さは，周辺部に近づくと遅くなる。

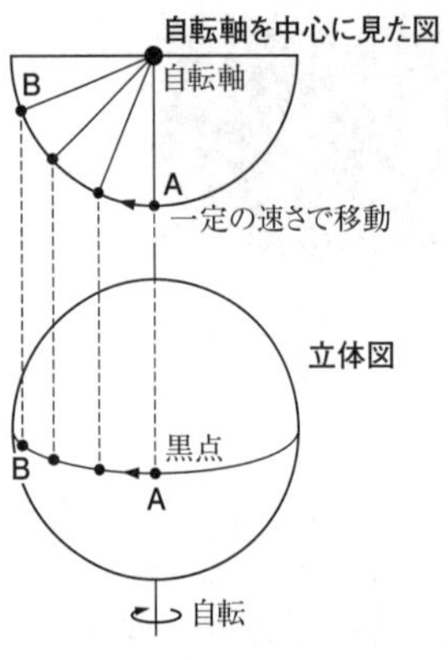

なお，ガス体である太陽の自転速度は，低緯度ほど速く，高緯度ほど遅い。これを赤道加速という。

答【44】①

問6　黒点が周縁部まで移動すると，横幅が狭く見える分，形が縦長になる。

また，暗部は光球面よりも低くなっている（沈んだ形状になっている）ので，縁に近い奥になるａ側の半暗部は見えていることになる。縁の反対側の手前になるｂ側の半暗部は隠れて見えない。

答【45】②

問7　原始太陽の周囲を取り巻く微惑星は，衝突・合体を繰り返して原始惑星に成長した。原始惑星では，微惑星に含まれる水分が水蒸気となって，二酸化炭素や窒素などとともに原始大気をつくった。

地球では，のちに，微惑星の衝突が少なくなって地表の温度が低下すると，水蒸気は液体の水となり，雨となって地表に海をつくった。

グリーンランドでは，38億年前の枕状溶岩が発見されている。枕状溶岩は，火山噴火によって噴出した溶岩が，海中で急激に冷やされるときにできる形状なので，すでに海があったことを物語る。一方，地球の年齢は隕石の絶対年代から46億年と考えられる。

原始惑星の大気に含まれる水蒸気は，太陽の強い紫外線によって分解されて宇宙に放出される。地球では，水蒸気が分解される前に温度が低下して液体になったが，金星は地球よりも太陽に近く，水蒸気の分解が進んだ。よって，金星には液体の水は存在しない。金星の大気は，二酸化炭素が主成分になっている。

地球の外側の軌道を回る火星は温度が低いため，固体の水（氷）として存在し，極冠や凍土をつくっている。ただし，河川の痕跡のような地形が見られることから，過去には温暖で液体の水が存在していたとも考えられている。

答【46】③

問8　太陽から最も遠い惑星である天王星と海王星は，水，メタン，アンモニアが凍った状態の内部構造をもつ。中心核も岩石と氷からできている。これは，原始惑星として形成されるとき，太陽から遠い位置にある微惑星が，氷を主体とするものだったからである。

木星型惑星である木星と土星は，中心核が岩石と氷である。この核の大きさは，地球全体の大きさ以上である。

地球型惑星は，木星型惑星よりも太陽に近いので，氷の成分の割合は少ない。

答【47】①

地　学　　正解と配点

（60分，100点満点）

問題番号		正　解	配　点
1	【1】	②	2
	【2】	④	2
	【3】	⑥	2
	【4】	②	2
	【5】	④	2
	【6】	③	2
	【7】	④	2
	【8】	⑤	2
	【9】	①	1
	【10】	②	1
	【11】	⑥	2
	【12】	③	2
	【13】	③	1
	【14】	②	2
	【15】	④	1
2	【16】	⑤	2
	【17】	①	2
	【18】	②	2
	【19】	③	3
	【20】	④	2
	【21】	⑧	2
	【22】	①	2
	【23】	③	2
	【24】	①	2
	【25】	⑤	2
	【26】	①	2
	【27】	②	3

問題番号		正　解	配　点
3	【28】	④	2
	【29】	②	2
	【30】	①	2
	【31】	④	2
	【32】	⑧	2
	【33】	③	2
	【34】	③	2
	【35】	②	2
	【36】	①	2
	【37】	②	2
	【38】	④	2
	【39】	③	2
4	【40】	⑥	3
	【41】	③	3
	【42】	⑤	3
	【43】	④	3
	【44】	①	3
	【45】	②	3
	【46】	③	3
	【47】	①	3

令和元年度

基礎学力到達度テスト
問題と詳解

令和元年度　物　理

I　次の文章(1)〜(5)の空欄【１】〜【５】にあてはまる最も適当なものを，解答群から選べ。ただし，同じものを何度選んでもよい。

(1)　鉛直ばね振り子の周期 y と，おもりの質量 x の関係を表すグラフは【１】である。ただし，ばねの質量は無視できるものとする。

(2)　コンデンサーに蓄えられる電気量 y と，極板間の電位差 x の関係を表すグラフは【２】である。

(3)　内部抵抗がある電池を可変抵抗につないで抵抗値を変化させたときの電池の端子電圧 y と，この電池を流れる電流 x の関係を表すグラフは【３】である。

【１】〜【３】の解答群

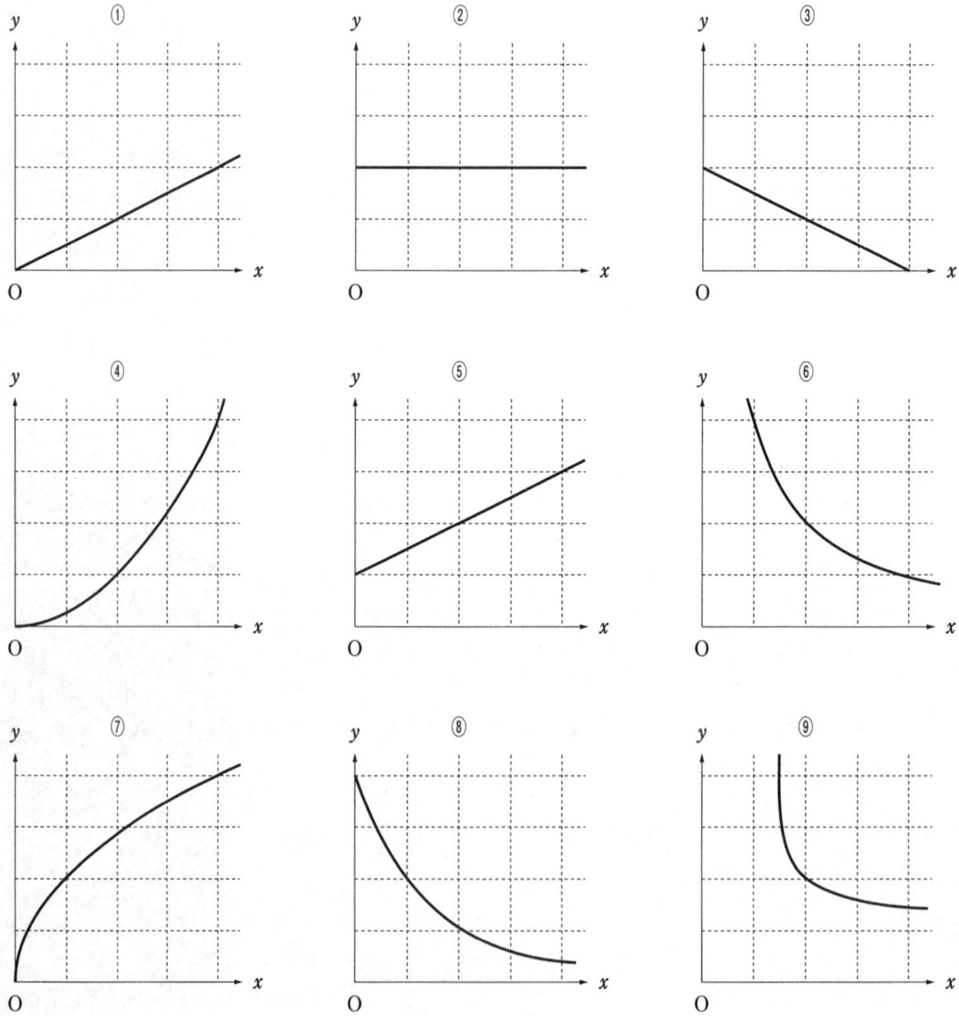

(4) 等速円運動する物体の質量と円運動の半径を変えずに角速度を２倍にすると，物体が受ける向心力の大きさは【４】倍になる。

(5) 弦の振動数を２倍にすると，弦を伝わる波の周期は【５】倍になる。

【４】，【５】の解答群

① $\frac{1}{4}$　② $\frac{\sqrt{2}}{4}$　③ $\frac{1}{2}$　④ $\frac{\sqrt{2}}{2}$　⑤ 1

⑥ $\sqrt{2}$　⑦ 2　⑧ $2\sqrt{2}$　⑨ 4

2 次の文章の空欄【6】〜【10】にあてはまる最も適当なものを，解答群から選べ。ただし，同じものを何度選んでもよい。

水平面上の点Oから，水平面と60°をなす角で，時刻0に小球Pを速さv_0の初速度で投射すると，小球Pは図1のような放物線を描いて運動し，水平面上の点Bに落下した。重力加速度の大きさをgとする。また，空気抵抗の影響はないものとする。

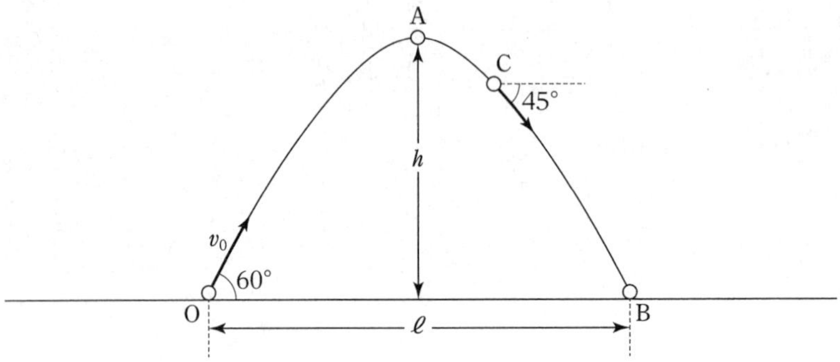

図1

小球Pが点Bに落下するまでの時刻tでの小球Pの速度(上向きを正とする)の鉛直成分v_yは，$v_y=$【6】$\times v_0-gt$である。小球Pが最高点Aを通過する時刻t_1は，$v_y=0$より，$t_1=$【7】$\times\dfrac{v_0}{g}$となるので，最高点Aの地上からの高さhは，$h=$【8】$\times\dfrac{{v_0}^2}{g}$である。やがて，小球Pは点Bに落下する。点Bの点Oからの距離ℓは，$\ell=$【9】$\times\dfrac{{v_0}^2}{g}$である。また，点Cで小球Pの速度の向きと水平面のなす角が45°になった。このときの時刻t_2は，$t_2=$【10】$\times\dfrac{v_0}{g}$である。

【6】〜【9】の解答群

① $\dfrac{\sqrt{3}}{8}$　② $\dfrac{1}{4}$　③ $\dfrac{1}{3}$　④ $\dfrac{3}{8}$　⑤ $\dfrac{\sqrt{3}}{4}$

⑥ $\dfrac{1}{2}$　⑦ $\dfrac{\sqrt{3}}{3}$　⑧ $\dfrac{3}{4}$　⑨ $\dfrac{\sqrt{3}}{2}$　⓪ $\dfrac{3}{2}$

【10】の解答群

① $\dfrac{\sqrt{3}+1}{3}$　② $\dfrac{2\sqrt{2}-1}{2}$　③ $\dfrac{\sqrt{2}+1}{2}$　④ $\dfrac{2\sqrt{3}-1}{2}$　⑤ $\dfrac{\sqrt{3}+1}{2}$

⑥ $\dfrac{\sqrt{2}+3}{3}$　⑦ $\dfrac{2\sqrt{3}+1}{3}$　⑧ $\dfrac{\sqrt{3}+\sqrt{2}}{2}$　⑨ $\dfrac{\sqrt{3}+3}{3}$　⓪ $\dfrac{2\sqrt{3}+3}{4}$

3 **次の文章の空欄【11】〜【15】にあてはまる最も適当なものを，解答群から選べ。ただし，同じものを何度選んでもよい。**

図1のように，点Oを中心とする半径Rのなめらかな曲面ABがあり，$\angle$AOB$=90°$であり，点Bより右側に水平面が連続している。水平面は，長さℓのCD間はあらいが，他の区間はなめらかで，右端にばね定数kの軽いばねがある。曲面ABと水平面は，点Bでなめらかに接続している。重力加速度の大きさをgとする。

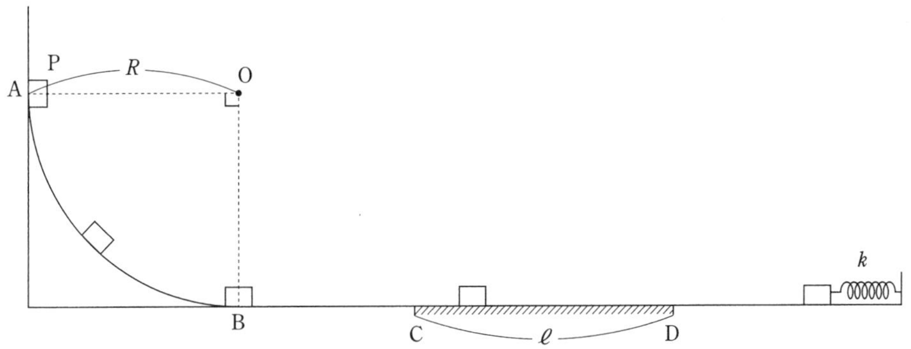

図1

質量mの小物体Pを点Aから静かにすべらせた。小物体Pが点Bを通過する瞬間，小物体Pがもつ運動エネルギーは【11】$\times mgR$で，小物体Pの速さは【12】$\times\sqrt{gR}$である。

その後，小物体Pは点Cを右向きに通過し，CD間で静止せずに点Dを右向きに通過した。このことから，CD間での小物体Pと水平面の間の動摩擦係数をμ'とすると，$\mu'<$【13】$\times\dfrac{R}{\ell}$であることがわかる。

点Dを右向きに通過した小物体Pは，ばねを押し縮めた後，左向きに運動を始めた。このときの，ばねの縮みの最大値は【14】$\times\sqrt{\dfrac{mg(R-\mu'\ell)}{k}}$である。

点Dを左向きに通過した小物体Pは，点Cに到達せずにCD間で静止した。このことから，$\mu'>$【15】$\times\dfrac{R}{\ell}$であることがわかる。したがって，【15】$\times\dfrac{R}{\ell}<\mu'<$【13】$\times\dfrac{R}{\ell}$となる。

【11】〜【15】の解答群

① $\dfrac{1}{4}$	② $\dfrac{1}{2}$	③ $\dfrac{\sqrt{2}}{2}$	④ 1	⑤ $\sqrt{2}$
⑥ $\dfrac{3}{2}$	⑦ 2	⑧ $2\sqrt{2}$	⑨ 3	⓪ $3\sqrt{2}$

4 次の文章の空欄【16】～【20】にあてはまる最も適当なものを，解答群から選べ。ただし，同じものを何度選んでもよい。

図1のように，なめらかに動く軽いピストンのある断面積 $2.0\times10^{-4}\ \mathrm{m^2}$ の円筒形のシリンダーに，n〔mol〕の単原子分子理想気体を入れて水平に置く。初め，理想気体の絶対温度 T は，$T=300\ \mathrm{K}$ で，ピストンはシリンダーの左端から $6.0\times10^{-2}\ \mathrm{m}$ の位置にある。シリンダーとピストンは断熱材からなり，大気圧を $1.0\times10^{5}\ \mathrm{Pa}$ とする。

図1のシリンダー内の理想気体がピストンを押す力の大きさは【16】$\times10\ \mathrm{N}$ である。

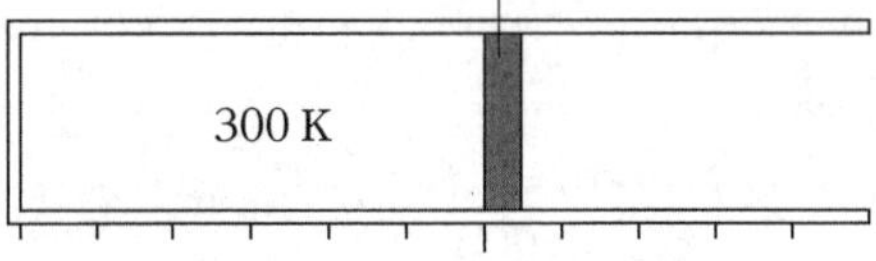

図1

図1の理想気体に熱量を与えると，図2のように，ピストンはシリンダーの左端から $8.0\times10^{-2}\ \mathrm{m}$ の位置までゆっくりと移動した。このときの理想気体が外部にした仕事は【17】$\times10^{-1}\ \mathrm{J}$ で，図2の理想気体の絶対温度 T' は，$T'=$【18】$\times10^{2}\ \mathrm{K}$ である。気体定数を R〔J/(mol·K)〕とすると，この理想気体の状態変化で，理想気体の内部エネルギーは $\dfrac{3}{2}nR(T'-T)=$【19】$\times10^{-1}\ \mathrm{J}$ 増加する。よって，理想気体が吸収した熱量は【20】J である。

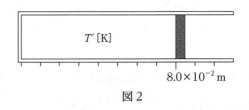

図2

【16】～【20】の解答群

① 1.0	② 2.0	③ 3.0	④ 4.0	⑤ 5.0
⑥ 6.0	⑦ 7.0	⑧ 8.0	⑨ 9.0	

5 次の文章〔A〕,〔B〕の空欄【21】〜【27】にあてはまる最も適当なものを，解答群から選べ。ただし，同じものを何度選んでもよい。

〔A〕 図1のように，平面波の波面が媒質Ⅰから媒質Ⅱへ進んでいる。入射波の波長は 2.0×10^{-1} m であり，振動数は 2.5 Hz である。

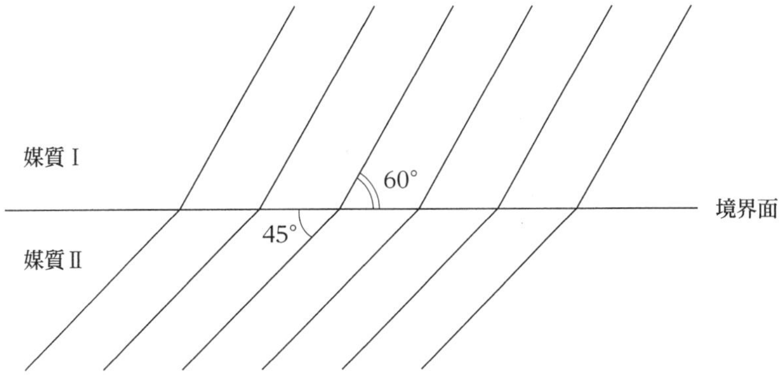

図1

平面波の入射角が【21】°であり，屈折角が【22】°であることより，媒質Ⅰに対する媒質Ⅱの屈折率は【23】である。媒質Ⅱを伝わる波の速さは【24】m/s である。

【21】,【22】の解答群

① 15　② 30　③ 45　④ 60　⑤ 75　⑥ 90　⑦ 180

【23】,【24】の解答群

① $\frac{\sqrt{2}}{4}$　② $\frac{\sqrt{6}}{6}$　③ $\frac{\sqrt{3}}{4}$　④ $\frac{\sqrt{2}}{3}$　⑤ $\frac{\sqrt{3}}{3}$

⑥ $\frac{\sqrt{6}}{4}$　⑦ $\frac{\sqrt{2}}{2}$　⑧ $\frac{\sqrt{6}}{3}$　⑨ $\frac{\sqrt{3}}{2}$　⓪ $\frac{\sqrt{6}}{2}$

〔**B**〕 水面上の２つの波源 S_1 と S_2 が同位相，同振幅，同周期 1.0 秒で振動し，波長 λ の波を出している。図２は，ある時刻の波の様子で，実線は山の波面，破線は谷の波面を表す。水面波の振幅の減衰はないものとする。

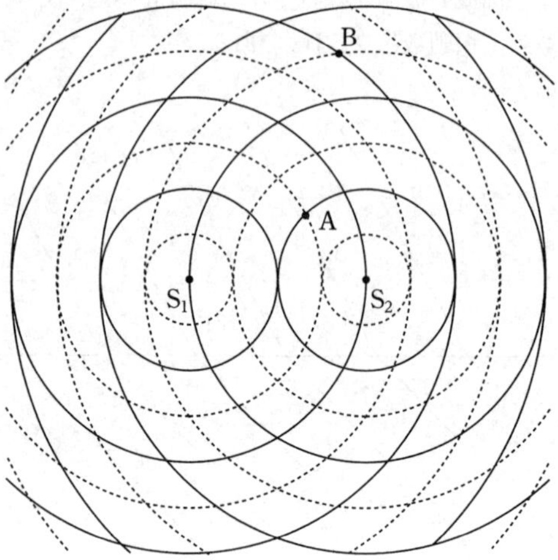

図２

点 A は波が**【25】**状態で，点 A を通る２つの波面は**【26】**秒後に点 B に到達する。

線分 S_1S_2 上には定常波(定在波)ができており，定常波のすべての節の位置を×で表すと，**【27】**のようになる。ただし，S_1 と S_2 のある点は含まないものとする。

【25】の解答群

① 強め合う　② 弱め合う　③ 伝わらない

【26】の解答群

① 0.50　② 1.0　③ 1.5　④ 2.0　⑤ 2.5　⑥ 3.0

【27】の解答群

①
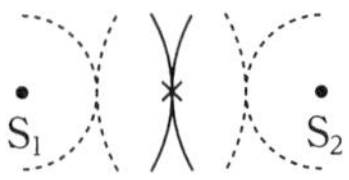

②
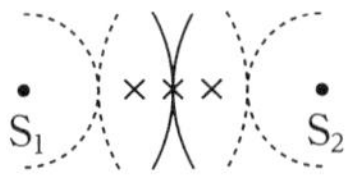

③
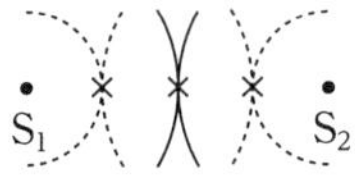

④
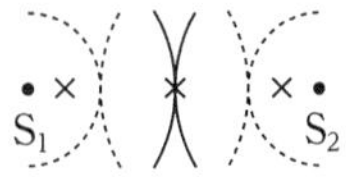

⑤
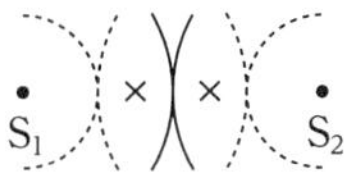

⑥
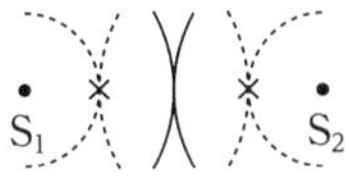

⑦
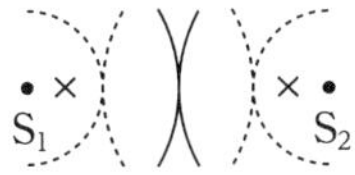

⑧
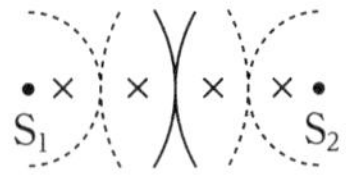

6 次の文章〔A〕,〔B〕の空欄【28】～【34】にあてはまる最も適当なものを，解答群から選べ。ただし，同じものを何度選んでもよい。

〔A〕 図1のように，質量 m の金属の小球Aを十分に長く軽くて伸び縮みしない絹糸でつるす。また，質量 m の金属の小球Bを絶縁棒の先端に取り付ける。重力加速度の大きさを g とする。
初め，小球Bは負に帯電し，Aは帯電していない。

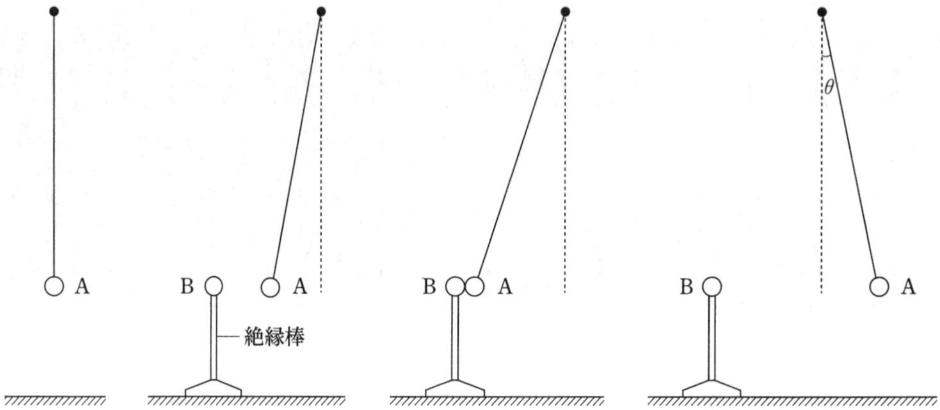

図1　図2　図3　図4

図2のように，小球Bを小球Aの左側から近づけると，小球Aは左側に引き寄せられた。このとき小球Aに現れた現象を【28】という。

その直後，図3のように小球Bと小球Aは接触してから，図4の状態で小球Aは静止した。図4の状態で【29】に帯電し，小球Aと小球Bの間に作用する静電気力の大きさは $mg\times$【30】である。ただし，図4の絹糸が鉛直となす角を θ とする。

【28】の解答群

① 起電力	② 静電遮蔽	③ 静電誘導	④ キルヒホッフの法則
⑤ 電磁誘導	⑥ 比誘電率	⑦ 誘電分極	⑧ ローレンツ力

【29】の解答群

① 小球Aは正，小球Bも正	② 小球Aは正，小球Bは負
③ 小球Aは負，小球Bは正	④ 小球Aは負，小球Bも負
⑤ 小球Aは帯電せず，小球Bは正	⑥ 小球Aは帯電せず，小球Bは負
⑦ 小球Bは帯電せず，小球Aは正	⑧ 小球Bは帯電せず，小球Aは負

【30】の解答群

① $\sin\theta$	② $\cos\theta$	③ $\tan\theta$	④ $\sin^2\theta$	⑤ $\cos^2\theta$
⑥ $\dfrac{1}{\sin\theta}$	⑦ $\dfrac{1}{\cos\theta}$	⑧ $\dfrac{1}{\tan\theta}$	⑨ $\dfrac{1}{\sin^2\theta}$	⓪ $\dfrac{1}{\cos^2\theta}$

〔B〕 図5～図7の電気回路の電池の起電力は12Vで，電池と電流計の内部抵抗および導線の抵抗は無視できる。

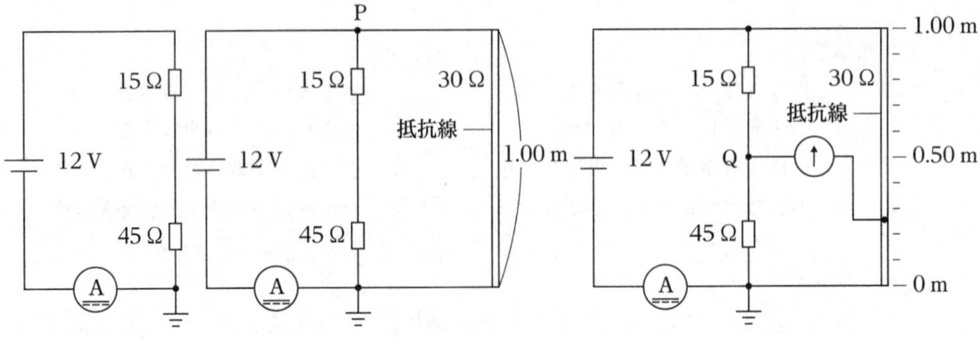

図5　　図6　　図7

図5の回路に流れる電流は【31】Aである。

図6のように，長さが1.00mで太さが一様な30Ωの抵抗線を，図5の回路に並列に接続した。図6の回路で，電流計を流れる電流は【32】Aである。また，抵抗線を流れる電流は【33】Aである。

図7のように，検流計の左側の端子を点Qに，右側の端子を抵抗線上の点に接続する。検流計を流れる電流が0Aになるのは，図7の位置座標において，右側の端子を抵抗線上の【34】mの位置に接続したときである。

【31】～【33】の解答群

① 0.10　② 0.20　③ 0.30　④ 0.40　⑤ 0.50
⑥ 0.60　⑦ 0.70　⑧ 0.80　⑨ 0.90　⓪ 1.00

【34】の解答群

① 0.50　② 0.55　③ 0.60　④ 0.65　⑤ 0.70
⑥ 0.75　⑦ 0.80　⑧ 0.85　⑨ 0.90　⓪ 0.95

令和元年度　化　学

I　物質の構成に関する以下の問いに答えよ。

次の(1)~(5)の文中の【1】~【7】に最も適するものを，それぞれの解答群の中から１つずつ選べ。

(1)　物質Ａに不純物として少量の物質Ｂが混じった固体混合物(a)~(e)がある。昇華法によって物質Ａを精製できる物質Ａ，Ｂの組み合わせは【1】である。

固体混合物	物質Ａ	物質Ｂ
(a)	金粉	亜鉛粉
(b)	水酸化ナトリウム	水酸化カルシウム
(c)	硝酸カリウム	塩化ナトリウム
(d)	塩化ナトリウム	砂
(e)	ヨウ素	塩化ナトリウム

【1】の解答群

①　(a)　　②　(b)　　③　(c)　　④　(d)　　⑤　(e)

(2)　次に示す物質のうち，互いに同素体であるものの組み合わせは【2】組ある。

銅，青銅，黒鉛，金，白金，酸素，赤リン，黄リン，ダイヤモンド，銀，水銀，オゾン

【2】の解答群

①　1　　②　2　　③　3　　④　4　　⑤　5　　⑥　6

(3)　２つのイオン $^{18}_{8}O^{2-}$ と $^{19}_{9}F^{-}$ で等しいものの組み合わせは【3】である。

【3】の解答群

①　質量数と陽子の数　　②　質量数と中性子の数
③　質量数と電子の数　　④　陽子の数と中性子の数
⑤　陽子の数と電子の数　　⑥　中性子の数と電子の数

(4) 次の表は元素の周期表の一部を示したものであり，表中のａ～ｔは元素記号の代わりに用いた記号である。表中の元素c，k，s，l，tのうち，炎色反応を示さないものは**【４】**である。この元素の周期表に関する下の記述(a)~(e)のうち，**誤りを含むものは【５】**である。

族＼周期	1	2	13	14	15	16	17	18
1	a							b
2	c	d	e	f	g	h	i	j
3	k	l	m	n	o	p	q	r
4	s	t						

(a) ａ～ｔの元素は，すべて典型元素である。
(b) c，d，ｅの元素における原子半径の大小関係は，e>d>cである。
(c) 第２周期のｃ～ｊの元素において，原子のイオン化エネルギーの値が最も大きい元素はｊである。
(d) ｐとｑの元素の原子の価電子の数の和は13である。
(e) ａとｇの元素からなる，分子式が ga_3 の化合物がある。

【４】の解答群

① c　② k　③ s　④ l　⑤ t

【５】の解答群

① (a)　② (b)　③ (c)　④ (d)　⑤ (e)

(5) 次の(a)~(h)の分子のうち，共有結合に使われている電子の総数が最も多い分子は**【６】**であり，極性分子は**【７】**種類ある。

(a) F_2　(b) N_2　(c) C_2H_6　(d) Cl_2
(e) NH_3　(f) H_2O　(g) HCl　(h) CO_2

【６】の解答群

① (a)　② (b)　③ (c)　④ (d)
⑤ (e)　⑥ (f)　⑦ (g)　⑧ (h)

【７】の解答群

① 1　② 2　③ 3　④ 4　⑤ 5
⑥ 6　⑦ 7　⑧ 8　⑨ 0

2 物質の変化に関する以下の問いに答えよ。

次の(1)~(3)の文中の【8】~【14】に最も適するものを，それぞれの解答群の中から１つずつ選べ。

(1) アルミニウムに塩酸を加えると，水素を発生しながらアルミニウムは溶解する。ただし，標準状態での気体のモル体積は 22.4 L/mol，原子量は Al=27 とする。

この反応を表す次の化学反応式の係数 b は【8】である。ただし，化学反応式の係数は，最も簡単な整数比をなすものとし，係数が１のときは１とする。

$$a\ \mathrm{Al} + b\ \mathrm{HCl} \longrightarrow c\ \mathrm{AlCl_3} + d\ \mathrm{H_2}\uparrow$$

【8】の解答群

① 1　② 2　③ 3　④ 4　⑤ 5　⑥ 6

ある量のアルミニウムに塩酸を加えたところ，加えた塩酸の体積と，発生する水素の標準状態での体積の関係を表すグラフは，次の図のようになった。用いたアルミニウムの質量は【9】g で，塩酸のモル濃度は，【10】mol/L である。また，用いるアルミニウムの質量を２倍，塩酸のモル濃度を $\frac{1}{2}$ 倍にしたときのグラフは【11】である。

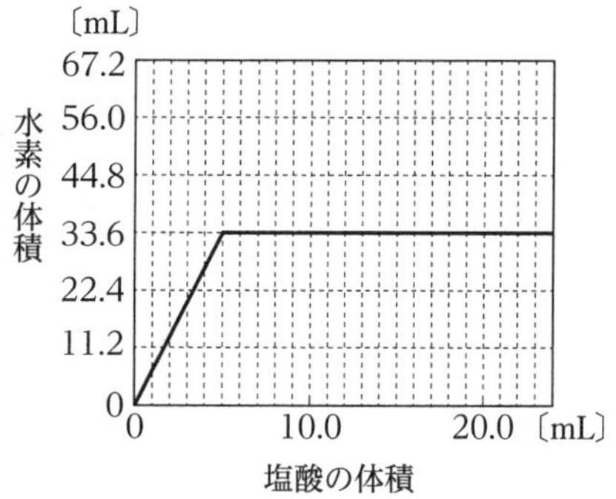

【9】の解答群

① 0.018　② 0.027　③ 0.036　④ 0.045　⑤ 0.054
⑥ 0.063　⑦ 0.072　⑧ 0.081　⑨ 0.090　⓪ 0.099

【10】の解答群

① 0.15　② 0.20　③ 0.25　④ 0.30　⑤ 0.35
⑥ 0.40　⑦ 0.45　⑧ 0.50　⑨ 0.55　⓪ 0.60

【11】の解答群

①

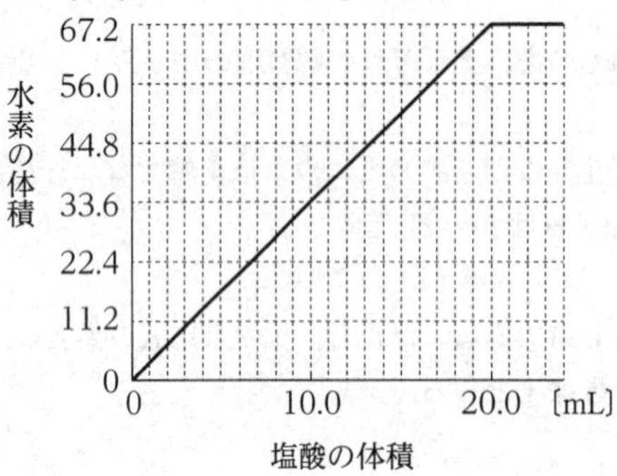

②

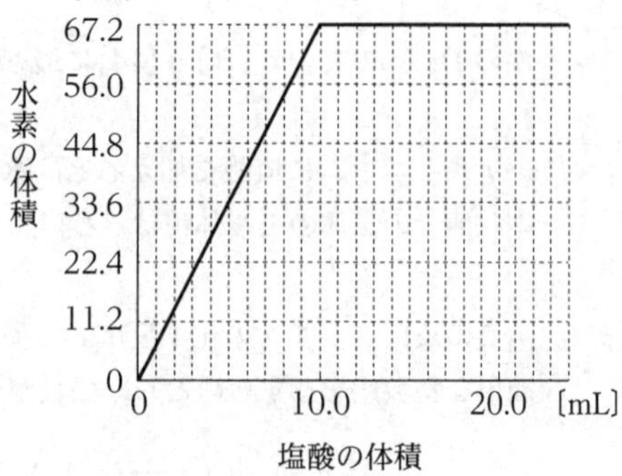

③

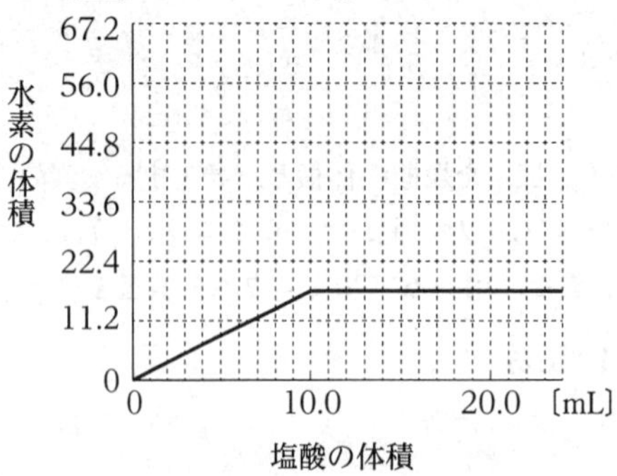

④

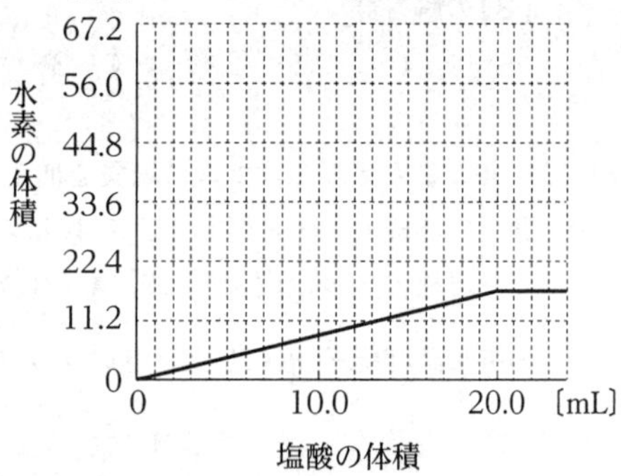

⑤

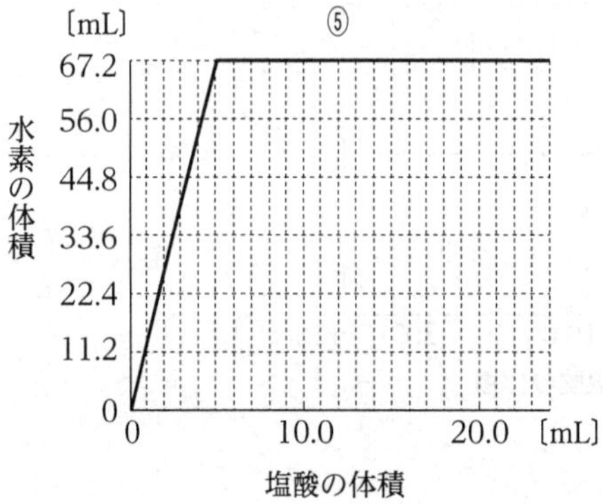

⑥

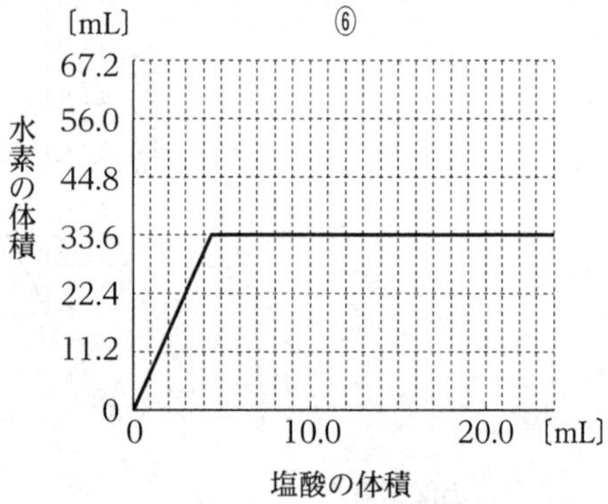

(2) 硫酸で酸性にした塩化スズ(Ⅱ)水溶液に二クロム酸カリウム水溶液を加えると，酸化還元反応を起こす。このときの $Cr_2O_7^{2-}$ は酸化剤として，また，Sn^{2+} は還元剤として，次のように反応する。

$$Cr_2O_7^{2-} + 14H^+ + 6e^- \longrightarrow 2Cr^{3+} + 7H_2O$$

$$Sn^{2+} \longrightarrow Sn^{4+} + 2e^-$$

この酸化還元反応で，Cr 原子の酸化数は**【12】**に変化する。

【12】の解答群

① +2 から+7　② +3 から+7　③ +2 から+6　④ +3 から+6
⑤ +7 から+2　⑥ +7 から+3　⑦ +6 から+2　⑧ +6 から+3

濃度不明の塩化スズ(Ⅱ)水溶液 10.0 mL をコニカルビーカーにとり，希硫酸を加えた後，0.010 mol/L の二クロム酸カリウム水溶液をビュレットから滴下したところ，24.0 mL 加えたところで，塩化スズ(Ⅱ)と二クロム酸カリウムが過不足なく反応した。この塩化スズ(Ⅱ)水溶液のモル濃度は**【13】** mol/L である。

【13】の解答群

① 0.018　② 0.036　③ 0.054　④ 0.072　⑤ 0.090
⑥ 0.18　⑦ 0.36　⑧ 0.54　⑨ 0.72　⓪ 0.90

(3) 0.050 mol/L の希硫酸 100 mL と 0.10 mol/L の塩酸 100 mL と 0.20 mol/L の水酸化ナトリウム水溶液 400 mL を混ぜて 600 mL にした水溶液の pH に最も近い値は**【14】**である。ただし，水のイオン積は $K_w = 1.0 \times 10^{-14}\ (\text{mol/L})^2$ とする。

【14】の解答群

① 5　② 6　③ 7　④ 8　⑤ 9
⑥ 10　⑦ 11　⑧ 12　⑨ 13　⓪ 14

3 **物質の状態に関する以下の問いに答えよ。**

次の(1)~(4)の文中の**【15】**~**【22】**に最も適するものを，それぞれの解答群の中から1つずつ選べ。

(1) 次の図は，水の状態図を模式的に示したものである。曲線OB上の点Pの温度は**【15】**と呼ばれ，点Oでの水は**【16】**状態である。また，状態変化を表すa~fの矢印のうち，固体から気体になる状態変化は**【17】**である。

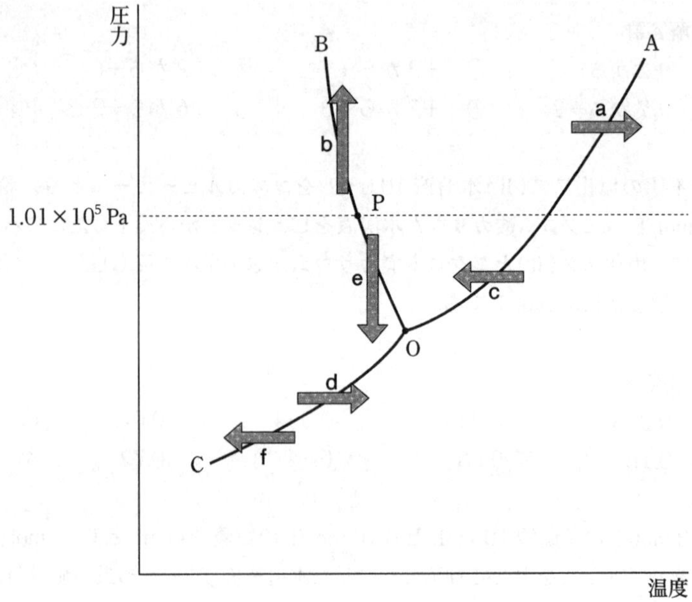

【15】の解答群

① 三重点　② 昇華点　③ 沸点　④ 臨界点　⑤ 融点

【16】の解答群

① 気体の　② 気体と液体が共存している
③ 液体の　④ 液体と固体が共存している
⑤ 固体の　⑥ 気体と液体と固体が共存している

【17】の解答群

① a　② b　③ c　④ d　⑤ e　⑥ f

(2) ピストン付きの容器に水 1.0 L と二酸化炭素 0.30 mol を入れ，圧力を 5.0×10^5 Pa，27℃に保ち，平衡状態にした。水に溶けている二酸化炭素の物質量は【18】mol であり，気体の二酸化炭素の体積は【19】L である。また，容器の容積も温度も変えずに窒素を加えて全圧を 7.0×10^5 Pa にしたとき，水に溶けている二酸化炭素の物質量は【20】mol である。ただし，二酸化炭素は 27℃，1.0×10^5 Pa において水 1.0 L に 3.2×10^{-2} mol 溶けるものとし，水蒸気圧は考えないものとし，気体定数は 8.3×10^3 Pa･L/(mol･K)とする。

【18】の解答群

① 0.080	② 0.12	③ 0.16	④ 0.20	⑤ 0.24
⑥ 0.28	⑦ 0.32	⑧ 0.36	⑨ 0.40	⓪ 0.44

【19】の解答群

① 0.10	② 0.20	③ 0.30	④ 0.40	⑤ 0.50
⑥ 0.60	⑦ 0.70	⑧ 0.80	⑨ 0.90	⓪ 1.0

【20】の解答群

① 0.12	② 0.16	③ 0.20	④ 0.24	⑤ 0.28
⑥ 0.32	⑦ 0.36	⑧ 0.40	⑨ 0.44	⓪ 0.48

(3) 無水硫酸銅(Ⅱ) 40 g を水 100 g に加えて加熱し，完全に溶かした。この水溶液を 20℃に冷却すると，硫酸銅(Ⅱ)五水和物の結晶が【21】g 析出する。ただし，無水硫酸銅(Ⅱ)の溶解度(水 100 g に溶かすことができる溶質の質量を g 単位で表したときの数値)は，20℃で 20 である。また，式量は $CuSO_4\cdot5H_2O=250$，$CuSO_4=160$ とする。

【21】の解答群

① 10	② 14	③ 18	④ 22	⑤ 26
⑥ 31	⑦ 33	⑧ 35	⑨ 37	⓪ 39

(4) モル質量 M〔g/mol〕の溶質の水溶液のモル濃度が C〔mol/L〕であるとき，この水溶液の質量モル濃度は【22】〔mol/kg〕である。ただし，この水溶液の密度は d〔g/cm³〕とする。

【22】の解答群

① $\dfrac{1000C}{1000d-CM}$　② $\dfrac{1000Cd}{1000-CM}$　③ $\dfrac{C}{1000d-CM}$

④ $\dfrac{Cd}{1000-CM}$　⑤ $\dfrac{CM}{1000d}$

4 物質の変化と平衡に関する以下の問いに答えよ。

次の(1)，(2)の文中の【23】～【29】に最も適するものを，それぞれの解答群の中から1つずつ選べ。

(1) 硝酸銀水溶液の入った電解槽Ⅰと硫酸銅(Ⅱ)水溶液の入った電解槽Ⅱを次の図のように並列につなぎ，電極A，B，C，Dに白金を用いて，電源から1.00 Aの電流を2時間8分40秒流したところ，電極Aから0.320 gの気体が発生した。このとき，電極Bの質量は【23】g増加した。また，電解槽Ⅱを流れた電子の物質量は【24】molで，電極Dの質量は【25】g増加した。ただし，陽極では水のみが酸化され，陰極では金属イオンのみが還元されるものとし，原子量はO＝16.0，Cu＝63.5，Ag＝108，ファラデー定数は96500 C/molとする。

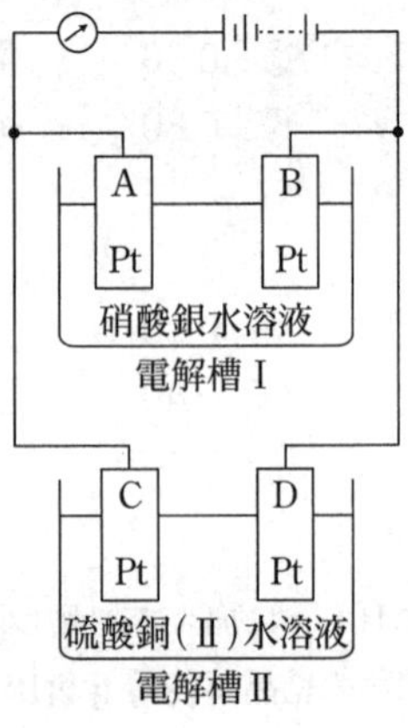

【23】の解答群

① 1.08　② 1.62　③ 2.16　④ 2.70　⑤ 3.24
⑥ 3.78　⑦ 4.32　⑧ 4.86　⑨ 5.40　⓪ 5.94

【24】の解答群

① 0.0100　② 0.0200　③ 0.0300　④ 0.0400　⑤ 0.0500
⑥ 0.0600　⑦ 0.0700　⑧ 0.0800　⑨ 0.0900　⓪ 0.100

【25】の解答群

① 0.635　② 1.27　③ 1.91　④ 2.54　⑤ 3.18
⑥ 3.81　⑦ 4.45　⑧ 5.08　⑨ 5.72　⓪ 6.35

(2) 酢酸は水溶液中で，$CH_3COOH \rightleftarrows CH_3COO^- + H^+$ の電離平衡が成り立つ。温度が一定のとき，酢酸水溶液のモル濃度を C〔mol/L〕，電離定数を K_a〔mol/L〕，電離度を α（α は 1 より十分小さいので，$1-\alpha \fallingdotseq 1$ とすることができる）とすると，K_a＝【26】〔mol/L〕，水素イオン濃度 $[H^+]$ は $[H^+]$＝【27】〔mol/L〕と表せる。あるモル濃度の酢酸水溶液を 100 倍に薄めると，電離度 α は【28】倍になり，pH はもとの値から【29】増加する。

【26】の解答群

① $\dfrac{C}{\alpha^2}$　② $\dfrac{\alpha^2}{C}$　③ $\dfrac{C}{\alpha}$　④ $\dfrac{\alpha}{C}$　⑤ $C\alpha$　⑥ $C\alpha^2$

【27】の解答群

① $\sqrt{\dfrac{K_a}{C}}$　② $\sqrt{\dfrac{C}{K_a}}$　③ $\sqrt{\dfrac{K_a}{C^2}}$

④ $\sqrt{\dfrac{C^2}{K_a}}$　⑤ $\sqrt{CK_a}$　⑥ CK_a

【28】の解答群

① $\dfrac{1}{10}$　② $\dfrac{1}{\sqrt{10}}$　③ $\dfrac{1}{2}$　④ $\sqrt{10}$　⑤ 10

⑥ 10^2　⑦ 10^3　⑧ 10^4　⑨ 10^5　⓪ 10^6

【29】の解答群

① 0.1　② 0.2　③ 0.5　④ 1　⑤ 1.5

⑥ 2　⑦ 2.5　⑧ 3　⑨ 3.5　⓪ 4

5 無機物質に関する以下の問いに答えよ。

次の(1), (2)の文中の【30】~【36】に最も適するものを，それぞれの解答群の中から1つずつ選べ。

(1) 次の(a)~(e)の文中のA ~ Cは，CO，CO_2，NH_3，NO_2，SO_2，H_2S のうちのいずれかである。Aにあてはまる気体は【30】，Bにあてはまる気体は【31】，Cにあてはまる気体は【32】，(b), (c)中の㋐と(e)中の㋑の組み合わせは【33】である。

(a) Aは塩化アンモニウムと水酸化カルシウムの固体混合物を加熱すると発生する。
(b) 白金を触媒として，Aと酸素を高温で反応させると，㋐が生成する。
(c) Bが水と反応したときも㋐を生じる。
(d) Cは亜硫酸ナトリウムに希硫酸を加えると発生する。
(e) 酸化バナジウム(V)を触媒として，Cと酸素を高温で反応させると，㋑が生成する。

【30】の解答群

① CO　② CO_2　③ NH_3　④ NO_2　⑤ SO_2　⑥ H_2S

【31】の解答群

① CO　② CO_2　③ NH_3　④ NO_2　⑤ SO_2　⑥ H_2S

【32】の解答群

① CO　② CO_2　③ NH_3　④ NO_2　⑤ SO_2　⑥ H_2S

【33】の解答群

	㋐	㋑
①	N_2	S
②	N_2	SO_2
③	N_2	SO_3
④	NO	S
⑤	NO	SO_2
⑥	NO	SO_3
⑦	NO_2	S
⑧	NO_2	SO_2
⑨	NO_2	SO_3

(2) A～Eは，Al^{3+}，Ag^{+}，Ba^{2+}，Zn^{2+}，K^{+}のいずれかのイオンで，これらのイオンを1種類だけ少量含む水溶液がある。これらの水溶液について，次の(a)と(b)の結果が得られた。

(a) A～Eの水溶液に水酸化ナトリウム水溶液を少量加えると，AとBの水溶液からは白色沈殿が生じ，Dの水溶液からは褐色沈殿が生じた。これらの沈殿に過剰に水酸化ナトリウム水溶液を加えると，AとBの水溶液からの白色沈殿は溶解したが，Dの水溶液からの褐色沈殿は溶解しなかった。CとEの水溶液は変化が見られなかった。

(b) A～Eの水溶液にアンモニア水を少量加えると，AとBの水溶液からは白色沈殿が生じ，Dの水溶液からは褐色沈殿が生じた。これらの沈殿に過剰にアンモニア水を加えると，Aの水溶液からの白色沈殿とDの水溶液からの褐色沈殿は溶解したが，Bの水溶液からの白色沈殿は溶解しなかった。CとEの水溶液は変化が見られなかった。

Aにあてはまるイオンは【34】，Bにあてはまるイオンは【35】，(b)の下線部「Dの水溶液からの褐色沈殿は溶解した」とあるが，このとき生成するイオンは【36】である。

【34】の解答群

① Al^{3+}　② Ag^{+}　③ Ba^{2+}　④ Zn^{2+}　⑤ K^{+}

【35】の解答群

① Al^{3+}　② Ag^{+}　③ Ba^{2+}　④ Zn^{2+}　⑤ K^{+}

【36】の解答群

① $[Al(OH)_4]^{-}$　② $[Zn(OH)_4]^{2-}$　③ $[Zn(NH_3)_4]^{2+}$　④ $[Ag(NH_3)_2]^{+}$
⑤ Al^{3+}　⑥ Zn^{2+}　⑦ Ag^{+}

令和元年度　生　物

I

体液の調節に関する次の各問いについて，最も適当なものを，それぞれの下に記したもののうちから１つずつ選べ。

ヒトの腎臓にはネフロン(腎単位)と呼ばれるつくりが多数存在する。ネフロンは腎動脈から続く毛細血管からなる［ア］とそれを包む［イ］，および細尿管(腎細管)からできている。

次の表は，健康なヒトNさんの血しょう，原尿，尿中の主な成分の濃度を示している。表中のクレアチニンは筋肉で生じる物質である。

成分	血しょう(質量%)	原尿(質量%)	尿(質量%)
水	90 ～ 93	99	95
タンパク質	7 ～ 9	［ウ］	0
グルコース	0.1	［エ］	0
尿素	0.03	0.03	2
尿酸	0.004	0.004	0.05
クレアチニン	0.001	0.001	0.075
ナトリウム	0.3	0.3	0.35
カリウム	0.02	0.02	0.15

【1】 文中の［ア］，［イ］にあてはまる語の組み合わせはどれか。

	ア	イ
①	糸球体	腎小体(マルピーギ小体)
②	糸球体	ボーマンのう
③	腎小体(マルピーギ小体)	糸球体
④	腎小体(マルピーギ小体)	ボーマンのう
⑤	ボーマンのう	糸球体
⑥	ボーマンのう	腎小体(マルピーギ小体)

【2】 表中の ウ ， エ にあてはまる数値の組み合わせはどれか。

	ウ	エ
①	7 ~ 9	0.1
②	7 ~ 9	0
③	3 ~ 4	0.1
④	3 ~ 4	0
⑤	0	0.1
⑥	0	0

【3】 尿素，尿酸，クレアチニン，ナトリウム，カリウムのうち，濃縮率 $\left(\dfrac{\text{尿中の濃度(質量\%)}}{\text{血しょう中の濃度(質量\%)}}\right)$ が最も高いものはどれか。

① 尿素　② 尿酸　③ クレアチニン　④ ナトリウム　⑤ カリウム

【4】 イヌリンという物質は，ヒトの血中に投与すると，速やかにろ過されるが全く再吸収されず，尿中にすべて排出される。そのため，イヌリンは腎臓のろ過機能を検査するために使用される。Nさんにこの検査を行ったところ，イヌリン濃度が血しょう中では 0.95 mg/mL，尿中では 114 mg/mL であった。また，1日の尿量は 1.5 L であった。このとき，クレアチニンの再吸収率は何%か。ただし，血しょう，原尿，尿の密度は 1 g/mL とする。

① 8%　② 12%　③ 24%　④ 38%　⑤ 44%

【5】 血液の塩分濃度が上昇したときに分泌量が多くなるホルモンと，その内分泌腺の組み合わせはどれか。

① 鉱質コルチコイド・副腎髄質　② 鉱質コルチコイド・副腎皮質
③ アドレナリン・副腎髄質　④ アドレナリン・脳下垂体
⑤ バソプレシン・副腎皮質　⑥ バソプレシン・脳下垂体

2 細胞膜に関する次の各問いについて，最も適当なものを，それぞれの下に記したもののうちから１つずつ選べ。

細胞膜は細胞内外を区切るとともに，物質の出入りを調節する重要な働きを行う。細胞膜の主成分はリン脂質とタンパク質である。次の表は，ある哺乳類の赤血球内外のナトリウムイオンとカリウムイオンの濃度(血しょう中のカリウムイオンの濃度を１としたときの相対値)を比較したものである。これらの値は主に細胞膜中のある［ア］が［イ］輸送により［ウ］イオンをくみ出し，［エ］イオンの取り入れを行うことによる。

	赤血球内	赤血球外 (血しょう)
ナトリウムイオン	3.3	31.1
カリウムイオン	31.1	1.0

ブタの赤血球を５種類の濃度の食塩水(A，B，C，D，E)に加えたところ，赤血球の体積(等張液に加えた場合を１とした相対値)は次のようになった。

A：1.5　　B：1.2　　C：0.9　　D：細胞が破裂　　E：0.7

【6】 細胞膜に関する記述として正しいものはどれか。

① 細胞膜は大腸菌には存在しない。
② 細胞膜はシアノバクテリアには存在しない。
③ 細胞膜のリン脂質には核酸が含まれる。
④ 細胞膜のリン脂質には流動性がある。
⑤ 細胞膜のタンパク質の位置が変わることはない。

【7】 文中の［ア］，［イ］，［ウ］，［エ］にあてはまる語の組み合わせはどれか。

	ア	イ	ウ	エ
①	リン脂質	受動	カリウム	ナトリウム
②	リン脂質	受動	ナトリウム	カリウム
③	リン脂質	能動	カリウム	ナトリウム
④	リン脂質	能動	ナトリウム	カリウム
⑤	タンパク質	受動	カリウム	ナトリウム
⑥	タンパク質	受動	ナトリウム	カリウム
⑦	タンパク質	能動	カリウム	ナトリウム
⑧	タンパク質	能動	ナトリウム	カリウム

【8】 文中の５種類の濃度の食塩水(A，B，C，D，E)のうち，２番目に濃度の高いものはどれか。

① A　② B　③ C　④ D　⑤ E

【9】 リン脂質１分子は次の図のようなつくりをしている。細胞膜におけるリン脂質の配置に関する記述として正しいものはどれか。

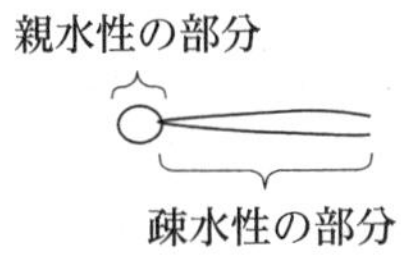

① 親水性の部分を細胞外に向けた一重層で配置している。
② 親水性の部分を細胞内に向けた一重層で配置している。
③ 親水性の部分を細胞外に向けた二重層で配置している。
④ 親水性の部分を細胞内に向けた二重層で配置している。
⑤ 親水性の部分を細胞内外に向けた二重層で配置している。
⑥ 疎水性の部分を細胞内外に向けた二重層で配置している。

【10】 細胞膜を構成しているタンパク質の例として**間違っているもの**はどれか。

① B 細胞受容体
② カリウムチャネル
③ ステロイドホルモンの受容体
④ アクアポリン
⑤ MHC 抗原(主要組織適合抗原)

3 **遺伝子の連鎖と組換えに関する次の各問いについて，最も適当なものを，それぞれの下に記したもののうちから１つずつ選べ。**

キイロショウジョウバエには正常ばねの遺伝子Ａと痕跡ばねの遺伝子ａの対立遺伝子がある。また，正常体色の遺伝子Ｂに対し，黒体色の遺伝子ｂがあり，(A, a)と(B, b)は$_{\mathrm{a}}$常染色体にある。これらの遺伝子に着目して，次の交配実験を行った。

実験Ⅰ　(正常ばね・正常体色)の純系の雌と(痕跡ばね・黒体色)の純系の雄とをかけ合わせたところ，雑種第一代(F_1)はすべて(正常ばね・正常体色)であった。

実験Ⅱ　実験ⅠのF_1の雌を検定交雑したところ，子は$_{\mathrm{b}}$(正常ばね・正常体色)：(正常ばね・黒体色)：(痕跡ばね・正常体色)：(痕跡ばね・黒体色)＝9：1：1：9の比で生じた。

実験Ⅲ　実験ⅠのF_1の雄を検定交雑したところ，子は(正常ばね・正常体色)：(痕跡ばね・黒体色)＝1：1の比で生じた。

【11】　下線部ａに関して，キイロショウジョウバエの染色体数は$2n=8$と表せる。キイロショウジョウバエの常染色体の数は何本か。

①　4本　　②　6本　　③　12本　　④　14本　　⑤　16本

【12】　下線部ｂの個体の遺伝子型の比 AABB：AABb：AaBB：AaBb はどのようになるか。

①　1：0：0：0　　②　0：0：0：1　　③　1：0：0：1
④　1：1：1：1　　⑤　9：3：3：1

【13】　F_1において，(A, a)と(B, b)は染色体にどのように位置しているか。

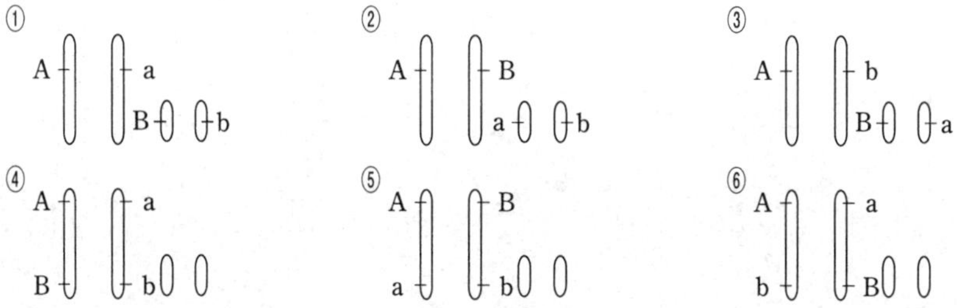

【14】 雌雄の F_1 の(A, a), (B, b)間の組換え価(%)の組み合わせはどれか。

	雌	雄
①	10	0
②	20	0
③	10	20
④	20	20
⑤	10	100
⑥	20	100

【15】 実験Ⅰで得られた F_1 どうしをかけ合わせると，子(F_2)の表現型の分離比，
(正常ばね・正常体色)：(正常ばね・黒体色)：(痕跡ばね・正常体色)：(痕跡ばね・黒体色)
はどのようになるか。

① 1：1：1：1　② 9：1：1：9　③ 9：3：3：9
④ 29：1：1：9　⑤ 281：19：19：81

4 被子植物の配偶子形成と受精に関する次の各問いについて，最も適当なものを，それぞれの下に記したもののうちから１つずつ選べ。

被子植物の雄性配偶子形成の過程は以下のようになる。おしべの葯内で花粉母細胞から花粉四分子が形成される。それらから［ア］細胞，［イ］細胞が生じ，［ア］細胞から精細胞ができる。雌性配偶子形成では，１個の胚のう母細胞から［ウ］個の極核を含む中央細胞１個と［エ］個の助細胞，［オ］個の反足細胞，１個の卵細胞ができる。

花粉管は胚珠内の［カ］細胞から分泌されるルアーと呼ばれるタンパク質によって珠孔に誘導され，花粉管の先端が破れ，［キ］が花粉管を移動し，受精が起こる。

【16】 文中の［ア］，［イ］にあてはまる語の組み合わせはどれか。

	ア	イ
①	精原	雄原
②	精原	花粉管
③	花粉管	精原
④	花粉管	雄原
⑤	雄原	精原
⑥	雄原	花粉管

【17】 花粉母細胞１個から精細胞は最大何個できるか。

① ２個　② ４個　③ ６個　④ ８個　⑤ 12個

【18】 文中の［ウ］，［エ］，［オ］にあてはまる数値の組み合わせはどれか。

	①	②	③	④	⑤	⑥	⑦	⑧
ウ	2	2	2	2	3	3	3	3
エ	2	2	3	3	2	2	3	3
オ	2	3	2	3	2	3	2	3

【19】 文中の カ ， キ にあてはまる語の組み合わせはどれか。

	カ	キ
①	卵	精子
②	卵	精細胞
③	助	精子
④	助	精細胞
⑤	反足	精子
⑥	反足	精細胞

【20】 被子植物の種子に関する記述として正しいものはどれか。

① 胚乳を構成する細胞と胚の細胞との核相は一致する。
② 種皮の遺伝子型と胚の遺伝子型は一致する。
③ 同じ子房内で形成される胚の遺伝子型は同一である。
④ イネ科の種子は栄養分を子葉に蓄える無胚乳種子である。
⑤ 胚のう内の卵細胞と助細胞の遺伝子型は同一である。

5 **光合成に関する次の各問いについて，最も適当なものを，それぞれの下に記したもののうちから１つずつ選べ。**

植物が行う光合成は，次のａ～ｃの反応系からなる。

a　光化学系Ⅰ，Ⅱ
b　電子伝達系
c　カルビン・ベンソン回路

次の図は，ｃの過程の一部を模式的に示したものである。６分子の物質Ｘ(５つの炭素を含む)は６分子の二酸化炭素と反応し，［ア］分子の物質Ｙ(３つの炭素を含む)に変化する。この反応を進める酵素は［イ］と呼ばれる。Ｙの名称(略称)は［ウ］である。

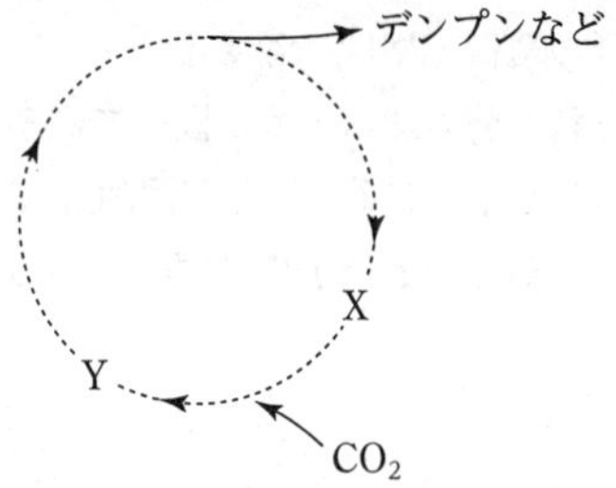

【21】 文中の［ア］にあてはまる数値はいくらか。
①　6　　②　8　　③　12　　④　24　　⑤　32

【22】 文中の［イ］，［ウ］にあてはまる語の組み合わせはどれか。

	①	②	③	④	⑤	⑥
イ	ルビスコ	ルビスコ	脱炭酸酵素	脱炭酸酵素	RuBP	RuBP
ウ	RuBP	PGA	ルビスコ	RuBP	ルビスコ	PGA

【23】 植物体に光合成を行わせ，急に二酸化炭素の供給を止めるとき，その直後の細胞中のX，Yの量に関する記述の組み合わせとして正しいものはどれか。

	①	②	③	④	⑤	⑥
X	増加する	増加する	増加する	減少する	減少する	変わらない
Y	増加する	変わらない	減少する	減少する	増加する	増加する

【24】 光合成に関する記述として正しいものはどれか。

① 光合成の過程でATPが合成されることはない。
② 陽生植物は陰生植物に比べて光補償点は高いが，光飽和点は低い。
③ 陰葉は陽葉に比べてさく状組織が発達していて厚い。
④ クロロフィルは緑色と黄色の光をよく吸収するために，緑色に見える。
⑤ 光合成を行う細菌の中には，硫化水素を光合成の材料に用いるものがいる。

【25】 ある植物の葉について調べたところ，呼吸速度が4 $mgCO_2$/(時間・100 cm^2)であり，12キロルクスの光を照射したときの見かけの光合成速度は14 $mgCO_2$/(時間・100 cm^2)であった。この植物の200 cm^2 の葉に12キロルクスの光を16時間照射したのち，光の当たらない場所に8時間置いた。実験開始から，この葉の有機物は何mg増加すると考えられるか。ただし，有機物はすべてグルコースとし，葉から移動しないものとする。また，原子量はH＝1，C=12，O=16とする。

① 109 mg　② 131 mg　③ 218 mg　④ 262 mg　⑤ 524 mg

6 生物と窒素のかかわりに関する次の各問いについて，最も適当なものを，それぞれの下に記したもののうちから１つずつ選べ。

図１は，生態系における窒素の流れを示しているが，誤った矢印も含まれている。生物体の物質の多くは窒素を含む。図中の矢印のほとんどは生物の活動による。図２は植物体におけるアンモニウムイオンから各種アミノ酸が合成される過程を示したものである。

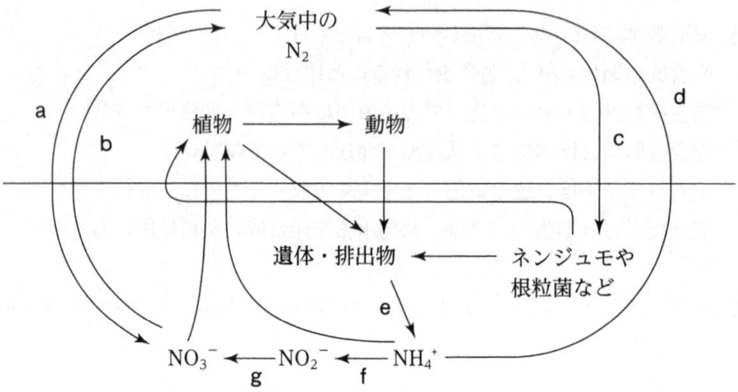

図１

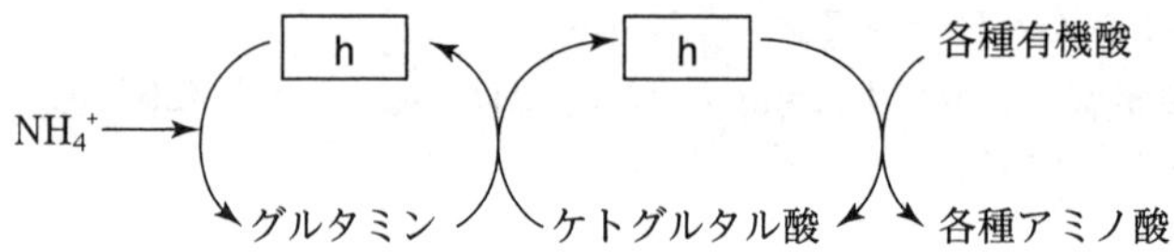

図２

【26】 下線部に関して，窒素を含まないものはどれか。

① グリコーゲン　② ヘモグロビン　③ DNA　④ RNA　⑤ ATP

【27】 図1中の矢印a～dのうち，窒素固定を表すものと脱窒を表すものの組み合わせはどれか。

	①	②	③	④
窒素固定	a	b	c	d
脱窒	c	d	b	a

【28】 図1中の矢印gを行う生物に関する記述として正しいものはどれか。

① 亜硝酸イオンを酸化する亜硝酸菌である。
② 亜硝酸イオンを酸化する硝酸菌である。
③ 亜硝酸イオンを還元する亜硝酸菌である。
④ 亜硝酸イオンを還元する硝酸菌である。
⑤ 硝酸イオンを酸化する亜硝酸菌である。
⑥ 硝酸イオンを酸化する硝酸菌である。
⑦ 硝酸イオンを還元する亜硝酸菌である。
⑧ 硝酸イオンを還元する硝酸菌である。

【29】 図1中の矢印eを行う生物(Eとする)，矢印fを行う生物(Fとする)および矢印gを行う生物(Gとする)の中で，独立栄養生物を過不足なく選んだものはどれか。

① なし　② E　③ F　④ G
⑤ E，F　⑥ E，G　⑦ F，G　⑧ E，F，G

【30】 図2中の［ h ］にあてはまる物質はどれか。

① グリシン　② クエン酸　③ グルタミン酸　④ オキサロ酢酸

7 **発生に関する次の各問いについて，最も適当なものを，それぞれの下に記したもののうちから1つずつ選べ。**

カエルの卵は［　ア　］黄卵であり，卵割の様子を観察すると，第一，第二卵割に次ぐ第三卵割では［　イ　］割で不等割を行う。その後胞胚，原腸胚を経て神経胚となる。図1は原基分布図(胞胚の側面図)を，図2は中期原腸胚の断面を，図3は後期神経胚の断面をそれぞれ示している。図1において，A，Bは外胚葉に，C，D，Eは中胚葉に，Fは内胚葉となる。その後の形態形成運動では，細胞の接着に関わるタンパク質が重要な役割を果たしている。

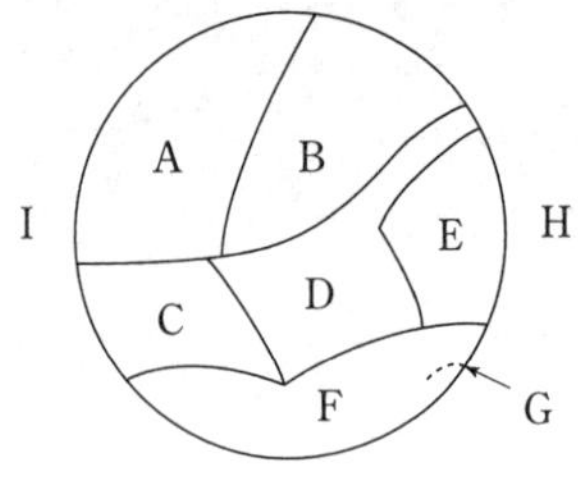

図1

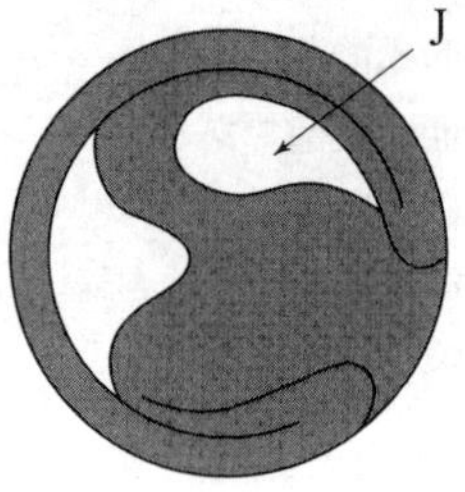

図2

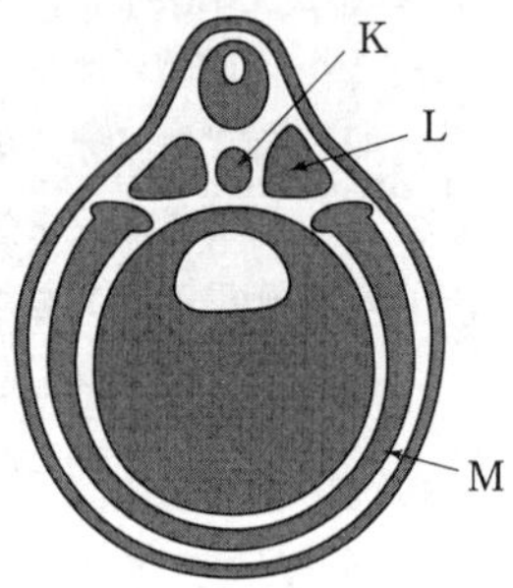

図3

【31】 文中の［　ア　］，［　イ　］にあてはまる語の組み合わせはどれか。

	①	②	③	④	⑤	⑥
ア	心	心	端	端	等	等
イ	緯	経	緯	経	緯	経

【32】 図1中のH，I，G，図2中のJに関する記述として正しいものはどれか。

① Hは腹側となり，Iは背側となる。G付近に口ができ，Jは原腸である。
② Hは腹側となり，Iは背側となる。G付近に口ができ，Jは胞胚腔である。
③ Hは腹側となり，Iは背側となる。G付近に肛門ができ，Jは原腸である。
④ Hは腹側となり，Iは背側となる。G付近に肛門ができ，Jは胞胚腔である。
⑤ Hは背側となり，Iは腹側となる。G付近に口ができ，Jは原腸である。
⑥ Hは背側となり，Iは腹側となる。G付近に口ができ，Jは胞胚腔である。
⑦ Hは背側となり，Iは腹側となる。G付近に肛門ができ，Jは原腸である。
⑧ Hは背側となり，Iは腹側となる。G付近に肛門ができ，Jは胞胚腔である。

【33】 図３中のＫに関する記述として正しいものはどれか。

① 神経管と呼ばれ，図１のＢから生じ，発生が進むにつれて発達する。
② 神経管と呼ばれ，図１のＢから生じ，発生が進むにつれて退化する。
③ 神経管と呼ばれ，図１のＥから生じ，発生が進むにつれて発達する。
④ 神経管と呼ばれ，図１のＥから生じ，発生が進むにつれて退化する。
⑤ 脊索と呼ばれ，図１のＢから生じ，発生が進むにつれて発達する。
⑥ 脊索と呼ばれ，図１のＢから生じ，発生が進むにつれて退化する。
⑦ 脊索と呼ばれ，図１のＥから生じ，発生が進むにつれて発達する。
⑧ 脊索と呼ばれ，図１のＥから生じ，発生が進むにつれて退化する。

【34】 図３中のＬ，Ｍから主に生じる組織，器官の組み合わせはどれか。

	①	②	③	④	⑤	⑥
Ｌ	骨格筋	骨格筋	心臓	心臓	肝臓	肝臓
Ｍ	心臓	肝臓	骨格筋	肝臓	骨格筋	心臓

【35】 下線部に関する記述として正しいものはどれか。

① カリウムイオンを仲立ちとして同種の細胞を接着させるカドヘリンがあてはまる。
② カルシウムイオンを仲立ちとして同種の細胞を接着させるカドヘリンがあてはまる。
③ カルシウムイオンを仲立ちとして同種の細胞を接着させるコラーゲンがあてはまる。
④ ナトリウムイオンを仲立ちとして同種の細胞を接着させるコラーゲンがあてはまる。
⑤ カルシウムイオンを仲立ちとして同種の細胞を接着させるフィブリノーゲンがあてはまる。
⑥ ナトリウムイオンを仲立ちとして同種の細胞を接着させるフィブリノーゲンがあてはまる。

8 **酵素に関する次の各問いについて，最も適当なものを，それぞれの下に記したもののうちから1つずつ選べ。**

酵素は生体の化学反応をスムーズに行わせる。a酵素には基質特異性があり，酵素をE，基質をS，酵素−基質複合体をES，生成物をPとすると，酵素の作用を表す式は次のようになる。

$$E + S \longrightarrow ES \longrightarrow P + E$$

図1は，一定量の基質溶液に一定量の酵素溶液を加えたときの，時間と生成物の量の関係を示したものである。図2は，一定量の酵素溶液に基質溶液を加えたときの，基質濃度と反応速度の関係を示したものである。

酵素の働きはb温度やpHの影響を受ける。c酵素の中には補酵素のような補助因子が結合しているものがある。

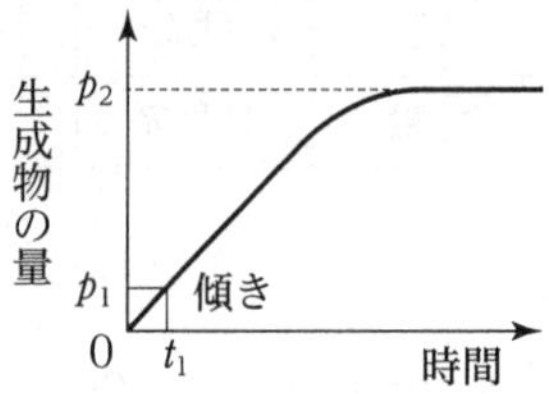

図1

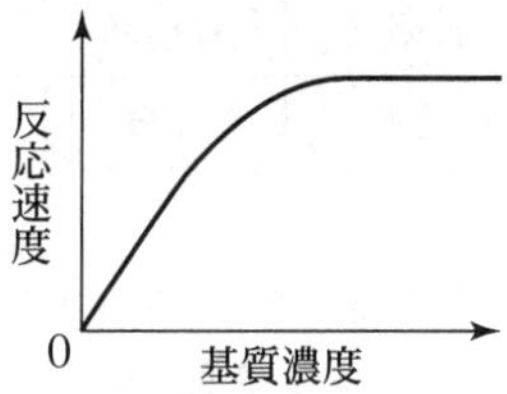

図2

【36】 次の文中の ア ， イ にあてはまる語の組み合わせはどれか。

図1において，加える酵素溶液の濃度を2倍にすると，グラフの傾き $\frac{p_1}{t_1}$ は ア 。このとき，Pの最大値 p_2 の値は イ 。

a 大きくなる
b 変わらない
c 小さくなる

	①	②	③	④	⑤	⑥	⑦	⑧	⑨
ア	a	a	a	b	b	b	c	c	c
イ	a	b	c	a	b	c	a	b	c

【37】 図2において，一定量の競争的阻害物質を加えると，どのようになるか。競争的阻害物質を加えた場合を破線で示してある。

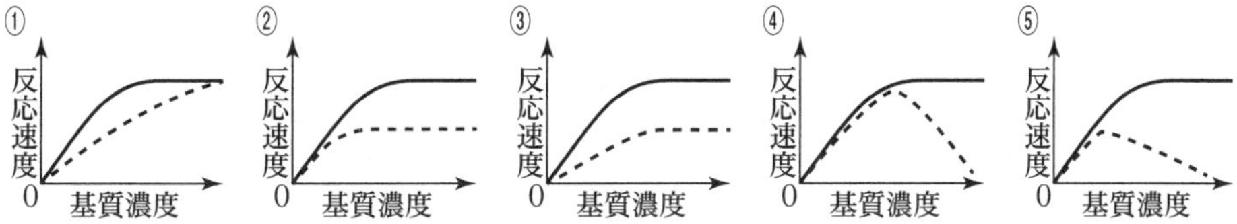

【38】 下線部 a に関して，ヒトのアミラーゼ，トリプシンの基質の組み合わせはどれか。

	アミラーゼ	トリプシン
①	タンパク質	脂肪
②	タンパク質	デンプン
③	デンプン	脂肪
④	デンプン	タンパク質
⑤	脂肪	デンプン
⑥	脂肪	タンパク質

【39】 下線部 b に関して，温度を変化させたときの酵素の反応速度の変化(実線)および無機触媒の反応速度の変化(破線)を示したものはどれか。

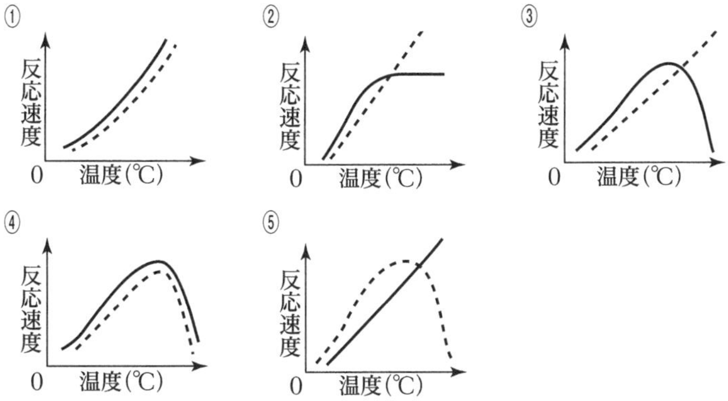

【40】 下線部 c の補助因子に関する記述として正しいものはどれか。

① 低分子の無機化合物として，シャペロンが例に挙げられる。
② 低分子の無機化合物として，ヒストンが例に挙げられる。
③ 低分子の無機化合物として，NAD^+が例に挙げられる。
④ 低分子の有機化合物として，シャペロンが例に挙げられる。
⑤ 低分子の有機化合物として，ヒストンが例に挙げられる。
⑥ 低分子の有機化合物として，NAD^+が例に挙げられる。

9 **バイオテクノロジーに関する次の各問いについて，最も適当なものを，それぞれの下に記したもののうちから１つずつ選べ。**

全長が 3000 塩基対の線状 DNA(L とする)を PCR 法によって増やした。L と，PCR を行うのに必要なプライマーなどを含む反応液を調製し，反応液の温度を95℃→ 55℃→ 72℃と変化させ，そのサイクルを繰り返した。増やしたLに２種類の制限酵素X，Yを作用させる実験を行ったところ，結果は次の図のようになった。Lに制限酵素を作用させていないとき，１本のバンドが検出された(A)。Lを制限酵素Xで切断し，電気泳動にかけたところ，２本のバンドが検出された(B)。Lを制限酵素Yで切断し，電気泳動にかけたところ，３本のバンドが検出された(C)。Lに制限酵素X，Yの両方を作用させ，電気泳動にかけたところ，４本のバンドが検出された(D)。図中の数値はそれぞれのバンドの DNA の長さ(×1000 塩基対)を示している。

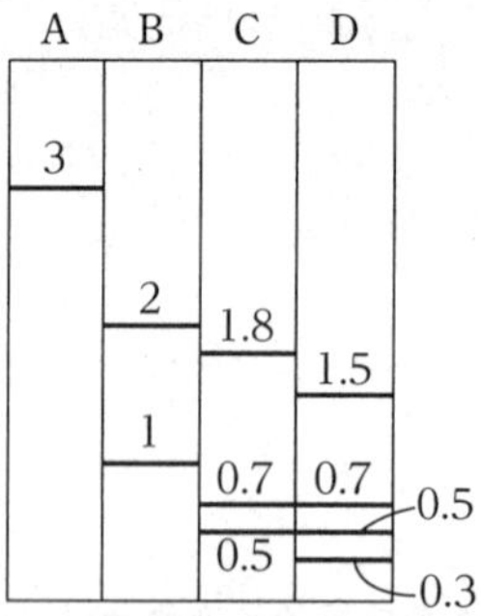

AはLに制限酵素を作用させていない反応液。
BはLに制限酵素Xを作用させた反応液。
CはLに制限酵素Yを作用させた反応液。
DはLに制限酵素X，Yを作用させた反応液。

【41】 下線部の温度変化のうち，DNA の二重らせん構造をほどくための温度 T_1(℃)と DNA ポリメラーゼを働かせるための温度 T_2(℃)の組み合わせはどれか。

	①	②	③	④	⑤	⑥
T_1	95	95	72	72	55	55
T_2	72	55	95	55	95	72

【42】 Lの中のアデニンの割合を全体の a %としたときの，グアニン(G)およびチミン(T)の割合(%)の組み合わせはどれか。

	①	②	③	④	⑤	⑥
G	a	a	$50-a$	$50-a$	$50-\frac{a}{2}$	$50-\frac{a}{2}$
T	$50-\frac{a}{2}$	$50-a$	$50-\frac{a}{2}$	a	$50-a$	a

【43】 DNAの２本のヌクレオチド鎖のつながりに関する記述として正しいものはどれか。

① 塩基どうしがペプチド結合によってつながっている。
② 塩基どうしが水素結合によってつながっている。
③ 塩基とリン酸の間でペプチド結合によってつながっている。
④ 塩基とリン酸の間で水素結合によってつながっている。
⑤ 塩基と糖の間でペプチド結合によってつながっている。
⑥ 塩基と糖の間で水素結合によってつながっている。

【44】 DNAを構成する糖に関する記述として正しいものはどれか。

① 炭素を５つ含むアデノシンである。
② 炭素を５つ含むデオキシリボースである。
③ 炭素を５つ含むリボースである。
④ 炭素を６つ含むアデノシンである。
⑤ 炭素を６つ含むデオキシリボースである。
⑥ 炭素を６つ含むリボースである。

【45】 次の図は，Lに制限酵素Xが作用する部分を模式的に示したものである。実験結果より，Lに制限酵素Yが作用する部分を模式的に示した図はどれか。ただし，図中のDNAの向きはすべて同じであり，制限酵素Yが作用する部分を▼で示してある。また，図中の数値はDNAの長さ(×1000塩基対)を示している。

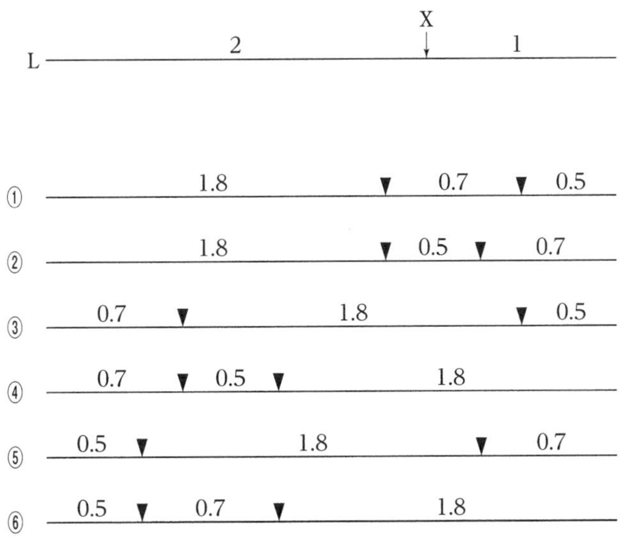

令和元年度　地　学

I　**固体地球とその変動に関する次の各問いについて，最も適当なものを，それぞれの下に記したもののうちから１つずつ選べ。**

問１　方位磁石が北を指すのは地磁気があるためである。日本のある地点の地磁気の様子は，次のような地磁気の三要素で表すことができる。以下の問いに答えよ。なお，nT(ナノテスラ)は，磁場の強さを表す単位である。

水平分力：30000 nT　　伏角：50°　　［ア］：−7°

(1)　空欄［ア］にあてはまる，地磁気の三要素のうちの１つの名称はどれか。**【1】**

①　方位角　　②　偏角　　③　仰角　　④　磁角

(2)　空欄［ア］の値が−7°であることに関する記述として正しいものはどれか。**【2】**

①　水平分力の方向が北から西に７°ずれている。
②　水平分力の方向が北から東に７°ずれている。
③　水平分力の方向が東から北に７°ずれている。
④　水平分力の方向が東から南に７°ずれている。

(3)　この地点での全磁力の強さは何 nT か。最も近い値を選べ。ただし，sin50°＝0.77，cos50°＝0.64 とする。**【3】**

①　19000 nT　　②　23000 nT　　③　39000 nT　　④　47000 nT

(4)　地磁気の発生に関する記述として正しいものはどれか。**【4】**

①　マントルが対流することで磁場が発生している。
②　地殻中の岩石に含まれる磁性鉱物による磁場である。
③　外核が流動することにより磁場が発生している。
④　核が永久磁石になっている。

(5)　次の図は，北極点上空から見下ろしたときの，北極点と北磁極の位置関係を模式的に示したものである。ある経路で移動したときに，方位磁石のＮ極の指す向きが，地図上で北→西→南と変化した。このときの移動経路はどれか。**【5】**

①　ア　　②　イ　　③　ウ　　④　エ

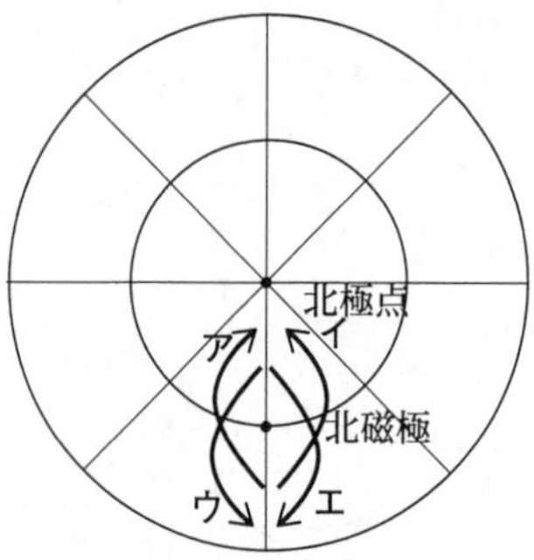

問2　次の図は，ホットスポットにより形成された火山島の列の様子を模式的に示したものである。火山島 A は現在活動中の火山であり，火山島 B は 3000 万年前，火山島 C は 5000 万年前に活動したことがわかっている。以下の問いに答えよ。

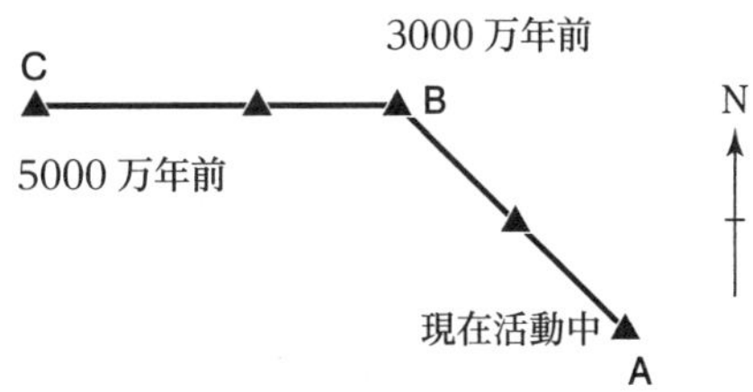

(1)　現在プレートはどの向きに動いているか。【6】

①　東　　②　西　　③　北西　　④　南東

(2)　火山島 A－B 間，火山島 B－C 間の距離はともに 1200 km である。5000 万年前から 3000 万年前にかけてのプレートの平均の移動速度は何 cm/年か。【7】

①　0.4 cm/年　　②　0.6 cm/年　　③　4 cm/年　　④　6 cm/年

(3)　このプレートの動きに関する次の a，b の記述の正誤の組み合わせはどれか。【8】

a　4000 万年前にプレートは東向きに動いていた。

b　3000 万年前にプレートの移動の向きが変化したが，プレートの平均の移動速度は変化しなかった。

	①	②	③	④
a	正	正	誤	誤
b	正	誤	正	誤

(4)　ホットスポットの代表例としてハワイ島が挙げられる。ハワイ島で活動する火山のマグマの種類はどれか。【9】

①　流紋岩質マグマ　　②　玄武岩質マグマ

③　安山岩質マグマ　　④　かんらん岩質マグマ

問３　次の図は，ある岩石を偏光顕微鏡で観察したときのスケッチである。縞模様で黒く示した鉱物は黒っぽく，他の鉱物は白っぽく見えた。以下の問いに答えよ。

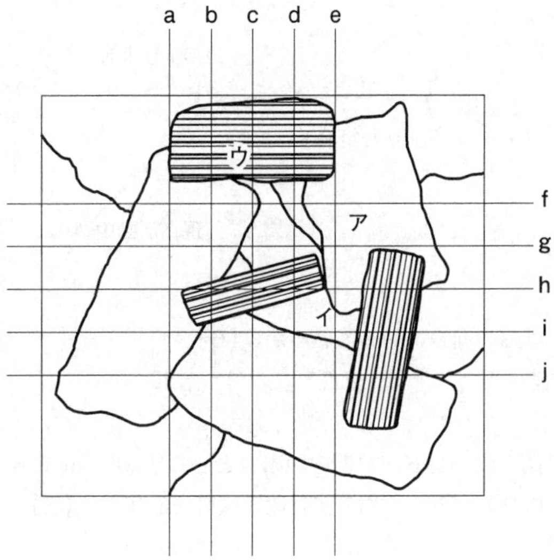

(1)　この岩石に関する記述として正しいものはどれか。【10】

①　斑状組織の深成岩である。

②　斑状組織の火山岩である。

③　等粒状組織の深成岩である。

④　等粒状組織の火山岩である。

(2)　鉱物ア，イ，ウがマグマから晶出した順序はどのようになるか。【11】

①　ア→イ→ウ　　②　ア→ウ→イ

③　イ→ア→ウ　　④　イ→ウ→ア

⑤　ウ→ア→イ　　⑥　ウ→イ→ア

(3)　この岩石の色指数はいくらか。ただし，岩石に含まれる鉱物の比率は，図中の線分ａ～ｅ，線分ｆ～ｊの25個の交点にある鉱物の比率で表せるものとする。【12】

①　3　　②　4　　③　12　　④　16

問4　次の図は，プレートの分布を示したものである。ある種のプレート境界では変成岩が形成されることが知られている。関東から西日本にかけて帯状に変成岩が分布しており，そのような地質帯の１つに三波川変成帯がある。三波川変成帯の変成岩は，中生代に変成作用を受けている。また，北米大陸東部では，アパラチア山脈に古生代に変成作用を受けた変成岩が帯状に分布している。以下の問いに答えよ。

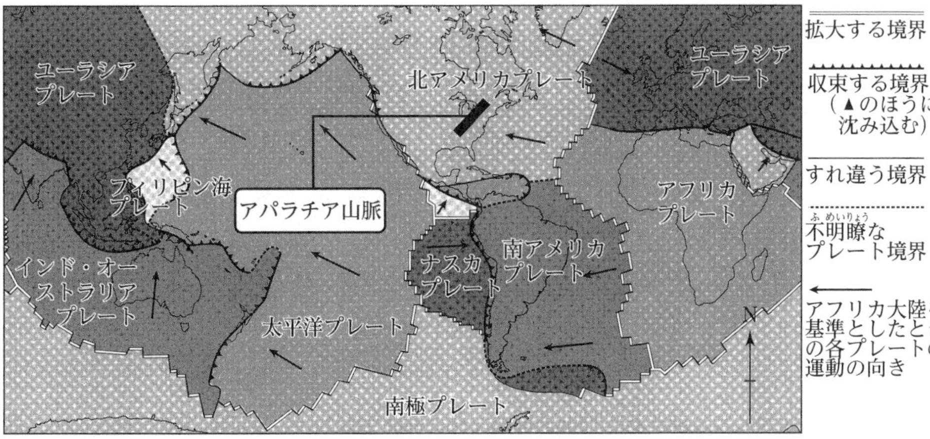

(1)　三波川変成帯に見られる変成岩は平行な割れ目が発達し板状に割れやすい特徴をもっている。この変成岩の名称はどれか。【13】

①　結晶片岩　　②　ホルンフェルス　　③　片麻岩　　④　結晶質石灰岩

(2)　三波川変成帯に見られる(1)の変成岩はどのようなところで形成されたと考えられるか。【14】

①　沈み込み境界の地表付近　　②　沈み込み境界の深部

③　拡大境界の深部　　④　拡大境界の地表付近

(3)　アパラチア山脈の形成に関する記述として正しいものはどれか。【15】

①　古生代の大陸の衝突合体に伴って形成された。

②　中生代の超大陸パンゲアの分裂に伴って形成された。

③　太平洋プレートの沈み込みに伴って形成された。

④　北アメリカプレートの沈み込みに伴って形成された。

2 地球の歴史に関する次の各問いについて，最も適当なものを，それぞれの下に記したもののうちから１つずつ選べ。

問１　ある崖で図１のように砂岩と泥岩の層が交互に何層も重なっている様子が観察された。砂岩層には図２のような堆積構造が見られた。以下の問いに答えよ。

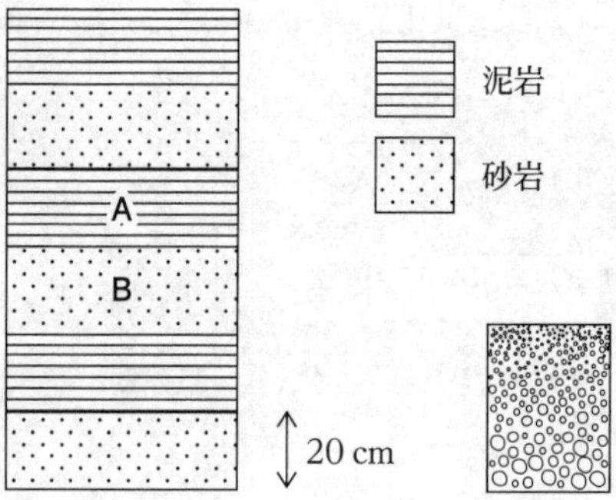

図１　　図２

⑴　砂岩層に見られる図２の堆積構造は何と呼ばれるか。【16】
　①　リプルマーク(漣痕(れんこん))　　②　クロスラミナ(斜交葉理)
　③　級化層理(級化成層)　　④　破砕帯

⑵　図１の泥岩層Ａと砂岩層Ｂは，厚さがともに 20 cm である。これらの地層が堆積するのにかかった時間に関する記述として正しいものはどれか。【17】
　①　泥岩層Ａのほうが長時間かかったと考えられる。
　②　砂岩層Ｂのほうが長時間かかったと考えられる。
　③　ほぼ同じ時間で堆積したと考えられる。
　④　泥岩層Ａのほうが長時間かかる場合もあり，砂岩層Ｂのほうが長時間かかる場合もあるので，判断できない。

⑶　図１のような地層に関する次のａ，ｂの記述の正誤の組み合わせはどれか。【18】

ａ　ほぼ一定の周期で繰り返し起こった海水準の変動に伴い，浅くなったときに砂が堆積し，深くなったときに泥が堆積してできた。
ｂ　砂岩層の砂は，乱泥流によって運ばれて堆積した。

	①	②	③	④
a	正	正	誤	誤
b	正	誤	正	誤

問2　鍾乳洞に関する以下の問いに答えよ。

(1)　鍾乳洞に関する記述として正しいものはどれか。【19】

① チャートが物理的風化作用を受けてできる。
② チャートが化学的風化作用を受けてできる。
③ 石灰岩が物理的風化作用を受けてできる。
④ 石灰岩が化学的風化作用を受けてできる。

(2)　鍾乳洞の近くで次の図のような断面をもつ化石を発見した。この化石に関する記述として正しいものはどれか。【20】

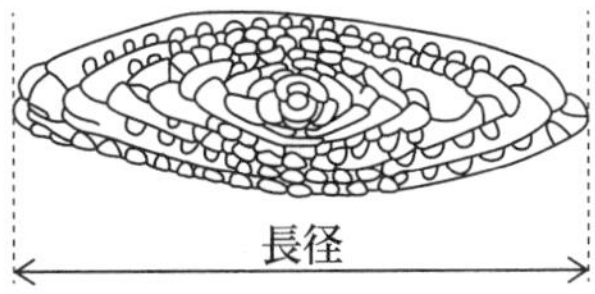

① $CaCO_3$ の殻をもち，長径は 10 cm 程度である。
② $CaCO_3$ の殻をもち，長径は 1 cm 程度である。
③ SiO_2 の殻をもち，長径は 10 cm 程度である。
④ SiO_2 の殻をもち，長径は 1 cm 程度である。

(3)　(2)の化石の地質時代はどれか。【21】

① 先カンブリア時代　② 古生代　③ 中生代　④ 新生代

問３　地球の歴史に関する以下の問いに答えよ。

(1)　生物の上陸に関する次のａ，ｂの記述の正誤の組み合わせはどれか。**【22】**

ａ　最初の陸上植物は裸子植物である。
ｂ　最初の陸上脊椎動物は両生類である。

	①	②	③	④
ａ	正	正	誤	誤
ｂ	正	誤	正	誤

(2)　縞状鉄鉱層に関する次のａ，ｂの記述の正誤の組み合わせはどれか。**【23】**

ａ　縞状鉄鉱層は海水中の鉄イオンが酸化されて海底に堆積してできたものである。
ｂ　大規模な縞状鉄鉱層の形成は先カンブリア時代に限られ，現在は形成されていない。

	①	②	③	④
ａ	正	正	誤	誤
ｂ	正	誤	正	誤

(3)　バージェス動物群に関する次のａ，ｂの記述の正誤の組み合わせはどれか。**【24】**

ａ　先カンブリア時代の原生代に繁栄した。
ｂ　硬い殻をもち，陸上に進出したものもいた。

	①	②	③	④
ａ	正	正	誤	誤
ｂ	正	誤	正	誤

問４　次の図は，ある地域の地質図である。この地域にはＡ～Ｄの地層が分布しており，Ｄ層の下部は礫岩であった。また，この地域内では地層の逆転は起こっていなかった。以下の問いに答えよ。

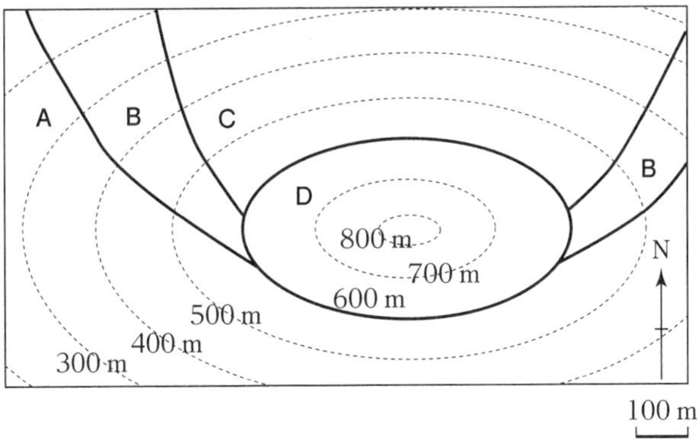

(1)　Ｂ層に関する記述として正しいものはどれか。【25】

①　褶曲しており，背斜構造になっている。

②　褶曲しており，向斜構造になっている。

③　東西走向で北傾斜である。

④　東西走向で南傾斜である。

(2)　Ａ～Ｄ層の中で最も古い地層はどれか。【26】

①　Ａ層　　②　Ｂ層　　③　Ｃ層　　④　Ｄ層

(3)　Ｂ層とＤ層の関係はどれか。【27】

①　整合　　②　貫入　　③　平行不整合　　④　傾斜不整合

3 大気と海洋に関する次の各問いについて，最も適当なものを，それぞれの下に記したもののうちから１つずつ選べ。

問１　地球の大気圏の気温は，高さにより，次の図のように変化している。大気圏は気温変化のパターンから，大きくア～エの４つの部分に分けられている。以下の問いに答えよ。

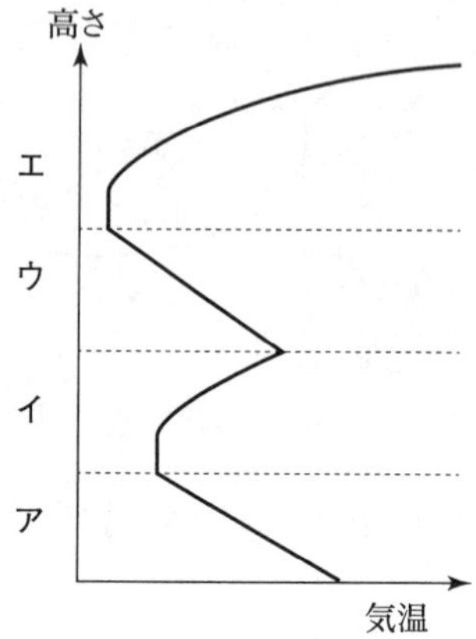

(1)　アとイの境界面の平均の高さは何 km 程度か。【28】

①　6 km　　②　12 km　　③　35 km　　④　50 km

(2)　ウとエの部分の名称の組み合わせはどれか。【29】

	①	②	③	④
ウ	成層圏	成層圏	中間圏	中間圏
エ	熱圏	中間圏	熱圏	成層圏

(3)　大気圏に関する記述として**間違っている**ものはどれか。【30】

①　気圧は上空ほど低い。

②　水蒸気を除く大気の組成はア，イ，ウの範囲でほぼ同じである。

③　地表付近での大気中の CO_2 含有率は 0.04%程度である。

④　ウの部分では酸素は O_2 分子ではなく O 原子として存在している。

(4)　オゾン層に関する記述として正しいものはどれか。【31】

①　酸素に紫外線が当たることによってオゾンができ，オゾン層になる。

②　酸素に赤外線が当たることによってオゾンができ，オゾン層になる。

③　窒素に紫外線が当たることによってオゾンができ，オゾン層になる。

④　窒素に赤外線が当たることによってオゾンができ，オゾン層になる。

問２　次の図は，大気中の飽和水蒸気量を表したものである。この図に関する以下の問いに答えよ。

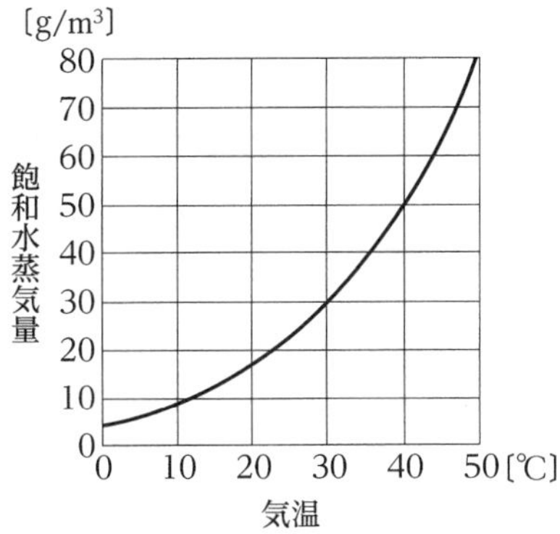

(1)　ある密閉された部屋の気温が 20 ℃で水蒸気量が 10 g/m³ であった。この部屋の相対湿度はおよそ何%か。**【32】**

①　80 %　　②　60 %　　③　40 %　　④　20 %

(2)　この部屋の気温を変えたところ，相対湿度が 20 %になった。部屋の気温はおよそ何℃か。**【33】**

①　50 ℃　　②　40 ℃　　③　30 ℃　　④　20 ℃

問３　次の図は，日本のある時期の典型的な天気図である。この天気図に関する以下の問いに答えよ。

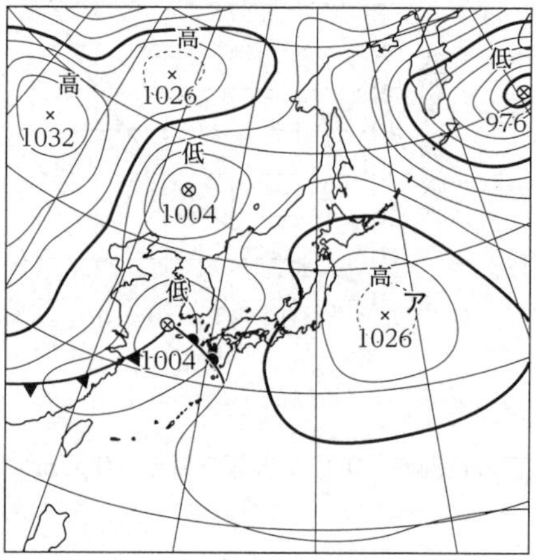

⑴　この天気図は何月のものか。【34】

①　4月　②　6月　③　8月　④　12月

⑵　アの高気圧はどの向きに移動していくと考えられるか。【35】

①　北　②　南　③　東　④　西

⑶　この時期の日本の天気の変化に影響している風はどれか。【36】

①　北西からの季節風　②　南からの季節風

③　偏西風　④　貿易風

⑷　次のア～ウは，この天気図以降１日～２日の間の，東京の様子を示したものである。ア～ウを早いほうから順に並べたものはどれか。【37】

ア　強い雨が短時間降る。
イ　雨が上がり，気温が上がる。
ウ　弱い雨が降り続く。

①　ア→イ→ウ　②　ア→ウ→イ　③　イ→ア→ウ

④　イ→ウ→ア　⑤　ウ→ア→イ　⑥　ウ→イ→ア

問4　大西洋の海流の様子を模式的に表した図はどれか。【38】

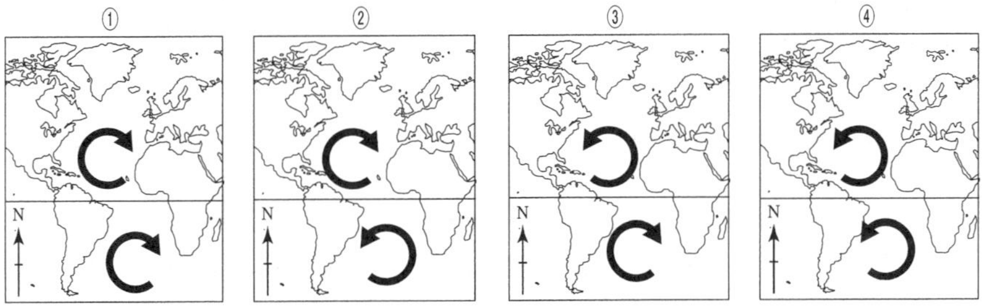

問5　次の図は，地球の水の循環の様子を模式的に示したものである。陸と海ではそれぞれ蒸発と降水があり，陸から海へは川などで 40 の水が移動している。大気中の水蒸気や雲の海から陸への移動量(ア)と陸での蒸発量(イ)の値の組み合わせはどれか。ただし，海水の量は変化しておらず，図に示した以外の水の移動はないものとする。【39】

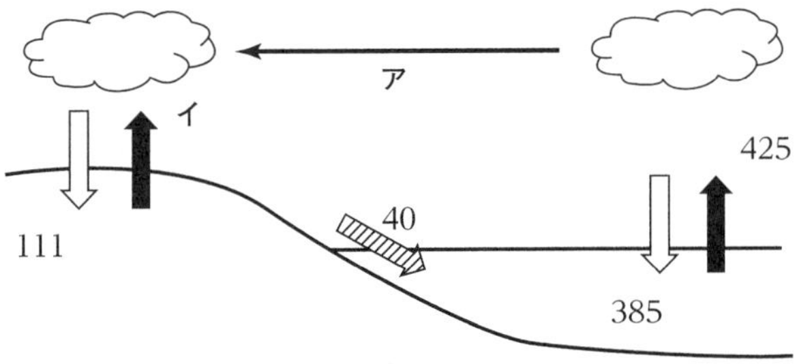

水の移動量の単位：×10^3 km^3/年

	①	②	③	④
ア	40	40	111	111
イ	71	151	71	151

4 地球と宇宙に関する次の各問いについて，最も適当なものを，それぞれの下に記したもののうちから１つずつ選べ。

問１ 宇宙の誕生に関する次のａ，ｂの記述の正誤の組み合わせはどれか。**【40】**

ａ ビッグバンの38万年後に最初の恒星が誕生したときを宇宙の晴れ上がりという。
ｂ ビッグバン直後の３分間でできた原子核は水素とヘリウムだけである。

	①	②	③	④
ａ	正	正	誤	誤
ｂ	正	誤	正	誤

問２ 太陽に関する記述として**間違っているもの**はどれか。**【41】**

① 太陽の構成元素で２番目に多いのはヘリウムであり，原子数で約８％をしめる。
② 太陽の構成元素は，地球に到達した太陽光のスペクトルを調べることで明らかにされる。
③ 太陽の光は電磁波であり，可視光線より波長の短いものは紫外線と呼ばれる。
④ 太陽のスペクトルにはところどころにフラウンホーファー線と呼ばれる明るい部分がある。

問３ 恒星Aが−0.5等，恒星Bが3.5等であった。恒星Aの明るさは恒星Bの明るさの約何倍か。**【42】**

① 4倍　② 16倍　③ 25倍　④ 40倍

問４ 太陽に関する次のア～ウの部分の温度を，高いほうから順に並べたものはどれか。**【43】**

ア 白斑　イ 黒点　ウ コロナ

① ア→イ→ウ　② ア→ウ→イ　③ イ→ア→ウ
④ イ→ウ→ア　⑤ ウ→ア→イ　⑥ ウ→イ→ア

問５ 太陽は星間雲から誕生し，現在，主系列星と呼ばれる安定した段階にある。今後，太陽が恒星として進化していくとき，次のア，イにあてはまる天体の組み合わせはどれか。**【44】**

主系列星→［ア］→［イ］

	①	②	③	④	⑤	⑥
ア	原始星	白色矮星	原始星	巨星	白色矮星	巨星
イ	白色矮星	原始星	巨星	原始星	巨星	白色矮星

問6　太陽系には８個の惑星があるが，その表面に液体，または固体の形で水(H_2O)が多量に存在していることが確認されているものは，太陽に近いほうから数えて何番目と何番目か。【45】

①　4番目と5番目　　②　2番目と3番目　　③　3番目と4番目
④　2番目と4番目　　⑤　3番目と7番目　　⑥　6番目と7番目

問7　太陽系の天体に関する次のa，bの記述の正誤の組み合わせはどれか。【46】

a　木星型惑星は，地球型惑星に比べて密度が小さく，質量が大きい。
b　彗星は，氷を主体とする核と尾からなり，小惑星帯を起源とするものが大半である。

	①	②	③	④
a	正	正	誤	誤
b	正	誤	正	誤

問8　銀河系に関する記述として正しいものはどれか。【47】

①　天の川として見える天体は，銀河系の円盤部を構成する天体である。
②　太陽系は銀河系のバルジと呼ばれる部分にある。
③　銀河系は約2000万個の恒星からできている。
④　銀河系の中心部をハローという。

令和元年度　物　理　解答と解説

Ⅰ　さまざまな物理現象

【1】　ばね振り子の周期 $T=2\pi\sqrt{\dfrac{m}{k}}$，鉛直ばね振り子の周期 T は，ばねのばね定数を k，おもりの質量を m とすると，上記の通り表せる。

そこで，問で与えられている通り，ばね振り子の周期を y，おもりの質量を x で表すと，$y=2\pi\sqrt{\dfrac{x}{k}}$ となる。さらにこの問での定数を a でくくると，$y=a\sqrt{x}$ と表せる。よって２乗根のグラフは⑦となる。

答【1】⑦

【2】　コンデンサーに蓄えられる電気量と電気容量と極板間の電位差との関係は，コンデンサーに蓄えられる電気量を Q，コンデンサーの電気容量を C，コンデンサーの極板間の電位差を V とすると，$Q=CV$ と表せる。

そこで，問で与えられている通り，コンデンサーに蓄えられる電気量を y，コンデンサーの極板間の電位差を x で表すと $y=Cx$ となる。さらにこの問での定数を a でくくると $y=ax$ と表せる。よって一次関数のグラフは①となる。

答【2】①

【3】　電池の起電力と内部抵抗の関係 $V=E-rI$，電池の端子電圧 V は，電池の起電力を E，電池の内部抵抗を r，電池を流れる電流を I とすると，上記の通り表せる。

そこで，問で与えられている通り，電池の端子電圧を y，電池を流れる電流を x で表すと，$y=E-rx$ となる。さらにこの問での定数を a，b でくくると，$y=-ax+b$ と表せる。よって切片をもつ負の一次関数のグラフは③となる。

答【3】③

【4】　向心力 $F=mr\omega^2$，向心力 F は，物体の質量を m，円運動の半径を r，角速度を ω とすると，上記の通り表せる。

さて，角速度を変化させたときの向心力の大きさの変化を比較するために，角速度が ω の場合と 2ω の場合の２式を立てる。角速度が ω のときの向心力の大きさを F とすると，$F=mr\omega^2$ と表せるため，以後代入できるように $\omega^2=\dfrac{F}{mr}$ と整理する。同様に角速度が 2ω のときの向心力の大きさを F' とすると，$F'=mr\times(2\omega)^2$ と表せる。よってこの２式を連立させると，$F'=mr\times4\dfrac{F}{mr}$ となるため，$F'=4F$ と求まる。

答【4】⑨

【5】　波（弦を伝わる波も同様）の周期と振動数の関係式 $T=\dfrac{1}{f}$，弦を伝わる波の周期 T は，その弦の振動数を f とすると，上記の通り表せる。

さて，弦を伝わる波の周期の変化を比較するために，弦の振動数が f の場合と $2f$ の場合の２式を立てる。弦の振動数が f のときの弦を伝わる波の周期を T とすると，$T=\dfrac{1}{f}$ と表せるため，以後代入できるように $f=\dfrac{1}{T}$ と整理する。同様に弦の振動数が $2f$ のときの弦を伝わる波の周期を T' とすると，$T'=\dfrac{1}{2f}$ と表せる。よってこの２式を連立させると，$T'=\dfrac{1}{2}T$ と求まる。

答【5】③

答【1】⑦【2】①【3】③
【4】⑨【5】③

Ⅱ　斜方投射に関する問題

【6】　斜方投射の運動を考えるために，運動をそれぞれ鉛直成分と水平成分に分けて考える。問を解くためには，上記のうち鉛直成分の運動を考える。初速度のベクトルを次図のように分解

すると，鉛直成分は，鉛直投げ上げの運動になり，水平成分は，等速直線運動になる。

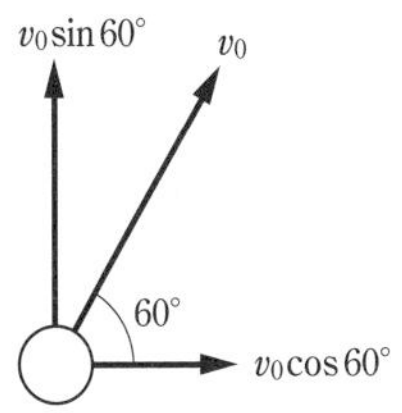

そこで，鉛直投げ上げの運動を確認する。鉛直投げ上げの速度の公式は，時刻 t での小球の速度の大きさを v とし，初速度の大きさを v_0，重力加速度の大きさを g とすると，$v=v_0-gt$ と表せる。斜方投射の場合，初速度の鉛直成分の大きさが上図より $v_0\sin 60°$ であることと，時刻 t での小球の速度の鉛直成分の大きさであるため，v は v_y であることに留意すると，上式は $v_y=v_0\sin 60°-gt$ と変換できる。よって $\sin 60°=\dfrac{\sqrt{3}}{2}$ を上式に代入すると，$v_y=\dfrac{\sqrt{3}}{2}v_0-gt$ と求まる。

答【6】⑨

【7】 最高点Aを通過する時刻 t_1 を求めるために，斜方投射の最高点での運動を考える。小球Pが最高点Aを通過する際，小球Pは鉛直に対して最高点に達しているため，速度の鉛直成分はなくなり，下図のような速度の水平成分のベクトルのみをもつ。

そこで，問題文でも与えられている通り，【6】の v_y は $v_y=0$ となる。よって，【6】の $v_y=\dfrac{\sqrt{3}}{2}v_0-gt$ の式に $v_y=0$ を代入し，かつ任意の時刻 t を最高点Aを通過する時刻 t_1 に変換し整理すると，小球Pが最高点Aを通過する時刻 t_1 は，$t_1=\dfrac{\sqrt{3}}{2}\times\dfrac{v_0}{g}$ と求まる。

答【7】⑨

【8】 最高点Aの地上からの高さ h を求めるために，鉛直投げ上げの運動の位置の公式を考える。一般に，鉛直投げ上げの運動において，時刻 t での最高点の高さ y は，$y=v_0t-\dfrac{1}{2}gt^2$ と表せる。そこで，【6】より初速度の鉛直成分の大きさが $\dfrac{\sqrt{3}}{2}v_0$ であることと，問より最高点Aの地上からの高さが h であることに留意し，かつ【7】より最高点Aを通過する時刻 $t_1=\dfrac{\sqrt{3}}{2}\times\dfrac{v_0}{g}$ を上式に代入すると，$h=\dfrac{\sqrt{3}}{2}v_0\times\dfrac{\sqrt{3}v_0}{2g}-\dfrac{1}{2}g\times\left(\dfrac{\sqrt{3}v_0}{2g}\right)^2=\dfrac{3v_0^2}{4g}-\dfrac{3v_0^2}{8g}=\dfrac{3}{8}\times\dfrac{v_0^2}{g}$ と求まる。

答【8】④

【9】 小球Pが落下する点Bの点Oからの距離 l（水平到達距離）を求めるために，斜方投射の水平成分である等速直線運動を考える。一般に等速直線運動での到達距離 x は，速度の大きさを v とし，経過時間を t とすると，これらは $x=vt$ と表せる。まず，斜方投射の場合，【6】，【7】の通り，初速度の水平成分の大きさは前図より $v_0\cos 60°$ であり，水平成分の等速直線運動の速度の大きさは $v_0\cos 60°=\dfrac{1}{2}v_0$ となる。次に，小球Pが点Oから点Bに到達するまでの時間を求める。斜方投射を鉛直成分で観察すると前述の通り鉛直投げ上げの運動であるが，投げ上げの運動では速度を変化させる加速度，つまり重力加速度が一定である。そのため速度変化が一定に行われるため，投げ上げてから最高点に到達するまでの時間と，最高点から投げ上げた地点に到達するまでの時間は等しくなる。よって，【7】で投げ上げてから最高点に到達するまでの時間は $t_1=\dfrac{\sqrt{3}}{2}\times\dfrac{v_0}{g}$ と求まっているため，小球Pが点Oから点Bに到達するまでの時間はこの2倍であるため，$t_{OB}=2\times\dfrac{\sqrt{3}}{2}\times$

$\frac{v_0}{g}=\sqrt{3}\frac{v_0}{g}$と求まる。(【8】より，$h=\frac{\sqrt{3}}{2}v_0t-\frac{1}{2}gt^2$の式に，点Bにおける水平面上の$h=0$を代入すると，上記同様に$t_{OB}=\sqrt{3}\frac{v_0}{g}$と求まる。)よって，前記の速度の水平成分の大きさ$\frac{1}{2}v_0$と，小球Pが点Oから点Bに到達するまでの時間$t_{OB}=\sqrt{3}\frac{v_0}{g}$を上式に代入すると，小球Pが落下する点Bの点Oからの距離は，$l=\frac{1}{2}v_0\times\sqrt{3}\frac{v_0}{g}=\frac{\sqrt{3}}{2}\times\frac{{v_0}^2}{g}$と求まる。

答【9】⑨

【10】 点Cで小球Pの速度の向きと水平面のなす角が45°になるときの時刻t_2を求めるために，点Cの速度の状態を考える。問より，点Cでの小球Pの速度とその鉛直成分と水平成分は下図のようになる。

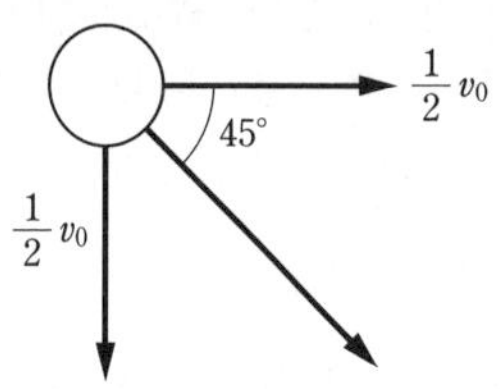

また，上図の通り，斜方投射の速度の水平成分は変わらないため（等速直線運動）$\frac{1}{2}v_0$であり，かつ小球Pの速度の向きと水平面とのなす角が45°であるため，鉛直成分の速度の大きさも$\frac{1}{2}v_0$となる。そこで【6】より，$v_y=\frac{\sqrt{3}}{2}v_0-gt$を用いて，時刻$t_2$を求める。任意の時刻$t$を点Cを通過する時刻$t_2$に変換し，かつ速度の鉛直成分が下向きであることに留意し，上式に$v_y=-\frac{1}{2}v_0$を代入すると，$-\frac{1}{2}v_0=\frac{\sqrt{3}}{2}v_0-gt_2$と表せるため，整理すると，$t_2=\frac{\sqrt{3}+1}{2}\times\frac{v_0}{g}$と求まる。

答【10】⑤

答【6】⑨【7】⑨【8】④

【9】⑨【10】⑤

Ⅲ エネルギーと仕事に関する総合問題

【11】 点Bを通過する瞬間の小物体Pがもつ運動エネルギーを求めるために，力学的エネルギー保存則を考える。力学的エネルギーのうち，運動エネルギーKは，物体の質量をm，物体の速さをvとすると，$K=\frac{1}{2}mv^2$と表せる。同様に位置エネルギーUは，重力加速の大きさをg，物体の高さをhとすると，$U=mgh$と表せる。また，力学的エネルギーは運動エネルギーと位置エネルギーの和であるため，力学的エネルギー保存則は，$\frac{1}{2}mv^2+mgh=\frac{1}{2}mv'^2+mgh'$と表せる。

さて問では，点Aは点Bより高さがR高く静止しているため，小物体Pは点Aで力学的エネルギー（位置エネルギー）$U=mgR$をもつ。その後，小物体Pはなめらかな曲面ABをすべり，地面と同等の高さの点Bに到着する。点Bでは小物体の位置エネルギーは失われるが，力学的エネルギーは保存されるため，位置エネルギーが運動エネルギー$K=\frac{1}{2}mv^2$に変換される。よって，点Aと点Bの小物体の力学的エネルギー保存則は$mgR=\frac{1}{2}mv^2$と表せるため，運動エネルギーKは，$K=\frac{1}{2}mv^2=1\times mgR$と求まる。

答【11】④

【12】 点Bを通過する瞬間の小物体Pの速さを求めるために，引き続き力学的エネルギー保存則を考える。【11】より，点Aと点Bの小物体の力学的エネルギー保存則は$mgR=\frac{1}{2}mv^2$と表せるため，上式を変形させると，$v=\sqrt{2}\times\sqrt{gR}$

と求まる。

答【12】⑤

【13】 CD間での小物体Pと水平面の間の動摩擦係数を求めるために，運動エネルギーの変化と仕事について考える。仕事をされる前の運動エネルギーを$\frac{1}{2}mv^2$とし，仕事をされた後の運動エネルギーを$\frac{1}{2}mv'^2$とすると，物体がされた仕事Wは，$\frac{1}{2}mv'^2-\frac{1}{2}mv^2=W$と表せる。

さて，小物体PがCD間で静止せずに点Dを通過するためには，点Dでの速さv_Dが，$v_D>0$でなければならない。さらに，CD間はあらい水平面であるため摩擦力がはたらく。この動摩擦力が物体に仕事をすることで，その仕事の分だけ小物体Pの運動エネルギーは減少する。また，この動摩擦力fは，動摩擦係数をμ'，垂直抗力をNとすると，$f=\mu'N$と表せる。また水平面では鉛直方向で小物体Pにはたらく重力と垂直抗力がつりあっているため，$N=mg$となるため，上記動摩擦力は$f=\mu'mg$と表せる。かつ，仕事Wは，力をF，力を加える距離をxとすると，$W=Fx$と表せる。よってCD間の距離がlであることに留意すると，CD間のあらい水平面の動摩擦力による仕事は$W_{摩擦}=fx=\mu'mg\times l=\mu'mgl$と表せる。この動摩擦力が仕事をした結果，点Dでの速さv_Dが$v_D>0$，であればよいということは，運動エネルギーの変化分が動摩擦力による仕事を上回ればよいということである。よって，【11】より，$K=\frac{1}{2}mv^2=mgR$と，点Dでの最低限の速さ$v_D=0$を用いると，運動エネルギーの変化分は$\left|\frac{1}{2}mv_D{}^2-mgR\right|$と表せるため，$\left|\frac{1}{2}m\times 0-mgR\right|=mgR$と求まる。また，CD間の動摩擦力による仕事は上記の通り，$\mu'mgl$であるため，以上の条件を含め，これらを整理すると，$mgR-\mu'mgl>0$が成立するとき，CD間での小物体Pと水平面の間の動摩擦係数は$\mu'<1\times\frac{R}{l}$と求まる。

答【13】④

【14】 小物体Pが押し縮めた右端にあるばねの，ばねの縮みの最大値を求めるために，【11】と同様に力学的エネルギー保存則と，【13】と同様に運動エネルギーの変化と仕事について考える。まず，点Aから運動を始めた小物体Pは，一度CD間に生じる動摩擦力による仕事の影響で力学的エネルギー（運動エネルギー）に変化が生じている。そこで，【13】と同様に運動エネルギーの変化と仕事で点Dでの小物体Pの運動エネルギーを求めておく。【13】より，運動エネルギーの変化と動摩擦力による仕事の関係は，$\frac{1}{2}mv_D{}^2-mgR=-\mu'mgl$と表せるため，点Dでの小物体Pの運動エネルギーは$\frac{1}{2}mv_D{}^2=mgR-\mu'mgl$となる。次に点Dでの小物体Pの運動エネルギーとばねの縮みが最大値になった段階の弾性エネルギーについて，【11】と同様に力学的エネルギー保存則を考える。弾性エネルギーUは一般的に，ばね定数をk，ばねの縮みをxとすると，$U=\frac{1}{2}kx^2$と表せる。そこで，点Dでの力学的エネルギーは運動エネルギーのみであることと，右端での力学的エネルギーは弾性エネルギーのみであることに留意して，この2点での力学的エネルギー保存則を立てると，$\frac{1}{2}mv_D{}^2=\frac{1}{2}kx^2$と表せる。よって前式$\frac{1}{2}mv_D{}^2=mgR-\mu'mgl$を上式に代入すると，$mgR-\mu'mgl=\frac{1}{2}kx^2$と表せるため，整理すると，$x=\sqrt{2}\times\sqrt{\frac{mg(R-\mu'l)}{k}}$と求まる。

答【14】⑤

【15】 点Dを左向きに通過した小物体Pがあらい水平面であるCD間で静止したところから，

動摩擦係数の範囲を求めるために，**【13】**と同様に運動エネルギーの変化と仕事について考える。CD 間で静止するためには最大で点 C での速さ v_C が，$v_C=0$ であればよい。また，動摩擦力による仕事 $W_{摩擦}$ は，最大で点 C で静止したと考えると，**【13】**と同様に $W_{摩擦}=\mu' mgl$ と表せる。この動摩擦力が仕事をした結果，点 C での速さ v_C が，$v_C=0$ であればよいということは，運動エネルギーの変化分が動摩擦力による仕事を下回ればよいということである。

よって，まず**【13】**，**【14】**より，$\frac{1}{2}mv_D{}^2=mgR-\mu' mgl$ であることと，点 C での速さ v_C が $v_C=0$ であればよいことまで含めて用いると，運動エネルギーの変化分は $\left|\frac{1}{2}mv_C{}^2-\frac{1}{2}mv_D{}^2\right|=\left|\frac{1}{2}m\times 0-(mgR-\mu' mgl)\right|=mgR-\mu' mgl$ と求まる。また，CD 間の動摩擦力による仕事は上記の通り，$\mu' mgl$ であるため，以上の条件を含め，これらを整理すると，$(mgR-\mu' mgl)-\mu' mgl<0$ が成立するとき，CD 間での小物体 P と水平面の間の動摩擦係数は $\frac{1}{2}\times\frac{R}{l}<\mu'$ と求まる。したがって，CD 間を一度右向きに通過した後に，点 D を左向きに通過して，点 C に到着せずに CD 間で静止する動摩擦係数の条件は，$\frac{1}{2}\times\frac{R}{l}<\mu'<1\times\frac{R}{l}$ と求まる。

答**【15】**②

答**【11】**④**【12】**⑤**【13】**④**【14】**⑤**【15】**②

Ⅳ　理想気体の状態変化に関する問題

【16】　シリンダー内の理想気体がピストンを押す力の大きさを求めるために，力のつりあいと，力と圧力の関係を考える。まず，力と圧力の関係について考える。一般的に，圧力 p〔Pa〕は，面積が S〔m^2〕の面に対して F〔N〕の力がかかっているとき，これらには，$p=\frac{F}{S}$〔Pa〕の関係がある。よって，式変形を行うと，$F=pS$〔N〕と表すことができる。

さて，次にピストンにはたらく力を考える。ピストンの断面積を S〔m^2〕，大気圧を p_0〔Pa〕，理想気体の圧力を p〔Pa〕とすると，ピストンには下図のような力がはたらくことがわかる。まず左向きに大気圧による力がはたらく。次にシリンダー内の理想気体による力が同じく下図のように右向きにはたらく。そしてこの 2 力がつりあうことにより，ピストンは下図の位置にとどまることができる。

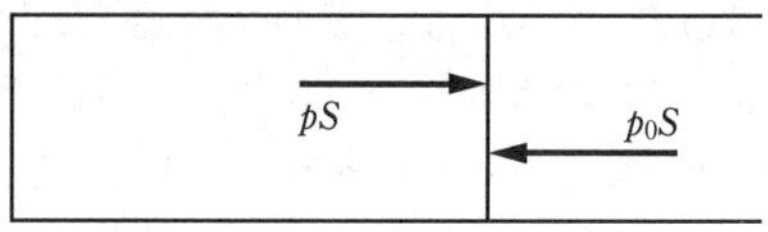

よって，この 2 力のつりあいより，理想気体の圧力と大気圧は等しいことがわかる。そこで，問より大気圧 p_0〔Pa〕が $p_0=1.0\times10^5$〔Pa〕であることと，ピストンの断面積 S〔m^2〕が $S=2.0\times10^{-4}$〔m^2〕であることに留意して，左式 $F=pS$〔N〕に代入すると，シリンダー内の理想気体がピストンを押す力の大きさ F〔N〕は $F=1.0\times10^5\times2.0\times10^{-4}=2.0\times10$〔N〕と求まる。

答**【16】**②

【17】　理想気体に熱量を与え膨張した際の，理想気体が外部にした仕事を求めるために，仕事と圧力と体積の関係について考える。一般的に，気体が外部にする仕事 W〔J〕は，気体の圧力を p〔Pa〕，体積の増加量を ΔV〔m^3〕とすると，$W=p\Delta V$〔J〕と表せる。ピストンはシリンダーの左端から 8.0×10^{-2}〔m〕の位置までゆっくりと移動している。ここで「ゆっくり」という表現は一般的に，常に大気圧による力（圧力）とシリンダー内の理想気体による力（圧力）がつりあっていることを意味しており，つまり定圧変化であることを示している。そこで，定圧変化であることから**【16】**と同様に理想気体の圧力は大気圧と等しく $p_0=1.0\times10^5$〔Pa〕であることと，ピストンの断面積 S〔m^2〕が $S=2.0\times10^{-4}$

〔m^2〕であること，さらにピストンの位置がシリンダーの左端 6.0×10^{-2}〔m〕から 8.0×10^{-2}〔m〕移動していることに留意して，前式 $W=p\Delta V$〔J〕に代入すると，理想気体が外部にした仕事 W〔J〕は，$W=1.0\times10^5\times\{2.0\times10^{-4}\times(8.0\times10^{-2}-6.0\times10^{-2})\}=4.0\times10^{-1}$〔J〕と求まる。

答【17】④

【18】 理想気体に熱量を与えた後の気体の絶対温度を求めるために，ボイルシャルルの法則を考える。一般的に絶対温度を T〔K〕とすると，ボイルシャルルの法則により，圧力 p〔Pa〕と体積 V〔m^3〕と絶対温度 T〔K〕には，$\frac{pV}{T}=$一定の関係がある。そこで，問の図1の圧力，体積，および絶対温度の状態と図2の状態を比較する。図1の圧力，体積，および絶対温度がそれぞれ，1.0×10^5〔Pa〕，$2.0\times10^{-4}\times6.0\times10^{-2}$〔$m^3$〕，300〔K〕であることと，図2の圧力，体積，および絶対温度がそれぞれ，1.0×10^5〔Pa〕，$2.0\times10^{-4}\times8.0\times10^{-2}$〔$m^3$〕，$T'$〔K〕であることに留意して，上式 $\frac{pV}{T}=$一定に代入すると，

$\frac{1.0\times10^5\times(2.0\times10^{-4}\times6.0\times10^{-2})}{300}=\frac{1.0\times10^5\times(2.0\times10^{-4}\times8.0\times10^{-2})}{T'}$ と表せるため，整理すると，$T'=4.0\times10^2$〔K〕と求まる。

答【18】④

【19】 理想気体に熱量を与えたことで変化した内部エネルギーを求めるために，単原子分子の内部エネルギーについて考える。一般的に，単原子分子の理想気体の内部エネルギー U〔J〕は，物質量を n〔mol〕，気体定数を R〔J/mol・K〕，絶対温度を T〔K〕とすると，これらは，$U=\frac{3}{2}nRT$〔J〕と表せる。また，内部エネルギーの変化量については，内部エネルギーと絶対温度が比例の関係にあるため，$\Delta U=\frac{3}{2}nR\Delta T$〔J〕と表せる。よって，理想気体の内部エネルギーの変化量は問にもある通り，$\Delta U=\frac{3}{2}nR(T'-T)$〔J〕である。しかし問でも物質量および気体定数の表記が n〔mol〕，R〔J/mol・K〕であるため，数値として算出することができない。

そこで，理想気体の状態方程式を考える。一般的に理想気体の状態方程式は，$pV=nRT$〔J〕と表せる。よって状態方程式を前式 $\Delta U=\frac{3}{2}nR\Delta T$〔J〕に代入すると，$\Delta U=\frac{3}{2}nR\Delta T=\frac{3}{2}p\Delta V$〔J〕と表せる。よって，【17】より，状態変化が定圧変化であり，かつその値が 1.0×10^5〔Pa〕であることと，【18】より，それぞれの状態の体積が $2.0\times10^{-4}\times6.0\times10^{-2}$〔$m^3$〕，$2.0\times10^{-4}\times8.0\times10^{-2}$〔$m^3$〕であることに留意して，上式に代入すると，$\Delta U=\frac{3}{2}\times1.0\times10^5\times\{(2.0\times10^{-4}\times8.0\times10^{-2})-(2.0\times10^{-4}\times6.0\times10^{-2})\}=6.0\times10^{-1}$〔J〕と求まる。

答【19】⑥

【20】 理想気体が吸収した熱量を求めるために，熱力学の第一法則について考える。一般的に，理想気体の内部エネルギーの変化量を ΔU〔J〕，気体がされた仕事を W'〔J〕，気体が吸収した熱量を Q〔J〕とすると，熱力学の第一法則より，これらは $\Delta U=Q+W'$〔J〕の関係がある。よって，気体が吸収した熱量 Q〔J〕を求めるために，【19】より，$\Delta U=6.0\times10^{-1}$〔J〕と，【17】より $W=4.0\times10^{-1}$〔J〕を上式 $\Delta U=Q+W'$〔J〕に代入すればよい。ここで，一点注意が必要である。上記熱力学の第一法則は気体の内部エネルギーを増加させる趣旨の法則であるため，内部エネルギーを増加させるためには，気体は外部から仕事をされることで体積を減少させる必要がある。しかし，問では気体に熱量を与えることで体積は増加している。そこで，【17】より気体が外部にした仕事 $W=4.0\times10^{-1}$〔J〕を気体が外部からされた仕事 $W'=-4.0\times10^{-1}$〔J〕として，上記公式に代入すると，$6.0\times10^{-1}=Q+(-4.0\times10^{-1})$〔J〕と表せるため，整理すると，気体が吸

収した熱量 Q〔J〕は，$Q=1.0$〔J〕と求まる。

答【20】①

答【16】②【17】④【18】④

【19】⑥【20】①

Ⅴ [A] 波の屈折に関する問題
[B] 波の干渉に関する問題

【21】 平面波の入射角を求めるために，波の進む向きと波面について考える。まず波面とは，ある時刻での波の同じ状態を表している。そこで，例えば問の図の波面がすべて山だったと仮定する。仮定した上で問の図を見ると，媒質Ⅰでは，山が境界面に対して60°の角度になっていることがわかる。次に，波面と波の進む向きとの関係を考える。波は一方向に進んでいくため，波の進む向きは，図の波面を山と捉えてもわかるように，波面に対して90°の角度である。よって，下図のように，波面に対して，90°の角度に波の進む向きをベクトルで表示した。下図からもわかる通り，波の進む向きと境界面に引いた垂線とのなす角度が入射角であるため，平面波の入射角は60°と求まる。

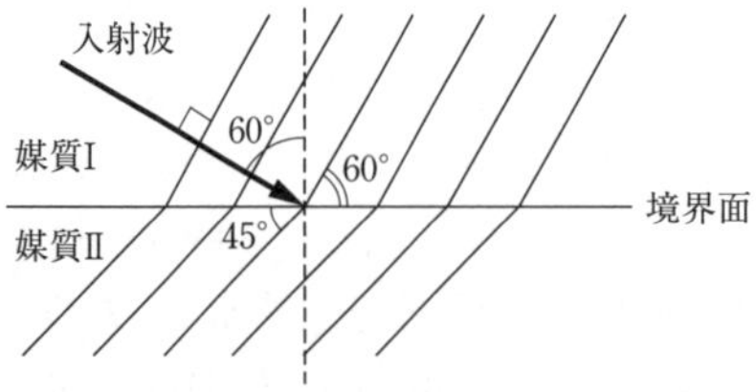

答【21】④

【22】 平面波の屈折角を求めるために【21】と同様に，波の進む向きと波面について考える。屈折波の波面に関しても問の図に記載されているため，【21】と同様に屈折波に関しても次図の通り，波面に対して，90°の角度に波の進む向きをベクトルで表示した。次図からもわかる通り，波の進む向きと境界面に引いた垂線とのなす角度が屈折角であるため，平面波の入射角は45°と求まる。

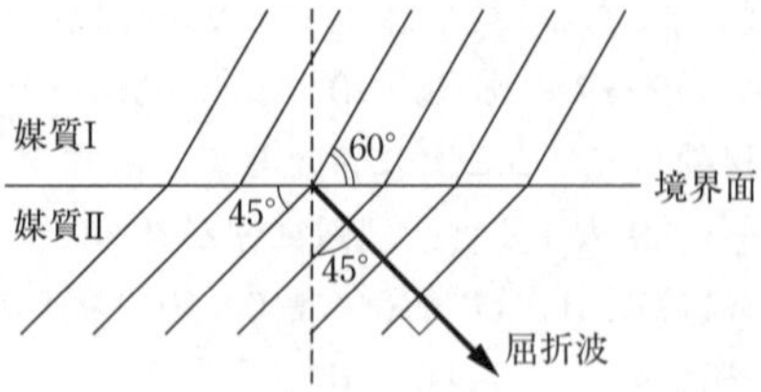

答【22】③

【23】 媒質Ⅰに対する媒質Ⅱの屈折率を求めるために，屈折の法則について考える。一般的に，媒質Ⅰに対する媒質Ⅱの屈折率は n_{12}，媒質Ⅰの角度を θ_1，平面波の速さを v_1〔m/s〕，波長を λ_1〔m〕とし，媒質Ⅱの角度を θ_2，平面波の速さを v_2〔m/s〕，波長を λ_2〔m〕とすると，屈折の法則よりこれらには $n_{12}=\dfrac{\sin\theta_1}{\sin\theta_2}=\dfrac{v_1}{v_2}=\dfrac{\lambda_1}{\lambda_2}$ の関係がある。この公式のうち，【21】,【22】より，入射角と屈折角を求めたことを利用し，$n_{12}=\dfrac{\sin\theta_1}{\sin\theta_2}$ から，媒質Ⅰに対する媒質Ⅱの屈折率を求める。【21】より入射角が60°であるため，$\sin\theta_1=\sin 60°=\dfrac{\sqrt{3}}{2}$，【22】より屈折角が45°であるため，$\sin\theta_2=\sin 45°=\dfrac{1}{\sqrt{2}}$ をそれぞれ，上式 $n_{12}=\dfrac{\sin\theta_1}{\sin\theta_2}$ に代入すると，媒質Ⅰに対する媒質Ⅱの屈折率は $n_{12}=\dfrac{\frac{\sqrt{3}}{2}}{\frac{1}{\sqrt{2}}}=\dfrac{\sqrt{6}}{2}$ と求まる。

答【23】⓪

【24】 媒質Ⅱを伝わる波の速さを求めるために，【23】と同様に屈折の法則と，波の速さの公式を考える。一般的に波の速さ v〔m/s〕は，波の振動数を f〔Hz〕，波長を λ〔m〕とすると，これらは $v=f\lambda$〔m/s〕の関係がある。そこでまず，媒質Ⅰを伝わる波の速さを求める。問より，媒質Ⅰの入射波の振動数が2.5〔Hz〕であることと，波長が 2.0×10^{-1}〔m〕であることに留意して，上式に代入すると，$v=2.5\times(2.0\times10^{-1})=0.50$〔m/s〕と求まる。次に，【23】と同様に屈折の法則を考える。【23】より，媒質Ⅰに対する

媒質Ⅱの屈折率は $n_{12}=\dfrac{\sqrt{6}}{2}$ であることに留意し，かつ【23】の公式のうち $n_{12}=\dfrac{v_1}{v_2}$ から，媒質Ⅱを伝わる波の速さを求める。それぞれの値を代入すると，媒質Ⅱを伝わる波の速さは，$\dfrac{\sqrt{6}}{2}=\dfrac{0.50}{v_2}$ と表せるため，整理すると，$v_2=\dfrac{\sqrt{6}}{6}$〔m/s〕と求まる。

答【24】②

【25】 水面上の2つの波源 S_1 と S_2 を同位相，同振幅，同周期で振動させることで，点Aがどのような状態であるかを求めるために，波の重ね合わせや波の干渉について考える。一般的に，2つの波が重なる場合，それぞれの波の振幅を y_1〔m〕，y_2〔m〕とすると，重ね合わせた波の振幅 y〔m〕は，$y=y_1+y_2$〔m〕と表せる。また，ある点の状態を調べるためには，波源 S_1 からある点までの距離を l_1〔m〕として，波源 S_2 から同じある点までの距離を l_2〔m〕として，波長を λ〔m〕とすると，波を重ねて強め合う条件は，$|l_1-l_2|=m\lambda$〔m〕と表せる（$m=0,1,2,3,\cdots$）。次に，弱め合う条件は，$|l_1-l_2|=\left(m+\dfrac{1}{2}\right)\lambda$〔m〕と表せる。よって各波源からの距離を求めることにより，ある点の状態を求める流れが一般的であるが，本問は，波の山と谷が既に表記されている。そこで，問の図を参考に点Aの状態を求める。問の図は下図の通りである。

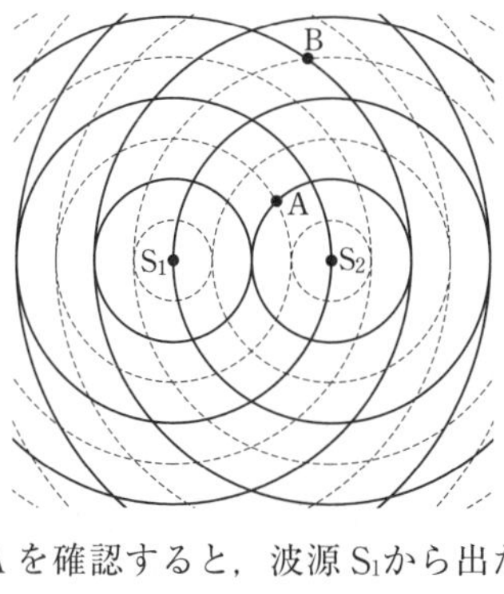

点Aを確認すると，波源 S_1 から出た波は破線であり，谷を示している。また同様に波源 S_2 から出た波は実線であり，山を示している。そこで，例えば問の図の波の振幅が1.0〔cm〕だったと仮定する。仮定した上で，それぞれの波の状態を確認すると，波源 S_1 から出た波の振幅は+1.0〔cm〕となり，かつ波源 S_2 から出た波の振幅は−1.0〔cm〕となる。よって，点Aでの重ね合わせた波の振幅 y〔cm〕は，$y=+1.0-1.0=0$〔cm〕となるため，弱め合う状態であると求まる。

答【25】②

【26】 点Aを通る2つの波面が点Bに到達するまでの時間を求めるために，周期と波長の関係について考える。周期とは一般的に，媒質が1回の振動に要する時間のことをさす。また波長とは一般的に，波が1回の振動に要する距離のことをさす。次に，問の図を参考に点Aを通る2つの波面が点Bに到達するまでの時間を求める。問の図は下図の通りである。

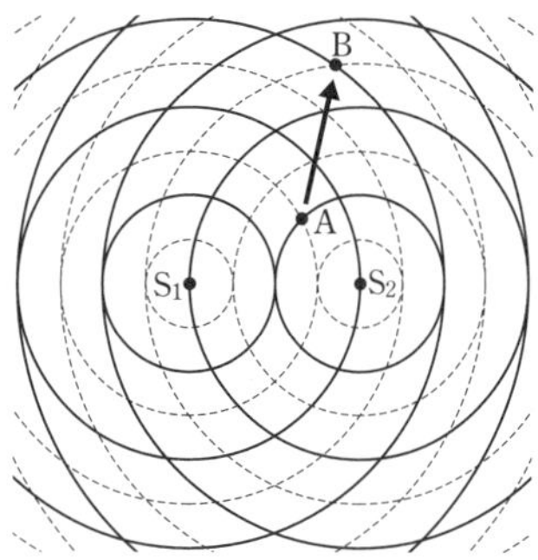

図を確認すると，波源 S_1 から出た波は点Aでは破線であり，実線，破線をはさみ，点Bでは実線である。また，実線から実線（破線から破線）まで移動すると，1波長進むことになるので，点Aから点Bまでは，1.5波長進むことが確認できる。また，問より周期は1.0〔s〕であるため，1波長進むのにかかる時間が1.0〔s〕である。よって点Aを通る2つの波面が点Bに到達するまでの時間は，1.5波長進むのにかかる時間でもあるため，1.5〔s〕と求まる。

なお，波源 S_2 から出た波は点Aでは実線であり，破線，実線をはさみ，点Bでは破線である。つまり，点Aから点Bまでは，1.5波長進むことが確認できる。よって，点Aを通る2つの波面が点Bに到達するまでの時間は，1.5

波長進むのにかかる時間でもあるため，1.5〔s〕と求まる。

答【26】③

【27】 線分 S_1S_2上にできる定常波の節の位置を求めるために，節線について考える。節線とは定常波の節を連ねた線のことである。そこで，問の図から節線を導く。節とは定常波の振動しない点であり，図の中では実線で示されている山と破線で示されている破線の重なる点は，【25】の点 A で確認した通り，それぞれの波が弱め合うため節となる。そこで，図の中に複数存在する弱め合う点をプロットしていき，その点を連ねていくと下図のようになる。これが節線であるため，この節線上は振動しないことになる。よって，線分 S_1S_2上にできる定常波の節の位置は 4 点確認できる。また，その 4 点はいずれも，それぞれの波源から出ている波の山（実践）と谷（破線）の間を通っていることから，これらの条件を満たす図は，⑧と求まる。

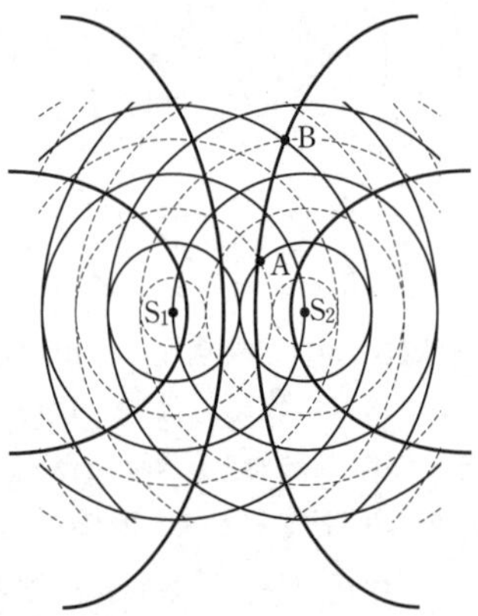

答【27】⑧

答【21】④【22】③【23】⓪【24】②
【25】②【26】③【27】⑧

Ⅵ [A] 導体球の帯電に関する問題
[B] 電気回路に関する問題

【28】 負に帯電した小球 B を小球 A に近づけると，小球 A も小球 B に近づいたという現象を求めるために，2 つの導体球の関係について考える。小球 A は静電気力により，負に帯電している小球 B に近づくが，問より小球 A は帯電していなかった。そこで，小球 A の中の電荷について考える。帯電していない小球 A には，同数の正電荷と負電荷が存在することになる。この同数の各電荷が一様に小球 A に分布しているため，全体として小球 A は帯電していないということになる（下図参照）。

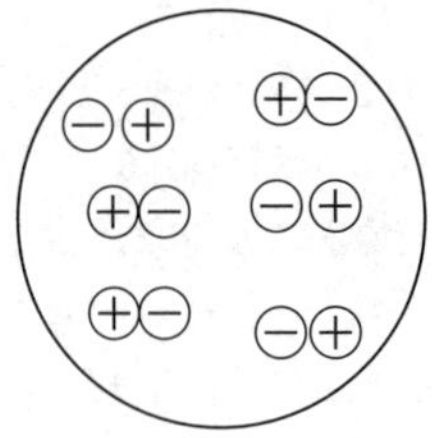

小球A

そこに，負に帯電した小球 B を左側から近づけると，小球 A の中の電荷は静電気力により異種の正電荷が左に引き付けられ，同種の負電荷は右側に分布する（下図参照）。

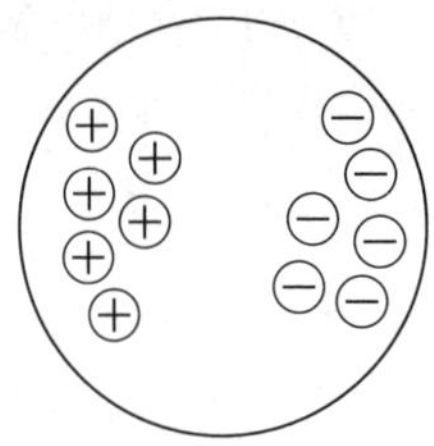

小球A

よって，静電気力により，小球 A も小球 B に近づいた結果となった。これは，一般的に，「帯電体を導体に近づけると，導体中の自由電子が移動して，帯電体に近い側の表面に帯電体と異種の電荷が，遠い側の表面に同種の電荷が現れる現象」であり，静電誘導と定義されている。よって，この現象は静電誘導と求まる。

答【28】③

【29】 小球 B と小球 A を接触させてから，問の図 4 の状態で静止した小球 A の帯電の状況を求めるために，電気量保存の法則を考える。一般的に，電気量保存の法則とは，物体間で電荷のやりとりがあっても，電気量の総和は変わらないと定義されている。そこで，小球 A と小

球Bの電荷の動きについて考える。小球Aははじめ帯電していなかったため，**【28】**と同様の電荷の状態であったと仮定する（下図参照）。

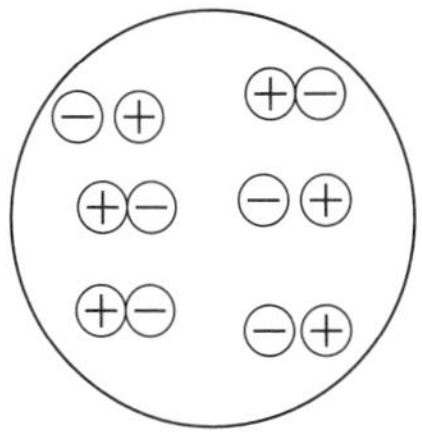

小球A

次に，小球Bの電荷の状態を問の図4を参考にしながら仮定する。問の図4では，小球Aが絹糸の鉛直線上よりも右側で静止している。小球Aの左側に小球Bが置かれていることを考慮すると，それぞれの小球にはお互いに斥力（反発する力）がはたらいていることになる。そこで，小球Aは前図のように同数の正電荷と負電荷が存在し，小球Bははじめ負に帯電していたため，負電荷が存在しており，かつ接触したのちにお互いに斥力がはたらいていたということは，小球Aと小球Bの電荷の総量として正電荷よりも負電荷の方が多くなければならない。よって，上記条件を踏まえ，小球Bの負電荷の状態を下図のように仮定する。

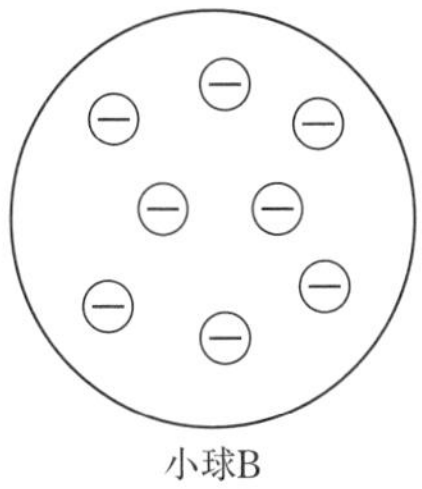

小球B

次に，問の図3のように，小球Aと小球Bを接触させると，もちろん小球Aと小球Bがどのような物質からなる物体であるかにもよるが，大まかには次図のようになる。

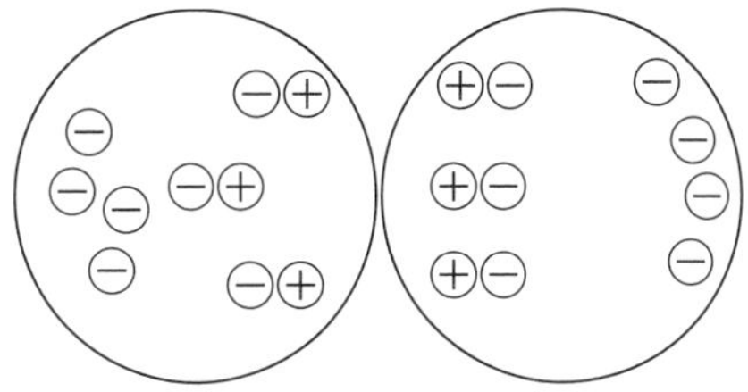

小球B　　　　小球A

よって，小球A，小球Bともに負に帯電することで斥力が生まれ，図4のような状態となる。よって，図4の状態で，小球Aは負，小球Bも負に帯電すると求まる。

答**【29】**④

【30】　小球Aと小球Bの間に作用する静電気力の大きさを求めるために，力のつりあいを考える。一般に力がつりあっているとき，物体が力を受けていても，その物体は静止している。そこで，問の図4の小球Aに注目すると，小球Aは静止している。そこで，小球Aに対しての力のつりあいを考える。まず，問の図4の状態で小球Aにはたらく力は重力 mg，絹糸の張力 T，静電気力 $F_{電気}$ の3力である。それぞれ，下図のようなベクトルで小球Aにはたらいている。

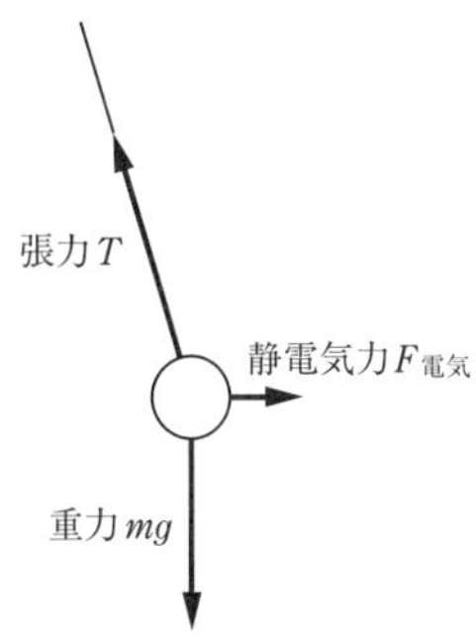

そこで，張力を水平成分と鉛直成分に分力し，絹糸が鉛直となす角が θ であることに留意して，水平方向と鉛直方向で力のつりあいの式を立てる（次図参照）。

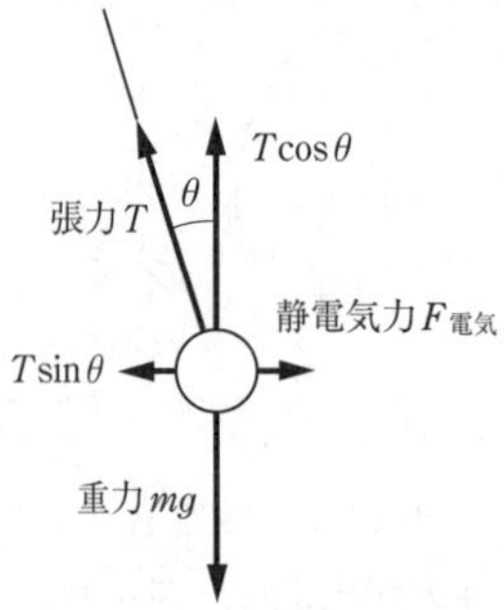

それぞれ，水平方向は $T\sin\theta=F_{電気}$ と表せ，鉛直方向は $T\cos\theta=mg$ と表せる。よって水平方向の式を $T=\dfrac{F_{電気}}{\sin\theta}$ として，鉛直方向の式に代入すると，$\dfrac{F_{電気}}{\sin\theta}\times\cos\theta=mg$ となるため，整理すると，静電気力の大きさは，$F_{電気}=mg\times\tan\theta$ と求まる。

答【30】③

【31】図5の回路に流れる電流を求めるために，オームの法則と直列の合成抵抗について考える。一般的に，オームの法則を用いると，電池の電圧を V〔V〕，抵抗を R〔Ω〕，回路を流れる電流を I〔A〕とすると，これらは $V=RI$〔V〕という関係がある。また，直列回路の合成抵抗 $R_{合直}$〔Ω〕はそれぞれの抵抗を R_1〔Ω〕，R_2〔Ω〕とすると，$R_{合直}=R_1+R_2$〔Ω〕と表せる。そこで，まず図5の直列回路の2つの抵抗の合成抵抗を求める。図5より，それぞれの抵抗の抵抗値が15〔Ω〕と45〔Ω〕であることに留意し，上式に代入すると，合成抵抗 $R_{合直}$〔Ω〕は，$R_{合直}=15+45=60$〔Ω〕と求まる。そこで，この合成抵抗と問で与えられている電池の起電力（電圧）12〔V〕を上記オームの法則の公式に代入すると，$12=60\times I$〔V〕と表せるため，回路を流れる電流 I〔A〕は，$I=0.20$〔A〕と求まる。

答【31】②

【32】図6の回路で電流計を流れる電流の値を求めるために，【31】と同様にオームの法則と，並列の合成抵抗について考える。一般的に並列回路の合成抵抗 $R_{合平}$〔Ω〕はそれぞれの抵抗を R_1〔Ω〕，R_2〔Ω〕とすると，$\dfrac{1}{R_{合平}}=\dfrac{1}{R_1}+\dfrac{1}{R_2}$〔Ω〕と表せる。そこで，まず図6の抵抗の抵抗値が15〔Ω〕と45〔Ω〕の回路を考える。回路のこの部分に関しては【31】より合成抵抗にすることで，$R_{合直}=60$〔Ω〕の1つの抵抗として考えることができる。すると図6の回路は純粋な並列の回路として扱うことができるため，抵抗線の抵抗値が30〔Ω〕であることに留意し，上記並列回路の合成抵抗の公式に代入すると，$\dfrac{1}{R_{合平}}=\dfrac{1}{60}+\dfrac{1}{30}=\dfrac{3}{60}$〔Ω〕と表せるため，$R_{合直}=20$〔Ω〕と求まる。そこで，【31】と同様に，この合成抵抗と問で与えられている電池の起電力（電圧）12〔V〕を前記オームの法則の公式に代入すると，$12=20\times I'$〔V〕と表せるため，電流計を流れる電流 I'〔A〕は，$I'=0.60$〔A〕と求まる。

答【32】⑥

【33】 抵抗線を流れる電流の値を求めるために，並列時のそれぞれの抵抗にかかる電圧の関係について考える。一般的に，並列に接続されている回路にかかる電圧は等しい。そこで，図6の回路を【32】と同様に抵抗の抵抗値が15〔Ω〕と45〔Ω〕の部分を60〔Ω〕の1つの抵抗として考えると，電池と並列に接続されている2つの抵抗のみの回路とみなせる。よって，電池の電圧が並列な2つの抵抗にそのままかかるため，抵抗線にかかる電圧は12〔V〕ということになる。最後に抵抗線が30〔Ω〕であることに留意し，【31】，【32】と同様に，オームの法則の公式に代入すると，$12=30\times I''$〔V〕と表せるため，抵抗線を流れる電流 I''〔A〕は，$I''=0.40$〔A〕と求まる。

答【33】④

【34】 問の図7の検流計を流れる電流が0〔A〕になるときの右側の端子の位置を求めるために，回路全般について考える。まず，左側が点Qにつながれた検流計の右側の端子を抵抗線上に接続すると，1本の抵抗線は，接続部分を境目にして，2本の抵抗（抵抗線）と考えることができる。また，その際に検流計に電流が流れな

い場合，電流が流れないため，検流計にかかる電圧も 0〔V〕となる。よって，検流計の位置で，図 7 の回路の左側（15〔Ω〕と45〔Ω〕の抵抗がある部分）と右側（抵抗線の部分）の電圧は等しいことがわかる。

さて，次に図 7 の回路の左側(15〔Ω〕と45〔Ω〕の抵抗がある部分)を流れる電流の値を求める。**【32】** より電流計を流れる電流が $I'=0.60$〔A〕であり，かつ **【33】** より抵抗線を流れる電流が $I''=0.40$〔A〕であるため，以上を考慮すると，回路の左側を流れる電流 I'''〔A〕は $I'''=0.60-0.40=0.20$〔A〕と求まる。そこで，15〔Ω〕の抵抗にかかる電圧は **【31】**，**【32】**，**【32】** と同様にオームの法則の公式に代入すると，$V=15\times 0.20$〔V〕と表せるため，$V=3.0$〔V〕と求まる。

先述の通り，検流計の位置で，図 7 の回路の左側と右側の電圧は等しいため，抵抗線のうち，端子で区切った上部の抵抗（抵抗線）にかかる電圧も $V=3.0$〔V〕となる。よって，**【33】** より抵抗線を流れる電流は，$I''=0.40$〔A〕であることに留意し，オームの法則の公式に代入すると，端子で区切った上部の抵抗(抵抗線)の抵抗値は，$R=\dfrac{v}{I''}=\dfrac{3}{0.40}=7.5$〔Ω〕と求まる。抵抗線は1.00〔m〕で30〔Ω〕であるため，7.5〔Ω〕は30〔Ω〕中の $\dfrac{1}{4}$ を占めるため，端子で区切った上部の抵抗（抵抗線）の長さは0.25〔m〕であることがわかる。よって，問の図で表記されている位置座標において，右側の端子は抵抗線上の0.75〔m〕の位置に接続されたと求まる。

答 **【34】** ⑥

答 **【28】** ③ **【29】** ④ **【30】** ③
【31】 ② **【32】** ⑥ **【33】** ④ **【34】** ⑥

物　理　　正解と配点

（60分，100点満点）

問題番号		正　解	配　点
1	【1】	⑦	3
	【2】	①	3
	【3】	③	3
	【4】	⑨	3
	【5】	③	3
2	【6】	⑨	3
	【7】	⑨	3
	【8】	④	3
	【9】	⑨	3
	【10】	⑤	3
3	【11】	④	3
	【12】	⑤	3
	【13】	④	3
	【14】	⑤	3
	【15】	②	3
4	【16】	②	3
	【17】	④	3
	【18】	④	3
	【19】	⑥	3
	【20】	①	3

問題番号		正　解	配　点
5	【21】	④	2
	【22】	③	3
	【23】	⓪	3
	【24】	②	3
	【25】	②	3
	【26】	③	3
	【27】	⑧	3
6	【28】	③	2
	【29】	④	3
	【30】	③	3
	【31】	②	3
	【32】	⑥	3
	【33】	④	3
	【34】	⑥	3

令和元年度　化　学　解答と解説

1　物質の構成

(1)　常温付近で昇華する物質は，分子に分類される物質である。

(a)　どちらも金属に分類されるため，当てはまらない。

(b)　どちらもイオンに分類されるため，当てはまらない。

(c)　どちらもイオンに分類されるため，当てはまらない。

(d)　塩化ナトリウムはイオン，砂はイオンや共有結合の結晶なので当てはまらない。

(e)　ヨウ素は分子で，昇華しやすい物質。塩化ナトリウムはイオン。そのため，加熱するとヨウ素のみが昇華するため，分離できる。

答【1】⑤

(2)　同素体の組み合わせは，黒鉛とダイヤモンド，酸素とオゾン，赤リンと黄リンの3種類。青銅は銅とスズの合金なので銅と同素体の関係にはない。金と白金，銀と水銀はそれぞれ異なる元素なので同素体の関係にはない。

答【2】③

(3)　質量数は元素記号の左上に書かれた数値。陽子数は原子番号に等しく，元素記号の左下に書かれた数値。原子の場合，電子数は陽子数に等しい。陰イオンの場合は陽子数に価数を加えたものが電子数になる。質量数は陽子数と中性子数の合計なので，質量数から陽子数を引くと中性子数になる。

	${}^{18}_{8}O^{2-}$	${}^{19}_{9}F^{-}$
質量数	18	19
陽子数	8	9
電子数	8＋2＝10	9＋1＝10
中性子数	18－8＝10	19－9＝10

答【3】⑥

(4)　c：Li　k：Na　s：K　l：Mg　t：Ca

アルカリ金属元素とアルカリ土類金属元素は炎色反応を示す。どちらにも属さないのはl：Mg。

答【4】④

(a)　正しい。典型元素は1，2，12～18族の元素。

(b)　誤り。最外殻はどの元素もL殻。この場合，陽子の数が多いほど電子をより強く引き付けるため，原子半径は小さくなる。そのため大きさはe<d<cとなる。

(c)　正しい。イオン化傾向とは，原子から電子を1つ取り去り，1価の陽イオンにするのに必要なエネルギーのこと。1価の陽イオンになりやすい元素ほど，イオン化エネルギーは小さい。典型元素の場合，同周期の元素でイオン化傾向が最も大きいのが18族の元素。18族の元素は電子配置が安定しているので，イオンになりにくい。

(d)　正しい。典型元素の場合，18族以外の元素の価電子数は，族の一桁目と同じ値になる。pは6，qは7なので，合計13になる。なお18族の元素の価電子数は0としている。

(e)　正しい。aは水素で不対電子は1，gは窒素で不対電子は3。これらは3：1で結びつくためNH_3という化合物を作れる。

答【5】②

(5)　各分子の電子式は次のように表される。

(a)　:F:F: 1組 無極性分子	(b)　:N:::N: 3組 無極性分子	(c)　H:C:C:H（各Cに上下H） 7組 無極性分子
(d)　:Cl:Cl: 1組 無極性分子	(e)　H:N:H（下にH） 3組 極性分子	(f)　H:O:H 2組 極性分子
(g)　H:Cl: 1組 極性分子	(h)　:O::C::O: 4組 無極性分子	

共有結合に使われている電子の総数が最も多

い分子は(c)のエタン。

答【6】③

(a),(b),(d)は同じ原子どうしの結合なので無極性分子になる。(c),(h)は分子の構造で極性を打ち消しあって，分子全体としては無極性分子になる。

(g)は異なる原子の結合なので極性分子になる。(e),(f)は原子間の極性を打ち消すことができない構造なので，極性分子になる。

したがって極性分子は3種類となる。

答【7】③

2 物質の変化

(1) どうしてもわからなければ未定係数法を用いるが，このぐらいの問いであれば目算法で解いてほしい。$a=2$，$b=6$，$c=2$，$d=3$

答【8】⑥

塩酸を5.0 mL加えたところで反応が終了し，33.6 mLの水素が発生している。反応式の係数より，水素とアルミニウムの物質量比は3：2であることから，次の式でアルミニウムの質量が求められる。

$$\frac{33.6\times10^{-3}\,\mathrm{L}}{22.4\,\mathrm{L/mol}}\times\frac{2}{3}\times27\,\mathrm{g/mol}=0.027\,\mathrm{g}$$

答【9】②

塩酸のモル濃度をc mol/Lとする。反応式の係数より，塩化水素と水素の物質量比は2：1なので，次の式が成り立つ。

$$c\times\frac{5.0}{1000}\times\frac{1}{2}=\frac{33.6\times10^{-3}}{22.4}$$

$$c=0.60$$

$$\therefore 0.60\,\mathrm{mol/L}$$

答【10】⓪

用いるアルミニウムの質量を2倍にすると，必要な0.60 mol/Lの塩酸の体積は2倍となり，最終的に発生する水素の体積は2倍になる。①,②,⑤のどれかとなる。

塩酸のモル濃度を半分（0.30 mol/L）にすると，必要な体積はさらに2倍になる。したがって20.0 mLの塩酸が必要になる。これらより，①のグラフが正しいとなる。

答【11】①

(2) $Cr_2O_7^{2-}+14H^{+}+6e^{-}\rightarrow 2Cr^{3+}+7H_2O$

$Cr_2O_7^{2-}$中のクロムの酸化数をxとおくと，

$$x\times2+(-2)\times7=-2 \qquad x=+6$$

Cr^{3+}のクロムの酸化数は+3

これらより，クロムの酸化数は+6から+3に変化している。

答【12】⑧

塩化スズ(Ⅱ)水溶液の濃度をc mol/Lとおく。スズ(Ⅱ)イオンは1 molで電子e^{-}を2 mol与えられる。

ニクロム酸イオンは1 molで電子を6 mol奪える。これらより，次の式が成り立つ。

$$0.010\times\frac{24.0}{1000}\times6=c\times\frac{10.0}{1000}\times2$$

$$c=0.072 \qquad \therefore 0.072\,\mathrm{mol/L}$$

答【13】④

(3) 水素イオンの物質量

$$0.050\times\frac{100}{1000}\times2+0.10\times\frac{100}{1000}\times1=0.020$$

水酸化物イオンの物質量

$$0.20\times\frac{400}{1000}\times1=0.080$$

これらを混合すると水素イオンは中和によって水になり，水酸化物イオンが残る。体積を600 mLにしているので，次の式で水酸化物イオン濃度［OH^{-}］を求められる。

$$[OH^{-}]=(0.080-0.020)\div\frac{600}{1000}$$

$$=0.10$$

水のイオン積と水酸化物イオン濃度より水素イオン濃度1.0×10^{-13} mol/Lと求められる。

答【14】⑨

3 物質の状態

(1) 標準大気圧における固体・液体の境になる温度は融点（凝固点）である。

答【15】⑤

O点は三重点といい，固体・液体・気体の3つの状態が平衡になっている（共存している）温度・圧力である。

答【16】⑥

温度が低いほど，圧力が高いほど固体になりやすい（水は圧力が高いと液体になりやすい）。温度が高いほど，圧力が低いほど気体になりやすい。そのため固体から気体になる状態変化はdである。

答【17】④

(2) 圧力を5.0×10^5 Paに保っているので，溶ける二酸化炭素の物質量は$3.2\times10^{-2}\times5=0.16$

答【18】③

【18】より，水に溶けていない二酸化炭素は0.14 molとなる。求める体積をV Lとおくと，気体の状態方程式よりこの溶けていない二酸化炭素の体積は次のように求められる。

$$5.0\times10^5\times V=0.14\times8.3\times10^3\times300$$

$$V=0.6972$$

答【19】⑦

窒素を加えて全圧を上げても，容積と温度が変わっていないので，二酸化炭素の分圧は変わらない。そのため，溶ける二酸化炭素の物質量は，窒素を加える前と変わらず，0.16 molである。

答【20】②

(3) 20℃に冷却したときに析出する硫酸銅(Ⅱ)五水和物の質量をx gとおく。硫酸銅(Ⅱ)五水和物のうち，硫酸銅(Ⅱ)の割合は$\frac{160}{250}$，水の割合は$\frac{90}{250}$である。20℃における水の質量と溶解しうる硫酸銅(Ⅱ)は100：20の関係にある。問題の条件において，20℃における水の質量は$(100-\frac{90}{250}x)$g，溶解している硫酸銅(Ⅱ)の質量は$(40-\frac{160}{250}x)$gである。これらより次の式が成り立つ。

$$100:20=100-\frac{90}{250}x:40-\frac{160}{250}x$$

$$x=35.2\cdots$$

答【21】⑧

(4) 質量モル濃度を求めるには，溶媒の質量と溶質の物質量がわかればよい。

溶液1 Lあたりで考えると，そこに含まれる溶質の物質量はC mol。密度がd g/cm^{3}なので，1 Lの溶液の質量はd kg。ここには$\frac{CM}{1000}$ kgの溶質が溶解しているので，水の質量は$\left(d-\frac{CM}{1000}\right)$kgである。

質量モル濃度は$C\div\left(d-\frac{CM}{1000}\right)=\frac{1000C}{1000d-CM}$

答【22】①

4 物質の変化と平衡

(1) Aは電池の正極につながっているので，陽極である。Aで起こる反応は，

$$2H_2O \rightarrow O_2 + 4H^+ + 4e^-$$

である。発生した酸素の物質量に対し，4倍の電子をやり取りしている。

$$\frac{0.320\ \text{g}}{32.0\ \text{g/mol}}\times4=0.0400\ \text{mol}$$

Bは電池の負極につながっているので，陰極である。Bで起こる反応は

$$Ag^+ + e^- \rightarrow Ag$$

Ag^+が電子1 molを受け取ると，Agが1 mol（=108 g）生じる。

$$0.0400\ \text{mol}\times108\ \text{g/mol}=4.32\ \text{g}$$

答【23】⑦

回路全体に流れた電子の物質量は

$$\frac{1.00\times(2\times3600+8\times60+40)\text{C}}{9.65\times10^4\ \text{C/mol}}=0.0800\ \text{mol}$$

電解槽Ⅰに0.0400 mol流れているので，電解槽Ⅱには0.0400 mol流れている。

答【24】④

Dは電池の負極につながっているので，陰極である。Dで起こる反応は

$$Cu^{2+} + 2e^- \rightarrow Cu$$

Cu^{2+}が電子2 molを受け取ると，Cuが1 mol（=63.5 g）生じる。

$$\frac{0.0400}{2}\ \text{mol}\times63.5\ \text{g/mol}=1.27\ \text{g}$$

答【25】②

$$CH_3COOH \rightleftarrows H^+ + CH_3COO^-$$

この電離平衡の電離定数は，各物質の化学式を用いて次のように表される。

$$K_a = \frac{[H^+][CH_3COO^-]}{[CH_3COOH]}$$

$[H^+]$などはそれぞれ，各粒子の濃度を表している。電離度が α なので，$[H^+] = [CH_3COO^-] = C\alpha$，$[CH_3COOH] = C(1-\alpha)$ となる。これらより，

$$K_a = \frac{C\alpha \times C\alpha}{C(1-\alpha)}$$

問題文に $1-\alpha \fallingdotseq 1$ と近似できるとあるので，次のように式を変形する。

$$K_a = C\alpha^2$$

答【26】⑥

$[H^+] = C\alpha$ で，$\alpha = \sqrt{\frac{K_a}{C}}$ なので，

$$[H^+] = \sqrt{CK_a}$$

答【27】⑤

$\alpha = \sqrt{\frac{K_a}{C}}$ で C が $\frac{1}{100}$ になるので電離度は10倍になる。

答【28】⑤

水素イオン濃度が $\frac{1}{100}$ 倍になると，電離度が10倍になるため，$[H^+]$ は $\frac{1}{100} \times 10 = \frac{1}{10}$ になる。

$[H^+]$が $\frac{1}{10}$ になるので，pHは1だけ7に近づく。

答【29】④

5 無機物質

(1) (a) $2NH_4Cl + Ca(OH)_2 \rightarrow CaCl_2 + 2H_2O + 2\underset{A}{\underline{NH_3}}$

(b) $4\underset{A}{\underline{NH_3}} + 5O_2 \rightarrow 4\underset{㋐}{\underline{NO}} + 6H_2O$

(c) $3\underset{B}{\underline{NO_2}} + H_2O \rightarrow 2HNO_3 + \underset{㋐}{\underline{NO}}$

(d) $Na_2SO_3 + H_2SO_4 \rightarrow Na_2SO_4 + H_2O + \underset{C}{\underline{SO_2}}$

(e) $2\underset{C}{\underline{SO_2}} + O_2 \rightarrow 2\underset{㋑}{\underline{SO_3}}$

答【30】③【31】④【32】⑤【33】⑥

(2) (a) 水酸化ナトリウム水溶液を少量加えると，Al^{3+}，Zn^{2+} からは白色沈殿（それぞれ $Al(OH)_3$，$Zn(OH)_2$）が，Ag^+ からは褐色沈殿（Ag_2O）が生じる。Ba^{2+}，K^+ から沈殿は生じない。A，Bはどちらかが Al^{3+}，もう片方が Zn^{2+}，Dは Ag^+，C，Eはどちらかが Ba^{2+}，もう片方が K^+ となる。

(b) 過剰にアンモニア水を加えると生じた沈殿が溶解するのは Zn^{2+} と Ag^+（それぞれ $[Zn(NH_3)_4]^{2+}$，$[Ag(NH_3)_2]^+$）。これより，Aは Zn^{2+}，Bは Al^{3+} が含まれていたとわかる。

答【34】④【35】①【36】④

化　学　　　正解と配点

（60分，100点満点）

問題番号		正　解	配　点
1	【1】	⑤	3
	【2】	③	3
	【3】	⑥	3
	【4】	④	2
	【5】	②	3
	【6】	③	3
	【7】	③	3
2	【8】	⑥	3
	【9】	②	3
	【10】	⓪	3
	【11】	①	2
	【12】	⑧	3
	【13】	④	3
	【14】	⑨	3
3	【15】	⑤	2
	【16】	⑥	2
	【17】	④	2
	【18】	③	3
	【19】	⑦	3
	【20】	②	2
	【21】	⑧	3
	【22】	①	3

問題番号		正　解	配　点
4	【23】	⑦	3
	【24】	④	3
	【25】	②	3
	【26】	⑥	3
	【27】	⑤	2
	【28】	⑤	3
	【29】	④	3
5	【30】	③	3
	【31】	④	3
	【32】	⑤	2
	【33】	⑥	3
	【34】	④	3
	【35】	①	3
	【36】	④	3

令和元年度　生　物　解答と解説

1　体液の調節

【1】　腎臓の構造

腎臓は腹腔の背側に1対あるにぎりこぶし大の器官で，100万以上の腎単位（ネフロン）が含まれている。腎単位は腎小体（マルピーギ小体）と腎細管（細尿管）からなり皮質には腎小体が，髄質には腎細管がU字形（ヘンレのループ）となり集合管につながる。腎小体は糸球体と，ろ過した原尿を受けとるボーマンのうからなる。

答【1】②

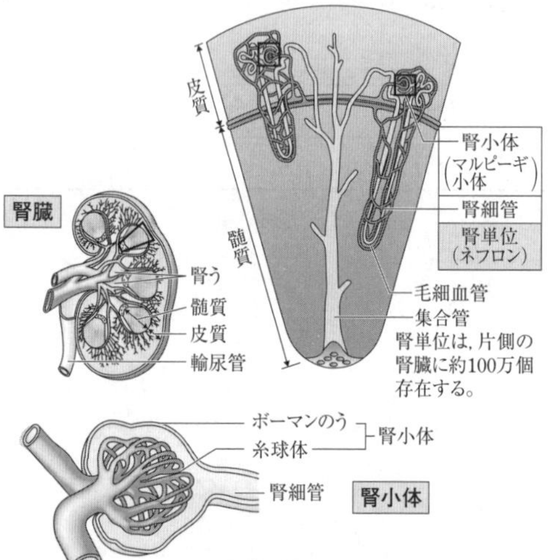

腎臓の構造

【2】　腎動脈から送り込まれた血液は，糸球体でろ過され，血球やタンパク質などを除く血しょう成分のほとんどがボーマンのうへこしだされて原尿となる。分子量の大きいタンパク質や負に荷電するタンパク質は，糸球体の毛細血管の血管壁を透過できずろ過されない。よって原尿の濃度は0となる。原尿はその後，腎細管を通る間にグルコース，アミノ酸，無機塩類や水分などが毛細血管内に再吸収される。グルコースは原尿にろ過されるので濃度は0.1％で，その後100％再吸収されるため尿中の濃度は0となる。腎細管を通った原尿は集合管へ送られ，ここでさらにホルモンのバソプレシンの働きで水分の多くが再吸収される。再吸収されにくい尿素などの老廃物は濃縮されて尿に含まれる。尿はその後，腎うから輸尿管を経てぼうこうに送られ体外に排出される。神経分泌細胞で合成されたバソプレシンは，脳下垂体後葉まで伸びた分泌細胞の末端から血液中に分泌され，集合管での水分の再吸収促進のほか，血圧上昇に働く。尿素 $CO(NH_2)_2$ は肝臓のオルニチン回路で合成される。

答【2】⑤

【3】　血しょう（原尿）中の成分の濃縮率は尿中の濃度（質量％）÷血しょう中の濃度（質量％）で求めることができる。尿素：66.7，尿酸：12.5，クレアチニン：75，ナトリウム：1.2，カリウム：7.5

答【3】③

【4】　再吸収率は，原尿中の質量に対する，再吸収された質量の割合〔％〕である。原尿量は，尿量×イヌリンの濃縮率より求めることができる。イヌリンの濃縮率＝114 mg/mL÷0.95 mg/mL＝120〔倍〕。よって1日の原尿量＝1.5 L×120＝180 L。原尿中のクレアチニン量と尿中のクレアチニン再吸収量を，密度1 g/mL よりそれぞれ求める。

原尿中のクレアチニン量

$$=\frac{0.001}{100}\times 1500\times 120〔mg〕 \quad \cdots\cdots(1)$$

尿中のクレアチニン量

$$=\frac{0.075}{100}\times 1500〔mg〕 \quad \cdots\cdots(2)$$

再吸収量〔mg〕＝(1)－(2)

よって

$$再吸収率〔\%〕=\frac{(1)-(2)}{(1)}\times 100$$

$$= 37.5〔\%〕$$

答【4】④

【5】 間脳の視床下部が血液の塩分濃度を感知し，塩分濃度が上昇すると，脳下垂体後葉からのバソプレシン分泌量が増加する。バソプレシンは集合管における水分の再吸収を促進し，体液の塩分濃度を低下させる。細尿管でのNa^+などの無機塩類の再吸収は，副腎皮質から分泌される鉱質コルチコイドによって促進される。副腎髄質から分泌されるアドレナリンは血糖濃度の上昇を促すホルモン。

答【5】⑥

2 細胞膜の働き

【6】【7】【9】 細胞膜は，リン脂質の二重層に球状のタンパク質が入り混じったモザイク状の構造である。大腸菌やシアノバクテリアなどの原核生物にも存在する。リン脂質は疎水性の尾部（脂肪酸の部分）を間にし，親水性の頭部が上下の表面に並んで二重層を形成する。リン脂質には核酸は含まれない。タンパク質やリン脂質は膜内を水平方向や回転方向に流動する（流動モザイクモデル）。エネルギーを消費する能動輸送を行う輸送タンパク質の働きをポンプという。

〈ナトリウムポンプ〉

赤血球の細胞膜には，Na^+-K^+-ATPアーゼと呼ばれるATP分解酵素の輸送タンパク質が存在する。この酵素の細胞質基質側にNa^+が結合すると，ATPを分解し，そのエネルギーでタンパク質の構造が変化し，Na^+は膜を横断して細胞外に放出される。同時に細胞外表面でK^+が結合すると，タンパク質の構造が元にもどり，K^+が細胞内に放出される。ATP 1分子の分解で，Na^+ 3個を外側に，同時にK^+ 2個を内側に輸送する。このような能動輸送のしくみをナトリウムポンプという。

答【6】④【7】⑧【9】⑤

【8】 細胞膜の単純拡散については，溶媒（水）または，一部の低分子の溶質のみを透過し，他の溶質を透過しない半透性もみられる。細胞膜を境にして，両側の水溶液に濃度差がある場合，濃度勾配に応じた受動輸送が生じ，赤血球の場合は体積変化が生じる。細胞の相対値が1.0の場合は細胞内外の濃度（モル濃度）は等しく等張である。蒸留水に赤血球を加えた際に破裂する現象を溶血という。

答【8】③

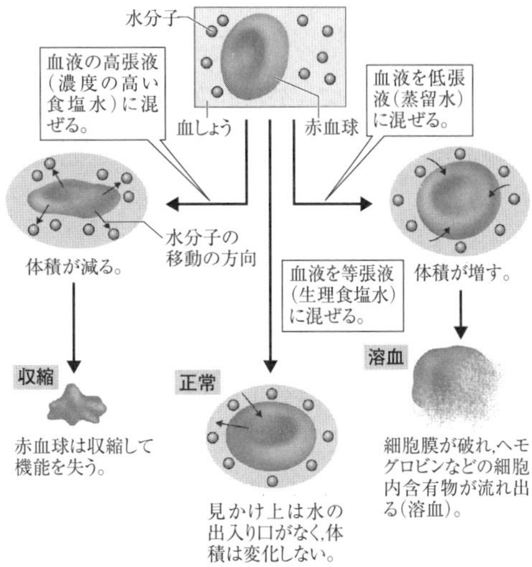

【10】 獲得免疫に関与するリンパ球のB細胞の表面にはB細胞受容体（BCR）と呼ばれる抗体とほぼ同じ構造のY字型のタンパク質が存在する。定常部のうち，可動性の高い部分をヒンジ部といい，ヒンジ部のC末端側をFc領域という。BCRは，Fc領域の先に疎水性の膜通過領域をもち，膜タンパク質として存在する。イオンの多くは細胞膜のチャネルを通過する。水分子を特異的に透過させるチャネルはアクアポリンと呼ばれる。水は極性分子であり，単純拡散による透過速度は小さい。アクアポリンは腎臓の集合管など水の移動がさかんな組織の細胞に多く存在する。

ステロイドホルモンは一般に，脂質に溶けやすいため細胞膜を通過し，細胞内の受容体と結合する。ステロイドホルモンの1つであるエストロゲンは，通常は細胞内の受容体と結合し，子宮・生殖器の成長など二次性徴を引き起こす性ホルモンであるが，血管周辺の平滑筋の弛緩による血管の拡張にエストロゲンが働く場合がある。この場合には内皮細胞の細胞膜のエストロゲン受容体にエストロゲンが結合することで活性化された酵素が一酸化窒素を合成し，これをシグナルとして血管周辺の平滑筋細胞は弛緩し，血管が拡張する。

答【10】③

3 連鎖

【11】 キイロショウジョウバエの性決定様式はヒトと同じXY型で，染色体数は8本である。4対の染色体のうち1対は性染色体で，雌雄を決定する。常染色体は6本の3対である。

- ・XO型は，雄ヘテロの状態で，XY型のY染色体にあたる染色体をもたない。コオロギ，トンボ，バッタなど。
- ・ZW型は，雌ヘテロ型で，雌の性染色体はZ染色体とW染色体の1本ずつをもつ。ニワトリ，カイコガ，マムシなど。
- ・ZO型は，雌の染色体についてZW型のW染色体にあたる染色体をもたない。ミノガ，スグリエダシャクなど。

答【11】②

【12】 実験1のF_1の遺伝子型は(AaBb)となる。また実験2の雌の検定交雑の結果の表現型の種類と分離比は，劣性個体（aabb）の雄との交雑結果である。このことより，雌の個体より形成される配偶子の種類と分離比を求めることができる。

雌の配偶子の種類と分離比

(AB)：(Ab)：(aB)：(ab)＝9：1：1：9

よって実験Ⅱの結果は以下の通り

(AaBb)：(Aabb)：(aaBb)：(aabb)

＝9：1：1：9

答【12】②

【13】 実験Ⅱの結果より，正常ばね（A）と正常体色（B），痕跡ばね（a）と黒体色（b）がそれぞれ連鎖している。よってAとB，aとbがそれぞれ同一の染色体に存在する。

答【13】④

【14】

$$組換え価〔\%〕=\frac{組換えを起こした配偶子の数}{全配偶子の数}\times 100$$

$$=\frac{組換えを起こした個体数}{検定交雑によって生じた全個体数}\times 100$$

実験Ⅲより，組換えが起こるのは雌だけである。雄の組換え価は0％である。

雌の組換え価

$$=\frac{1+1}{9+1+1+9}\times 100=11.1〔\%〕$$

答【14】①

【15】 F_1の雌と雄の交雑結果を求める。

雄＼雌	9AB	1Ab	1aB	9ab
AB	9［AB］	1［AB］	1［AB］	9［AB］
ab	9［AB］	1［Ab］	1［aB］	9［ab］

答【15】④

4 被子植物の重複受精

【16】 おしべの葯内で花粉母細胞（2*n*）が減数分裂し花粉四分子が形成される。めしべの柱頭に受粉した花粉はそれぞれ不均等な細胞分裂を行い，花粉管細胞（*n*）と雄原細胞（*n*）となる。花粉管核により花粉管が伸び，先端が子房内の胚のうに達すると，それまでに雄原細胞がもう一度分裂して形成された2個の精細胞が放出される。雌しべの子房の内側には珠皮で包まれた胚珠が存在する。胚珠内の胚のう母細胞（2*n*）は減数分裂の結果，染色体数の半減した1つの胚のう細胞（*n*）と3つの退化細胞となる。胚のう細胞はさらに3回の核分裂を経て，8つの核を含む細胞となる。そのうちの1つが卵細胞（*n*）となり，さらに2つの核は中央細胞（*n*＋*n*）を形成する。残りの5つのうち3つは反足細胞，2つは助細胞となり7つの細胞を形成し，すべての核の遺伝子構成は同一である。花粉管を誘引するルアーと呼ばれるタンパク質を分泌する細胞は，助細胞である。

花粉管から胚のうに達した2個の精細胞の核のうち，1つは卵細胞と受精し受精卵（2*n*）を形成し，もう1つは中央細胞と受精し胚乳を形成する。中央細胞の核相は（*n*＋*n*）のため，胚乳は3*n*となっている。このように受精卵と胚乳の形成のための受精が同時に進むことを重複受精という。子房壁は果皮に，珠皮は種皮に分化し，種子は種皮によって包まれている。

答【16】⑥

【17】 花粉母細胞1個から花粉四分子となる。それぞれの細胞から2個の精細胞が形成されるので，8個（4×2）となる。

答【17】④

【18】 胚のう細胞は，胚のう母細胞が3回核分裂を終えた後に細胞質分裂が起こって形成される。その結果8個の核に応じて，1個の卵細胞，2個の助細胞，3個の反足細胞となる。中央細胞には2個の極核が含まれる。

答【18】②

【19】 花粉管が伸びる方向は，助細胞から分泌されるタンパク質ルアーによって誘引される。花粉管が珠孔に入ると助細胞が壊され，雄原細胞の分裂によって生じた2個の精細胞によって重複受精が起こる。

答【19】④

【20】

① 胚乳の核相は$3n$で胚の核相は受精により$2n$である。

② 種皮はめしべの子房の中の胚珠を包む珠皮から形成される。よって種皮の遺伝子型はめしべの体細胞，胚は受精により形成されることより，遺伝子型は一致しない。

③ 卵細胞に含まれる遺伝子は，減数分裂によってさまざまな組み合わせとなる。また，花粉に含まれる遺伝子も同様であるので，同じ子房の胚珠内の種子に形成される胚の遺伝子型は同じとは限らない。

④ イネは胚乳種子であり，無胚乳種子はマメ科植物などである。

⑤ 胚のう母細胞から核分裂によって形成された胚のうの核の遺伝子型は，すべて同一である。

答【20】⑤

5 光合成

植物の光合成（炭酸同化）は，細胞小器官の葉緑体内で進み，チラコイド膜での反応とストロマでの反応が段階的に進む。

チラコイド膜での反応

葉緑体のチラコイド膜には，光化学系Ⅰ，光化学系Ⅱと呼ばれる2種類の反応系があり，植物では光化学系Ⅱの次の順に光化学系Ⅰが連続して働くことによってATPとNADPHを生産する。光化学系Ⅱの集光性タンパク質に吸収された光エネルギーによって，最終的にクロロフィルa（P680）が励起され電子（e^-）が放出される。このe^-は，光化学系Ⅱの一次電子受容体（フェオフィチン）に捕捉され，さらに疎水性分子のプラストキノンへと伝達される。さらに水の分解反応を触媒するマンガンプラスターによって，水分子は2個のe^-と2個のH^+，1個の酸素原子に分解される。プラストキノンが受け取ったe^-は，シトクロムb_6f複合体内の電子伝達成分を移動したのち，銅を含んだプラストシアニン（PC）と呼ばれるタンパク質に渡される。これにともなってストロマ側からチラコイド腔内にH^+が移動する。これによって，ストロマ側とチラコイド側との間に濃度勾配が生じ，このポテンシャルエネルギーを利用してATP合成酵素が活性化することでATPが合成される（光リン酸化）。

光化学系Ⅱと同時に光化学系1では光エネルギーを吸収したクロロフィルa（P700）がe^-を放出するが，PCからe^-を受け取ることでもとに戻る。このクロロフィルから放出されたe^-は，

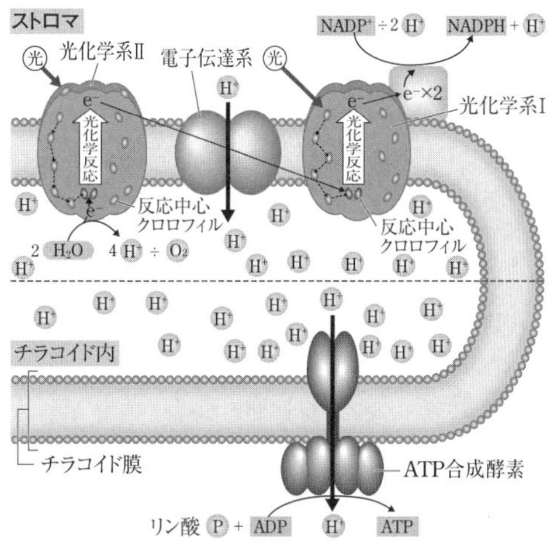

チラコイド膜での反応

鉄と硫黄を含むフェレドキシン（Fd）に受け渡される。Fdから放出された電子（e^-）によって$NADP^+$が還元され，NADPHが生じる。

ストロマでの反応〈カルビン・ベンソン回路〉

ストロマでは，チラコイドでの反応で生じたNADPHとATP,さらに気孔から取り込んだ二酸化炭素を利用して炭水化物が合成される。この反応をカルビン・ベンソン回路といい，3段階で回路反応が進み 温度や二酸化炭素濃度の影響を受ける。外界（気孔）から取り込んだCO_2は，C_5化合物のリブロースビスリン酸（RuBP）と反応し，C_6化合物をへて，2分子のC_3化合物であるホスホグリセリン酸（PGA）となる。この反応を進める酵素はRuBPカルボキシラーゼ/オキシゲナーゼ（ルビスコ）と呼ばれる（段階1）。

PGAはチラコイドからのATPのリン酸基を受け取り，リン酸化された後，NADPHからの1対の電子によってグリセルアルデヒドリン酸（GAP）になる（段階2）。

回路反応で，5分子のGAP の炭素骨格が再編成され，3分子のRuBPにもどる。このRuBPは二酸化炭素の受容体として再び供給され回路は回り続ける（段階3）。

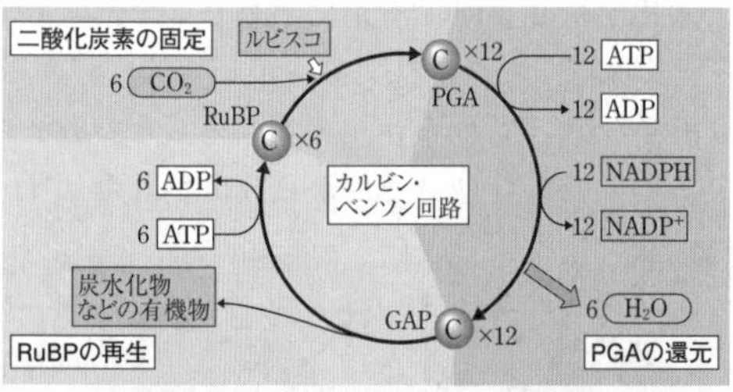

ストロマでの反応

各段階の反応式をまとめると以下の通り。

・水の分解

$12\,H_2O + 12\,NADP^+ \rightarrow 6O_2 + 12\,NADPH + 12\,H^+$

・ATPの合成

$18\,ADP + 18\,P$（リン酸）$\rightarrow 18\,ATP$

・カルビン・ベンソン回路

$6\,CO_2 + 12\,NADPH + 12\,H^+ + 18\,ATP$

$\rightarrow C_6H_{12}O_6 + 6\,H_2O + 12\,NADP^+ + 18\,ADP + 18\,P$

よって炭酸同化の全体の反応式は次のようになる。

$6\,CO_2 + 12\,H_2O \rightarrow C_6H_{12}O_6 + 6\,H_2O + 6\,O_2$

【21】 6分子の物質Xと6分子のCO_2が反応し，x分子の物質Yが形成されるとすると，炭素数に関して$5 \times 6 + 6 = 3x$。よって$x = 12$。

答【21】③

【22】 物質XはRuBP，物質YはPGAである。ルビスコは，物質XをYに変化させる酵素である。脱炭酸酵素は呼吸のクエン酸回路で働く酵素である。

答【22】②

【23】 二酸化炭素の供給が止まると。X→Yの進行は止まることになる。しかしYからXの進行は進むのでXは増加，Yは減少する。

答【23】③

【24】

① チラコイド膜で起こる反応よりATPが合成される。

② 陽生植物は，陰生植物に比べて光飽和点も高い。補償点は一般に陽生植物では高く，陰生植物では低い。補償点よりも弱い光のもとでは植物は成長は抑制される。また，それ以上光を強くしても，光合成速度が変化しない光の強さを光飽和点という。補償点の低い植物は，日陰のようにあまり日が当たらない環境でも生育できることを示し，下図のAのような植物を陽生植物という。一方，Bのような植物を陰生植物という。

・陽生植物：アカマツ，クロマツ，ススキ

・陰生植物：ブナ，カタバミ，アオキ

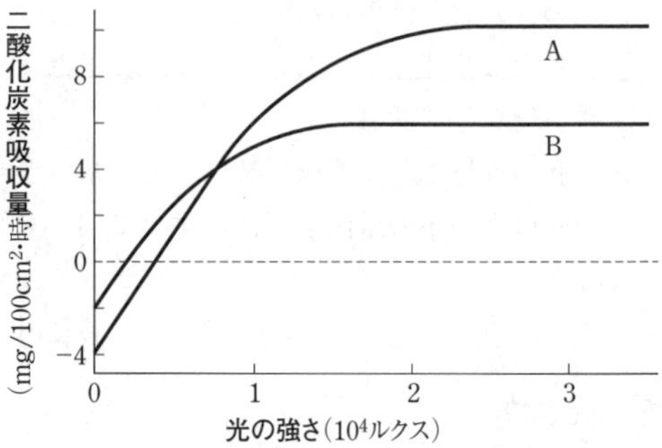

③ さく状組織が発達して厚いのは陽葉である。

④　クロロフィルが緑色に見えるのは，緑色の光を吸収せず，反射しているためである。

⑤　光合成を行う細菌には緑色硫黄細菌，紅色硫黄細菌などがある。

答【24】⑤

【25】（真の）光合成速度＝見かけの光合成速度＋呼吸速度

補償点以上の有機物の増加量は見かけの光合成速度となり，光の当たらない条件では呼吸速度分の有機物が減少する。

葉 200 cm^2における16時間の CO_2 の吸収量〔mg〕＝ 2 ×（14×16）　……(1)

光の当たらない 8 時間の放出量〔mg〕

＝ 2 ×（ 4 × 8 ）　……(2)

CO_2の収支＝(1)−(2)

＝384〔mg〕

光合成の反応式

$6\,CO_2 + 12\,H_2O \rightarrow C_6H_{12}O_6 + 6\,H_2O + 6\,O_2$ より

$6\,CO_2 : C_6H_{12}O_6 = 6 \times 44 : 180$

増加する有機物量を x mg とすると

$6 \times 44 : 180 = 384 : x$〔mg〕

答【25】④

6　窒素循環

【26】①グリコーゲンは炭水化物であり，構成元素は炭素（C），水素（H），酸素（O）のみである。

答【26】①

【27】大気中の窒素（N_2）を還元し，窒素同化に利用するアンモニウムイオン（NH_4^+）を合成する働きを窒素固定といい，窒素固定を行う細菌を，窒素固定細菌という。この反応は ATP のエネルギーを利用し，ニトロゲナーゼという酵素によって反応が促進される。ある種のイシクラゲ（シアノバクテリア）や，好気性細菌のアゾトバクター，嫌気性細菌のクロストリジウム，シロツメクサのようなマメ科植物やイネの根に共生する根粒菌などが行う。

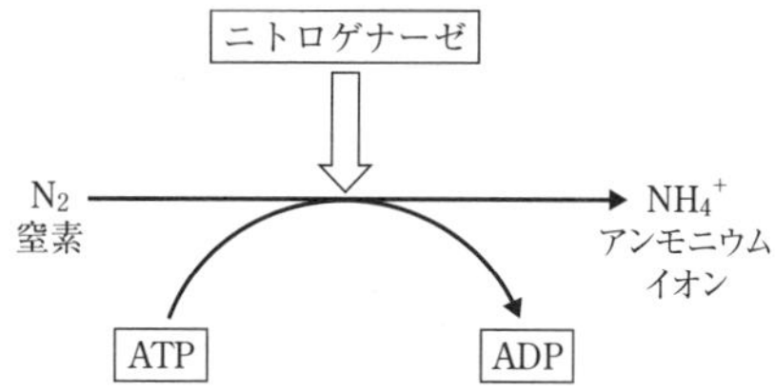

脱窒は，土壌中の一部の硝酸イオンなどが脱窒素細菌の働きで窒素になることである。

答【27】③

【28】窒素同化

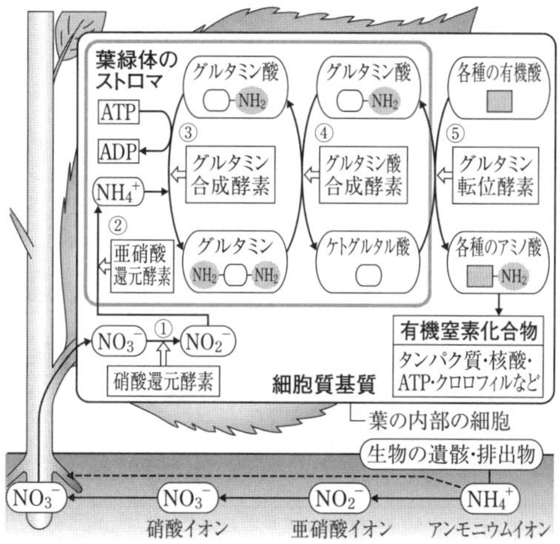

問題図中の矢印 f は亜硝酸菌の作用，g は硝酸菌の作用である（硝化）。無機窒素化合物を吸収し，タンパク質や核酸などの有機窒素化合物を合成する働きを窒素同化という。NH_4^+をグルタミンに変換するグルタミン合成酵素によってグルタミンが合成される。

答【28】②

【29】E はカビなどの菌類や細菌などで，従属栄養生物である。F と G は硝酸菌で，化学合成を行う独立栄養生物である。

答【29】⑦

【30】 植物の根から吸収されたNO_3^-はNH_4^+に還元されたのち葉緑体中のグルタミン酸と反応して，アミノ基を2つもつグルタミンとなる。グルタミンは，ケトグルタル酸と反応して2分子のグルタミン酸となる。アミノ基転移酵素の働きにより，グルタミン酸のアミノ基を，各種の有機酸に転移することで，各種のアミノ酸が合成される。

答【30】③

7 発生

【31】 カエルの卵は，卵黄が植物極側に偏っている端黄卵である。第一卵割，第二卵割は共に等割で経割であるが，第三卵割は動物極寄りで緯割となる。

答【31】③

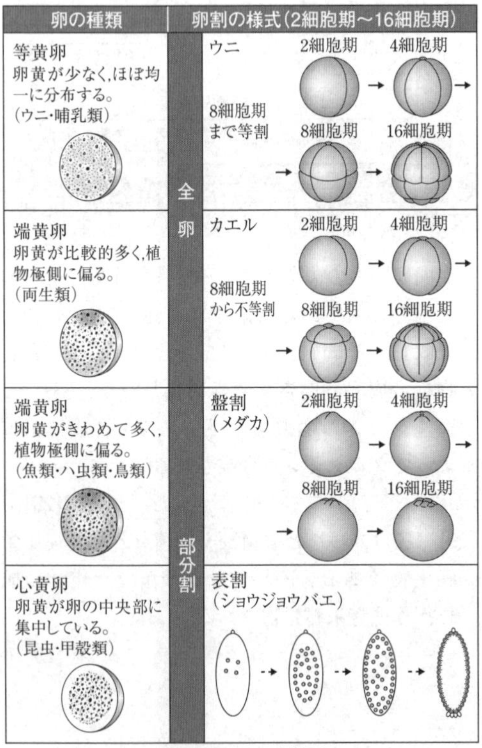

卵の種類
卵割の様式（2細胞期～16細胞期）
等黄卵
卵黄が少なく，ほぼ均一に分布する。
（ウニ・哺乳類）
ウニ
2細胞期
4細胞期
8細胞期まで等割
8細胞期
16細胞期
全卵
端黄卵
卵黄が比較的多く，植物極側に偏る。
（両生類）
カエル
2細胞期
4細胞期
8細胞期から不等割
8細胞期
16細胞期
端黄卵
卵黄がきわめて多く，植物極側に偏る。
（魚類・ハ虫類・鳥類）
盤割
（メダカ）
2細胞期
4細胞期
8細胞期
16細胞期
部分割
心黄卵
卵黄が卵の中央部に集中している。
（昆虫・甲殻類）
表割
（ショウジョウバエ）

卵割の種類と卵割様式

【32】 図Jは原腸であり次第に大きくなる。それとともに卵割腔は小さくなる。カエルは新口動物であり，原口付近に肛門が形成され，口は原口の反対側に形成される。

答【32】⑦

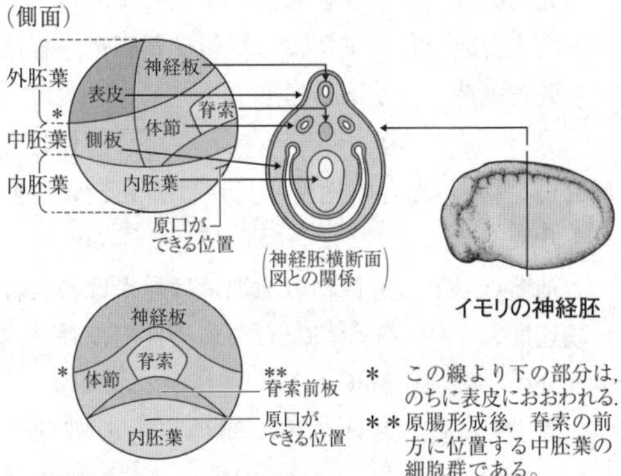

原基分布図（イモリの胞胚期）

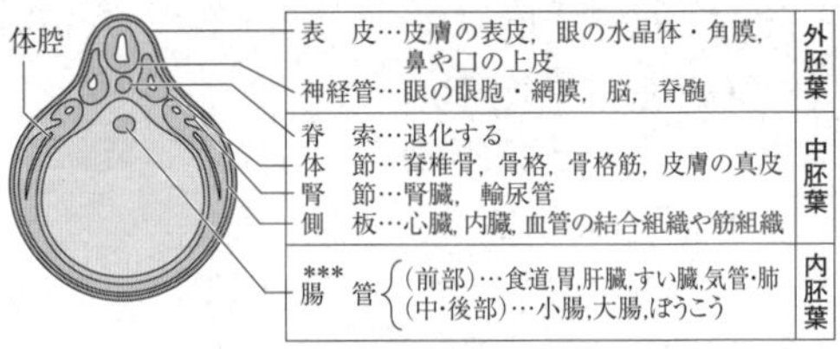

***胃や小腸などには，中胚葉に由来する筋肉などの組織も含まれる。

【33】 脊索は原口背唇（部）から分化し，背骨ができるまで体を支える。背骨が形成されるにつれて小さく退化していく。

答【33】⑧

【34】 図Lは体節で，骨格筋，脊椎骨，真皮などに分化する。図Mは側板で，腹膜，内臓の筋肉，心臓，血管などに分化する。腸管から分化するのは，えら，肺，食道，ぼうこうなどである。

答【34】①

【35】 コラーゲンは細胞外基質を構成する糖タンパク質である。フィブリノーゲンは血しょう中に含まれ，血液凝固の際に働く。カドヘリンの「カ」はカルシウムの「カ」に由来する。

答【35】②

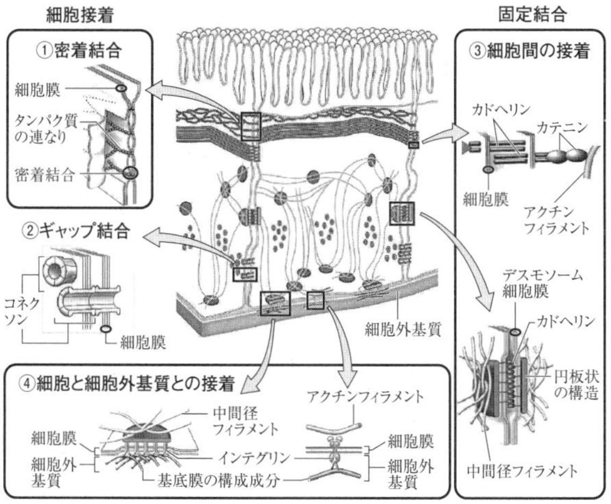

細胞膜はリン脂質二重層で示している。

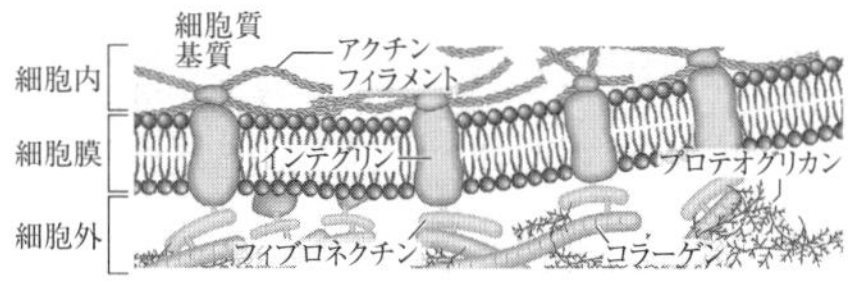

細胞外基質を構成する糖タンパク質には，コラーゲンやフィブロネクチン，プロテオグリカンなどがある。

8 酵素の働き

【36】 酵素溶液の濃度を２倍にすると，作用が２倍となるため，グラフの傾きは２倍となるが，基質濃度は変わらないため，最終的な生成物の最大量は，酵素溶液を２倍にする前と変わらない。

答【36】②

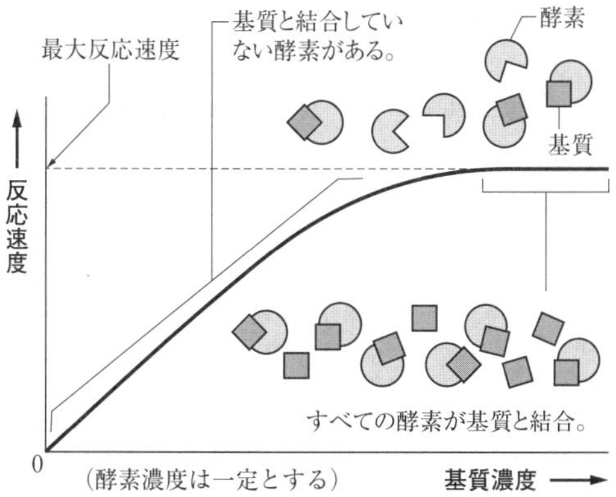

【37】 酵素タンパク質の立体構造の一部には，基質と結合する活性部位（活性中心）があり，酵素は特定の基質と特異的に酵素基質複合体をつくって触媒作用を示す。競争的阻害物質は，本来の基質に構造がよく似ているため，酵素の基質結合部位（活性部位）に結合する。基質と結合部位が競合するため，阻害物質と酵素の濃度が一定の場合，基質濃度が高くなるほど酵素が阻害物質と結合する確率は低下する。コハク酸が基質であるコハク酸脱水素酵素の阻害物質となるマロン酸の例がある。また，非競争的阻害の阻害物質は，活性部位とは別の場所に結合する。この場合阻害物質が結合すると，酵素は基質に作用できなくなり，基質濃度を高くしても阻害を受ける酵素の量は変化しないため，阻害の程度に影響は表れない。

答【37】①

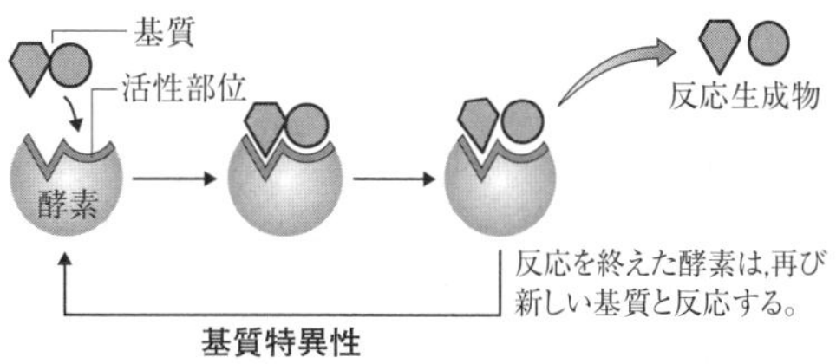

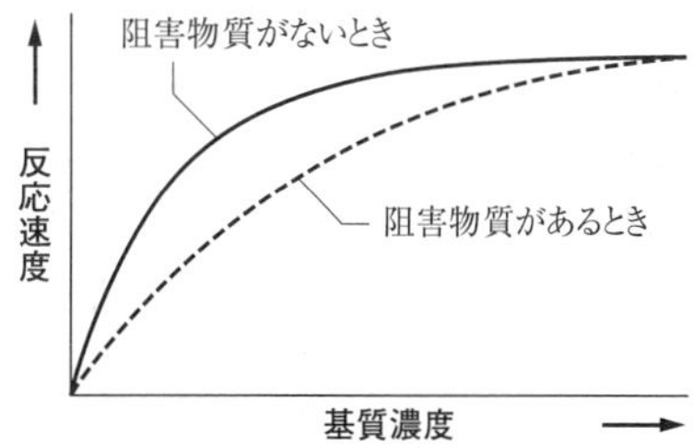

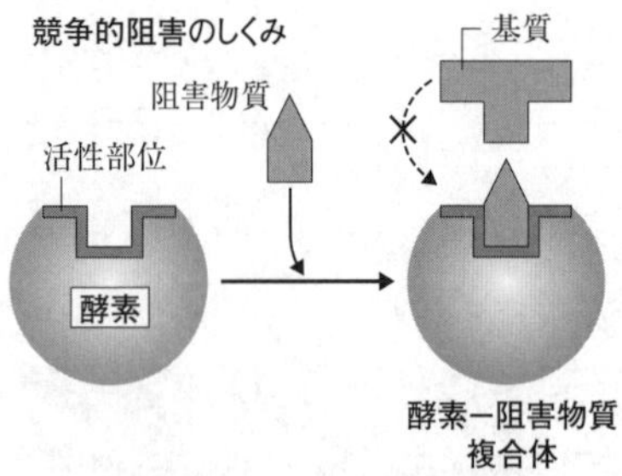

【38】 アミラーゼは，だ液，すい液に含まれる消化酵素で，デンプンをマルトースに加水分解する。トリプシンは，すい液に含まれる消化酵素でタンパク質を加水分解する。脂肪を加水分解する酵素はすい液に含まれるリパーゼである。

答【38】④

【39】 化学反応の速度は，温度が上昇するにつれて大きくなるが，酵素の本体はタンパク質であるため，40℃付近で最もよく働き（最適温度），高温になると変性し働きが失われる（失活）。無機触媒の場合には，そのようなことはなく，高温でも反応速度は上昇する。

答【39】③

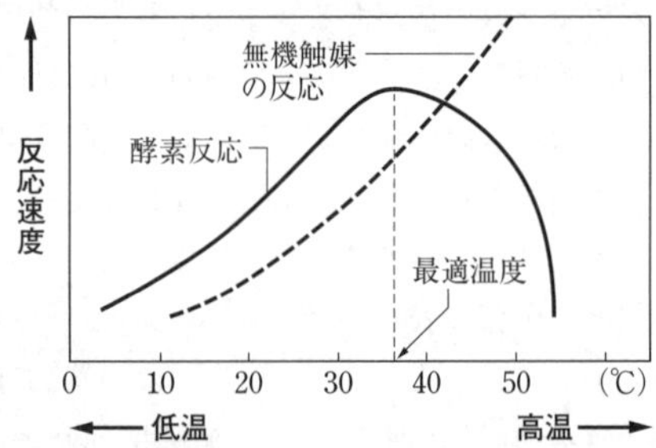

【40】 酵素の補助因子には，低分子の有機化合物であることが多い。呼吸で働く脱水素酵素では，NAD^+，FADが，光合成で働く脱水素酵素では$NADP^+$が補助因子になっている。いずれもビタミンB群から作られる。補助因子のうち，アポ酵素と弱く結合する低分子の有機物は補酵素と呼ばれる。また，金属のMg^{2+}や，Zn^{2+}などの金属が補助因子として働く場合もある。補酵素は熱に強く透析によってのぞかれる。シャペロンは，ポリペプチドを正しく折りたたむ（フォールディング）の補助をするタンパク質。ヒストンはDNAと結合して染色体を形成するタンパク質である。

答【40】⑥

9 遺伝子とバイオテクノロジー

【41】 PCR法（ポリメラーゼ連鎖反応法）

DNAポリメラーゼによるヌクレオチド鎖の伸長には，プライマーが必要である。生体内ではRNAであるが，PCR法では人工的に合成した2種類のDNAプライマーが用いられる。これらのプライマーは，DNAの2本のヌクレオチド鎖において，増幅させたい領域の3′末端部分にそれぞれ相補的に結合するように設計される。クローニングの際，始めにDNAの2本鎖は加熱（95℃）により1本鎖に分かれる。その後低温（55〜60℃）の条件でプライマーと結合させたのち，酵素（DNAポリメラーゼ）を働かせる（72℃）。PCR法に用いるDNAポリメラーゼは，好熱菌から単離されたもので，高温条件下でも失活しにくく最適温度が高い。

答【41】①

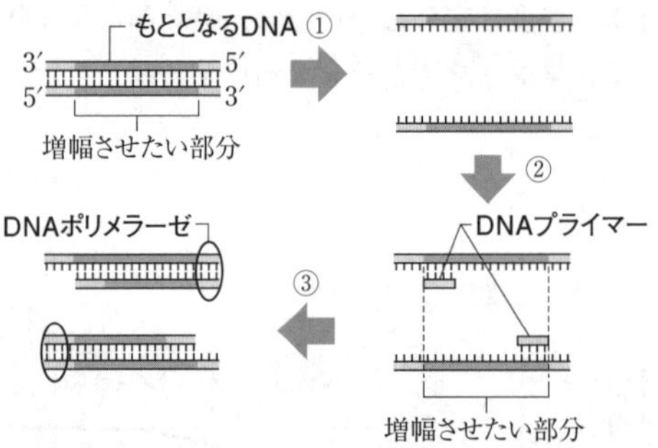

①もととなるDNAやプライマー，DNAポリメラーゼ*，4種類のヌクレオチドなどを加えた混合液を約95℃に加熱して，DNAを1本ずつのヌクレオチド鎖に解離させる。
②約60℃に冷やし，プライマーをヌクレオチド鎖に結合させる。
③約72℃に加熱し，DNAポリメラーゼによってヌクレオチド鎖を合成させる。
※①〜③を1サイクルとし，これをくり返すことで目的のDNAを大量に増幅できる。
＊PCR法で用いられるDNAポリメラーゼは，温泉のような高温の環境に生息する好熱菌から単離されたもので，最適温度が高く，高温条件下でも失活しにくい。

【42】 DNAの2本のヌクレオチド鎖は，塩基どうしで相補的に結合している。A（アデニン）はT（チミン）と，G（グアニン）はC（シトシン）と結合する。よって，DNA中の塩基の割合はA=T，G=Cという規則が成立する（シャルガフの規則）。Aがa%の場合，Tもa%

となる。対になった塩基を塩基対（bp）といい，DNA 断片の大きさを表す単位として用いる。

よってGとCは

$$\frac{100-2a}{2}=50-a〔\%〕$$ となる。

答【42】④

【43】 ペプチド結合はアミノ酸どうしの結合である。DNA の塩基どうしの結合は水素結合であり，A−T 間では2つ，G−C 間では3つある。二重らせんの分子構造では，1回転に10 塩基対である。

答【43】②

【44】 ヌクレオチドの基本構造は，糖とリン酸，塩基よりなり，リボースはRNA を構成する糖，アデノシンはアデニンとリボースが結合したものである。

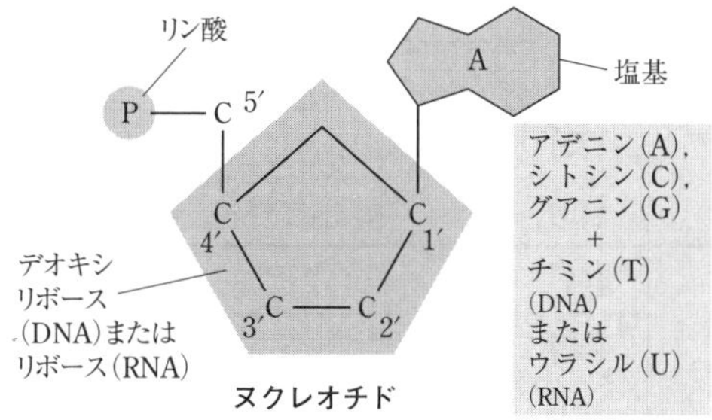

ヌクレオチド

答【44】②

【45】 電気泳動法

寒天ゲルなどに電流を流し，その中でDNA などの帯電した物質を分離する方法は，電気泳動法と呼ばれる。DNA は，負（−）に帯電するため，寒天ゲル中で電気泳動を行うと陽極へ向かって移動する。このとき，長いDNA 断片ほど寒天の繊維の網目に引っかかりやすく，移動が遅い。したがって，一定時間電流を流すと，DNA 断片の長さに応じて移動距離に差が生じる。長さが既知のDNA 断片を平行して同時に泳動すると，目的とするDNA 断片のおよその長さを推定することができる。

問題条件とAより，切断されないDNA の塩基対の数は3000である。また，D（XとY）より4本の断片となり，切断数は3か所であることがわかる。Bより制限酵素Xはこの DNA を1か所切断し，1000と2000の塩基対の DNA の断片としている。また，Cより制限酵素Yは，2か所切断することとなる。Dより，700の断片がXの切断 DNA の2000塩基対の一部であると，残りは1300塩基対の長さになるが，Dには含まれていない。よって1000塩基対の断片は300と700の塩基対の断片と考えられ，2000塩基対の断片は，500と1500塩基対の断片と考えられる。またCの1800塩基対の断片は300塩基対と1500塩基対が結合した断片と考えることができる。

問題の条件より左から2000塩基対の位置が制限酵素Xの作用点であることから，制限酵素によって切断されたのは左から500，1500，300，700の順の4本の断片と考えられる。よって，Yが作用する2か所の位置は，500と1800，700塩基対の断片にする位置である。

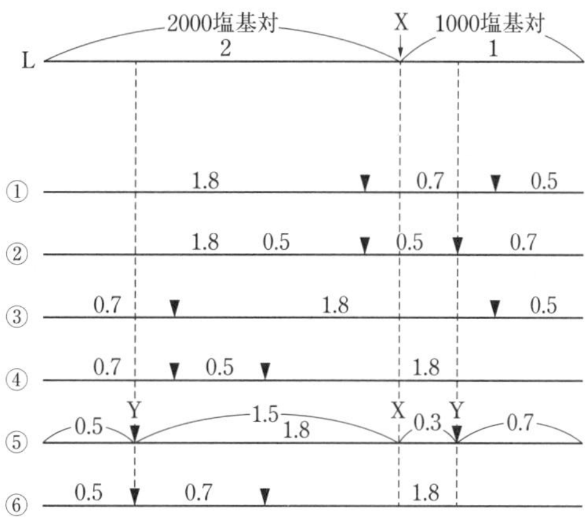

答【45】⑤

生　物　　　正解と配点

（60分，100点満点）

問題番号		正　解	配　点
1	【1】	②	2
	【2】	⑤	2
	【3】	③	2
	【4】	④	3
	【5】	⑥	2
2	【6】	④	2
	【7】	⑧	2
	【8】	③	3
	【9】	⑤	2
	【10】	③	2
3	【11】	②	2
	【12】	②	2
	【13】	④	2
	【14】	①	2
	【15】	④	3
4	【16】	⑥	2
	【17】	④	2
	【18】	②	2
	【19】	④	2
	【20】	⑤	3
5	【21】	③	2
	【22】	②	2
	【23】	③	2
	【24】	⑤	2
	【25】	④	3

問題番号		正　解	配　点
6	【26】	①	2
	【27】	③	3
	【28】	②	2
	【29】	⑦	2
	【30】	③	2
7	【31】	③	2
	【32】	⑦	3
	【33】	⑧	2
	【34】	①	3
	【35】	②	2
8	【36】	②	3
	【37】	①	2
	【38】	④	2
	【39】	③	2
	【40】	⑥	2
9	【41】	①	2
	【42】	④	2
	【43】	②	2
	【44】	②	2
	【45】	⑤	3

令和元年度　地　学　解答と解説

1　固体地球とその変動

問1　(1)　地磁気は，向きと大きさ（強さ）で表される。地磁気の強さは全磁力，その水平成分が水平分力，鉛直成分が鉛直分力である。向きは，水平分力の北からのずれを偏角，全磁力の向きと水平面とのなす角を伏角で表す。この5つの要素のうち，3つを用いて地磁気を決めることができる。これを地磁気の三要素という。

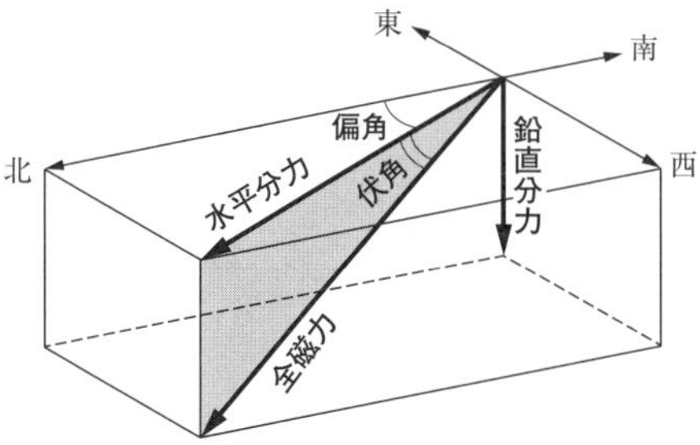

伏角は，水平分力と全磁力，水平分力と鉛直分力の組み合わせから示すことができる。しかし，水平方向からのずれである偏角は，ほかの要素の組み合わせでは示すことができない。よって，地磁気の三要素として，偏角は常に必要な要素である。

なお，選択肢の方位角，仰角（水平から見上げる角度）は地磁気の要素としては用いない。磁角という用語はない。

答【1】②

(2)　偏角は，地磁気の水平成分が北（地理上の北）からずれる角度を表す。真北を0°とし，東へのずれを正で，西へのずれを負で示す。よって，−7°は真北から西へ7°ずれているということである。

答【2】①

(3)　(1)の地磁気成分の図から，水平分力と全磁力を抜き出すと次図のような直角三角形になる。全磁力を斜辺，水平分力となす角が伏角の50°である。したがって，次の式で表すことができる。

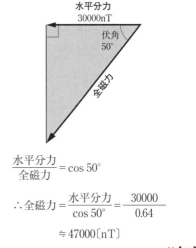

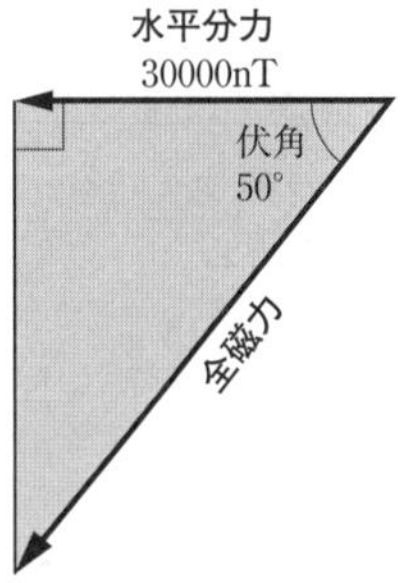

$$\frac{\text{水平分力}}{\text{全磁力}} = \cos 50^\circ$$

$$\therefore \text{全磁力} = \frac{\text{水平分力}}{\cos 50^\circ} = \frac{30000}{0.64}$$

$$\fallingdotseq 47000\,[\text{nT}]$$

答【3】④

(4)　外核が流動して電流が発生し，磁気をつくる。外核は，電気をよく通す鉄が融けた状態になっている。このしくみは，ダイナモと呼ばれる。ダイナモとは発電機のことである。外核の流動が変化すれば，地磁気も変化する。

答【4】③

(5)　方位磁石のN極は，北磁極の方向に向く。地図上の方位は，北極点を北とする。よって，北磁極の東の地点でN極は西を指し，北磁極の北と北極点の間でN極は南を指す。

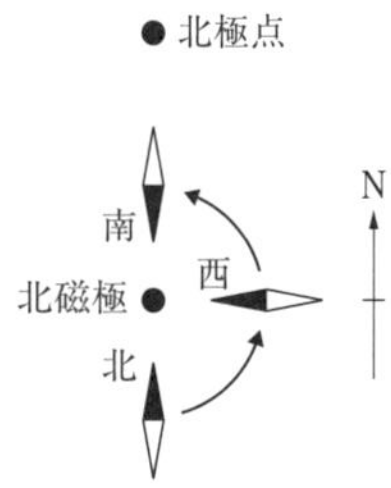

答【5】②

問2　(1)　プレートの動きは，ホットスポットの上にマグマが噴出してできた火山島の位置関係から判断できる。

現在のプレートの動きは，ホットスポットから連なる火山島の並びに注目する。現在活動中の火山島**A**はホットスポット上に位置する。ここから北西に向かって古くなる火山島が並んでいるので，プレートの動く向きは北西と判断する。

答【**6**】③

(2) 5000万年前から3000万年前の2000万年間に，1200 km移動している。この速さを年間のcm単位で求める。

$$\frac{1200\times10^5〔\mathrm{cm}〕}{(5000-3000)\times10^4〔年〕}=6〔\mathrm{cm}/年〕$$

答【**7**】④

(3) **a** 4000万年を含む火山島**B**－**C**間は，活動時期が西ほど古いので，プレートの動きは西向きと判断できる。よって，記述は誤りである。

b 火山島の列が，3000万年前に活動した火山を境に折れ曲がっているので，プレートの移動の向きが，西から北西へ変化したと考えられる。この部分の記述は正しい。また，プレートの移動速度については，距離と時間から求められる。(2)の問題文より，火山島**A**－**B**間と火山島**B**－**C**間の距離は同じだが，活動の年数が**A**－**B**間は3000万年，**B**－**C**間は2000万年で違いがある。よって，移動速度は変化した。**b**の記述は誤りである。なお，火山島**B**－**C**間のプレートは(2)で求めた6 cm/年，火山島**A**－**B**間のプレートは4 cm/年で移動した。

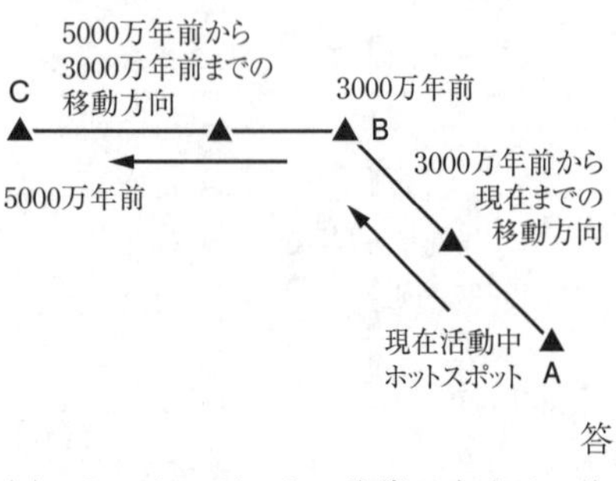

答【**8**】④

(4) ホットスポットや海嶺の火山は，海洋地殻に位置し，粘性の小さい溶岩を噴出する。これは，玄武岩質マグマの活動によるものである。弧－海溝系の火山は，粘性が大きくなり，安山岩質や流紋岩質のマグマの活動が見られる。

答【**9**】②

問3 (1) 同じような大きさの鉱物が組み合わさっている組織である。これは，等粒状組織であり，マグマがゆっくりと冷えて鉱物が晶出したことがわかる。マグマがゆっくりと冷える火成岩のグループは，深成岩である。

答【**10**】③

(2) 液体のマグマが冷えるときに，固体の鉱物が結晶となってかたまる。鉱物は結晶であり，鉱物ごとに結晶の形が決まっている。晶出するときに鉱物独自の形状をとるが，晶出する温度も鉱物によって異なるため，マグマが冷える過程において，高温で晶出する鉱物が本来の形状（自形）になる。温度が下がって低温で晶出する鉱物ほど，先に晶出した鉱物のない場所に形をとるため，本来の形状がとれず，他形になる。

よって，鉱物**ア**と**イ**では**ア**が先，**ア**と**ウ**では**ウ**が先と考えられる。なお，偏光顕微鏡でのスケッチは鉱物の特定の一面を見ているので，晶出順序は自形の鉱物を上に重ねていくのではないことに注意する。

答【**11**】⑤

(3) 色指数とは，岩石に含まれる鉱物のうち，有色鉱物の体積比（百分率）をいう。有色鉱

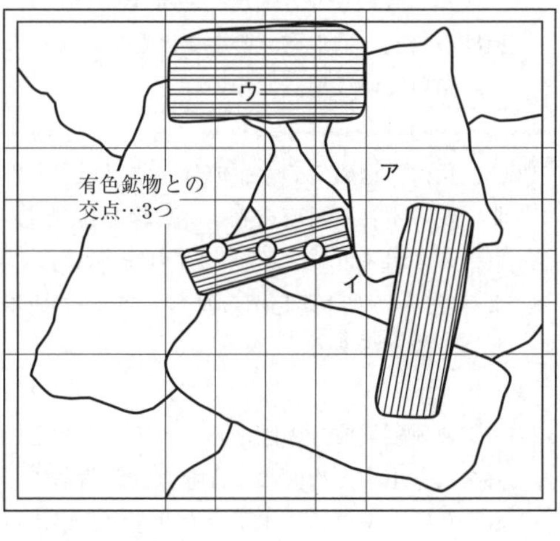

物は，問題文の図において，縞模様で黒く示された黒っぽい鉱物と考える。問題文にあるように，線分の交点で鉱物比率を表すと，25個の交点のうち，有色鉱物の交点は3つである。

百分率で表すと色指数を求められる。

$$\frac{3}{25}\times 100=12$$

答【12】③

問4 (1) 平行な割れ目が発達し，板状に割れやすい変成岩の特徴は，片理と呼ばれる。この特徴は，広域変成岩のうち，特に高い圧力が作用したことを意味する。形成される岩石は結晶片岩である。

なお，ホルンフェルスと結晶質石灰岩（大理石）は貫入した高温のマグマによって変成した接触変成岩，片麻岩は高温型の広域変成岩である。

答【13】①

(2) 広域変成岩のうち，低温高圧型の結晶片岩は，沈み込み境界の深さ数十 km に運び込まれた火成岩や堆積岩が，周囲から温められる前に強い圧力によって変成したものである。

答【14】②

(3) アパラチア山脈に分布する変成岩は，問題文にあるように，古生代に変成作用を受けた岩石である。さらに，帯状に分布していることは，アパラチア山脈には古生代に沈み込み境界（収束境界）があったことを意味する。また，超大陸パンゲアは，古生代の終わり頃に形成され，中生代に分裂をしている。

これらから推定できることを選択肢に合わせると，アパラチア山脈付近で，古生代にプレートの収束によって大陸の衝突合体があったと考えるのが適切である。

答【15】①

2 地球の歴史

問1 (1) 1枚の地層の断面で，粒径が一方向に小さいものから大きいものへ変化している構造は，級化層理（級化成層）と呼ばれる。これは，海底の堆積物が海底斜面の混濁流（乱泥流）によって，より深い海底に運ばれたときに形成される堆積構造の特徴である。

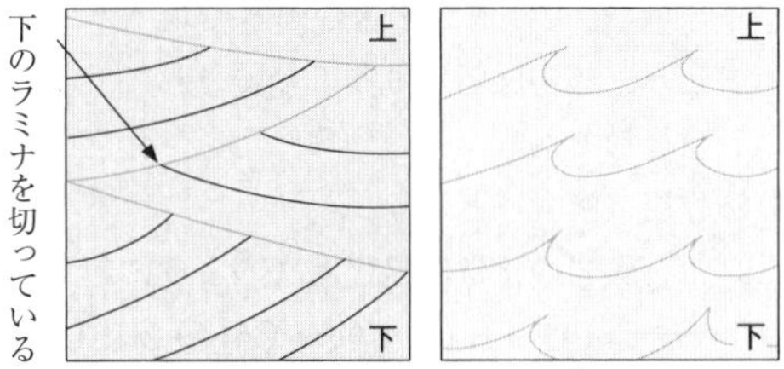

クロスラミナ　　リプルマーク

破砕帯

リプルマークは浅海でできた波状の構造，クロスラミナは浅海における水流の変化の跡である。また，破砕帯は，断層運動による断層面の岩石破壊の部分をいう。

答【16】③

(2) 地層AとBを形成した，もとの堆積物は泥と砂である。粒径が小さいものは泥であり，沈降するには粒径の小さい方が時間がかかる。

また，砂岩層には級化層理が見られる。級化層理は(1)の解説のように，短時間で大量の堆積物が流下した混濁流が起こったことを示している。

これらの状況から，泥岩層Aのほうが堆積に長時間かかったと考えられる。

答【17】①

(3) 砂より粒径の小さい泥は，海岸から遠くまで運ばれやすい。よって，泥が堆積する水深は，一般的には，砂が堆積する水深よりは深いと考えられる。

海水準の変動に伴って水深も変わるものの，海水準の変動自体は一定の周期で起こるのではない。

砂岩と泥岩の互層は，泥が堆積する水深に，混濁流（乱泥流）によって砂が運ばれてくることで形成される。

答【18】③

問2 (1) 鍾乳洞は，$CaCO_3$成分である石灰岩の地域に，CO_2成分を含む雨水や地下水が流れ込み，化学反応によって分解されてできた洞窟地形である。この分解作用を，化学的風化作用（溶食）という。

石灰岩の化学的風化は次のように起こる。

$$\underbrace{CaCO_3}_{\text{石灰岩}} + \underbrace{H_2O + CO_2}_{\text{雨水}} \rightarrow \underbrace{Ca^{2+} + 2HCO^{3-}}_{\text{炭酸水素カルシウム（水溶性）}}$$

答【19】④

(2) 問題の図に示される断面構造をもつ化石は，紡錘虫（フズリナ）である。$CaCO_3$成分の殻の中が小さな室に分かれている。形状は，名前のとおり紡錘形（円柱の両端をとがらせたような形）であり，例えればラグビーボールのような形といえよう。長径は数 mm ～ 1 cm ほどで，暖かい浅い海に生息した有孔虫である。

また，殻の成分が$CaCO_3$なので，生物岩としての石灰岩を形成する。よって，鍾乳洞などがある石灰岩地域に分布する。

答【20】②

(3) 紡錘虫（フズリナ）は，古生代後期の石炭紀からペルム紀に繁栄し，ペルム紀末に絶滅した。この時代のきわめて代表的な示準化石である。

答【21】②

問3 (1) 古生代前半に，生物は上陸をした。最初に陸上に進出したものはコケ類である。陸上の植物体で最古の化石は，シダ植物のクックソニアであり，シダ植物は進化の過程で大型化している。シダ植物の繁栄後に広く生息した植物が，種子で増える裸子植物である。

一方，脊椎動物は初めに魚類が水中で繁栄し，その後，陸上に進出して両生類となって繁栄した。

答【22】③

(2) 現在の鉄資源のほとんどを占める縞状鉄鉱層は，酸化鉄からなる。原始地球が形成される過程で，海洋中には多量の鉄イオンが溶解した。海底で光合成生物が活動を始めると，海洋中に酸素が増え出した。約 25 億年前から，鉄イオンが酸化され，海底に固定されたものが縞状鉄鉱層である。海洋中の鉄イオンは減少し，約 20 億年前には酸化鉄が形成されなくなった。よって，縞状鉄鉱層の形成は，先カンブリア時代に限られる。

答【23】①

(3) バージェス動物群は，古生代カンブリア紀に出現した，硬い外骨格（殻）をもつ生物集団である。代表的な示準化石として，節足動物の三葉虫をあげることができる。多様な生物が出現した「カンブリア紀の大爆発（カンブリア爆発）」のときで，バージェス動物群は，カナダ西部に産出する。同時期の化石群として，中国南部の澄江（チェンジャン）動物群も知られている。

バージェス動物群は，海水中で生息していた。動物が陸上に進出したのは，古生代デボン紀になってからである。

また，先カンブリア時代の原生代に繁栄したのは，南オーストラリアなどのエディアカラ生物群である。エディアカラ生物群は，薄い偏平な生物の集団からなる。

答【24】④

問4 (1) 地層の構造は，地質図に走向線を引いて判断する。B層については，走向線が東西方向に引ける。そして，走向線の値が小さくなる向きが傾斜方向なので，B層は北傾斜であると判断できる。

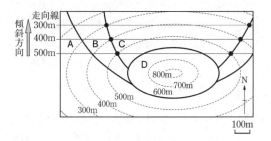

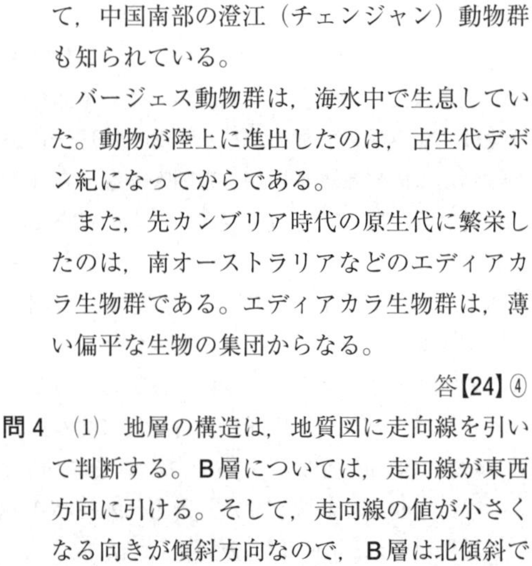

答【25】③

(2) まず，A，B，C層は連続して堆積した地層群である。北に傾斜し，問題文より地層の逆転はないので，3層のうちA層が最も古い。また，D層は，上位の等高線に沿って水平に堆積しているので，A～C層の地層群よりも新しい。よって，4層のうちで最も古い地層はA層となる。

走向と垂直方向に，a－bの断面図を描くと，下図のようになる。

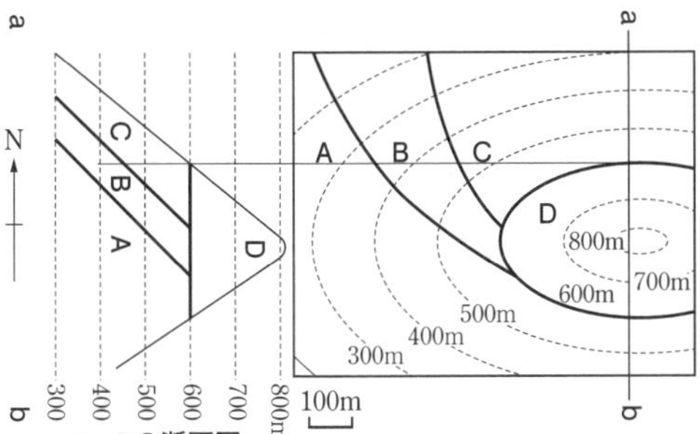

a－bの断面図

答【26】①

(3) 上図からもわかるように，A，B，C層はそれぞれが整合関係にある地層群をつくって傾斜しており，D層は水平な層である。また，問題文にある，D層下部に含まれる礫岩は，A～C層の地層群の表面が陸上にあるときに侵食されたことを示す基底礫岩であると考えられる。よって，A～Cの地層群とD層は不整合の関係にあると判断できる。そして，不整合面をはさむ地層が平行ではないので，傾斜不整合といえる。

傾斜不整合　神奈川県三浦半島

整合は，地層が連続的に堆積している関係をいう。不整合は，上下の地層の堆積に長い時間間隔がある場合をいう。貫入は，地下深くからマグマが地層の中に入り込むことをいう。

答【27】④

3 大気と海洋

問1 (1) 高さによる気温変化の区分から，**ア**は対流圏，**イ**は成層圏と呼ぶ。対流圏と成層圏の境界面は圏界面といい，平均の高さは12 km程度である。この高さを航空機が飛ぶ。

対流圏は，下層の気温が高い（密度が小さく軽い）ので対流がさかんである。成層圏は，上層ほど気温が高いので対流はほぼないが，東西方向の強い風が吹いたり，短期間に気温が上昇したりするなど，激しい現象も見られる。成層圏の上面は，高さ50～60 km程度である。

答【28】②

(2) **ウ**は中間圏で，高さ80～90 km程度までをいう。**エ**は熱圏である。

答【29】③

(3) 大気圏では，気圧が上空ほど低くなる。これは，上空ほどその上にある空気が減り，重さが小さくなるためである。

大気の組成は，変動の大きい水蒸気を除くと，地表から高さ80～100 km程度まで（**ア**の対流圏から**ウ**の中間圏）はほぼ一定である。

窒素分子 N_2	78%
酸素分子 O_2	21%
アルゴン Ar	0.93%
二酸化炭素 CO_2	0.04%

エの熱圏では，酸素分子は太陽からの紫外線のエネルギーによって解離し，酸素原子として存在している。

答【30】④

(4) オゾン分子O_3は，熱帯の成層圏上空で，酸素分子O_2に太陽の紫外線が当たることによってできる。その生成過程は，次のようになる。

紫外線
↓
$O_2 \longrightarrow 2O$

$O_2 + O + N_2 \longrightarrow O_3 + N_2$

（N_2は触媒の役割を果たす）

熱帯の成層圏上空で生成されたオゾンは，高緯度へ運ばれる。さらに，オゾンは太陽からの紫外線を吸収して，酸素分子と酸素原子に解離する。

答【31】①

問2　(1)　相対湿度は，そのときの気温における飽和水蒸気量と，存在する水蒸気量との比である。問題文の図から，20℃における飽和水蒸気量は，およそ17g/m³と読みとれる。よって，

$$相対湿度 = \frac{水蒸気量}{飽和水蒸気量} \times 100$$

$$= \frac{10〔g/m^3〕}{17〔g/m^3〕} \times 100 \fallingdotseq 58.8〔\%〕$$

答【32】②

(2)　部屋の水蒸気量は，およそ10 g/m³から変わらないが，相対湿度が20%に変わっている（下がっている）ので，飽和水蒸気量が変わっている（上がっている）と考えられる。飽和水蒸気量がわかれば，飽和水蒸気量と気温の関係を表すグラフから気温を読みとれる。

$$相対湿度 = \frac{水蒸気量}{飽和水蒸気量} \times 100 より$$

$$20〔\%〕 = \frac{10〔g/m^3〕}{飽和水蒸気量} \times 100$$

$$飽和水蒸気量 = \frac{10}{20} \times 100 = 50〔g/m^3〕$$

飽和水蒸気量が50 g/m³になる気温を，問題文の図から読みとると，40℃である。

答【33】②

問3　(1)　ある時期の典型的な天気図から，何月かを決める問題だが，選択肢4つを見ると，春，梅雨，夏，冬に分けることができる。

それぞれの時期における天気図のパターンは，次のようになる。

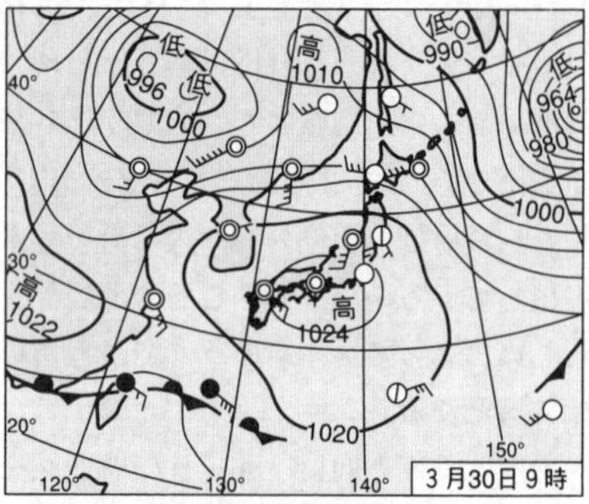

春（移動性高気圧）型

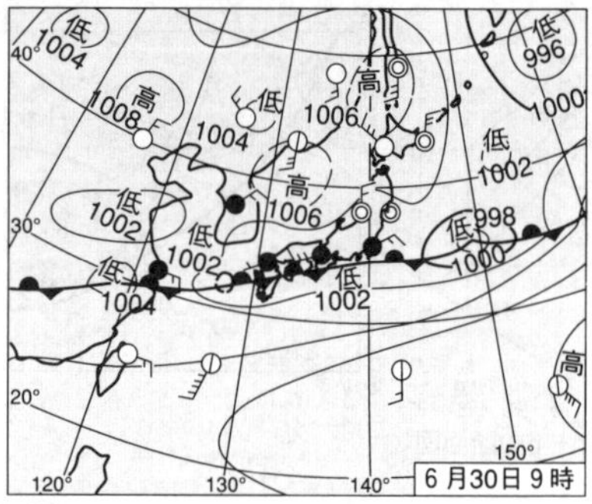

梅雨

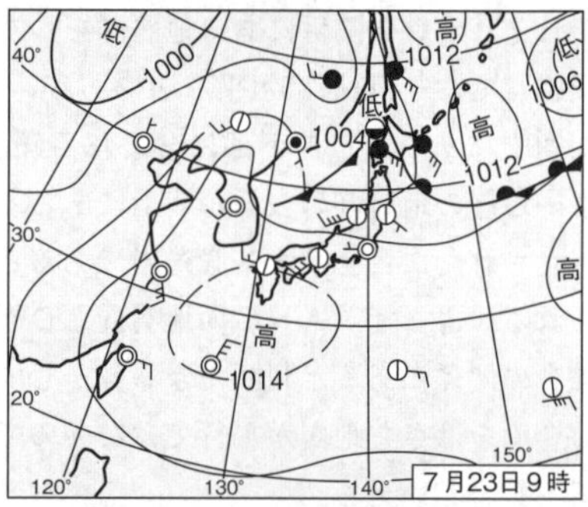

夏型

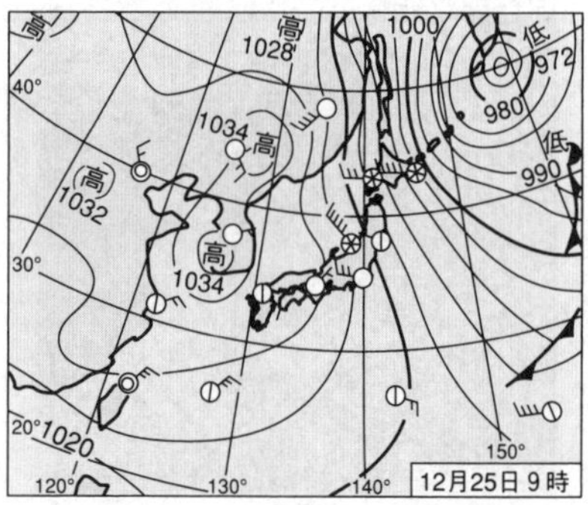

冬型

春…高気圧と低気圧が交互に並ぶ。

梅雨…停滞前線が日本列島に沿う。

夏…南高北低の気圧配置になる。

冬…西高東低の気圧配置になる。

問題文の天気図に最も合うのは，春のパターンである。

答【34】①

(2) 高気圧と温帯低気圧が日本列島に沿って交互に並ぶ春は，高気圧と低気圧が一体となって東に移動していく。この高気圧は，移動性高気圧と呼ぶ。

答【35】③

(3) 移動性高気圧と温帯低気圧が東進するのは，偏西風の影響による。高気圧や低気圧を押し流して天気を変えていく規模の風は，地球を巡る風である。

季節風は，高気圧から低気圧に向かって吹く規模の風であり，私たちが体感できる風である。

答【36】③

(4) この天気図以降1日～2日の間を問われている。春の天気図なので，東京には温帯低気圧が接近してくることが予想できる。移動性高気圧や温帯低気圧が移動する速さは，1日におよそ1000 kmと考えればよい。この距離は，九州から関東の距離に相当する。よってこの問題では，これから前線を伴った温帯低気圧が接近し，通過するまでの天気変化を予想する。典型的な場合の気象変化は次のようになる。

初めに接近してくるのは温暖前線である。温暖前線の後面から，暖気が前面の寒気に緩やかに乗りあげているので，雲は層状に広がる。温暖前線が近づくにつれ，雲の高さは徐々に低くなり，温暖前線に近い乱層雲によって弱い雨が半日から1日ほど降る。温暖前線が通過するといったん雨は止み，地表は後面の暖気の領域に入るので，気温が上がる。

その後，寒冷前線が接近する。寒冷前線は，後面の重い寒気が前面の軽い暖気に潜り込むので，寒冷前線に沿う狭い範囲で上昇気流が生じ，鉛直方向に積乱雲がのびる。よって，短時間に強い雨が降る。寒冷前線が通過すると，地表は後面の寒気の領域に入るので，気温は急激に下がる（図「前線の断面」を参照）。

答【37】⑥

問4 海流は，大気大循環の風系に合う。東風が吹く貿易風帯では西向きの海流，西風が吹く偏西風帯では東向きの海流になる。そして，地球自転の影響により，北半球では時計回り，南半球では反時計回りの環流が形成される。この環流の向きは，大西洋に限らず，太平洋やインド洋でも同様である。

答【38】②

問5 図中の**ア**は，大気中の水が海洋上空から陸地上空へ移動する量を示している。これは，海上に存在する水の量を求めればよい。

存在量＝蒸発量－降水量

＝425－385＝40

よって，移動量**ア**は40である。この値は，陸から海に移動する量に等しい。

図中の**イ**は，陸での蒸発量を示している。陸から海に40の水が移動しているから，陸上では40の水が存在する。つまり，陸では蒸発量よりも降水量の方が40多い。

存在量＝降水量－蒸発量　より

蒸発量＝降水量－存在量

＝111－40＝71

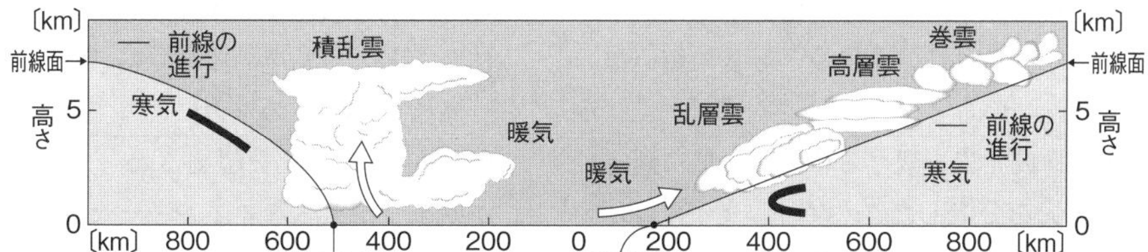

前線の断面

答【39】①

4 地球と宇宙

問1　a　超高温，高密度な宇宙誕生の直後にビッグバンがあり，38万年後に「宇宙の晴れ上がり」という現象が起こった。宇宙の晴れ上がりでは，宇宙空間にばらばらに存在していた原子核と自由に動き回る電子が結合して，原子ができた。そのため，光が直進できるようになった。

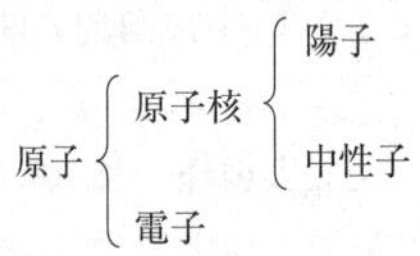

原子の構成

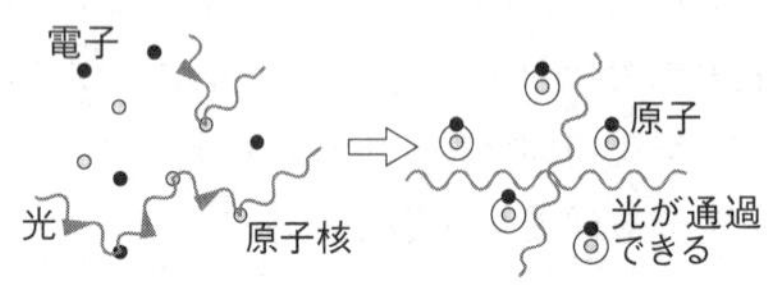

宇宙の晴れ上がり

最初の恒星が誕生したのは，宇宙誕生から約4億年後である。その後，銀河が形成される。なお，太陽が誕生したのは，宇宙誕生から約90億年後になる。

b　ビッグバンの約3分後にできた原子核は，水素とヘリウムである。宇宙誕生後，最初の恒星誕生までに存在した元素は，水素とヘリウムだけであり，これより重い元素は，恒星進化の過程で生成された。

答【40】③

問2　太陽の構成元素のうち約92％は水素である。次いで，ヘリウムが約8％を占める。宇宙を構成する主な元素と同じである。

太陽から届く光は，可視光線を主体に，可視光線より波長の長い赤外線，波長の短い紫外線を含んでいる。

太陽の構成元素を調べるには，地球に到達する太陽光を分光したスペクトルを用いる。スペクトルには，研究者の名にちなむフラウンホーファー線と呼ばれる暗線が含まれる。暗線は，太陽から放射された光の中で，太陽大気を構成する元素によって，元素ごとの特定波長が吸収されることで生じる吸収線である。どんな元素がどの波長の光を吸収するかを実験で調べ，太陽スペクトルの暗線と照合すれば，太陽の構成元素を知ることができる。

答【41】④

問3　天体の等級と明るさは，等級差と明るさの倍数で関係づけられる。これは，5等級小さくなると（明るくなると）明るさは100倍，1等級小さくなると明るさは約2.5倍の関係がある。

恒星Aは恒星Bに比べて，$3.5-(-0.5)=4$ 等級小さい。よって，明るさは 2.5^4 倍になる。ここで，$2.5\times2.5\times2.5\times2.5\fallingdotseq39$ と計算してもよいが，5等級差で明るさ100倍であることも使えば，

$$\frac{100}{2.5}=40$$

と容易に求めることができる。

答【42】④

問4　白斑は，光球面にある黒点群のまわりに現れる，明るく輝く斑点をいう。周囲よりも数百K程度高温になっているので，白斑は6千数百Kの温度をもつ。

黒点は，光球面に現れる黒い斑点をいう。温度は4000～4500Kで，周囲よりも温度が低いので暗く見える。

コロナは，皆既日食のときだけ見える，太陽外側の大気層である。温度は100万～200万Kある。

答【43】⑤

問5　太陽は，星間ガスが収縮した星間雲から誕生した。星間雲内部の重力によって発生した熱で内部の温度が高まり，赤外線を出すようになると，原始星の段階である。

原始星が自身の重力によって収縮し，中心温度が1000万Kを超えると，水素の核融合が始まり，莫大なエネルギーを放出するようになる。この段階が主系列星で，恒星としては安定した状態にある。収縮する力をもつ重

力と，膨張させる力をもつ核融合がつり合った状態である。恒星は寿命のほとんどの時間を主系列星で過ごし，太陽は100億年ほどを過ごす。

核融合によって中心部の温度が上がると，外層に向けても温度が高まり，核融合が周囲へと移る。すると，中心から離れて重力が小さくなる一方で，核融合による膨張する力の方が勝って，恒星は膨張し始める。この段階が巨星（赤色巨星）である。太陽は，約50億年後に水星や金星をのみこむほどの巨星になることが予想される。

その後，太陽は核融合が終わると，重力によって急激に収縮する。このとき，周囲のガスを放出し，中心部分に余熱で光る白色矮星が残される。

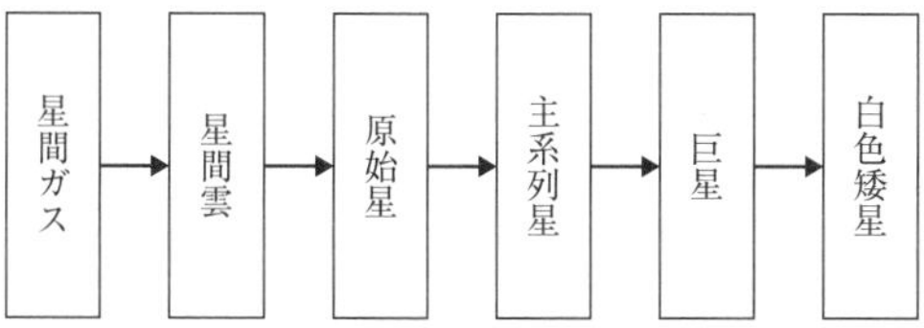

答【44】⑥

問６　太陽系の惑星のうち，多量の水（H_2O）が存在するのは，地球と火星である。地球は，太陽系の惑星で唯一，液体の水が存在する。また，火星は，低温な極地方に凍った水があり，望遠鏡を使うと白く見える。これを極冠という。火星には，河川が流れたような地形が見られることから，かつては温暖で水が液体の状態で存在していたとも考えられている。

太陽に近い方から数えて，地球は３番目，火星は４番目の惑星である。

答【45】③

問７　a　太陽系の惑星は，その特徴から木星型惑星と地球型惑星に分類できる。木星型惑星は地球型惑星よりも半径が大きく，質量も大きい。一方，密度は，木星型惑星が１ g/cm^3 程度，地球型惑星が５ g/cm^3 程度である。これは，内部組成の違いによる。木星型惑星は水素やヘリウムが主体で，地球型惑星は岩石や金属鉄からなる。

b　彗星は，氷や塵，ガスからなる核をもち，太陽に近づくと蒸発して尾が延びる。尾は，太陽からの光の圧力や太陽風に押し流されるので，常に太陽と反対の向きに延びる。進行方向の後ろに延びるのではない。そして，彗星の起源は太陽系の惑星軌道より外側の領域である。小惑星帯は，火星軌道と木星軌道の間にあり，彗星の起源ではない。

答【46】②

問８　天の川は，地球（太陽系）から，恒星が集まる円盤部の方向を見ている状態である。

太陽系も，円盤部に位置している。銀河系の中心から2.8万光年離れた位置にある。バルジは，銀河系の中心核の部分をいう。

銀河系を形づくる恒星は，約2000億個ある。銀河系の主な部分は，凸レンズ状で渦巻き状の円盤部とバルジだが，これを球状に取り巻くようにハローという領域が存在する。

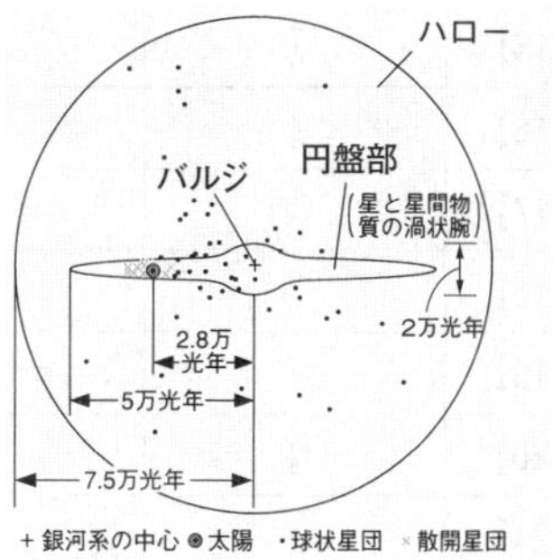

銀河系の構造
（横から見たところと渦巻構造）

答【47】①

地　学　　　正解と配点

（60分，100点満点）

問題番号		正　解	配　点
1	【1】	②	1
	【2】	①	1
	【3】	④	2
	【4】	③	2
	【5】	②	2
	【6】	③	2
	【7】	④	2
	【8】	④	2
	【9】	②	1
	【10】	③	2
	【11】	⑤	2
	【12】	③	2
	【13】	①	1
	【14】	②	2
	【15】	①	2
2	【16】	③	2
	【17】	①	2
	【18】	③	3
	【19】	④	2
	【20】	②	2
	【21】	②	2
	【22】	③	2
	【23】	①	2
	【24】	④	2
	【25】	③	2
	【26】	①	3
	【27】	④	2

問題番号		正　解	配　点
3	【28】	②	2
	【29】	③	2
	【30】	④	2
	【31】	①	2
	【32】	②	2
	【33】	②	2
	【34】	①	2
	【35】	③	2
	【36】	③	2
	【37】	⑥	2
	【38】	②	2
	【39】	①	2
4	【40】	③	3
	【41】	④	3
	【42】	④	3
	【43】	⑤	3
	【44】	⑥	3
	【45】	③	3
	【46】	②	3
	【47】	①	3

令和2年度

基礎学力到達度テスト 問題と詳解

令和２年度　物　理

Ⅰ 次の文章⑴～⑸の空欄【１】～【５】にあてはまる最も適当なものを，解答群から選べ。ただし，同じものを何度選んでもよい。

⑴　小球を鉛直に投げ上げるとき，小球の速さ y と投げてからの時間 x の関係を表すグラフは【１】である。

⑵　力学台車に一定の力を加えて等加速度運動をさせるとき，力学台車に生じる加速度 y と，力学台車の質量 x の関係を表すグラフは【２】である。

⑶　一定の温度の空気中を伝わる音の振動数 y と，音の波長 x の関係を表すグラフは【３】である。

【１】～【３】の解答群

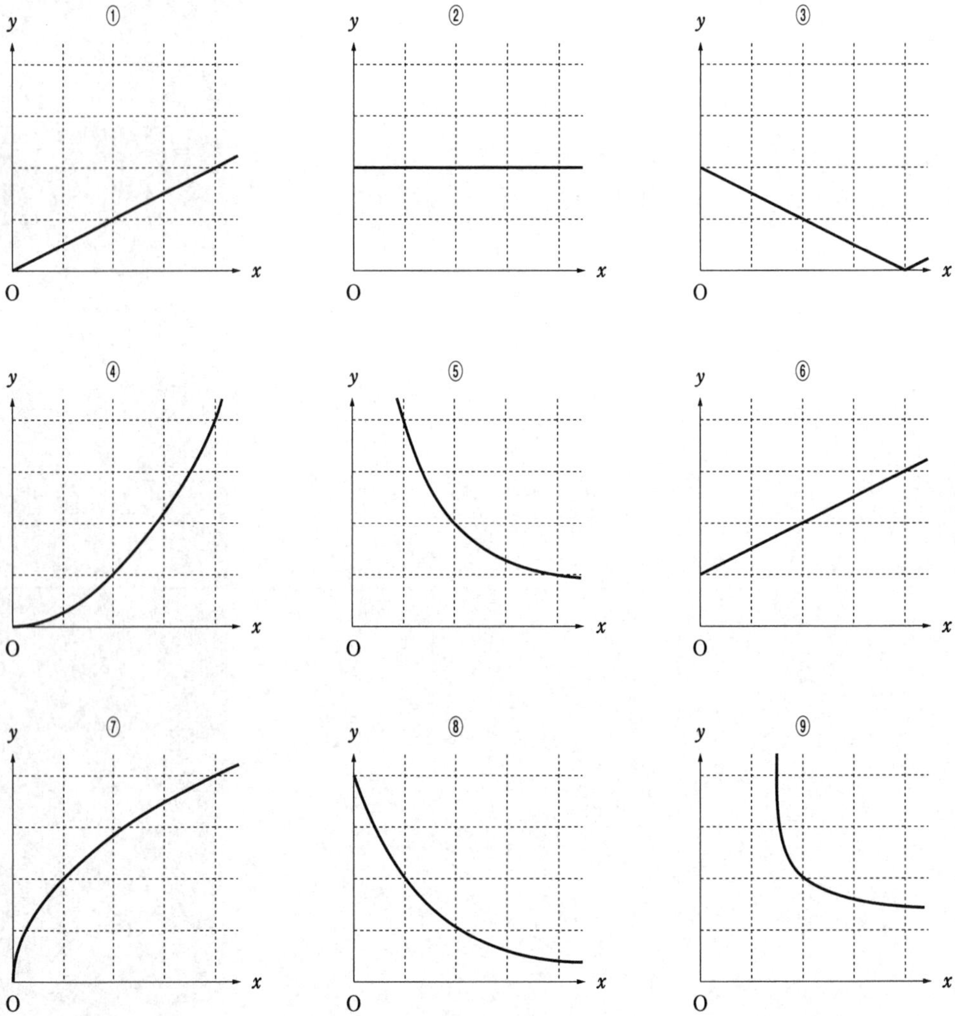

⑷　物体を自由落下させるとき，落下距離を２倍にすると，落下時間は【４】倍になる。

⑸　一定の抵抗に加える電圧を２倍にすると，抵抗の消費電力は【５】倍になる。

【４】，【５】の解答群

① $\frac{1}{4}$　② $\frac{\sqrt{2}}{4}$　③ $\frac{1}{2}$　④ $\frac{\sqrt{2}}{2}$　⑤ 1

⑥ $\sqrt{2}$　⑦ 2　⑧ $2\sqrt{2}$　⑨ 4

2 **次の文章の空欄【6】〜【10】にあてはまる最も適当なものを，解答群から選べ。ただし，同じものを何度選んでもよい。**

図1のように，あらい水平面上に質量 m，一辺の長さが ℓ の一様な薄い正方形の板が置かれている。重力加速度の大きさを g とする。図2のように，板の右端の辺の中央の点Aに軽い糸をつけ，鉛直上方に $\frac{\ell}{3}$ の高さまでゆっくり引き上げた。図2の状態における糸の張力の大きさ T は，$T=$【6】$\times mg$ で，図1から図2の間に糸の張力が板にした仕事 W は，$W=$【7】$\times mg\ell$ である。

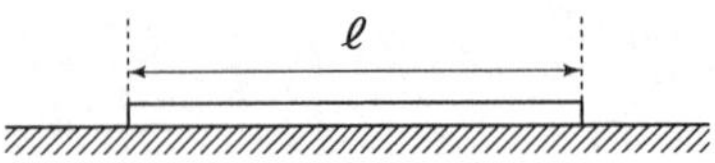

図1

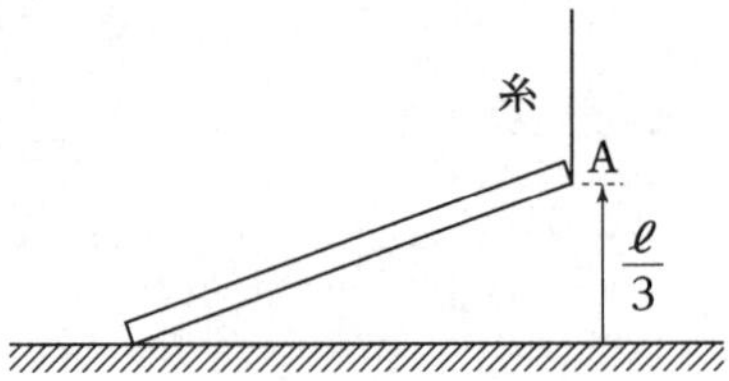

図2

次に，図3のように板の上に質量 m の物体Pをのせ，糸をゆっくり引き上げた。

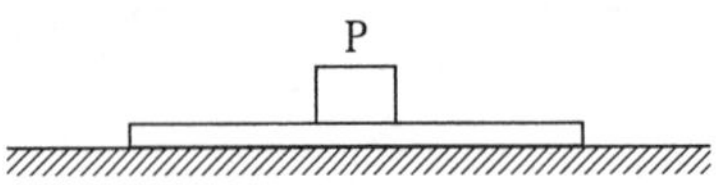

図3

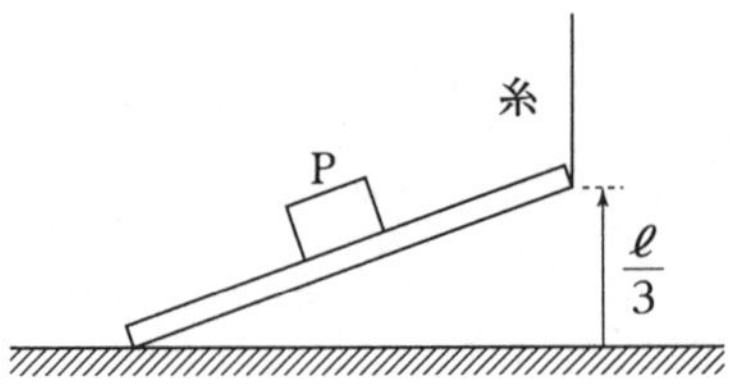

図4

途中まで，物体Pは板に対して静止していたが，水平面に対する板の角度が図4の状態を超えた瞬間に，物体Pは板に対して滑り始めた。図4の状態において，物体Pに作用する垂直抗力の大きさ N は，$N=$【8】$\times mg$，静止摩擦力の大きさ F は，$F=$【9】$\times mg$ である。このことから，物体Pと板との間の静止摩擦係数 μ は，$\mu=$【10】である。

【6】～【10】の解答群

①	$\frac{1}{6}$	②	$\frac{\sqrt{2}}{6}$	③	$\frac{1}{4}$	④	$\frac{1}{3}$	⑤	$\frac{\sqrt{2}}{4}$
⑥	$\frac{\sqrt{2}}{3}$	⑦	$\frac{1}{2}$	⑧	$\frac{2}{3}$	⑨	$\frac{\sqrt{2}}{2}$	⓪	$\frac{2\sqrt{2}}{3}$

3 **次の文章の空欄【11】～【15】にあてはまる最も適当なものを，解答群から選べ。ただし，同じものを何度選んでもよい。**

図1のように，質量 M，半径 R の地球の表面から高さ R の円軌道を速さ v_0 で周回する質量 m の人工衛星がある。万有引力定数を G，人工衛星がもつ万有引力による位置エネルギーの基準点を地球から無限に遠い点とする。地球は，密度が一様な完全な球であるものとする。

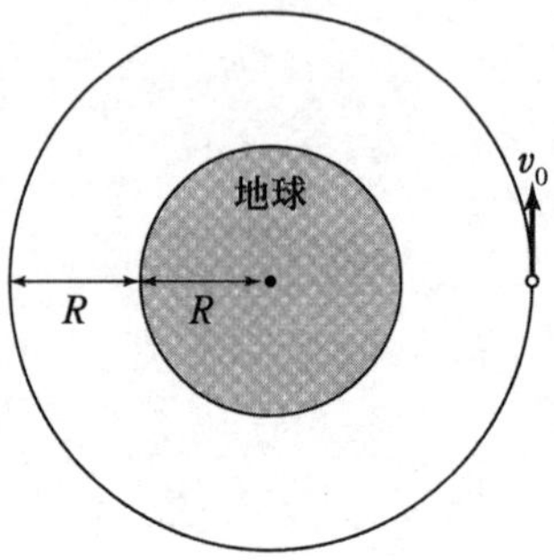

図1

円軌道を運動する人工衛星に働く向心力は，人工衛星と地球の間に作用する万有引力である。このことから，$v_0=\sqrt{【11】\times\dfrac{GM}{R}}$ と表せる。このとき，人工衛星がもつ万有引力による位置エネルギー U_0 は，$U_0=【12】\times\dfrac{GMm}{R}$ である。

図2の点Pで人工衛星が瞬間的に加速し，速さが v_1 になり，その後，図3の楕円軌道を周回した。

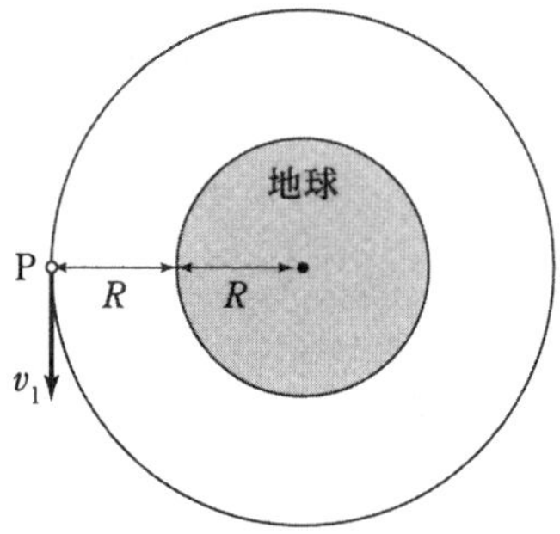

図2

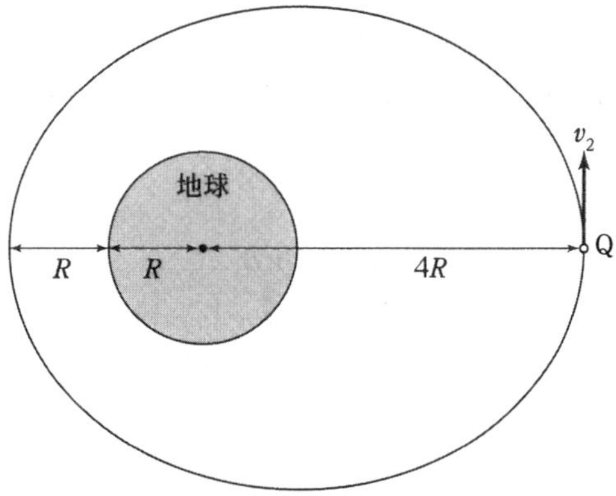

図3

点Qにおける人工衛星の速さ v_2 は，$v_2=$【13】$\times v_1$ で，このとき，人工衛星がもつ万有引力による位置エネルギー U_2 は，$U_2=$【14】$\times\dfrac{GMm}{R}$ である。人工衛星が楕円軌道を運動しているとき，力学的エネルギーは一定に保たれる。このことから，$v_1=\sqrt{【15】\times\dfrac{GM}{R}}$ と表せる。

【11】～【15】の解答群

① $-\dfrac{3}{2}$　② -1　③ $-\dfrac{2}{3}$　④ $-\dfrac{1}{2}$　⑤ $-\dfrac{1}{4}$

⑥ $\dfrac{1}{4}$　⑦ $\dfrac{1}{2}$　⑧ $\dfrac{2}{3}$　⑨ 1　⓪ $\dfrac{3}{2}$

4 **次の文章の空欄【16】〜【20】にあてはまる最も適当なものを，解答群から選べ。ただし，同じものを何度選んでもよい。**

n〔mol〕の単原子分子理想気体を，図1のA→B→C→Dのように状態変化させた。C→Dは断熱変化で，気体定数をR〔J/(mol·K)〕，気体の温度をT〔K〕とすると，この気体の内部エネルギーU〔J〕は，$U=\frac{3}{2}nRT$で表される。

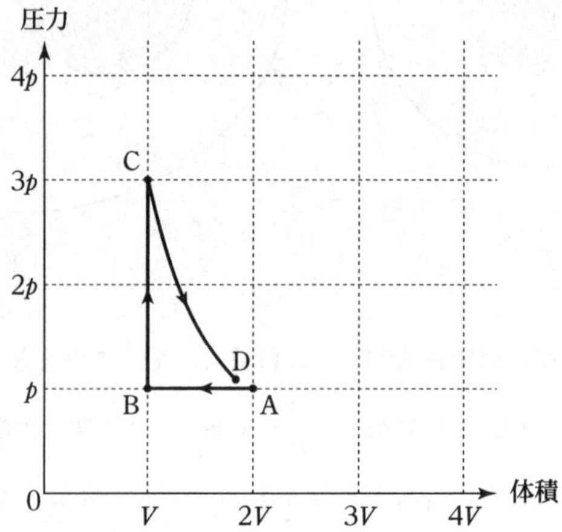

図1

状態Bの温度をT_B〔K〕とする。状態変化A→B→Cにおける気体の温度と体積の関係を表すグラフは【16】である。

状態変化A→Bは定圧変化で，気体がされた仕事W_{AB}は，$W_{AB}=$【17】$\times pV$である。

状態変化B→Cは定積変化で，気体がされた仕事W_{BC}は，$W_{BC}=$【18】$\times pV$である。

状態変化B→Cにおいて，内部エネルギーの変化をΔU_{BC}，気体が吸収した熱量をQ_{BC}とすると，熱力学第1法則より，$\Delta U_{BC}=Q_{BC}+W_{BC}$なので，$Q_{BC}=\Delta U_{BC}-W_{BC}=$【19】$\times pV$である。

状態変化C→Dは断熱変化で，気体が吸収した熱量Q_{CD}は，$Q_{CD}=0$なので，内部エネルギーの変化をΔU_{CA}，気体がされた仕事をW_{CA}とすると，熱力学第1法則より，$\Delta U_{CD}=W_{CD}$となり，$W_{CD}=$【20】$\times pV$である。ただし，状態Dの温度を$2T_B$〔K〕とする。

【16】の解答群

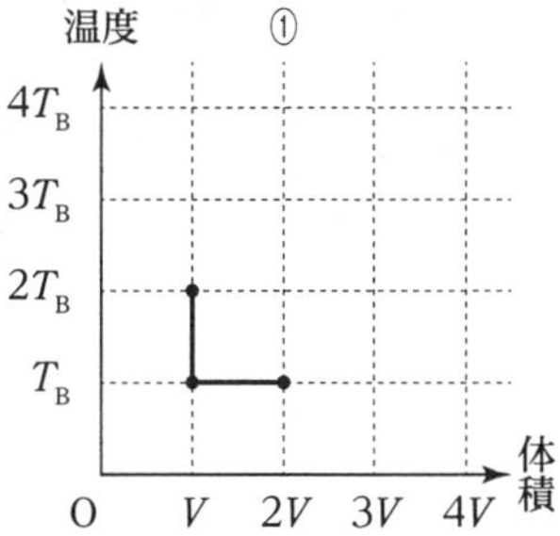

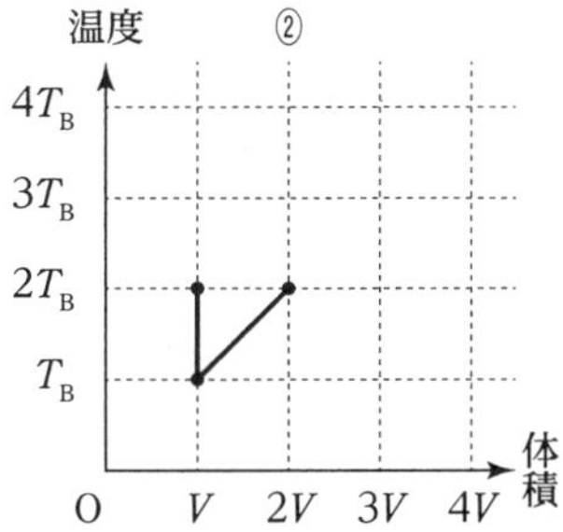

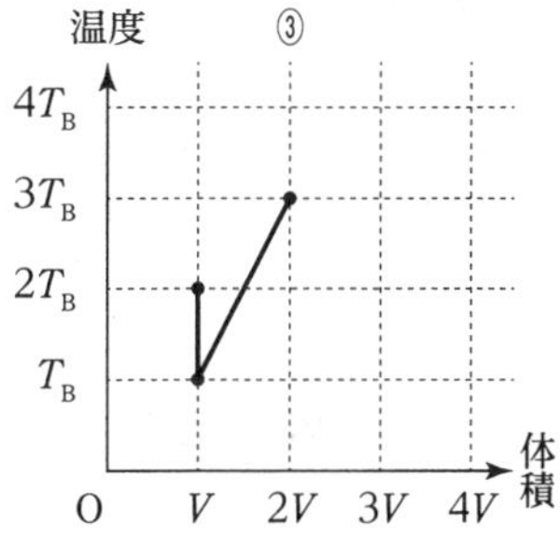

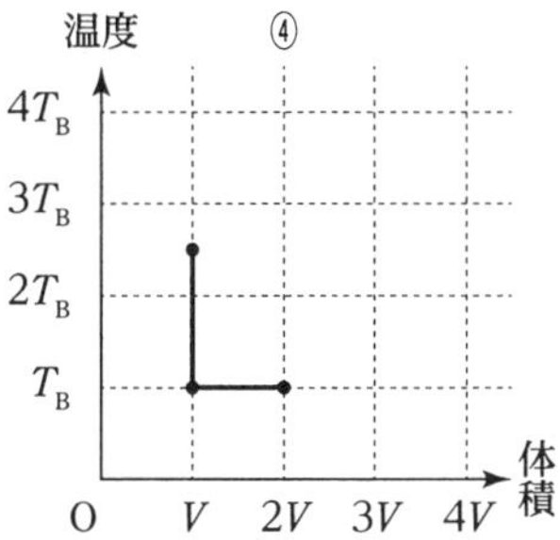

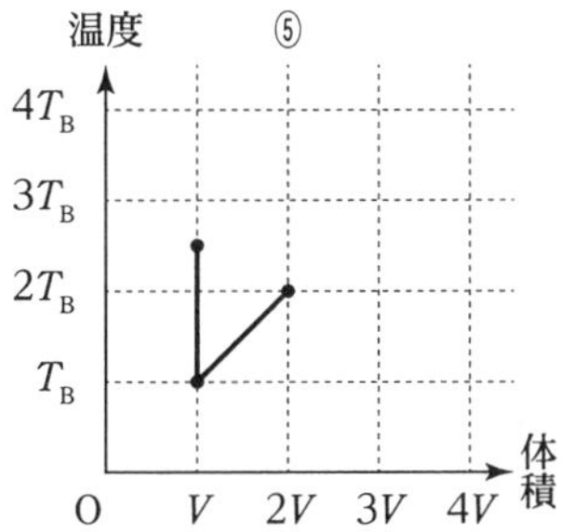

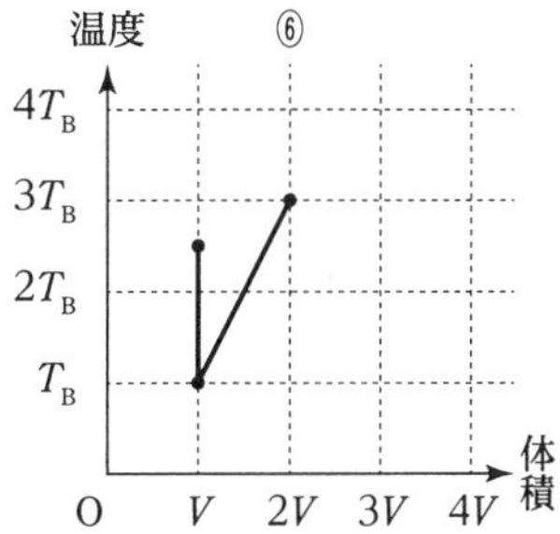

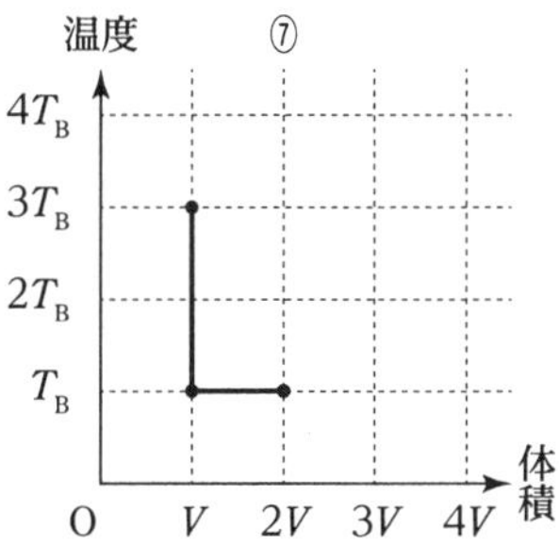

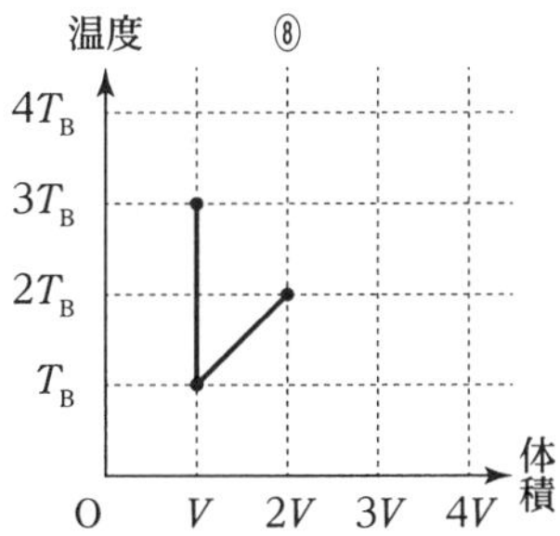

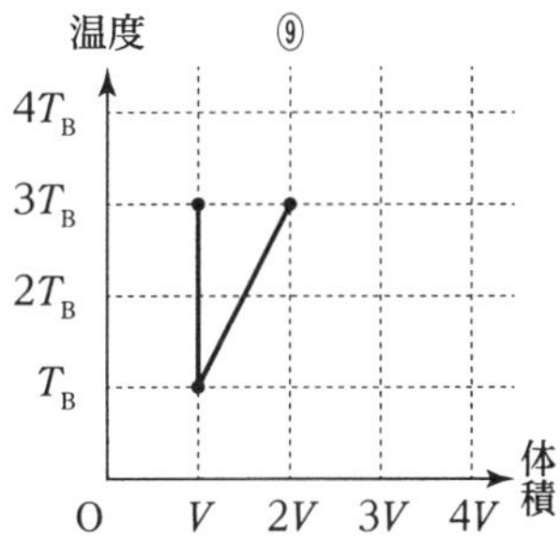

【17】〜【20】の解答群

① -3　② -2　③ $-\dfrac{3}{2}$　④ -1　⑤ 0

⑥ 1　⑦ $\dfrac{3}{2}$　⑧ 2　⑨ 3

5 次の文章〔A〕，〔B〕の空欄【21】～【29】にあてはまる最も適当なものを，解答群から選べ。

〔A〕 x 軸上を正の向きに，速さ 4.0 m/s で連続して進む正弦波があり，図1は $t=0$ s の瞬間の波形である。この横波の振幅 A〔m〕と波長 λ〔m〕の組み合わせは【21】であり，周期 T〔s〕は【22】s である。

時刻 t，位置 x における媒質の変位 y は，【23】と表される。$x=10$ m における媒質の $t=10$ s の瞬間の変位 y は【24】m である。

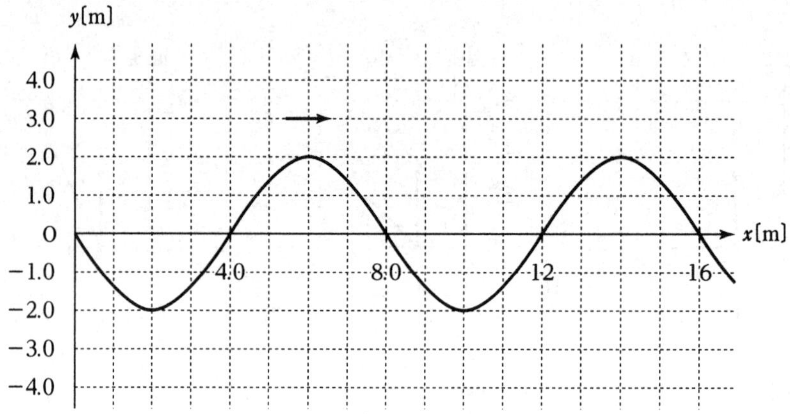

図1

【21】の解答群

	①	②	③	④	⑤	⑥	⑦	⑧	⑨
A〔m〕	2.0	2.0	2.0	4.0	4.0	4.0	8.0	8.0	8.0
λ〔m〕	2.0	4.0	8.0	2.0	4.0	8.0	2.0	4.0	8.0

【22】の解答群

① 1.0　② 2.0　③ 3.0　④ 4.0　⑤ 5.0
⑥ 6.0　⑦ 7.0　⑧ 8.0　⑨ 9.0

【23】の解答群

① $y=A\sin\dfrac{\pi}{2}\left(\dfrac{t}{T}-\dfrac{x}{\lambda}\right)$　② $y=A\sin\dfrac{\pi}{2}\left(\dfrac{t}{T}+\dfrac{x}{\lambda}\right)$

③ $y=A\sin 2\pi\left(\dfrac{t}{T}-\dfrac{x}{\lambda}\right)$　④ $y=A\sin 2\pi\left(\dfrac{t}{T}+\dfrac{x}{\lambda}\right)$

⑤ $y=2A\sin\dfrac{\pi}{2}\left(\dfrac{t}{T}-\dfrac{x}{\lambda}\right)$　⑥ $y=2A\sin\dfrac{\pi}{2}\left(\dfrac{t}{T}+\dfrac{x}{\lambda}\right)$

⑦ $y=2A\sin 2\pi\left(\dfrac{t}{T}-\dfrac{x}{\lambda}\right)$　⑧ $y=2A\sin 2\pi\left(\dfrac{t}{T}+\dfrac{x}{\lambda}\right)$

【24】の解答群

① −2.0　② −1.5　③ −1.0　④ −0.5　⑤ 0
⑥ 0.5　⑦ 1.0　⑧ 1.5　⑨ 2.0

〔B〕 図2のように，振動数f_0の超音波を発しながら，コウモリが水平右向きに速さvで移動している。超音波が空気中を伝わる速さをVとする。風の影響はないものとする。

人が聞き取ることができる音の振動数の範囲は，およそ20～20000 Hzで，この範囲にある音を可聴音という。コウモリが利用している超音波は，【25】音である。

コウモリが水平右向きに移動し，壁に近づいている。時刻0 sのとき点Aでコウモリが発した超音波は，壁(面C)で反射し，コウモリはこの反射音を時刻t〔s〕のときに点Bで聞いた。壁(面C)で反射した超音波の振動数f_Cは，f_C=【26】×f_0であるから，点Bでコウモリが受けとる超音波の振動数f_Bは，f_Cを用いればf_B=【27】×f_Cである。これに【26】を代入して，f_B=【28】×f_0が得られる。

この考え方は，次のページの図3に応用することができる。

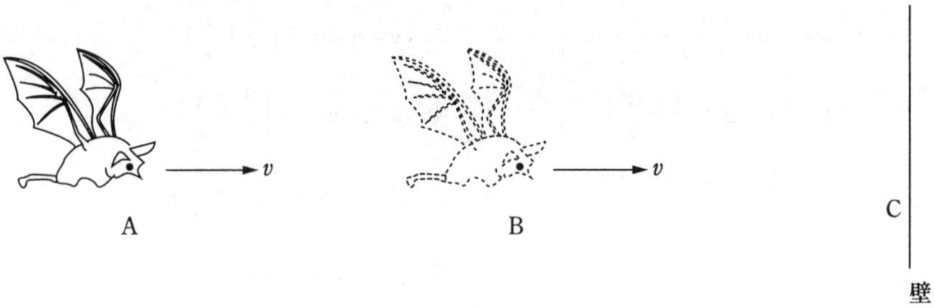

図2

【25】の解答群

① 可聴音よりも振動数が小さく，波長が短い
② 可聴音よりも振動数が小さく，波長が長い
③ 可聴音よりも振動数が大きく，波長が短い
④ 可聴音よりも振動数が大きく，波長が長い

【26】～【28】の解答群

① $\frac{V}{V+v}$ ② $\frac{V}{V-v}$ ③ $\frac{V-v}{V}$ ④ $\frac{V+v}{V}$

⑤ $\frac{V-v}{V+v}$ ⑥ $\frac{V+v}{V-v}$ ⑦ $\frac{2V}{V-v}$ ⑧ $\frac{2V}{V+v}$

図3のように，コウモリが水平右向きに速さ v で移動している。時刻0sのとき，点Dでコウモリが発した超音波が地上の点Fにある岩で反射し，時刻 t〔s〕のとき，コウモリは点Eでその反射音を聞いた。岩は超音波を等方的に反射するものとし，岩の大きさの影響は考えなくてよい。このとき，コウモリは岩に近づきながら超音波を発し，超音波を聞いているから，速度のDF方向の成分，および，速度のEF方向の成分を考えると，コウモリが聞く超音波の振動数 f' は，$f'=$【29】$\times f_0$ である。

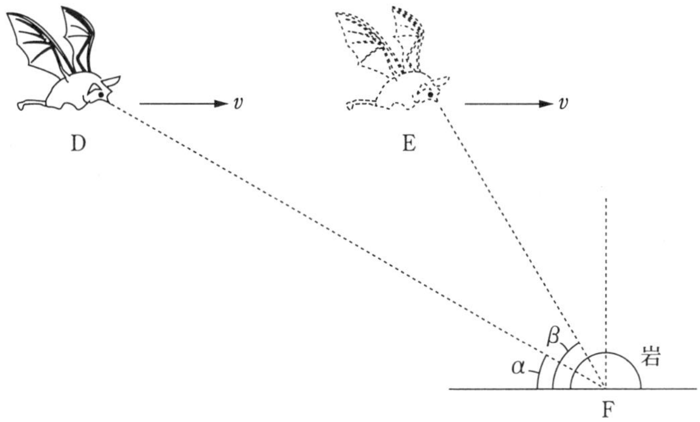

図3

【29】の解答群

① $\dfrac{V-v\sin\alpha}{V+v\sin\beta}$　② $\dfrac{V+v\sin\alpha}{V-v\sin\beta}$　③ $\dfrac{V-v\sin\beta}{V+v\sin\alpha}$　④ $\dfrac{V+v\sin\beta}{V-v\sin\alpha}$

⑤ $\dfrac{V-v\cos\alpha}{V+v\cos\beta}$　⑥ $\dfrac{V+v\cos\alpha}{V-v\cos\beta}$　⑦ $\dfrac{V-v\cos\beta}{V+v\cos\alpha}$　⑧ $\dfrac{V+v\cos\beta}{V-v\cos\alpha}$

6 **次の文章の空欄【30】～【34】にあてはまる最も適当なものを，解答群から選べ。ただし，同じものを何度選んでもよい。**

図１のように，電池，電流計，一様な太さで長さ 1.0 m で電気抵抗 40 Ωの抵抗線(電熱線)をつなぐ。抵抗線の左端を点 A，右端を点 B とし，接点 P は AB 間の 0.10 m≦x≦0.90 m の範囲で変えることができる。抵抗線の点 P より左の部分を抵抗 R_1，点 P より右の部分を抵抗 R_2 とする。ただし，電池と電流計の内部抵抗および導線の抵抗は無視できるものとする。

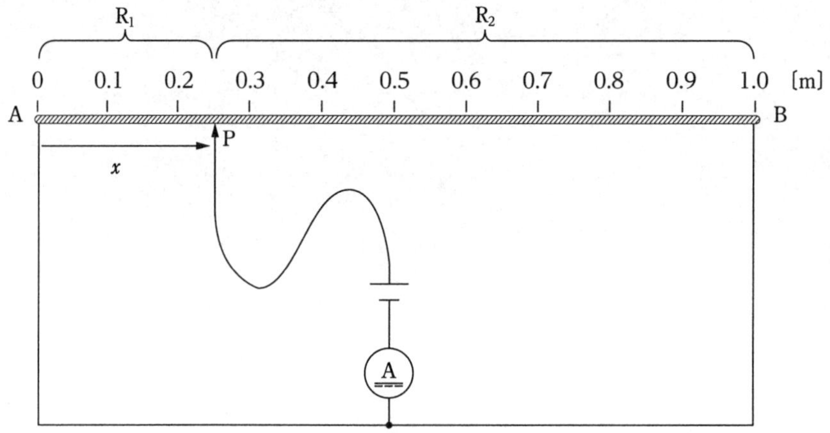

図１

図１では，抵抗線の途中から電流が左右に分かれて流れている。図１を抵抗 R_1，R_2 などを用いた電気回路で表すと，**【30】**となる。x＝0.25 m のとき，回路の合成抵抗は**【31】**Ωである。

電流計に流れる電流が最小になるのは，x＝**【32】**m のときで，回路の合成抵抗は**【33】**Ωである。また，電流計に流れる電流が最大になるときの回路の合成抵抗は**【34】**Ωである。

【30】の解答群

①
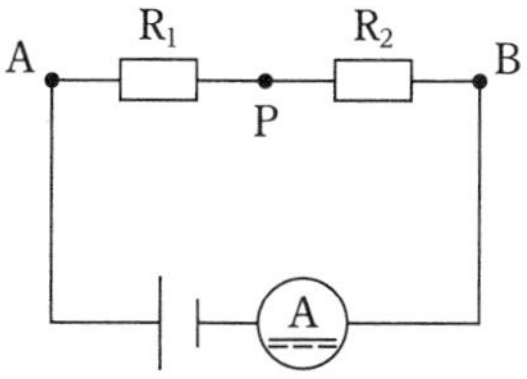

②
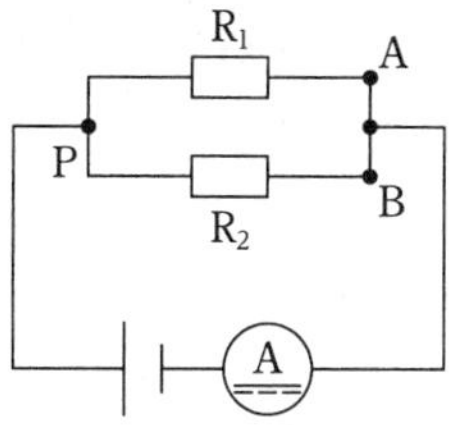

③
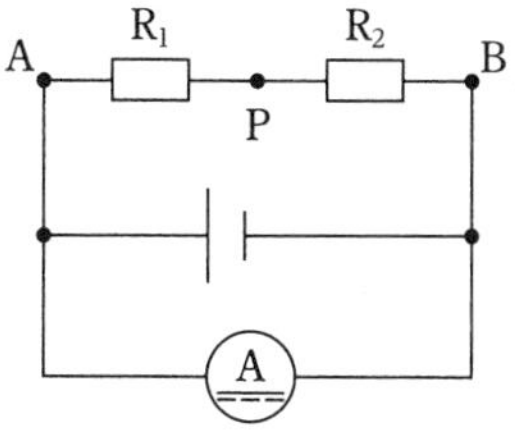

④
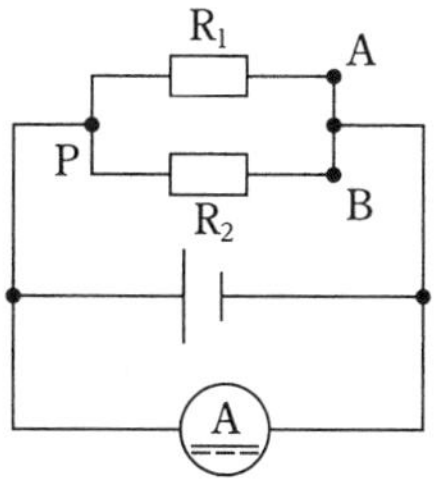

【31】，【33】，【34】の解答群

① 3.6	② 6.4	③ 7.5	④ 8.4	⑤ 9.6
⑥ 10	⑦ 20	⑧ 30	⑨ 40	⓪ 50

【32】の解答群

① 0.10	② 0.20	③ 0.30	④ 0.40
⑤ 0.50	⑥ 0.60	⑦ 0.70	⑧ 0.80

令和2年度　化　学

Ⅰ　物質の構成に関する以下の問いに答えよ。

次の(1)~(8)の文中の【1】~【9】に最も適するものを，それぞれの解答群の中から1つずつ選べ。

(1)　次の文中の下線部A~Cの酸素は，単体，元素のどちらかの意味で使われている。その正しい組み合わせは【1】である。

水は水素と$_A$酸素からなり，水素と$_B$酸素が反応して生成する。また，魚は，水に溶けた$_C$酸素を呼吸に利用する。

【1】の解答群

	A	B	C
①	元素	元素	元素
②	元素	元素	単体
③	元素	単体	元素
④	元素	単体	単体
⑤	単体	元素	元素
⑥	単体	元素	単体
⑦	単体	単体	元素
⑧	単体	単体	単体

(2)　金属イオン$^{40}M^{2+}$ 1個には18個の電子が含まれている。この金属原子M 1個に含まれる中性子は【2】個である。

【2】の解答群

①　8　　②　10　　③　12　　④　18　　⑤　20
⑥　22　　⑦　38　　⑧　40　　⑨　42

(3)　次の(a)~(e)のうち，同位体の関係にあるものは【3】である。

(a)　重水素と三重水素
(b)　酸素とオゾン
(c)　金と白金
(d)　青銅と黄銅
(e)　亜鉛と鉛

【3】の解答群

①　(a)　　②　(b)　　③　(c)　　④　(d)　　⑤　(e)

(4) 次の分子のうち，非共有電子対を３組もつ分子は【4】種類あり，極性分子は【5】種類ある。なお，電気陰性度の大きさの順は，H＜C＜N＜Cl＜O＜F である。

N_2　　Cl_2　　NH_3　　H_2O　　HCl　　CO_2　　CH_3F

【4】，【5】の解答群

① 1　② 2　③ 3　④ 4　⑤ 5　⑥ 6　⑦ 7

(5) 原子番号８の仮の元素記号Ａと原子番号13の仮の元素記号Ｂからなる化合物の組成式は【6】である。

【6】の解答群

① AB　② A_2B_3　③ AB_2　④ BA　⑤ B_2A_3　⑥ B_2A

(6) 次の記述(a)～(c)は，アルミニウム，ダイヤモンド，黒鉛の性質に関するものである。記述中の物質Ａ～Ｃの組み合わせは【7】である。

(a) A，B，C のうち，固体状態で電気伝導性を示すのはＡとＣである。
(b) ＡとＢは展性・延性をもたないが，Ｃは展性・延性をもつ。
(c) Ｂは非常に硬い。

【7】の解答群

	A	B	C
①	アルミニウム	黒鉛	ダイヤモンド
②	アルミニウム	ダイヤモンド	黒鉛
③	ダイヤモンド	黒鉛	アルミニウム
④	ダイヤモンド	アルミニウム	黒鉛
⑤	黒鉛	アルミニウム	ダイヤモンド
⑥	黒鉛	ダイヤモンド	アルミニウム

⑺　電子がK殻に２個，Ｌ殻に８個，M殻に８個，N殻に１個あるときの電子配置をK(2)L(8)M(8)N(1)とするとき，$_{36}$Krの電子配置は【８】となる。

【８】の解答群

① K(2)L(8)M(24)N(2)　② K(2)L(8)M(18)N(8)
③ K(2)L(8)M(8)N(18)　④ K(2)L(8)M(8)N(10)O(8)
⑤ K(2)L(8)M(10)N(8)O(8)

⑻　元素の分類に関する記述として**誤りを含むもの**は【９】である。

【９】の解答群

① 周期表の第１周期から第３周期までの元素はすべて典型元素である。
② 周期表の第３周期のすべての元素の原子の最外殻電子はM殻にある。
③ すべての典型元素の原子の価電子の数は周期表の族の番号の一の位の数に一致する。
④ すべての遷移元素は金属元素である。
⑤ 周期表の第４周期の元素は18種類ある。

2 物質の変化に関する以下の問いに答えよ。

次の(1)~(5)の文中の【10】~【19】に最も適するものを，それぞれの解答群の中から1つずつ選べ。

(1) 希塩酸に炭酸ナトリウムを加えると，炭酸ナトリウムは二酸化炭素を発生しながら溶解する。ただし，標準状態で気体のモル体積は22.4 L/molとする。

この反応の化学反応式の係数bは【10】である。ただし，化学反応式の係数は最も簡単な整数比をなすものとし，係数が1のときは1とする。

$$a\ Na_2CO_3 + b\ HCl \longrightarrow c\ NaCl + d\ H_2O + e\ CO_2$$

【10】の解答群

① 1　② 2　③ 3　④ 4　⑤ 5　⑥ 6

希塩酸50 mLが入ったビーカーを多数用意して，それぞれに異なった質量の炭酸ナトリウムを加えた。発生する二酸化炭素の標準状態での体積と加えた炭酸ナトリウムの質量の関係は次の図のようになった。図中のxの値は【11】で，希塩酸のモル濃度は【12】mol/Lである。ただし，式量はNa_2CO_3=106とする。

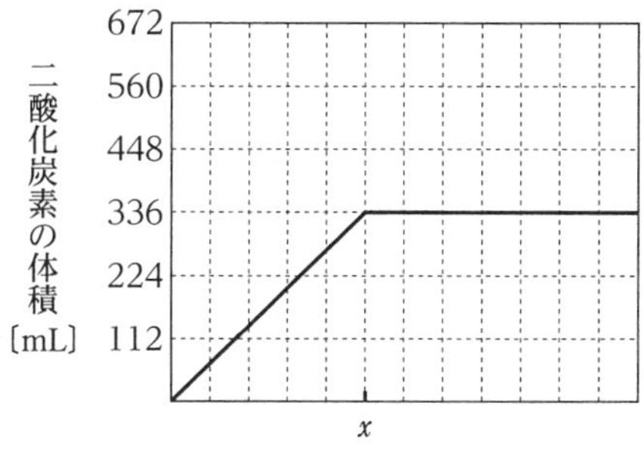

炭酸ナトリウムの質量〔g〕

【11】の解答群

① 0.80　② 1.0　③ 1.6　④ 2.0　⑤ 2.4
⑥ 3.2　⑦ 4.0　⑧ 4.8　⑨ 5.0　⓪ 5.6

【12】の解答群

① 0.20　② 0.30　③ 0.40　④ 0.50　⑤ 0.60
⑥ 0.70　⑦ 0.80　⑧ 0.90　⑨ 1.1　⓪ 1.2

(2) 水酸化ナトリウム水溶液の濃度を決定する次の実験を行った。

シュウ酸二水和物$(COOH)_2\cdot 2H_2O$の結晶3.15gをビーカーにとり，少量の純水で溶かした後，全量を$_a$メスフラスコに移し，さらに，純水を加えて500mLとした。このシュウ酸水溶液20.0mLを$_b$ホールピペットを用いて$_c$コニカルビーカーにとり，$_d$ビュレットから濃度不明の水酸化ナトリウム水溶液を滴下したところ，12.5mL加えたところで中和点に達した。

この実験で調製したシュウ酸水溶液のモル濃度は【13】mol/Lである。下線を付したa～dの器具のうち，洗浄直後に内壁が純水でぬれている状態で使用してよいものの組み合わせは【14】である。また，水酸化ナトリウム水溶液のモル濃度は【15】mol/Lである。ただし式量は，$(COOH)_2\cdot 2H_2O=126$とする。

【13】の解答群

① 0.0150　② 0.0200　③ 0.0250　④ 0.0300　⑤ 0.0350
⑥ 0.0400　⑦ 0.0450　⑧ 0.0500　⑨ 0.0550　⓪ 0.0600

【14】の解答群

① aとb　② aとc　③ aとd
④ bとc　⑤ bとd　⑥ cとd

【15】の解答群

① 0.0400　② 0.0800　③ 0.120　④ 0.160　⑤ 0.200
⑥ 0.240　⑦ 0.280　⑧ 0.320　⑨ 0.360　⓪ 0.400

(3) 次のa～hでの下線を付した原子の酸化数について，酸化数が－2であるものは【16】であり，酸化数が最大なものは【17】である。

a $\underline{Mn}O_4^-$　b $\underline{N}O_2$　c $\underline{N}H_3$　d $\underline{N}O_3^-$
e $\underline{N}_2$　f $Na_2\underline{S}O_3$　g $\underline{S}O_4^{2-}$　h $H_2\underline{S}$

【16】，【17】の解答群

① a　② b　③ c　④ d　⑤ e　⑥ f　⑦ g　⑧ h

(4) 過酸化水素水と二クロム酸カリウム水溶液が硫酸酸性下で酸化還元反応を起こすとき，$Cr_2O_7^{2-}$は酸化剤として，H_2O_2は還元剤として，それぞれ次のように反応する。

$$Cr_2O_7^{2-} + 14H^+ + 6e^- \longrightarrow 2Cr^{3+} + 7H_2O$$

$$H_2O_2 \longrightarrow O_2 + 2H^+ + 2e^-$$

$K_2Cr_2O_7$ 0.10 mol と硫酸酸性下で過不足なく反応する H_2O_2 の物質量は【18】mol である。

【18】の解答群

① 0.10　② 0.20　③ 0.30　④ 0.40　⑤ 0.50
⑥ 0.60　⑦ 0.70　⑧ 0.80　⑨ 0.90　⓪ 1.0

(5) 次の反応における酸化剤・還元剤の組み合わせは【19】である。

$$SO_2 + Cl_2 + 2H_2O \longrightarrow 2HCl + H_2SO_4$$

【19】の解答群

	酸化剤	還元剤
①	SO_2	Cl_2
②	SO_2	H_2O
③	Cl_2	SO_2
④	Cl_2	H_2O
⑤	H_2O	SO_2
⑥	H_2O	Cl_2

3 物質の状態に関する以下の問いに答えよ。

次の(1)~(4)の文中の【20】~【28】に最も適するものを，それぞれの解答群の中から１つずつ選べ。

(1) 次の図は，塩化ナトリウムの単位格子(立方体)である。この単位格子中に含まれるナトリウムイオンの数は【20】個である。また，この単位格子の質量は【21】gであり，この結晶の密度は，【22】g/cm^3 である。ただし，単位格子の一辺を a〔cm〕，塩化ナトリウムのモル質量を M〔g/mol〕，アボガドロ定数を N_A〔/mol〕とする。

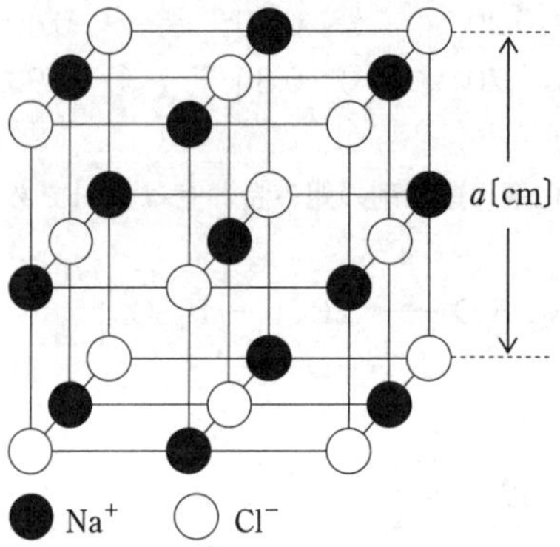

【20】の解答群

① 2　② 4　③ 6　④ 8　⑤ 10　⑥ 12

【21】の解答群

① $\dfrac{M}{8N_A}$　② $\dfrac{M}{6N_A}$　③ $\dfrac{M}{4N_A}$　④ $\dfrac{M}{2N_A}$　⑤ $\dfrac{M}{N_A}$

⑥ $\dfrac{2M}{N_A}$　⑦ $\dfrac{4M}{N_A}$　⑧ $\dfrac{6M}{N_A}$　⑨ $\dfrac{8M}{N_A}$

【22】の解答群

① $\dfrac{M}{8a^3N_A}$　② $\dfrac{M}{6a^3N_A}$　③ $\dfrac{M}{4a^3N_A}$　④ $\dfrac{M}{2a^3N_A}$　⑤ $\dfrac{M}{a^3N_A}$

⑥ $\dfrac{2M}{a^3N_A}$　⑦ $\dfrac{4M}{a^3N_A}$　⑧ $\dfrac{6M}{a^3N_A}$　⑨ $\dfrac{8M}{a^3N_A}$

(2) ピストン付きの容器に水 10 L と酸素を入れ，温度を 27℃に保ったところ，容器内の気体は，圧力が 2.0×10^5 Pa，体積が 1.0 L となった。水に溶けている酸素の物質量は【23】mol であり，気体の酸素の物質量は【24】mol である。この状態から，温度を 27℃に保ったままピストンを動かし，気体の体積を 0.60 L に圧縮したときの容器内の気体の圧力は【25】Pa である。ただし，27℃において 1.0×10^5 Pa の酸素は水 1.0 L に対して 1.23×10^{-3} mol 溶解し，気体は理想気体とし，酸素の溶解度はヘンリーの法則にしたがい，水の蒸気圧は無視できるものとする。また，気体定数は 8.3×10^3 Pa·L/(mol·K)とする。

【23】の解答群

① 1.2×10^{-3}	② 2.5×10^{-3}	③ 4.9×10^{-3}
④ 1.2×10^{-2}	⑤ 2.5×10^{-2}	⑥ 4.9×10^{-2}
⑦ 1.2×10^{-1}	⑧ 2.5×10^{-1}	⑨ 4.9×10^{-1}

【24】の解答群

① 2.0×10^{-3}	② 4.0×10^{-3}	③ 8.0×10^{-3}
④ 2.0×10^{-2}	⑤ 4.0×10^{-2}	⑥ 8.0×10^{-2}
⑦ 2.0×10^{-1}	⑧ 4.0×10^{-1}	⑨ 8.0×10^{-1}

【25】の解答群

① 1.1×10^5	② 2.2×10^5	③ 2.9×10^5
④ 3.6×10^5	⑤ 4.8×10^5	⑥ 6.0×10^5
⑦ 7.1×10^5	⑧ 7.8×10^5	⑨ 9.0×10^5

(3) モル質量 M〔g/mol〕の物質を溶質とする質量モル濃度 m〔mol/kg〕の水溶液がある。この水溶液の質量パーセント濃度は【26】%であり，この水溶液のモル濃度は【27】mol/L である。ただし，この水溶液の密度は d〔g/cm^3〕とする。

【26】の解答群

① $\dfrac{M}{mM+1000}$　② $\dfrac{100M}{mM+1000}$　③ $\dfrac{m}{mM+1000}$

④ $\dfrac{100m}{mM+1000}$　⑤ $\dfrac{mM}{mM+1000}$　⑥ $\dfrac{100mM}{mM+1000}$

【27】の解答群

① $\dfrac{1000md}{mM+1000}$　② $\dfrac{1000m}{(mM+1000)d}$　③ $\dfrac{1000m}{mM+1000}$

④ $\dfrac{md}{mM+1000}$　⑤ $\dfrac{m}{(mM+1000)d}$　⑥ $\dfrac{m}{mM+1000}$

⑷ 次の図において，Aは水の蒸気圧曲線であり，Bは水 1 kg にグルコース(分子量 180) 18 g を溶かした水溶液の蒸気圧曲線である。水 1 kg に尿素(分子量 60) 18 g を溶かした水溶液の沸点はおよそ【28】℃である。なお，グルコース，尿素は非電解質である。

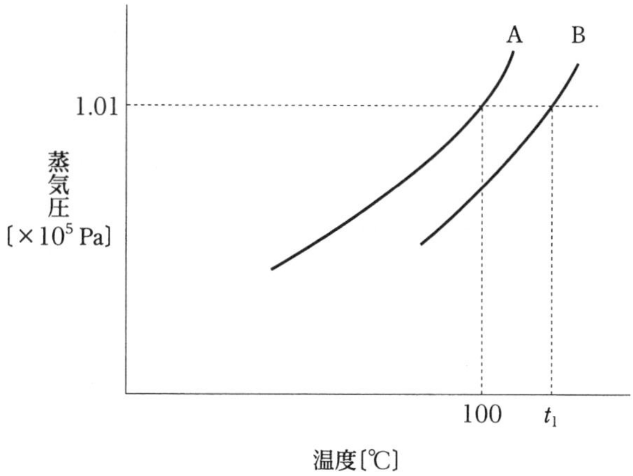

【28】の解答群

① 100　② t_1　③ $3t_1$

④ $100+t_1$　⑤ $100+3t_1$　⑥ $3t_1-200$

4 物質の変化と平衡に関する以下の問いに答えよ。

次の(1)~(4)の文中の【29】~【37】に最も適するものを，それぞれの解答群の中から1つずつ選べ。

(1) 次の熱化学方程式と結合エネルギーの値より，エタン C_2H_6 の生成熱は【29】kJ/mol であり，O=O の結合エネルギーは【30】kJ/mol である。

C_2H_6(気) + $\frac{7}{2}O_2$(気) = $2CO_2$(気) + $3H_2O$(液) + 1561 kJ

C(黒鉛) + O_2(気) = CO_2(気) + 394 kJ

H_2(気) + $\frac{1}{2}O_2$(気) = H_2O(液) + 286 kJ

H_2O(液) = H_2O(気) − 44 kJ

H−H の結合エネルギー：436 kJ/mol

H−O の結合エネルギー：463 kJ/mol

【29】の解答群

① −211	② −170	③ −121	④ −95	⑤ −85
⑥ 85	⑦ 95	⑧ 121	⑨ 170	⓪ 211

【30】の解答群

① 160	② 179	③ 215	④ 257	⑤ 295
⑥ 320	⑦ 348	⑧ 394	⑨ 430	⓪ 496

(2) 鉛蓄電池は，負極の Pb と正極の PbO_2 を希硫酸に浸した電池である。鉛蓄電池を放電すると，各電極では次のような反応が起こる。

$$Pb + SO_4^{2-} \longrightarrow PbSO_4 + 2e^-$$

$$PbO_2 + 4H^+ + SO_4^{2-} + 2e^- \longrightarrow PbSO_4 + 2H_2O$$

鉛蓄電池を外部回路に接続して放電させ，0.10 mol の電子が流れたとき，鉛蓄電池の負極と正極の質量の変化の組み合わせは【31】で，消費される硫酸の質量は【32】g である。ただし，原子量は H=1.0，O=16，S=32 とする。

【31】の解答群

	負極	正極
①	4.8 g 減少	3.2 g 増加
②	4.8 g 減少	6.4 g 増加
③	9.6 g 減少	6.4 g 増加
④	9.6 g 減少	12.8 g 減少
⑤	4.8 g 増加	3.2 g 増加
⑥	4.8 g 増加	6.4 g 増加
⑦	9.6 g 増加	6.4 g 増加
⑧	9.6 g 増加	12.8 g 増加

【32】の解答群

① 1.8　② 2.9　③ 3.8　④ 4.9　⑤ 6.0
⑥ 7.2　⑦ 9.8　⑧ 11　⑨ 13　⓪ 18

(3) 次の化学反応において，反応速度 v は $v=k[H_2O_2]$（k は速度定数）で表されるものとする。

$$2H_2O_2 \longrightarrow 2H_2O + O_2$$

この化学反応によって，過酸化水素のモル濃度は時刻と共に次の表のように変化した。

時刻〔s〕	0	50	100
モル濃度〔mol/L〕	0.50	0.30	0.18

時刻 0 s～50 s の過酸化水素の平均の分解速度は【33】mol/(L・s) である。時刻 0 s ～ 50 s の過酸化水素の平均の濃度を用いて k を求めると，【34】/s となる。

【33】,【34】の解答群

① 1.0×10^{-4}　② 2.0×10^{-4}　③ 4.0×10^{-4}
④ 8.0×10^{-4}　⑤ 1.0×10^{-3}　⑥ 2.0×10^{-3}
⑦ 4.0×10^{-3}　⑧ 8.0×10^{-3}　⑨ 1.0×10^{-2}
⓪ 2.0×10^{-2}

(4) アンモニアは窒素と水素から合成され，化学反応式は，$N_2+3H_2 \rightleftarrows 2NH_3$ で表される。物質量比が窒素：水素＝1：3 の窒素と水素を 10 L の容器に入れ，一定の温度で反応させたところ，平衡状態になった。このとき，混合気体の全物質量は 50 mol，アンモニアの体積百分率は 20％であった。平衡状態での窒素の物質量は**【35】** mol で，平衡定数は**【36】**L^2/mol^2 である。

反応前の窒素と水素の物質量比を変えて，同温同体積で反応させ平衡状態になったとき，窒素が 1.0 mol，水素が 3.0 mol であった。このとき，アンモニアの物質量は**【37】** mol である。

【35】の解答群

① 1	② 2	③ 3	④ 4	⑤ 5
⑥ 6	⑦ 7	⑧ 8	⑨ 9	⓪ 10

【36】の解答群

① 1.1×10^{-3}	② 3.3×10^{-3}	③ 3.7×10^{-3}
④ 1.1×10^{-2}	⑤ 3.3×10^{-2}	⑥ 3.7×10^{-2}
⑦ 1.1×10^{-1}	⑧ 3.3×10^{-1}	⑨ 3.7×10^{-1}

【37】の解答群

① 0.10	② 0.25	③ 0.32	④ 0.46	⑤ 0.63
⑥ 0.72	⑦ 0.79	⑧ 0.85	⑨ 0.98	⓪ 1.1

令和２年度　生　物

Ⅰ

生物の特徴に関する次の各問いについて，最も適当なものを，それぞれの下に記したもののうちから１つずつ選べ。

次の表は，原核細胞と真核細胞の構造を比較したものである。＋は存在するもの，－は存在しないものを示している。

	原核細胞	真核細胞	
		動物	植物
DNA	＋	＋	＋
(a)	＋	－	＋
(b)	－	＋	＋
ミトコンドリア	(c)	＋	(d)
葉緑体	(e)	－	＋

【１】 真核細胞からなる生物はどれか。

① 大腸菌　② 乳酸菌　③ 根粒菌
④ ネンジュモ　⑤ ミカヅキモ

【２】 生物の共通性に関する記述として**間違っている**ものはどれか。

① 水分を含む。
② エネルギーのやり取りには mRNA が用いられる。
③ 自己複製能力がある。
④ 遺伝情報を子孫に伝える。
⑤ からだの最小単位は細胞である。

【３】 表中の(a)，(b)にあてはまる構造体の組み合わせはどれか。

	①	②	③	④	⑤	⑥
(a)	ゴルジ体	ゴルジ体	細胞壁	細胞壁	液胞	液胞
(b)	核膜	細胞膜	核膜	細胞膜	核膜	細胞膜

【4】 表中の(c)~(e)にあてはまる記号(＋，－)の組み合わせはどれか。

	①	②	③	④	⑤	⑥	⑦	⑧
(c)	－	－	－	－	＋	＋	＋	＋
(d)	－	－	＋	＋	－	－	＋	＋
(e)	－	＋	－	＋	－	＋	－	＋

【5】 ミトコンドリアと葉緑体は，原始的な真核細胞に共生した原核生物を起源にもつと考えられている。その根拠となるミトコンドリアと葉緑体に共通する特徴に関する記述として正しいものはどれか。

① 炭酸同化を行うことができる。
② 二重膜で包まれており，内膜がクリステを形成している。
③ 内部が多数の袋状の膜構造で埋められている。
④ 有機物を分解してエネルギーを取り出すことができる。
⑤ 核とは異なる独自の DNA をもっている。
⑥ 細胞外に出て増殖することができる。

2 呼吸と酵素に関する次の各問いについて，最も適当なものを，それぞれの下に記したもののうちから１つずつ選べ。

呼吸の際に働くコハク酸脱水素酵素に関する実験を，以下の手順で行った。ニワトリの肝臓を生理食塩水中ですりつぶし，抽出液を得た。右の図のようなツンベルク管の主室に抽出液を入れ，副室にはメチレンブルー溶液とコハク酸ナトリウム水溶液を入れた。a管内の空気を抜いたのち，ツンベルク管全体を35℃に保ち，副室の液体を主室にすべて入れた。b3分後，混合液のメチレンブルーの青色が消えた。メチレンブルーは還元されると無色になる性質がある。実験ではcコハク酸から外れた水素がメチレンブルーに結合していることになる。

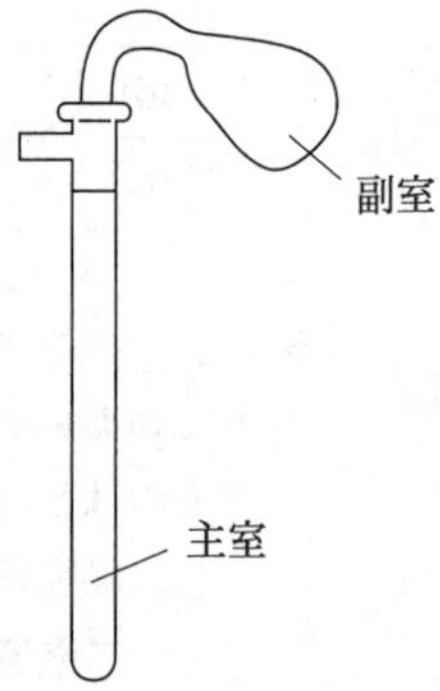

【6】 この実験結果がニワトリの肝臓に含まれる物質によるものであることを示すには，対照実験が必要である。どのような実験を行い，どのような結果が得られればよいか。

① コハク酸ナトリウム水溶液の代わりに水を入れて同様な実験を行い，メチレンブルーの青色が消えればよい。
② コハク酸ナトリウム水溶液の代わりに水を入れて同様な実験を行い，メチレンブルーの青色が消えなければよい。
③ 抽出液の代わりに水を入れて同様な実験を行い，メチレンブルーの青色が消えればよい。
④ 抽出液の代わりに水を入れて同様な実験を行い，メチレンブルーの青色が消えなければよい。
⑤ 抽出液の代わりに生理食塩水を入れて同様な実験を行い，メチレンブルーの青色が消えればよい。
⑥ 抽出液の代わりに生理食塩水を入れて同様な実験を行い，メチレンブルーの青色が消えなければよい。

【7】 下線部aの目的はどれか。

① 酸素を除去するため。　② 窒素を除去するため。
③ 二酸化炭素を除去するため。　④ 水蒸気を除去するため。
⑤ 水素を除去するため。

【8】 下線部bの結果の際，酵素反応の速度がその酵素濃度における最大反応速度の $\frac{1}{2}$ であったとする。次の(i)，(ii)の条件で実験を行ったときの結果の組み合わせはどれか。

(i) 副室に入れるコハク酸ナトリウム水溶液の濃度を2倍にする。

(ii) 他の条件を変えずに酵素濃度を $\frac{1}{2}$ にする。

	(i)	(ii)
①	青色は3分で消える	青色は3分で消える
②	青色は3分で消える	青色は3分よりも早く消える
③	青色は3分で消える	青色は3分よりも遅く消える
④	青色は3分よりも早く消える	青色は3分で消える
⑤	青色は3分よりも早く消える	青色は3分よりも早く消える
⑥	青色は3分よりも早く消える	青色は3分よりも遅く消える
⑦	青色は3分よりも遅く消える	青色は3分で消える
⑧	青色は3分よりも遅く消える	青色は3分よりも早く消える
⑨	青色は3分よりも遅く消える	青色は3分よりも遅く消える

【9】 コハク酸脱水素酵素の作用により，コハク酸はフマル酸となる。この反応に関する記述として正しいものはどれか。

① 解糖系の一部であり，細胞質基質で起こる。
② 解糖系の一部であり，ミトコンドリアで起こる。
③ クエン酸回路の一部であり，細胞質基質で起こる。
④ クエン酸回路の一部であり，ミトコンドリアで起こる。
⑤ 電子伝達系の一部であり，細胞質基質で起こる。
⑥ 電子伝達系の一部であり，ミトコンドリアで起こる。

【10】 下線部cに関して，細胞内でコハク酸から外れた水素を受け取る物質はどれか。

① ATP　② ADP　③ FAD　④ NAD^+　⑤ $NADP^+$

3 **呼吸基質と呼吸商に関する次の各問いについて，最も適当なものを，それぞれの下に記したもののうちから１つずつ選べ。**

生物体が主にどのような物質を呼吸基質にしているかは，呼吸商(RQ)を求めることにより推定できる場合がある。RQ は炭水化物では約 1.0，脂肪では約 0.7，タンパク質では約 0.8 になる。RQ を求めるために図１のような実験装置を用意し，フラスコ A，B に植物の発芽種子をそれぞれ同量ずつ入れ(フラスコ A には二酸化炭素を吸収する水酸化カリウム水溶液が，フラスコ B には蒸留水がそれぞれ入っている)，一定時間後に，ガラス管内の着色液の左への移動距離(mm)を測定することを２種類の植物の種子 X，Y に対して行ったところ，結果は表１のようになった。図２は，脂肪，炭水化物，タンパク質が呼吸基質になった場合の代謝経路を示したものである。

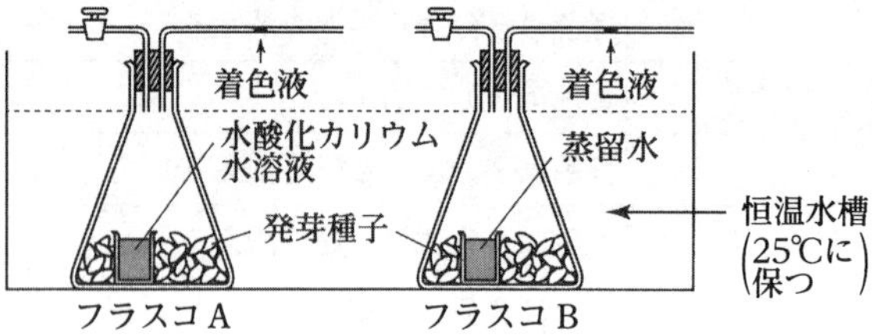

図１

表１

	種子 X	種子 Y
フラスコ A	83 mm	130 mm
フラスコ B	24 mm	2 mm

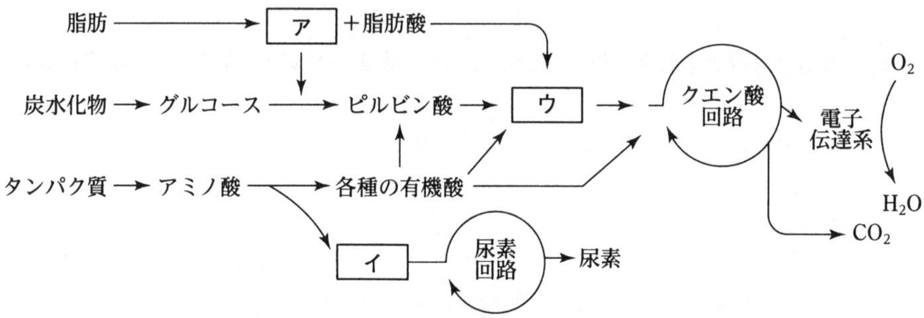

図２

【11】 図2中の ア ， イ にあてはまる語の組み合わせはどれか。

	①	②	③	④	⑤	⑥
ア	グリセリン	グリセリン	アンモニア	アンモニア	グリコーゲン	グリコーゲン
イ	グリコーゲン	アンモニア	グリコーゲン	グリセリン	アンモニア	グリセリン

【12】 図2中の尿素回路はヒトではどの器官で行われるか。

① 腎臓　② 副腎　③ すい臓　④ 肝臓　⑤ ひ臓

【13】 図2中の ウ にあてはまる語はどれか。

① クエン酸　② リンゴ酸　③ オキサロ酢酸
④ フマル酸　⑤ アセチル CoA

【14】 種子XのRQはいくらか。

① 0.69　② 0.71　③ 0.79　④ 0.81　⑤ 0.98　⑥ 1.01

【15】 種子X，Yの主な呼吸基質の組み合わせはどれか。

	①	②	③	④	⑤	⑥
X	炭水化物	炭水化物	脂肪	脂肪	タンパク質	タンパク質
Y	脂肪	タンパク質	炭水化物	タンパク質	脂肪	炭水化物

4 ヒトの血液とその循環に関する次の各問いについて，最も適当なものを，それぞれの下に記したもののうちから１つずつ選べ。

a血液は心臓の働きにより全身を循環する。血液は血球と血しょうに分けられ，b血球で最も多い赤血球はヘモグロビンを多量に含んでいる。cヘモグロビンは，まわりの環境に応じて酸素と結合したり，解離したりする。白血球は免疫に関与し，血小板は止血や血液凝固の際に働く。血液凝固は化学反応の連鎖の結果，血ぺいが形成される反応である。血ぺいはdタンパク質Xから構成される繊維によって血球が絡められたものであり，血管の修復に伴って溶かされる。

e毛細血管にはすき間があり，そこから出た成分は細胞を取り巻く組織液となる。組織液の多くは毛細血管に戻るが，一部はリンパ管に入る。

【16】 下線部ａに関して，ヒトの心臓の４つの部位のうち，動脈血が流れる部位の組み合わせはどれか。

① 右心房と右心室　② 右心房と左心房　③ 右心房と左心室
④ 右心室と左心房　⑤ 右心室と左心室　⑥ 左心房と左心室

【17】 下線部ｂに関連して，ヒトの赤血球に関する記述として**間違っているもの**はどれか。

① 骨髄でつくられる。
② 核がない。
③ 中央がくぼんだ円盤型をしている。
④ 直径は６～９μm である。
⑤ 肝臓や腎臓で壊される。

【18】 下線部 c に関して，次の図はヘモグロビンの酸素解離曲線である。実線が肺胞の二酸化炭素濃度の場合を示し，破線が組織 Y の二酸化炭素濃度の場合である。肺胞の酸素濃度が 100（相対値），組織 Y の酸素濃度が 30（相対値）の場合，肺でヘモグロビンに結合していた酸素の何％が組織 Y に与えられるか。

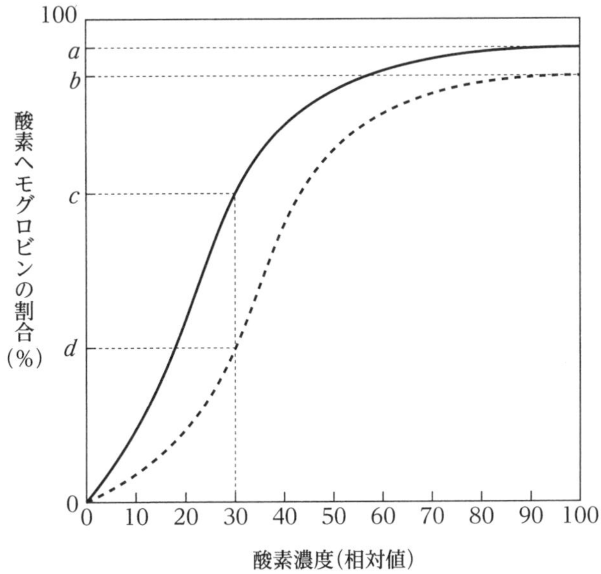

① $(a-c)$％　② $(a-d)$％　③ $(b-c)$％　④ $(b-d)$％

⑤ $\frac{a-c}{a}\times 100$％　⑥ $\frac{a-d}{a}\times 100$％　⑦ $\frac{b-c}{a}\times 100$％　⑧ $\frac{b-d}{a}\times 100$％

【19】 下線部 d に関して，タンパク質 X の名称はどれか。

① コラーゲン　② アクチン　③ フィブリン
④ ミオシン　⑤ トロンビン

【20】 下線部 e に関して，組織に異物が侵入した情報を感知して毛細血管のすき間から組織に出る血球を過不足なく選んだものはどれか。

① 赤血球　② 白血球
③ 血小板　④ 赤血球と白血球
⑤ 赤血球と血小板　⑥ 赤血球と白血球と血小板

5 ヒトの体温調節に関する次の各問いについて，最も適当なものを，それぞれの下に記したもののうちから１つずつ選べ。

体が寒冷刺激を受けると，[ア]の視床下部にある体温調節中枢から交感神経を通じて情報が伝えられ，体の表面からの放熱量が減少する。交感神経からの情報は副腎髄質にも伝えられ，ホルモンXの分泌が促される。ホルモンXは代謝を促進し，発熱量を増加させる。体温調節中枢からの情報は脳下垂体にも伝えられ，甲状腺刺激ホルモンの分泌が促される。これによって甲状腺からホルモンYの分泌が促進される。ホルモンYも代謝を促進し，発熱量を増加させる。

【21】 体温の低下に対抗して体で起こる変化として**間違っているもの**はどれか。

① 立毛筋の収縮　② 皮膚の血管の収縮　③ 発汗の促進
④ ふるえが起こる　⑤ 心臓の拍動の促進

【22】 文中の[ア]にあてはまる語はどれか。

① 大脳　② 中脳　③ 小脳　④ 間脳　⑤ 延髄

【23】 X，Yにあてはまるホルモンの組み合わせはどれか。

	X	Y
①	アドレナリン	グルカゴン
②	アドレナリン	チロキシン
③	アドレナリン	バソプレシン
④	インスリン	グルカゴン
⑤	インスリン	チロキシン
⑥	インスリン	バソプレシン

【24】 交感神経の働きとして**間違っているもの**はどれか。

① すい液分泌の抑制　② 胃のぜん動運動の抑制　③ 心臓の拍動促進
④ 気管支の拡張　⑤ 瞳孔の縮小

【25】 ホルモンXの作用に関する記述として正しいものはどれか。

① グリコーゲンをグルコースに分解する反応を促進する。

② グルコースの細胞への取り込みを促進する。

③ 小腸から毛細血管へのグルコースの取り込みを促進する。

④ タンパク質からグルコースを生成する反応を促進する。

⑤ 腎臓における水分の再吸収を促進する。

⑥ 腎臓におけるナトリウムイオンの再吸収を促進する。

6 ヒトの免疫に関する次の各問いについて，最も適当なものを，それぞれの下に記したもののうちから1つずつ選べ。

免疫のうち，食細胞が異物を非特異的に排除する働きは自然免疫とよばれ，白血球の中で最も数が多い［ア］などが主に働く。食作用を行う白血球のうち，［イ］は，取り込んだ異物の情報をリンパ節でT細胞に伝える。T細胞の中の［ウ］T細胞は，感染細胞を攻撃する［エ］T細胞を活性化させ，また，B細胞の増殖，分化を促す。さらに，異物を排除するマクロファージなどの食細胞の働きを促進する。B細胞は抗体産生細胞(形質細胞)に分化し，抗体を産生，分泌するようになる。以上のような働きは自然免疫に対して獲得免疫(適応免疫)とよばれる。獲得免疫の特徴には「特異性」と「記憶」がある。

【26】 文中の［ア］，［イ］にあてはまる語の組み合わせはどれか。

	①	②	③	④	⑤	⑥
ア	樹状細胞	樹状細胞	NK 細胞	NK 細胞	好中球	好中球
イ	NK 細胞	好中球	樹状細胞	好中球	樹状細胞	NK 細胞

【27】 文中の［ウ］，［エ］にあてはまる語の組み合わせはどれか。

	①	②	③	④	⑤	⑥
ウ	ヘルパー	ヘルパー	キラー	キラー	リプレッサー	リプレッサー
エ	キラー	リプレッサー	リプレッサー	ヘルパー	ヘルパー	キラー

【28】 文中のT細胞とB細胞が分化する場所の組み合わせはどれか。

	①	②	③	④	⑤	⑥
T細胞	骨髄	骨髄	胸腺	胸腺	副腎	副腎
B細胞	胸腺	副腎	骨髄	副腎	骨髄	胸腺

【29】 ヒトに同じ抗原が再び侵入するとき，一度目と比べたときの分泌される抗体量と血中の抗体濃度の上昇速度の組み合わせはどれか。

	①	②	③	④	⑤	⑥	⑦	⑧	⑨
抗体量	等量	等量	等量	少量	少量	少量	多量	多量	多量
上昇速度	同じ	速い	遅い	同じ	速い	遅い	同じ	速い	遅い

【30】 1つの抗体産生細胞(形質細胞)は1種類の抗体を合成する。B細胞が成熟する際，抗体の遺伝子では遺伝子の再構成(再編成)が行われる。抗体分子の可変部の各領域の遺伝子の数が次の表のようになるとき，B細胞がつくることのできる抗体は，理論上何種類になるか。ただし，遺伝子の再構成(再編成)の際の突然変異などはないものとする。

領域	V	D	J
H鎖	40	25	6
L鎖	40	なし	5

① 6×10^3 種類　② 12×10^3 種類　③ 24×10^3 種類
④ 12×10^4 種類　⑤ 24×10^4 種類　⑥ 12×10^5 種類

7

DNA の解析に関する次の各問いについて，最も適当なものを，それぞれの下に記したもののうちから１つずつ選べ。

一定の領域の DNA を増やす技術に PCR 法がある。次の図に示すように，目的の塩基配列のみからなる DNA 領域をXとする。図中の 5′，3′ は，それぞれ 5′ 末端，3′ 末端を示す。

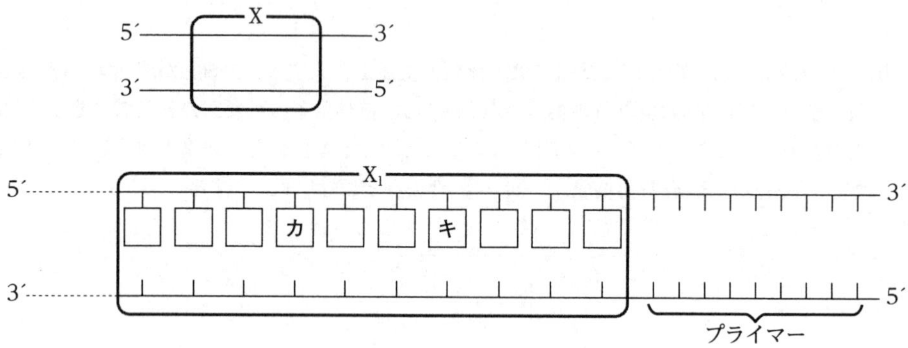

PCR 法の手順は以下の通りである。組織から得た DNA に，２種類のプライマー，４種類のヌクレオチド，DNA ポリメラーゼを加え，サーマルサイクラーという機械にかける。サーマルサイクラーは試料の温度を 95℃→ 60℃→ 72℃と変化させ，それをくり返す機械である。鋳型の２本鎖のゲノム DNA １組から始めると，Xのみの２本鎖 DNA の断片が初めて現れるのは理論上［ア］サイクル目であり，このとき現れるXのみの２本鎖 DNA の断片は［イ］個である。Xの存在は電気泳動のバンドで確認することができる。寒天のようなゲルに電流を流すと，DNA は［ウ］極から［エ］極に移動する。そして長さが長い DNA ほど移動速度は［オ］なる。

Xの部分の塩基配列を調べるには次のような方法がある。鋳型の DNA，１種類のプライマー，DNA ポリメラーゼ，４種類のヌクレオチド，４種類の特殊なヌクレオチドを混合し，サーマルサイクラーにかける。特殊なヌクレオチドが鋳型の DNA に相補的に結合すると，それ以降ヌクレオチドは結合せず，DNA の合成が止まる。なお，特殊なヌクレオチドには４種類の蛍光色素が結合している(A は黄，T は青，G は緑，C は赤とする)。<u>PCR 法により生じたさまざまな長さの DNA 鎖を電気泳動で分離し，どのバンドが何色を呈するかによって塩基配列を決定することができる</u>。

【31】 文中の ア , イ にあてはまる数値の組み合わせはどれか。

	①	②	③	④	⑤	⑥
ア	2	2	3	3	4	4
イ	1	2	2	4	4	8

【32】 文中の ウ , エ , オ にあてはまる符号や語の組み合わせはどれか。

	ウ	エ	オ
①	＋	－	速く
②	＋	－	遅く
③	－	＋	速く
④	－	＋	遅く

【33】 プライマーに関する記述として正しいものはどれか。

① PCR法ではプライマーが必要であるが，細胞内ではプライマーは存在しない。

② 細胞内でもPCR法に用いたのと同じDNAのプライマーが，DNAの複製の際に使われる。

③ 細胞内ではDNAの複製の際にプライマーが使われるが，プライマーはRNAであり，やがてDNAに置き換わる。

④ 細胞内では転写の際にプライマーが使われるが，プライマーはRNAであり，DNAに置き換わることはない。

【34】 下線部の結果として短いDNA断片から順に，黄・緑・青・赤・緑・黄・黄・青・緑・緑の色が確認できたとする。このとき，図中のXの一部であるX_1における カ , キ にあてはまる塩基の組み合わせはどれか。

	①	②	③	④	⑤	⑥	⑦	⑧
カ	A	A	T	T	G	G	C	C
キ	C	G	C	G	A	T	A	T

【35】 図中のX_1における全塩基中のAの割合は何％か。

① 12.5％　② 23％　③ 25％　④ 27％　⑤ 30％

8 **植生の多様性と分布に関する次の各問いについて，最も適当なものを，それぞれの下に記したもののうちから１つずつ選べ。**

世界のバイオームは，森林，草原，荒原に大別され，それらはさらにいくつかの型に分かれる。どの型になるかは，年平均気温と年降水量とよく対応する。

バイオームは，「暖かさの指数」により，ある程度推測できる。一般的に，植物の生育には月平均気温で5℃以上が必要とされる。「暖かさの指数」とは，１年間のうち，月平均気温が5℃以上の各月について，月平均気温から5℃を引いた値の合計値のことである。「暖かさの指数」で見ていくと，次の表のように，一定の範囲内に特定のバイオームが成立することが知られている。

バイオームには，表に示されている以外にも，ステップ，サバンナ，硬葉樹林，雨緑樹林，砂漠がある。

暖かさの指数	0 ~ 15	15 ~ 45	45 ~ 85	85 ~ 180	180 ~ 240	240 以上
バイオーム	ツンドラ	針葉樹林	夏緑樹林	照葉樹林	亜熱帯多雨林	熱帯多雨林

【36】 次の表は，ある地点での月平均気温の近年の平均値を示したものである。この地点の暖かさの指数はいくらか。

月	1	2	3	4	5	6	7	8	9	10	11	12
気温(℃)	−4	−4	0	6	12	15	19	20	16	9	4	−1

① 22　② 34　③ 42　④ 52　⑤ 62

【37】 ステップとサバンナに関する記述として正しいものはどれか。
① 年降水量が等しいとき，年平均気温が高い方がステップとなる。
② 年降水量が等しいとき，年平均気温が高い方がサバンナとなる。
③ 年平均気温が等しいとき，年降水量が多い方がステップとなる。
④ 年平均気温が等しいとき，年降水量が多い方がサバンナとなる。

【38】 表中のバイオームと，その代表的な植物の組み合わせとして**間違っているもの**はどれか。
① ツンドラ・地衣類　② 針葉樹林・コメツガ
③ 夏緑樹林・ブナ　④ 照葉樹林・ミズナラ
⑤ 亜熱帯多雨林・オヒルギ　⑥ 熱帯多雨林・つる植物

【39】 本州中部の丘陵帯で見られるバイオームはどれか。
① 亜熱帯多雨林　② 照葉樹林　③ 夏緑樹林　④ 針葉樹林

【40】 硬葉樹林が見られる地域および硬葉樹林を構成する特徴的な植物の組み合わせはどれか。

	地域	植物
①	地中海沿岸，オーストラリア南部	チーク
②	地中海沿岸，オーストラリア南部	フタバガキ
③	地中海沿岸，オーストラリア南部	オリーブ
④	東南アジア，アフリカ	チーク
⑤	東南アジア，アフリカ	フタバガキ
⑥	東南アジア，アフリカ	オリーブ

9 **生態系における物質循環に関する次の各問いについて，最も適当なものを，それぞれの下に記したもののうちから１つずつ選べ。**

次の図は，生態系における炭素の流れを示したものである。

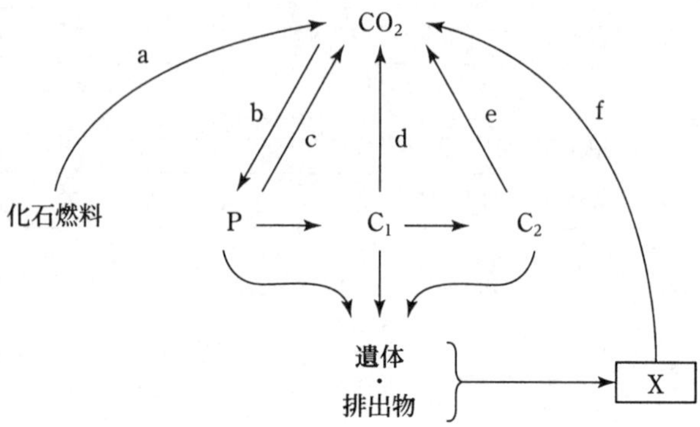

光合成をする植物など，自ら有機物を合成できる生物は生産者(P)とよばれ，他の生物が合成した有機物を摂取する生物は消費者(C)とよばれる。消費者のうち，生産者を食べるものを一次消費者(C_1)，C_1 を食べるものを二次消費者(C_2)といい，さらに図にはないが，C_2 を食べるものを三次消費者(C_3)，C_3 を食べるものを四次消費者(C_4)という。これら P，C_1，C_2 などは栄養段階とよばれる。図中の［ X ］は消費者であるが，分解者とよばれることもある。

一方，窒素の流れを考えてみよう。大気中に豊富にある窒素は動物，植物ともに直接は利用できない。大気中の窒素を直接利用できる生物である<u>窒素固定細菌</u>は，窒素を体内で［ ア ］に変えることができる。土壌中には細菌の働きなどによる［ ア ］が存在し，［ ア ］は，ある硝化菌によって［ イ ］となり，［ イ ］は別の硝化菌によって［ ウ ］となる。植物は根から［ ア ］，［ ウ ］を取り入れ，それらをもとに窒素有機化合物を合成する。

【41】 図中の［ X ］にあてはまる生物として**間違っているもの**はどれか。

① アオカビ　② ナメコ　③ シイタケ
④ シアノバクテリア　⑤ 大腸菌

【42】 図中の a ～ f から呼吸によるものを過不足なく選んだものはどれか。

① a，b，d，e　② a，c，d，e　③ a，d，e
④ c，d，e　⑤ c，d，e，f　⑥ d，e

【43】 下線部に関して，窒素固定細菌はどれか。

① アゾトバクター　② ミドリムシ　③ アオミドロ
④ 乳酸菌　⑤ 大腸菌　⑥ 酵母

【44】 文中の［ア］，［イ］，［ウ］にあてはまる語の組み合わせはどれか。

	ア	イ	ウ
①	亜硝酸イオン	アンモニウムイオン	硝酸イオン
②	亜硝酸イオン	硝酸イオン	アンモニウムイオン
③	アンモニウムイオン	亜硝酸イオン	硝酸イオン
④	アンモニウムイオン	硝酸イオン	亜硝酸イオン
⑤	硝酸イオン	亜硝酸イオン	アンモニウムイオン
⑥	硝酸イオン	アンモニウムイオン	亜硝酸イオン

【45】 窒素の流れに関する記述として正しいものの組み合わせはどれか。

エ 大気中の窒素は，空中放電によって無機窒素化合物に変化する。
オ 動物の中には土壌中の無機窒素化合物を直接利用できるものがいる。
カ 細菌の中には土壌中の無機窒素化合物を大気中の窒素に変化させるものがいる。
キ 根粒菌は共生するイネ科植物より炭水化物を供給されている。

① **エ・オ**　② **エ・カ**　③ **エ・キ**
④ **オ・カ**　⑤ **オ・キ**　⑥ **カ・キ**

令和2年度　地　学

I

固体地球とその変動に関する次の各問いについて，最も適当なものを，それぞれの下に記したもののうちから１つずつ選べ。

問１　地震は帯状の限られた場所で発生しているが，それは地震がプレート境界で発生しているためである。図１は問いに関係する４つの点の位置を示したものであり，図２は震源の深さが 100 km より浅い浅発地震の震央の分布を，図３は震源の深さが 100 km より深い深発地震の震央の分布を示したものである。以下の問いに答えよ。

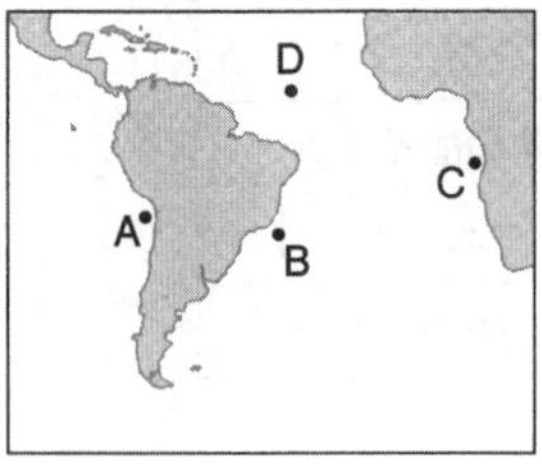

図１

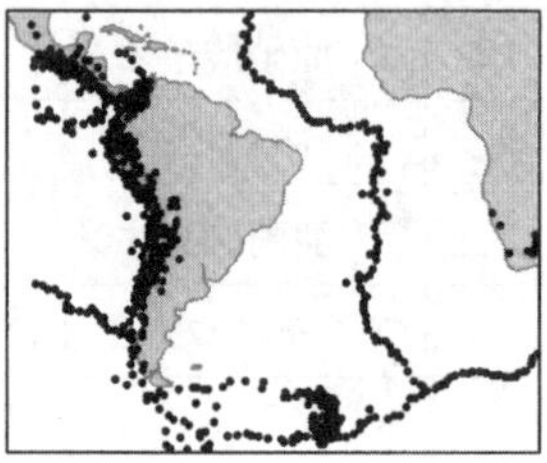
図２　浅発地震の震央

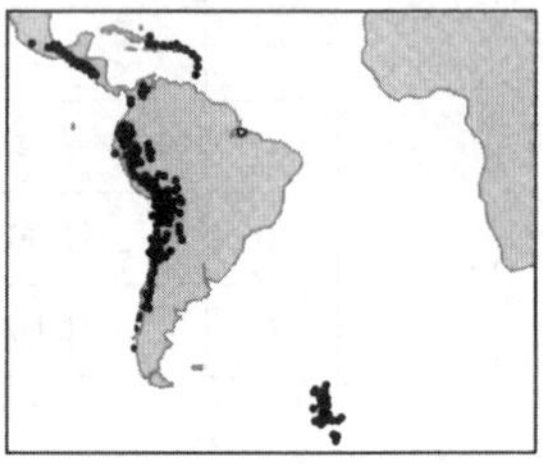
図３　深発地震の震央

⑴　大陸と海洋の境界にある図１の**A**点，**B**点，**C**点のうち，付近に海溝があると考えられる地点を過不足なく選んだものはどれか。**【1】**

①　**A**点　②　**B**点　③　**C**点
④　**A**点，**B**点　⑤　**A**点，**C**点　⑥　**B**点，**C**点

⑵　図１の**D**点に関する次の**a**，**b**の記述の正誤の組み合わせはどれか。**【2】**

a　この付近で発生する地震は，プレートの拡大に伴うものである。
b　**D**点を通る大西洋の東西地形断面では，この付近の水深が最も深い。

	①	②	③	④
a	正	正	誤	誤
b	正	誤	正	誤

⑶　図１の**C**点付近では，火山活動は起こっていない。**A**点，**B**点について，付近で火山活動が起こっていると考えられる地点はどれか。ただし，ホットスポットはないものとする。**【3】**

①　**A**点　②　**B**点　③　**A**点，**B**点　④　**A**点，**B**点ともに火山活動はない

問2　ある深成岩の構成鉱物の重量比(%)が表1のようになっていた。また，鉱物における SiO_2 の含有率(重量%)は表2のようになっていた。以下の問いに答えよ。

表1

鉱物	重量比(%)
斜長石	40
石英	30
カリ長石	25
鉱物 A	5

表2

鉱物	SiO_2 の含有率(重量%)
斜長石	65
石英	100
カリ長石	65
鉱物 A	35

(1)　この深成岩の名称として適当なものはどれか。**【4】**

①　閃緑岩　　②　斑れい岩　　③　花こう岩　　④　かんらん岩

(2)　鉱物 A は黒っぽい色をしている。鉱物 A の名称として適当なものはどれか。**【5】**

①　かんらん石　　②　角閃石　　③　輝石　　④　黒雲母

(3)　この深成岩に含まれる斜長石は，他の種類の深成岩に含まれる斜長石と比べると，ある元素の含有率が相対的に高い。その元素はどれか。**【6】**

①　Ca　　②　Fe　　③　Na　　④　Mg

(4)　この深成岩の色指数に最も近いのはどれか。ただし，鉱物の体積比と重量比は同じであるとする。**【7】**

①　5　　②　30　　③　70　　④　95

(5)　この深成岩全体の SiO_2 の含有率(重量%)は何%か。**【8】**

①　30%　　②　56%　　③　68%　　④　74%

問3　図1は，地表付近で発生した地震について，横軸に震央距離，縦軸にP波の走時をとった走時曲線である。走時曲線は震央距離Lの地点で折れ曲がった折れ線となった。また，図2は地下の地震波の伝わり方を示したものである。地殻中のP波の速度はV_1, マントル中のP波の速度はV_2で，(1)~(3)ではそれぞれ一定であるとして，以下の問いに答えよ。

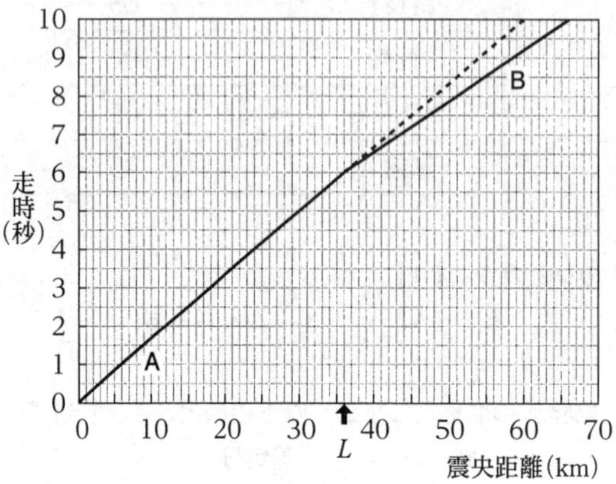

図1

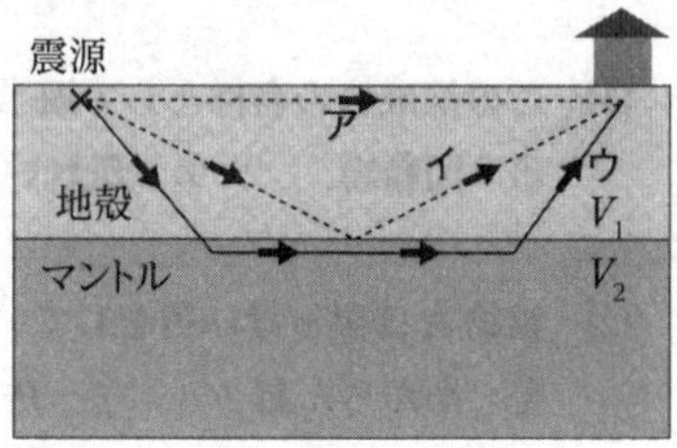

図2

(1)　走時曲線のA，Bの部分は，それぞれ図2のア，イ，ウのどの経路を伝わったものか。【9】

	①	②	③	④	⑤	⑥
A	ア	ア	イ	イ	ウ	ウ
B	イ	ウ	ア	ウ	ア	イ

(2)　地殻中のP波の速度V_1に最も近いものはどれか。【10】

①　4.8 km/s　　②　6.0 km/s　　③　6.6 km/s　　④　7.5 km/s

(3)　走時曲線のBの部分の傾きから求められるものはどれか。【11】

①　V_1とV_2の平均　　②　V_1　　③　V_2

④　ウの経路に沿って伝わる地震波の平均の速さ

(4)　走時曲線が折れ曲がる震央距離L，V_1，V_2と地殻の厚さdの間には$d=\frac{L}{2}\sqrt{\frac{V_2-V_1}{V_2+V_1}}$という関係が成り立つことが明らかにされている。次のa，bの記述の正誤の組み合わせはどれか。【12】

a　V_1，V_2が一定のとき，Lが大きいほどdは大きい。

b　V_1，dが一定のとき，V_2が大きいほどLは小さい。

	①	②	③	④
a	正	正	誤	誤
b	正	誤	正	誤

(5) 海洋地殻とマントル上部を構成する主な岩石の組み合わせはどれか。【13】

	①	②	③	④
海洋地殻	花こう岩	花こう岩	玄武岩	玄武岩
マントル上部	閃緑岩	かんらん岩	閃緑岩	かんらん岩

問4 地球上の物体に働く重力は万有引力と自転による遠心力の合力である。以下の問いに答えよ。

(1) 次の図は，地球を模式的に示したものである。この図および遠心力と重力に関する記述として正しいものの組み合わせはどれか。【14】

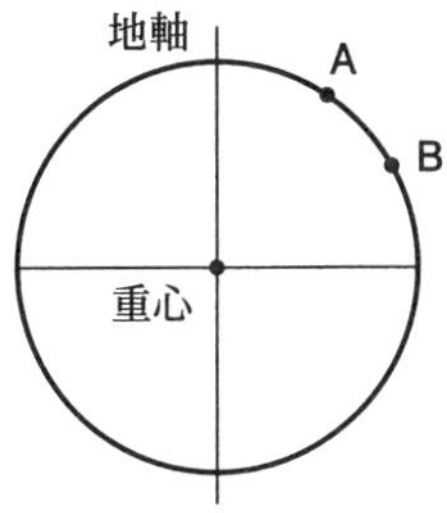

ア 遠心力の大きさは，B点よりA点の方が大きい。
イ 遠心力の大きさは，A点よりB点の方が大きい。
ウ A点での重力の向きは重心の方向と完全に一致する。
エ A点での重力の向きは重心の方向と完全には一致しない。

① ア，ウ　② ア，エ　③ イ，ウ　④ イ，エ

(2) 次のa，bの記述の正誤の組み合わせはどれか。【15】

a 地球は赤道半径が極半径より大きいので，万有引力は赤道で最大となる。
b 理論的な重力の大きさは緯度によって決まり，極で最大になる。

	①	②	③	④
a	正	正	誤	誤
b	正	誤	正	誤

2 地球の歴史に関する次の各問いについて，最も適当なものを，それぞれの下に記したもののうちから１つずつ選べ。

問１　地球の歴史に関する以下の問いに答えよ。

(1)　次の文中の(ア)，(イ)にあてはまる語の組み合わせはどれか。

古生代後半は陸上で大型の（ア）が繁栄した。その遺骸がもとになり，現在利用されている（イ）の多くが形成された。【16】

	①	②	③	④
ア	裸子植物	裸子植物	シダ植物	シダ植物
イ	石油	石炭	石油	石炭

(2)　次の文中の(ウ)，(エ)にあてはまる語の組み合わせはどれか。

中生代は現在と比較して（ウ）な気候が続いた。陸上では恐竜が，海中では（エ）などが繁栄した。【17】

	①	②	③	④
ウ	温暖	温暖	寒冷	寒冷
エ	三葉虫	アンモナイト	三葉虫	アンモナイト

(3)　次の文中の(オ)，(カ)にあてはまる語の組み合わせはどれか。

新生代第四紀は氷期と間氷期が繰り返している。今から 1.8 万年前は（オ）の最盛期であり，海面は現在より 100 ~ 120 m ほど（カ）かった。【18】

	①	②	③	④
オ	氷期	氷期	間氷期	間氷期
カ	低	高	低	高

問2　海底ではさまざまな粒子が堆積し，砂岩，泥岩，石灰岩，チャートなどの堆積岩が形成されるが，場所によって堆積する粒子の種類は異なる。砂や泥の砕屑物の供給が多い場所では砕屑岩が形成される。また，堆積物中で炭酸カルシウムからなる生物の殻の割合が高い場所では石灰岩が形成されるが，炭酸カルシウムは水深 3000 ～ 4000 m より深い場所では溶けてしまうことが知られている。チャートが形成されるのは，堆積物中で，「ある成分」からなる生物の殻の割合が高い場所である。以下の問いに答えよ。

(1)　海底で堆積する砂や泥などの砕屑物に関する次の a，b の記述の正誤の組み合わせはどれか。**【19】**

a　砂や泥などは主に海水中で岩石が風化することで形成される。
b　砕屑物のうち，粒子の直径が 2 mm より大きい粒子は礫とよばれる。

	①	②	③	④
a	正	正	誤	誤
b	正	誤	正	誤

(2)　文中の下線部に関して，チャートを形成する「ある成分」はどれか。**【20】**
①　$CaCO_3$　　②　$NaCl$　　③　Fe_2O_3　　④　SiO_2

(3)　石灰岩とチャートを見分ける方法に関する次の a，b の記述の正誤の組み合わせはどれか。**【21】**

a　2つの岩石をこすり合わせたとき，傷がつく方がチャートである。
b　2つの岩石にうすい塩酸をかけたとき，泡が出る方が石灰岩である。

	①	②	③	④
a	正	正	誤	誤
b	正	誤	正	誤

(4)　石灰岩とチャートに一般的に含まれる化石の組み合わせはどれか。**【22】**

	①	②	③	④
石灰岩	フズリナ	フズリナ	ケイ藻	ケイ藻
チャート	放散虫	有孔虫	放散虫	有孔虫

(5) 文中のさまざまな堆積物の性質からわかる，チャートが堆積する場所はどこか。【23】

① 大陸棚など，陸に近い浅い海の海底
② 海溝など，陸から比較的近い，水深3000～4000 mより深い海の海底
③ 大洋底など，陸から遠い，水深3000～4000 mより深い海の海底
④ 海嶺など，陸から遠い，水深3000～4000 mより浅い海の海底

(6) 次の文中の(ア)，(イ)にあてはまる語の組み合わせはどれか。【24】

日本列島にも海洋底で堆積した地層が多く見られる。西南日本の太平洋岸に分布する（ア）にもこれらの堆積岩が多く見られるが，白亜紀から新第三紀にかけて（イ）として形成されたものである。

	①	②	③	④
ア	四万十帯	四万十帯	三波川帯	三波川帯
イ	地溝帯	付加体	地溝帯	付加体

問３ 次の図は，ある地域の地質断面図である。A～Eは地層を表し，同じ記号は同じ地層を表している。この地域には断層fと不整合uがあり，地層は逆転していないことが確認された。以下の問いに答えよ。

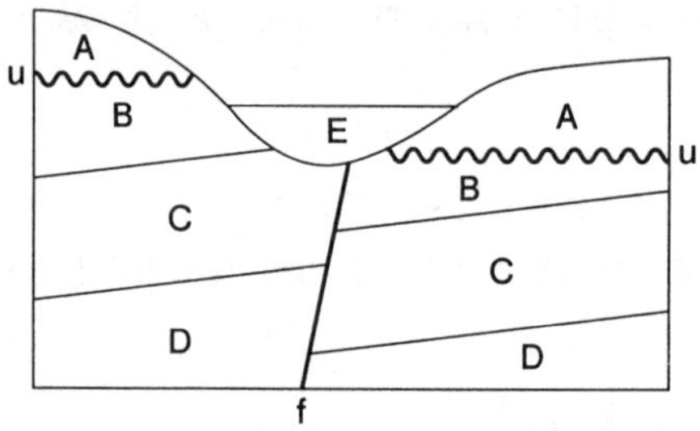

(1) A，D，Eの地層を新しいものから順に並べたものはどれか。【25】

① A→D→E ② A→E→D ③ D→A→E
④ D→E→A ⑤ E→A→D ⑥ E→D→A

(2) 次の文中の(ア)，(イ)にあてはまる語の組み合わせはどれか。【26】

断層fは（ア）であるが，形成された時期は不整合uの形成より（イ）である。

	①	②	③	④
ア	逆断層	逆断層	正断層	正断層
イ	前	後	前	後

(3) 文中の下線部に関連して，地層の逆転の有無は地層中の堆積構造から知ることができる。次の図は，ある垂直な地層に見られた堆積構造であるが，その名称と図の左右どちら側が堆積時の上であるかの組み合わせはどれか。【27】

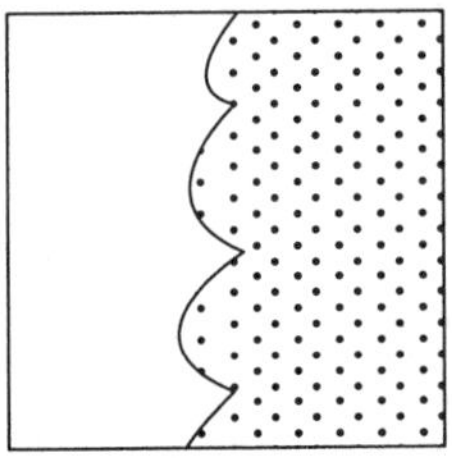

	①	②	③	④
名称	リプルマーク（漣痕）	リプルマーク（漣痕）	級化層理（級化成層）	級化層理（級化成層）
堆積時の上	右	左	右	左

3 大気と海洋に関する次の各問いについて，最も適当なものを，それぞれの下に記したもののうちから１つずつ選べ。

問１ 次の図は，日本のある時期の典型的な天気図である。この天気図に関する以下の問いに答えよ。

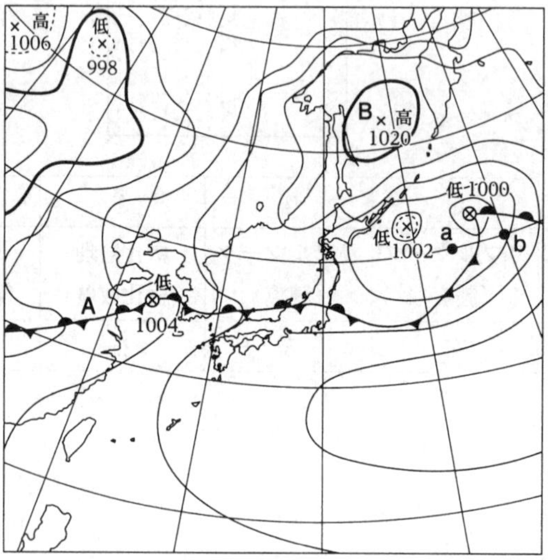

(1) この天気図はどの時期のものか。【28】

① 冬　② 春　③ 梅雨　④ 夏

(2) 図中のａ点，ｂ点は同じ緯度にある。ａ点，ｂ点の気温の比較に関する記述として正しいものはどれか。【29】

① ａ点の方が高温である。　② ｂ点の方が高温である。

③ ほぼ同じである。　④ 気温の違いを判断する材料はない。

(3) 次の文中の（ア），（イ）にあてはまる語の組み合わせはどれか。【30】

Ａの前線では，前線の南側の方が（ア）なので，雲は主に前線の（イ）側に発達する。

	①	②	③	④
ア	低温	低温	高温	高温
イ	南	北	南	北

(4) 高気圧は一定の性質を持つ空気の塊でもある。図中のＢの高気圧はどのような性質か。【31】

① 寒冷，湿潤　② 寒冷，乾燥　③ 温暖，湿潤　④ 温暖，乾燥

問2　日本付近を通過する台風はさまざまなコースをとるが，時期ごとの典型的なコースには一定の傾向が見られる。次の図は，7月，8月，9月の典型的な台風のコースを示したものである。以下の問いに答えよ。

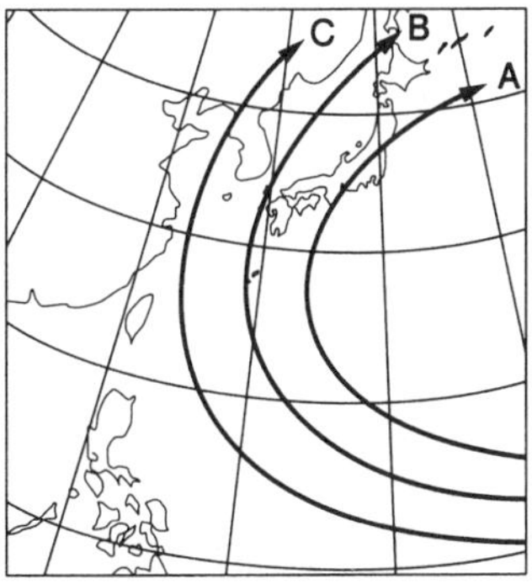

(1)　**A**～**C**のコースを7月，8月，9月の順に並べたものはどれか。**【32】**

①　**A，B，C**　　②　**A，C，B**　　③　**B，A，C**

④　**B，C，A**　　⑤　**C，A，B**　　⑥　**C，B，A**

(2)　台風のコースと関係が深いものの組み合わせはどれか。**【33】**

①　シベリア高気圧の勢力，貿易風の吹き方

②　シベリア高気圧の勢力，偏西風の吹き方

③　太平洋高気圧(北太平洋高気圧)の勢力，貿易風の吹き方

④　太平洋高気圧(北太平洋高気圧)の勢力，偏西風の吹き方

(3)　台風に関する記述として**間違っている**ものはどれか。**【34】**

①　台風は温帯低気圧のうち最大風速が約 17 m/s 以上のものである。

②　台風は進行方向右側で相対的に風が強い。

③　台風で激しい雨を降らせる雲は積乱雲である。

④　台風の主なエネルギー源は水蒸気が放出する潜熱である。

(4)　台風の際に発生する災害に高潮がある。南に開いた湾の奥で，台風の中心が湾の東側を北上する場合と西側を北上する場合を比べたときの，高潮の高さに関する記述として正しいものはどれか。ただし，台風の勢力や，湾から台風の中心までの距離は同じであるとする。**【35】**

①　風が台風の中心に反時計回りに吹き込むので，台風の中心が西側を通過した場合に高潮の高さは高くなる。

②　風が台風の中心に時計回りに吹き込むので，台風の中心が西側を通過した場合に高潮の高さは高くなる。

③　風が台風の中心に反時計回りに吹き込むので，台風の中心が東側を通過した場合に高潮の高さは高くなる。

④　風が台風の中心に時計回りに吹き込むので，台風の中心が東側を通過した場合に高潮の高さは高くなる。

⑸　台風の際に多量の雨が降り，河川が氾濫することがある。次のａ，ｂの記述の正誤の組み合わせはどれか。【36】

ａ　河川が氾濫したときにどの程度浸水するかなど，発生する被害の予測をまとめた地図をハザードマップという。
ｂ　雨が止めば，河川の氾濫の危険性は実質的に去ったと考えてよい。

	①	②	③	④
a	正	正	誤	誤
b	正	誤	正	誤

問３　エルニーニョ現象に関する以下の問いに答えよ。

⑴　エルニーニョ現象に関する次のａ，ｂの記述の正誤の組み合わせはどれか。【37】

ａ　ほぼ一定の周期で発生する。
ｂ　赤道太平洋東部の平均海水温が通常より高くなる現象である。

	①	②	③	④
a	正	正	誤	誤
b	正	誤	正	誤

⑵　次の文中の（ア），（イ）にあてはまる語の組み合わせはどれか。【38】

赤道太平洋上空では通常（ア）から風が吹いているが，この風が弱まると吹き寄せられていた表層の暖水が（ア）に戻ってくる。その結果，赤道太平洋東部では，深部からの冷たい水の湧昇が（イ）なる。

	①	②	③	④
ア	東	東	西	西
イ	活発に	弱く	活発に	弱く

(3) 次の文中の(ウ), (エ)にあてはまる語の組み合わせはどれか。**【39】**

エルニーニョ現象が発生すると, 赤道太平洋西部の海水温も変化する。このことは日本の天気にも影響を及ぼす。例えば, 梅雨明けは通常より (ウ) なり, 夏の気温は通常より (エ) なる傾向がある。

	①	②	③	④
ウ	早く	早く	遅く	遅く
エ	高く	低く	高く	低く

4 **地球と宇宙に関する次の各問いについて，最も適当なものを，それぞれの下に記したもののうちから１つずつ選べ。**

問１　火星の気圧は地球の約 $\frac{1}{170}$ しかない。その主な原因に関する記述として正しいものはどれか。**【40】**

①　火星は太陽からの距離が地球より遠い。

②　火星は質量が地球の $\frac{1}{10}$ 程度である。

③　火星の表面には現在液体の水がない。

④　火星には現在活動中の火山がない。

問２　水星の地表の温度は－170 ～ 430 ℃と変化が大きい。地球と比べると温度の変化が非常に大きいが，その主な原因に関する記述として正しいものはどれか。**【41】**

①　大気がなく，地球に比べ自転周期が長い。

②　大気がなく，地球に比べ自転周期が短い。

③　地球に比べ，太陽に近く，自転周期が長い。

④　地球に比べ，太陽に近く，自転周期が短い。

問３　2019 年から 2020 年にかけて，オリオン座のベテルギウスは暗くなっていることが話題になったが，ベテルギウスが超新星爆発を起こすと，－11 等程度の明るさになると見積もられている。現在の等級を１等とすると，超新星爆発を起こすときのベテルギウスの明るさは約何倍になるか。**【42】**

①　12 倍　　②　144 倍　　③　630 倍　　④　63000 倍

問４　オリオン座のベテルギウスは巨星(赤色巨星)である。ベテルギウスに関する次の **a**，**b** の記述の正誤の組み合わせはどれか。**【43】**

a　ベテルギウスは星間雲から巨星として誕生した。

b　ベテルギウスの現在の主なエネルギー源は水素の核融合反応である。

	①	②	③	④
a	正	正	誤	誤
b	正	誤	正	誤

問5　宇宙は約 138 億年前に誕生したと考えられている。宇宙が誕生してから現在までの宇宙の大きさと温度に関する記述として正しいものはどれか。【44】

① 大きさは大きくなり，温度は上昇している。
② 大きさは大きくなり，温度は低下している。
③ 大きさは小さくなり，温度は上昇している。
④ 大きさは小さくなり，温度は低下している。

問6　宇宙が誕生して 38 万年後に宇宙の晴れ上がりという出来事があり，宇宙が遠くまで見通せるようになったと考えられている。宇宙の晴れ上がりは，どの粒子の形成と関係が深いか。【45】

① 陽子や中性子　② 素粒子　③ 原子　④ 原子核

問7　太陽で発生するフレアに関する次の a，b の記述の正誤の組み合わせはどれか。【46】

a　フレアは太陽の光球面で発生する爆発現象である。
b　フレアが発生すると，太陽風による影響より先に，X線による影響が地球におよぶ。

	①	②	③	④
a	正	正	誤	誤
b	正	誤	正	誤

問8　恒星は宇宙空間に均一に分布しているわけではなく，集団を形成している。その集団に属する恒星が最も少ないものはどれか。【47】

① 散開星団　② 銀河群　③ 銀河　④ 球状星団

令和2年度　物　理　解答と解説

1　さまざまな物理現象

【1】 放物運動の鉛直投げ上げ運動の速さと時間の関係 $v=v_0-gt$，小球の鉛直投げ上げの速さ v は，初速度の大きさを v_0，重力加速度の大きさを g，投げてからの時間を t とすると，上記の通り表せる。

そこで，問で与えられている通り，小球の速さを y，投げてからの時間を x で表すと，$y=v_0-gx$ となる。さらにこの問でのそれぞれの定数を a，b でくくると，$y=-ax+b$ と表せる。よってマイナスの1次関数のグラフは③となる。

答【1】③

【2】 運動方程式 $F=ma$，力学台車に与えられている一定の力の大きさ F は，力学台車に生じる加速度の大きさを a，力学台車の質量を m とすると，上記の通り表せる。

そこで，問で与えられている通り，力学台車に生じる加速度の大きさを y，力学台車の質量を x で表すと，$F=xy$ となる。さらにこの問での定数を a でくくると，$y=\frac{a}{x}$ と表せる。よって反比例のグラフは⑤となる。

答【2】⑤

【3】 波（空気中を伝わる音波も同様）の速さと振動数と波長の関係 $v=f\lambda$，空気中を伝わる音波の速さ v は，音の振動数を f，音の波長を λ とすると，上記の通り表せる。

そこで，問で与えられている通り，音の振動数を y，音の波長を x で表すと，$v=yx$ となる。さらにこの問での定数を a でくくると，$y=\frac{a}{x}$ と表せる。よって反比例のグラフは⑤となる。

答【3】⑤

【4】 放物運動の自由落下運動の距離と時間の関係 $y=\frac{1}{2}gt^2$，落下距離 y は，重力加速度の大きさを g，落下してからの時間を t とすると，左記の通り表せる。

さて，落下距離を変化させたときの落下時間の変化を比較するために，落下距離が y の場合と $2y$ の場合の2式を立てる。落下距離が y のときの落下時間を t とすると，$y=\frac{1}{2}gt^2$ と表せる。同様に落下距離が $2y$ のときの落下時間を t' とすると，$2y=\frac{1}{2}gt'^2$ と表せる。よってこの2式を連立させると，$2\times\frac{1}{2}gt^2=\frac{1}{2}gt'^2$ となるため，$t'=\sqrt{2}t$ と求まる。

答【4】⑥

【5】 抵抗の消費電力の式 $P=VI$，抵抗の消費電力 P は，抵抗にかかる電圧を V，流れる電流を I とすると，上記の通り表せる。またオームの法則 $V=RI$，抵抗の抵抗値 R は左記の通り表せる。よってこの2式を連立させると消費電力は，$P=VI=\frac{V^2}{R}$ と表せる。

さて，抵抗の消費電力の変化を比較するために，抵抗にかかる電圧が V の場合と $2V$ の場合の2式を立てる。電圧が V のときの抵抗の消費電力を P とすると，$P=\frac{V^2}{R}$ と表せるため，以後代入できるように $V^2=PR$ と整理する。同様に電圧が $2V$ のときの抵抗の消費電力を P' とすると，$P'=\frac{(2V)^2}{R}$ と表せる。よってこの2式を連立させると，$P'=\frac{4PR}{R}$ となるため，$P'=4P$ と求まる。

答【5】⑨

答【1】③【2】⑤【3】⑤
【4】⑥【5】⑨

2　力のモーメントに関する問題

【6】 板に取り付けた糸の張力の大きさを求めるために，板でつりあう力のモーメントについて考える。

また，モーメントを考えていく前に，三平方の定理を利用して，板の傾斜から $\sin\theta$ と $\cos\theta$ を算出しておく。下図のように水平面と板とのなす角を θ とおく。板は一辺の長さが l で鉛直上方に $\frac{l}{3}$ の高さまで引き上げられているため三平方の定理を利用すると下図の x は，$l^2=\left(\frac{l}{3}\right)^2+x^2$ と表せるため，整理すると $x=\frac{2\sqrt{2}}{3}l$ と求まる。

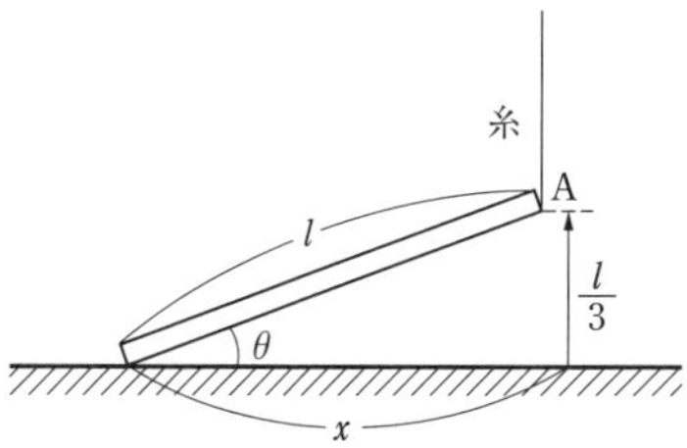

これを利用して $\sin\theta$ を算出すると，$\sin\theta=\frac{\frac{l}{3}}{l}=\frac{1}{3}$ と求まる。同様に $\cos\theta$ を算出すると，$\cos\theta=\frac{\frac{2\sqrt{2}}{3}l}{l}=\frac{2\sqrt{2}}{3}$ と求まる。

さて，次に板でつりあう力のモーメントについて考える。板にはたらく力はそれぞれ下図のように表せる。

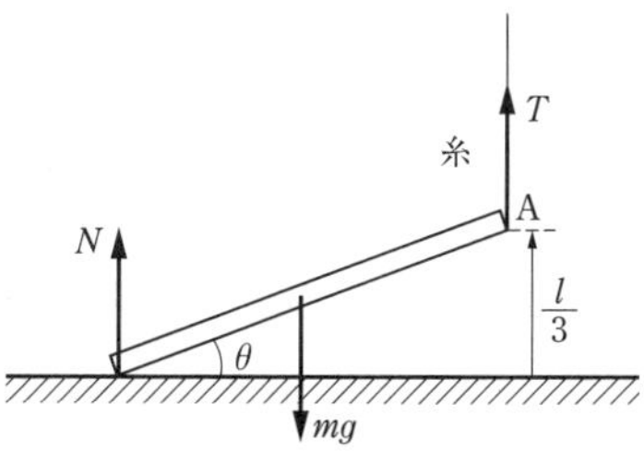

次に回転軸の中心を決定させる。問の問題文を見ると今回は，糸の張力，重力，垂直抗力のうち，糸の張力を重力を用いて表す解答形式になっている。そこで，回転軸を垂直抗力がはたらく部分に設定する。すると力のモーメントのつりあいで考えなくてはならない力は，張力と重力に決定される。

次に力のモーメントのつりあいの式を立てるために下図のように張力と重力のベクトルを同一作用線上で移動させることで回転軸と力の角度を直角にする。

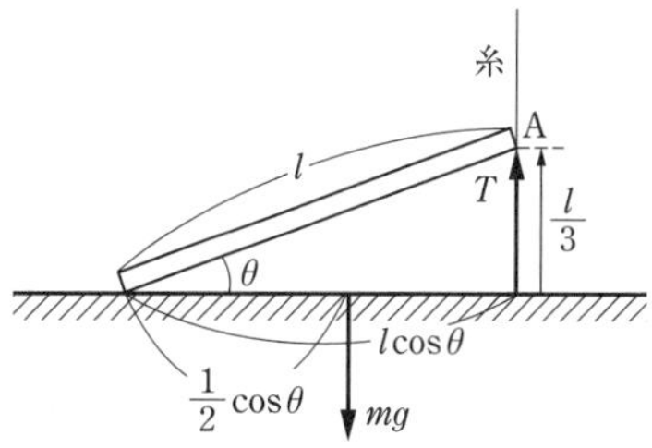

回転軸から実際の張力までの距離が l であり，かつ回転軸から重力までの距離が $\frac{l}{2}$ であることを考慮すると，張力と重力のベクトルを移動させた後のそれぞれの力のベクトルと回転軸までの距離は上図の通りに表せる。

また，力のモーメント N は，力の大きさを F，力と回転軸までの距離を l とすると，$N=Fl$ と表せる。よって，張力と重力のモーメントのつりあいの式は，張力が反時計回りに回転させるモーメントであり，重力が時計回りに回転させるモーメントであることに留意し立式すると，$T\times l\cos\theta-mg\times\frac{l}{2}\cos\theta=0$ と表せる。よって，整理すると糸の張力の大きさ T は $T=\frac{1}{2}\times mg$ と求まる。

答【6】⑦

【7】 図1から図2の間に糸の張力がした仕事を求めるために，仕事について考える。一般的に力がした仕事 W は，力の大きさを F，力を加えて移動させた距離を s とすると，$W=Fs$ と表すことができる。

図1の状態から板の右端の辺の中央の点Aに軽い糸をつけ，鉛直上方に $\frac{l}{3}$ の高さまで引き

上げているため，糸の張力 T がした仕事 W は，$W=T\times\frac{l}{3}$ と表せる。また【6】より，$T=\frac{1}{2}\times mg$ であるため，これを前式に代入すると，$W=\frac{1}{2}mg\times\frac{l}{3}=\frac{1}{6}mgl$ と求まる。

答【7】①

【8】 図4の状態での物体Pに作用する垂直抗力の大きさを求めるために，物体Pにはたらく力のつりあいを考える。図4の状態での物体Pにはたらく力は，重力 mg，垂直抗力 N，静止摩擦力 F の3力であり，下図のようになる。

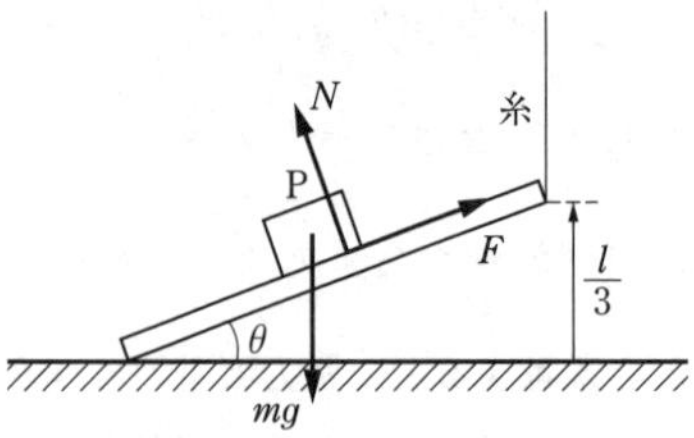

次に，力をつりあわせるために，重力 mg を斜面に沿って水平方向と鉛直方向に分解する。重力 mg を分解すると下図のようになる。

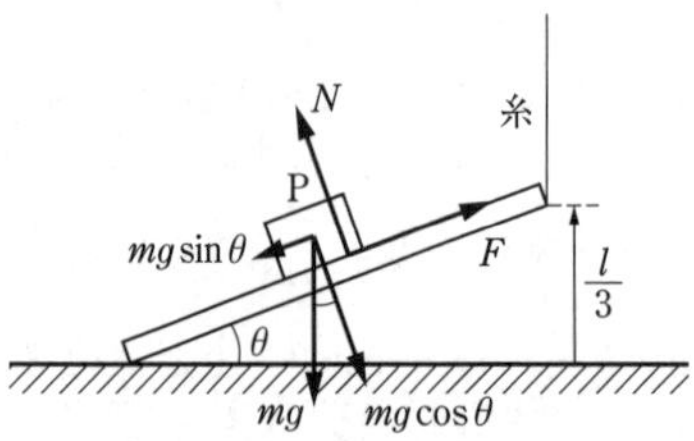

よって，斜面に沿って水平方向と鉛直方向で力のつりあいの式を立てると，それぞれ $F=mg\sin\theta$ と $N=mg\cos\theta$ と表せる。そこで，垂直抗力の大きさを求めるために，斜面に沿って鉛直方向のつりあいの式に，【6】より，$\cos\theta=\frac{2\sqrt{2}}{3}$ を用いて代入すると，$N=mg\cos\theta=mg\times\frac{2\sqrt{2}}{3}=\frac{2\sqrt{2}}{3}\times mg$ と求まる。

答【8】⓪

【9】 図4の状態での物体Pにはたらく静止摩擦力の大きさを求めるために，【8】と同様に物体Pにはたらく力のつりあいを考える。

斜面に沿って水平方向の力のつりあいの式は【8】より，$F=mg\sin\theta$ と表せる。そこで，斜面に沿って水平方向のつりあいの式に，【6】より，$\sin\theta=\frac{1}{3}$ を用いて代入すると，静止摩擦力の大きさは $F=mg\sin\theta=mg\times\frac{1}{3}=\frac{1}{3}\times mg$ と求まる。

答【9】④

【10】 物体Pと板との間の静止摩擦係数を求めるために，【8】【9】と同様に物体Pにはたらく力のつりあい，また静止摩擦力の公式を考える。静止摩擦力Fは，静止摩擦係数を μ，垂直抗力の大きさを N とすると，$F=\mu N$ と表せる。

そこで，【9】より，$F=\frac{1}{3}mg$ と，【8】より，$N=\frac{2\sqrt{2}}{3}mg$ をそれぞれ上式に代入すると，$\frac{1}{3}mg=\mu\times\frac{2\sqrt{2}}{3}mg$ と表せる。よって式を整理すると，静止摩擦係数は $\mu=\frac{1}{2\sqrt{2}}=\frac{\sqrt{2}}{4}$ と求まる。

答【10】⑤

答【6】⑦【7】①【8】⓪

【9】④【10】⑤

3 万有引力に関する問題

【11】 人工衛星が半径 R の地球の表面から高さ R の円軌道を回転運動する際の速さ v_0 を求めるために，向心力（等速円運動の運動方程式）と万有引力の法則を考える。まず向心力の大きさ F は，物体（人工衛星）の質量を m，軌道半径を r，角速度を ω とすると，$F=mr\omega^2$ と表せる。また，円運動の速さを v とすると，軌道半径と角速度には $v=r\omega$ という関係があるため，この式を上式に代入すると向心力の大きさ

は$F=mr\omega^2=m\frac{v^2}{r}$と表せる。次に，万有引力の大きさ$F$は，万有引力定数を$G$，2物体間の距離を$R$，2物体それぞれの質量を$m$，$M$とすると，$F=G\frac{mM}{R^2}$と表せる。

さて，問の問題文を見ると，円軌道を運動する人工衛星にはたらく向心力は，人工衛星と地球の間に作用する万有引力であると表記されている。そこで，軌道半径および2物体間の距離が$2R$であることと，人工衛星の速さがv_0であることに留意して，表記をそのまま立式に反映させると，$m\frac{v_0^2}{2R}=G\frac{mM}{(2R)^2}$と表せる。よって整理すると，$v_0=\sqrt{\frac{1}{2}\times\frac{GM}{R}}$と求まる。

答【11】⑦

【12】 人工衛星がもつ万有引力による位置エネルギーを求めるために，万有引力による位置エネルギーを考える。一般的に万有引力による位置エネルギーUは，$U=-G\frac{mM}{R}$と表せる。

そこで，【11】と同様に2物体間の距離が$2R$であることに留意すると，人工衛星がもつ万有引力による位置エネルギーは$U_0=-G\frac{mM}{2R}=-\frac{1}{2}\times\frac{GmM}{R}$と求まる。

答【12】④

【13】 点Qにおける人工衛星の速さを求めるためにケプラーの法則のうち，第2法則である面積速度一定の法則を考える。面積速度一定の法則とは，惑星と太陽を結ぶ線分が，一定時間に描く面積は一定であるという法則である。太陽に対して惑星が，ある点Aにいた場合，太陽と惑星との距離をr_1とし，その時の惑星の速さをv_1とする。同様に惑星が，ある点Bにいた場合，太陽と惑星との距離をr_2とし，その時の惑星の速さをv_2とすると，これらは，$\frac{1}{2}r_1v_1=\frac{1}{2}r_2v_2$と表せる。

ここで，問に即して法則を解釈すると惑星は人工衛星であり，太陽は地球と捉えることができる。また問より点Qにおける人工衛星の速さを点Pにおける速さで解答として表すため，比較する点は点Pと点Qとなる。よって，点Pでの人工衛星の速さがv_1であり，かつ人工衛星と地球との距離が$2R$であることと，同様に点Qでの人工衛星の速さがv_2であり，かつ人工衛星と地球との距離が$4R$であることに留意して，面積速度一定の法則の式を立てると$\frac{1}{2}\times2R\times v_1=\frac{1}{2}\times4R\times v_2$と表せるため，整理すると点Qにおける人工衛星の速さは，$v_2=\frac{1}{2}v_1$と求まる。

答【13】⑦

【14】 点Qにおける人工衛星がもつ万有引力による位置エネルギーを求めるために，【12】と同様に万有引力による位置エネルギーを考える。

さて，【13】と同様に点Qでは2物体間の距離が$4R$であることに留意すると，人工衛星がもつ万有引力による位置エネルギーは$U_2=-G\frac{mM}{4R}=-\frac{1}{4}\times\frac{GmM}{R}$と求まる。

答【14】⑤

【15】 点Pで瞬間的に加速した人工衛星の速さを求めるために，万有引力による位置エネルギーを加味した力学的エネルギー保存則を考える。力学的エネルギーの内，万有引力による位置エネルギーについては【12】と同様と考える。また一般的に運動エネルギーKは，$K=\frac{1}{2}mv^2$と表せる。かつ，ある状態Aの物体の速さをv_1，物体（人工衛星）と地球との距離をR_1とし，同様に状態Bの物体の速さをv_2，物体（人工衛星）と地球との距離をR_2とすると，これら

は力学的エネルギー保存則で$\frac{1}{2}mv_1^2-G\frac{mM}{R_1}=$

$\frac{1}{2}mv_2^2-G\frac{mM}{R_2}$と表せる。

さて，問の問題文を見ると，人工衛星が楕円軌道を運動しているとき，力学的エネルギーは一定に保たれると表記されている。そこで，点Pにおける人工衛星の速さがv_1であり，かつ人工衛星と地球との距離が$2R$であることと，同様に点Qでの人工衛星の速さがv_2であり，かつ人工衛星と地球との距離が$4R$であることに留意して，点Pと点Qにおいて力学的エネルギー保存則を立てると，$\frac{1}{2}mv_1^2-G\frac{mM}{2R}=\frac{1}{2}mv_2^2-G\frac{mM}{4R}$と表せる。また，【13】より，$v_2=\frac{1}{2}v_1$を用いて，上式に代入すると$\frac{1}{2}mv_1^2-G\frac{mM}{2R}=\frac{1}{2}m\left(\frac{1}{2}v_1\right)^2-G\frac{mM}{4R}$と表せる。よって，上式を整理すると，点Pで瞬間的に加速した人工衛星の速さは，$v_1=\sqrt{\frac{2}{3}\times\frac{GM}{R}}$と求まる。

答【15】⑧

答【11】⑦【12】④【13】⑦
【14】⑤【15】⑧

4　理想気体の状態変化に関する問題

【16】　状態変化A→B→Cにおける気体の温度と体積の関係を表すグラフを求めるために，ボイル・シャルルの法則を考える。ボイル・シャルルの法則では，ある気体の温度をT，圧力をp，体積をVとすると，これらは$\frac{pV}{T}=$一定と表せる。

そこで，次図の問のグラフを参考に，状態Bの温度T_Bと圧力pと体積Vを基準として，状態Aと状態Cの温度や体積を算出していく。

まず，状態Bと状態Aを比較する。状態Bの温度がT_B，圧力がp，体積がVであることと，状態Aの温度がT_A，圧力がp，体積が$2V$で

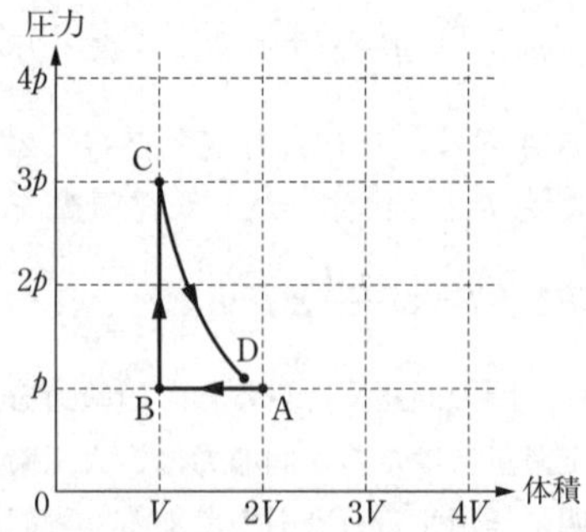

あることに留意してボイル・シャルルの法則を立てると，$\frac{pV}{T_B}=\frac{p\times 2V}{T_A}$と表せる。よって状態Aの温度は，$T_A=2T_B$と求まる。また，併せて問のグラフより状態Aの体積が$2V$であることも確認しておきたい。

さて，同様に状態Bと状態Cを比較する。状態Bの温度がT_B，圧力がp，体積がVであることと，状態Cの温度がT_C，圧力が$3p$，体積がVであることに留意してボイル・シャルルの法則を立てると，$\frac{pV}{T_B}=\frac{3pV}{T_C}$と表せる。よって状態Cの温度は，$T_C=3T_B$と求まる。また，併せて問のグラフより状態Cの体積がVであることも確認しておきたい。

よって以上をまとめると，状態Aでは温度が$T_A=2T_B$で体積が$2V$であり，状態Bでは温度が$T_B=1T_B$で体積がVであり，状態Cでは温度が$T_C=3T_B$で体積がVであるため，この3点のプロットが示されているグラフは⑧となる。

答【16】⑧

【17】　状態変化A→Bの定圧変化で，気体がされた仕事W_{AB}を求めるために，仕事と圧力と体積の関係について考える。一般的に，気体が外部にする仕事Wは，気体の圧力をp，体積の変化量をΔVとすると，$W=p\Delta V$と表せる。

さて，状態変化A→Bを【16】のグラフより確認する。状態変化は定圧変化であるため，状態Aから状態Bに変化させる際の圧力はpで一定である。次に体積の変化を確認する。グラフより状態Aの体積は$2V$であり，状態Bの

体積は V であることが確認できる。よって体積の変化量 $\varDelta V$ は，$\varDelta V=V_B-V_A=V-2V=-V$ と求まる。よって，状態変化 A→B の定圧変化で，気体がした仕事は $W=p\varDelta V=p\times(-V)=-pV$ と求まる。

ここで，気体が外部にされた仕事と，気体が外部にした仕事について確認したい。気体の体積を変容させられる容器の中の気体が，外部から押されることにより，体積が収縮する場合がある。これを，気体が外部にされた仕事という。その反対に気体が外部を押すことにより，体積が膨張する場合がある。これを，気体が外部にした仕事という。よって，した仕事 $W_{した}$ とされた仕事 $W_{された}$ には，$W_{した}=-W_{された}$ の関係がある。

また問は，気体がされた仕事 W_{AB} を求めるため，先述の状態変化 A→B の定圧変化で，気体がした仕事 $W=p\varDelta V=p\times(-V)=-pV$ は，$W_{した}=-W_{された}$ の関係を用いると，$W_{AB}=-W$ の関係があるため，気体がされた仕事は $W_{AB}=-W=1\times pV$ と求まる。

答【17】⑥

【18】 状態変化 B→C の定積変化で，気体がされた仕事 W_{BC} を求めるために，【17】と同様に仕事と圧力と体積の関係について考える。

さて，状態変化 B→C を【16】のグラフより確認する。状態変化は定積変化であるため，状態 B から状態 C に変化させる際の体積は V で一定である。そこで，気体の仕事のうち，体積の変化量 $\varDelta V$ が $\varDelta V=0$ であるため，気体の仕事も $W=p\varDelta V=0$ となる。よって状態変化 B→C の定積変化で，気体がされた仕事は，$W_{BC}=0\times pV$ と求まる。

答【18】⑤

【19】 状態変化 B→C において，気体が吸収した熱量 Q_{BC} を求めるために，熱力学の第一法則と理想気体の内部エネルギー（単体・かつ変化量），さらに理想気体の状態方程式を考える。熱力学の第一法則は，理想気体の内部エネルギーの変化量を $\varDelta U$，気体がされた仕事を W'，気体が吸収した熱量を Q とすると，これらは $\varDelta U=Q+W'$ [J] の関係がある。また，理想気体の内部エネルギー（単体）U は，物質量を n，気体定数を R，絶対温度を T とすると，これらは，$U=\frac{3}{2}nRT$ と表せる。よって理想気体の内部エネルギーの変化量は，$\varDelta U=\frac{3}{2}nR\varDelta T$ と表せる。さらに理想気体の状態方程式は $pV=nRT$ と表せる。

さて，問の問題文を見ると，状態変化 B→C において，内部エネルギーの変化を $\varDelta U_{BC}$，気体が吸収した熱量を Q_{BC} とすると，熱力学第一法則より，$\varDelta U_{BC}=Q_{BC}+W_{BC}$ なので，$Q_{BC}=\varDelta U_{BC}-W_{BC}$ と表記されている。まず，【18】より状態変化 B→C で気体がされた仕事が $W_{BC}=0\times pV$ であることを確認する。次に，状態変化 B→C での内部エネルギーの変化を考える。【16】のグラフより，状態 B では圧力が p で体積が V であり，状態 C では圧力が $3p$ で体積が V である。また内部エネルギーの変化 $\varDelta U$ に理想気体の状態方程式 $pV=nRT$ を代入すると，$\varDelta U=\frac{3}{2}nR\varDelta T=\frac{3}{2}\varDelta pV$ と表せるため，上記状態 B と状態 C の条件をさらに代入すると状態変化 B→C での内部エネルギーの変化 $\varDelta U_{BC}$ は，$\varDelta U_{BC}=\frac{3}{2}\varDelta pV=\frac{3}{2}(3p-p)V=3pV$ と求まる。よって，最終的に状態変化 B→C において，気体が吸収した熱量 Q_{BC} は $Q_{BC}=\varDelta U_{BC}-W_{BC}=3pV-0\times pV=3\times pV$ と求まる。

答【19】⑨

【20】 状態変化 C→D において，気体がされた仕事 W_{CD} を求めるために，【19】と同様に熱力学の第一法則と理想気体の内部エネルギー（単体・かつ変化量），さらに理想気体の状態方程式を考える。

さて，問の問題文を見ると，状態変化 C→D は断熱変化で，気体が吸収した熱量 Q_{CD} は，$Q_{CD}=0$ なので，内部エネルギーの変化を $\varDelta U_{CD}$，気体がされた仕事を W_{CD} とすると，熱力学第一法則より，$\Delta U_{CD}=W_{CD}$となり，$W_{CD}=$と表記されている。そこで，内部エネルギーの変化を求めるために，状態Cと状態Dの温度を確認する。状態Cの温度は，【16】より，$T_C=3T_B$であり，状態Dの温度は問題文より$T_D=2T_B$となる。よって，状態変化C→Dでの内部エネルギーの変化ΔU_{CD}は,$\Delta U_{CD}=\frac{3}{2}nR\Delta T=\frac{3}{2}nR(T_D-T_C)=\frac{3}{2}nR(2T_B-3T_B)=-\frac{3}{2}nRT_B$と求まる。また，この結果に状態Bでの理想気体の状態方程式$pV=nRT_B$を代入すると，$\Delta U_{CD}=-\frac{3}{2}nRT_B=-\frac{3}{2}pV$と表せる。

よって，最終的に熱力学第一法則より，問題文にも記載の通り，$\Delta U_{CD}=W_{CD}$となるため，状態変化C→Dにおいて，気体がされた仕事は，$W_{CD}=-\frac{3}{2}\times pV$と求まる。

答【20】③

答【16】⑧【17】⑥【18】⑤

【19】⑨【20】③

5 [A]波の要素と正弦波に関する問題 [B]ドップラー効果に関する問題

【21】 横波の振幅と波長を求めるために，波の基本的な用語の確認をする。振幅とは，つりあいの位置（図の$x=0$〔m〕）からの山の高さ（谷の深さ）のことを指す。また，山とは波形の最も高いところを指し，谷とは波形の最も低いところを指す。次に波長とは，隣りあう山と山（谷と谷）の間隔のことを指す。

そこで，次図の問の図を参考に，横波の振幅と波長を導いていく。

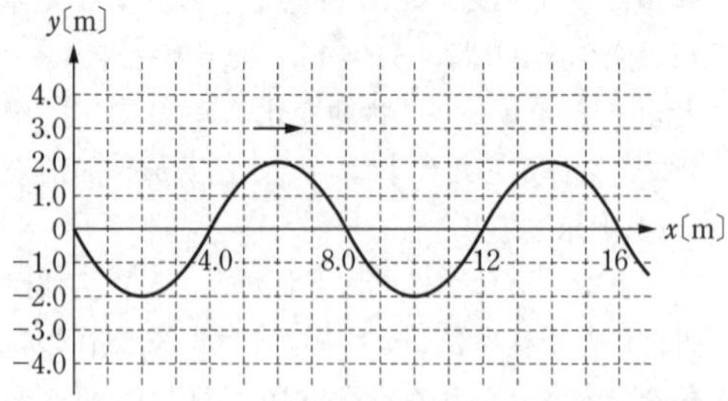

まず波の図より，振幅A〔m〕を求める。振幅は左記の通り，つりあいの位置(図の$x=0$〔m〕)からの山の高さ（谷の深さ）のことを指すため，下図の部分が振幅に該当するため，$A=2.0$〔m〕と求まる。

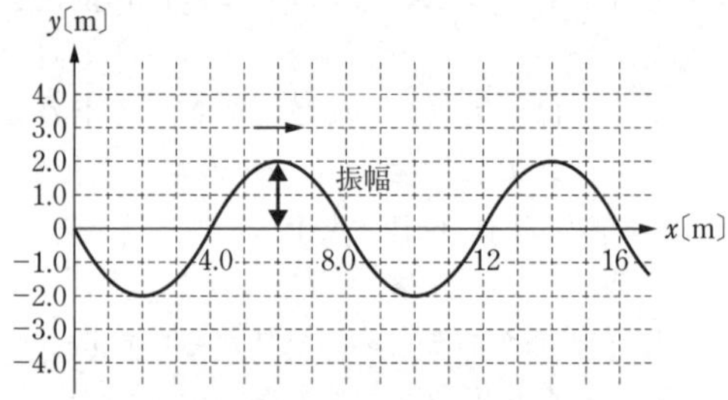

次に，同様に波の図より，波長λ〔m〕を求める。波長は前記の通り，隣りあう山と山（谷と谷）の間隔のことを指すため，下図の部分が波長に該当するので，$\lambda=14-6.0=8.0$〔m〕と求まる。

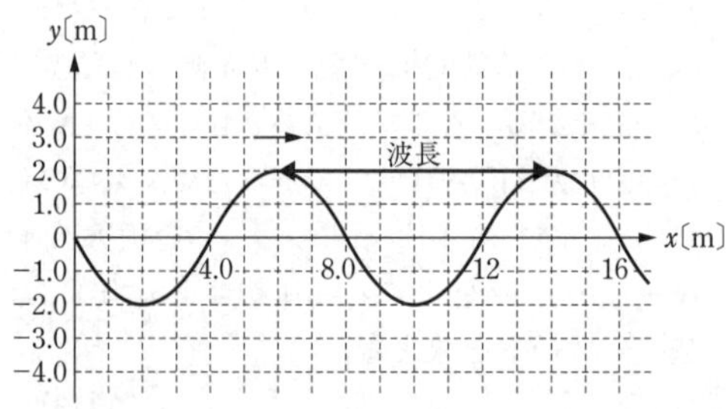

答【21】③

【22】 横波の周期を求めるために，波の速さと振動数と波長の関係および，振動数と周期の関係を考える。波の速さをv〔m/s〕，振動数をf〔Hz〕，波長をλ〔m〕とすると，これらは$v=f\lambda$〔m/s〕の関係がある。また，周期をT〔s〕とすると振

動数とは，$f=\dfrac{1}{T}$〔Hz〕の関係がある。よって上記２式を連立すると $v=\dfrac{\lambda}{T}$〔m/s〕と表せる。

さて，周期を求めるために波の速さと波長を確認する。波の速さは問題文に4.0〔m/s〕という表記があり，さらに波長は【21】より，$\lambda=8.0$〔m〕と確認できる。よって，上式にそれぞれの値を代入すると $4.0=\dfrac{8.0}{T}$〔m/s〕と表せるため，横波の周期は，$T=\dfrac{8.0}{4.0}=2.0$〔s〕と求まる。

答【22】②

【23】 時刻 t〔s〕，位置 x〔m〕における媒質の変位を求めるために，正弦波の式を考える。一般的に原点Ｏ（$x=0$〔m〕）の媒質が単振動をしており，$y=0$〔m〕を y 軸の正の向きに通過する時刻を０〔s〕とすると，時刻 t〔s〕における $x=0$〔m〕の媒質の変位 y〔m〕は，振幅を A〔m〕，周期を T〔s〕とすると $y=A\sin\dfrac{2\pi}{T}t$〔m〕と表せる。また，位置 x〔m〕における媒質の変位については，x 軸の正の向きに進む波の速さを v〔m/s〕とすると，$x=0$〔m〕から位置 x〔m〕まで振動が伝わるのに $\dfrac{x}{v}$〔s〕かかる。したがって，時刻 t〔s〕において，位置 x〔m〕の媒質の変位 y〔m〕は，前式の t を $\left(t-\dfrac{x}{v}\right)$ に置き換えて，$y=A\sin\dfrac{2\pi}{T}\left(t-\dfrac{x}{v}\right)=A\sin2\pi\left(\dfrac{t}{T}-\dfrac{x}{\lambda}\right)$〔m〕と表せる。

さて，問の問題文を見ると，x 軸上を正の向きにと表記されている。よって，上記の位置 x〔m〕における媒質の変位の式を立てた時と同条件になるため，時刻 t〔s〕，位置 x〔m〕における媒質の変位は，$y=A\sin2\pi\left(\dfrac{t}{T}-\dfrac{x}{\lambda}\right)$〔m〕と求まる。

答【23】③

【24】 $x=10$〔m〕における媒質の $t=10$〔s〕の瞬間の変位を求めるために，【23】と同様に正弦波の式を考える。

さて，【23】より，問の図の正弦波の式は，$y=A\sin2\pi\left(\dfrac{t}{T}-\dfrac{x}{\lambda}\right)$〔m〕と与えられているため，【21】より，$A=2.0$〔m〕，$\lambda=8.0$〔m〕を，また【22】より，$T=2.0$〔s〕を，さらに $x=10$〔m〕，$t=10$〔s〕を上式に代入すると，$y=2.0\sin2\pi\left(\dfrac{10}{2.0}-\dfrac{10}{8}\right)$〔m〕と表せる。よって，整理すると $y=2.0\sin2\pi\left(\dfrac{15}{4.0}\right)=2.0\sin\dfrac{15}{2.0}\pi=2.0\sin\dfrac{3.0}{2.0}\pi$〔m〕と表せる。また，$\sin\dfrac{3.0}{2.0}\pi=-1$ であるため，$x=10$〔m〕における媒質の $t=10$〔s〕の瞬間の変位は，$y=-2.0$〔m〕と求まる。

(別解) $x=10$〔m〕における媒質の $t=10$〔s〕の瞬間の変位を求めるために，波の図の $x=10$〔m〕における媒質の振動と周期の関係を考える。

まず，位置 $x=10$〔m〕の点を次図のように確認する。

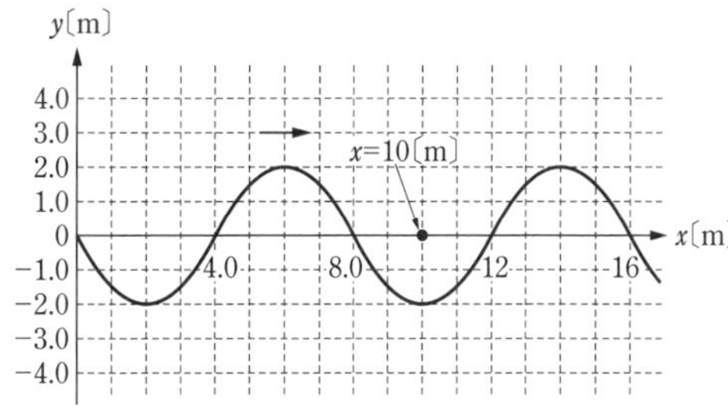

上図の通り，時刻 $t=0$〔s〕のときの媒質の変位 $y=-2.0$〔m〕である。次に時刻を $t=0$〔s〕から $t=10$〔s〕まで進める。周期は【22】より，$T=2.0$〔s〕であるため，$t=0$〔s〕からの経過時間である10〔s〕の間にどれだけ波が進むかを確認するために経過時間を周期で割ると，$10\div2.0=5.0$と求まる。よって，10〔s〕間にちょうど５つの波が通過して，上図と同じ状態であることがわかるため，$x=10$〔m〕における媒質の $t=10$〔s〕の瞬間の変位は，$y=-2.0$〔m〕と求まる。

答【24】①

【25】 超音波を求めるために，可聴音域と超音波音域について確認をする。可聴音域とは問の問題文にもある通り，人が聞き取ることができる音域であり，一般的にその振動数の範囲は，およそ20~20000〔Hz〕である。振動数が小さくなると音は低く聞こえ，大きくなると高く聞こえる。また，20~20000〔Hz〕の可聴音域を超えると基本的には人が聞き取ることができなくなる。そして，20〔Hz〕以下の域を超低周波音域と呼び，20000〔Hz〕以上の音域を超音波域と呼ぶ。

よって，超音波は「可聴音よりも振動数が大きい」と求まる。

次に超音波の波長について考える。【22】より，波の速さと振動数と波長には $v=f\lambda$〔m/s〕の関係があるため，音（波）の速さ v を一定とすると，振動数と波長は反比例の関係にあることが上式より理解できる。よって，振動数が大きい超音波の波長は短くなることがわかるため，超音波は「可聴音よりも振動数が大きく，波長が短い」と求まる。

答【25】③

【26】 コウモリ（音源）が発した超音波が壁（面C）で反射する際に，壁（観測者）で反射した超音波の振動数を求めるために，ドップラー効果について考える。一般的に，音源が観測者に近づき，観測者が音源から遠ざかるとき，音源から出る音の振動数を f，観測者が聞く音の振動数を f'，音（波）の速さを V，音源の速さを $v_{音}$，観測者の速さを $v_{観}$とすると，これらは，$f'=\dfrac{V-v_{観}}{V-v_{音}}f$と表せる。

さて，問のコウモリ（音源）と壁（観測者）の関係は下図の通りとなる。

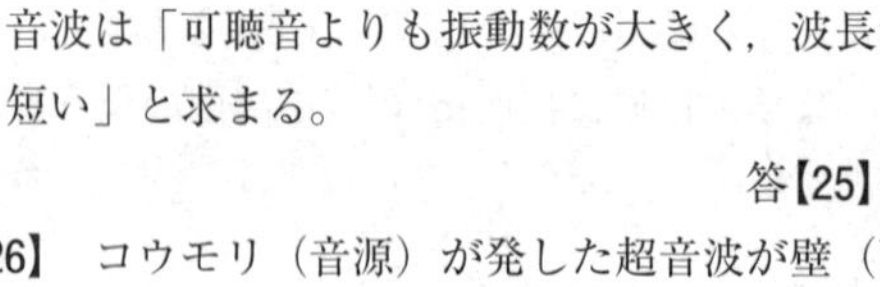

よって，コウモリ（音源）は壁（観測者）に近づき，壁（観測者）は静止していることが確認できる。さらに，コウモリ（音源）の超音波の振動数が f_0であり，速さが v であるため上式の $v_{音}=v$ であることと，壁（観測者）が静止しているため同様に前式の $v_{観}=0$ であることに留意し，かつドップラー効果の式の条件と一致（観測者は静止しているためこの条件には含まれない）しているためそのまま前式に代入すると，壁（観測者）で反射した超音波の振動数 f_C は，$f_C=\dfrac{V-0}{V-v}f_0=\dfrac{V}{V-v}\times f_0$と求まる。

答【26】②

【27】 壁で反射した超音波をコウモリが受け取るときの超音波の振動数を求めるために，【26】と同様にドップラー効果について考える。

さて，音源と観測者を決定するために，改めて【26】の図を確認する。【26】でコウモリ（音源）が動いていた影響で壁で反射する超音波の振動数は変化した。そしてその振動数が変化した超音波をコウモリが受け取るため，問では壁が音源となり，コウモリが観測者になると考える。すると，壁(音源)は静止しているため，【26】の $f'=\dfrac{V-v_{観}}{V-v_{音}}f$ の $v_{音}=0$ となり，コウモリ（観測者）は音源に近づいていくため，同様に上式の $v_{観}=-v$ となる（【26】の $f'=\dfrac{V-v_{観}}{V-v_{音}}f$での条件は観測者が音源から遠ざかるときであり，問のコウモリ（観測者）は音源に近づいているためマイナスとなる)。最後に壁（音源）で反射される超音波の振動数が【26】より f_C であることに留意し，これらを上式に代入すると，壁で反射した超音波をコウモリが受け取るときの超音波の振動数 f_B は，$f_B=\dfrac{V-(-v)}{V-0}f_C=\dfrac{V+v}{V}\times f_C$ と求まる。

答【27】④

【28】 壁で反射した超音波をコウモリが受け取るときの超音波の振動数 f_B を，初めにコウモリが出した超音波の振動数 f_0で表すために，【26】の解と【27】の解を連立させる。

【26】の解は$f_C=\dfrac{V}{V-v}\times f_0$であり，【27】の解は$f_B=\dfrac{V+v}{V}\times f_C$であるため，【27】の解に【26】の解を代入すると，壁で反射した超音波をコウモリが受け取るときの超音波の振動数f_Bは，

$$f_B=\frac{V+v}{V}\times f_C=\frac{V+v}{V}\times\frac{V}{V-v}\times f_0=\frac{V+v}{V-v}\times f_0$$と求まる。

答【28】⑥

【29】 コウモリが聞く超音波の振動数を求めるために，音源や観測者がそれぞれに対して直進しない場合のドップラー効果を考える。ドップラー効果とは音源や観測者が近づいたり遠ざかったりすることで音の振動数が変化し，音の高さが変わる現象である。よって，音源や観測者が単に動いていれば音の振動数（音の高さ）が変化するわけではない。あくまでそれぞれが近づくか遠ざかるかというところがポイントである。

さて上記の観点からコウモリの運動を考える。コウモリは下図のように右向きに運動しているが，今回コウモリが出す超音波をあてる対象の岩はコウモリに対して直線上に存在しない。そこでドップラー効果で重要である音源や観測者が近づくか遠ざかるかというところを重要視し，コウモリの運動（速度）を岩に対して成分分けする。成分分けした結果は下図の通りとなる。

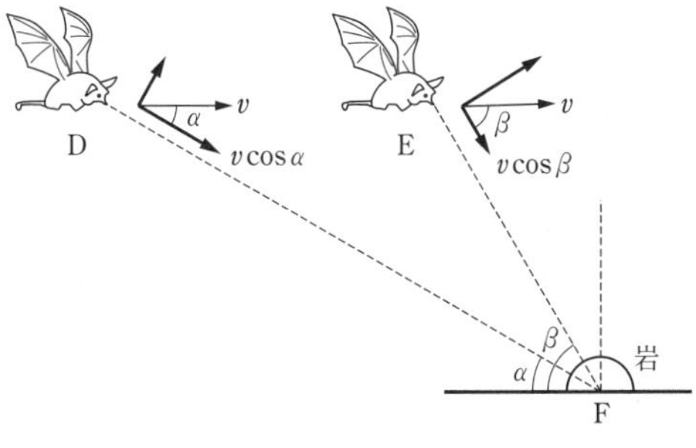

上図の通り，コウモリが点Dおよび点Eで運動しているときに対象物である岩に向かう速度の成分はそれぞれ$v\cos\alpha$および$v\cos\beta$である。次にこの岩に向かう速度の成分を音源や観測者の速度として扱うことでドップラー効果を考える。まず，コウモリが音源となり超音波を岩にあて，岩は観測者となり超音波を受け取りかつ反射させる。またその反射した超音波をコウモリが受け取ることになるため，岩が音源となり，コウモリが観測者となる。この一連の流れは【26】～【28】と同様である。よって，【28】の解である$f_B=\dfrac{V+v}{V-v}\times f_0$，の分母と分子の$v$を左記の$v\cos\alpha$および$v\cos\beta$で代用すればよい。そこで，【26】より求められた上記式の分母の$V-v$のvに該当するのが$v\cos\alpha$であり，【27】より求められた上記式の分子の$V+v$のvに該当するのが$v\cos\beta$であることに留意し，上式に代入すると，コウモリが聞く超音波の振動数f'は，$f'=\dfrac{V+v\cos\beta}{V-v\cos\alpha}\times f_0$と求まる。

答【29】⑧

答【21】③【22】②【23】③
【24】①【25】③【26】②
【27】④【28】⑥【29】⑧

6 電気抵抗の並列回路に関する問題

【30】 図1を抵抗R_1〔Ω〕，R_2〔Ω〕などを用いた電気回路で表すために，電気回路の基本的な知識を確認する。電気回路には大きく分類して2種類の回路が存在する。直列回路と並列回路である。直列回路は電気抵抗を接続する際に電流が1方向のみに進むように配列する回路である。また，並列回路は同様に電気抵抗を接続する際に電流が枝分かれして進むように配列する回路である。

さて，問の回路を下図に示す。

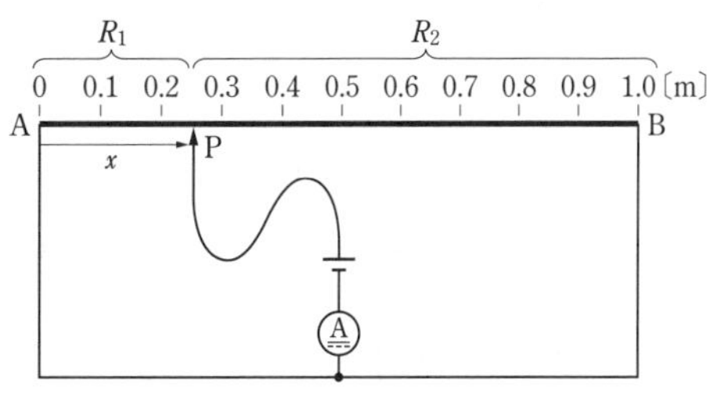

また問の問題文を見ると，抵抗線の途中から電流が左右に分かれて流れていると表記されている。そこで，問題文の通りに電流の流れを前図に組み込むと下図のようになる。

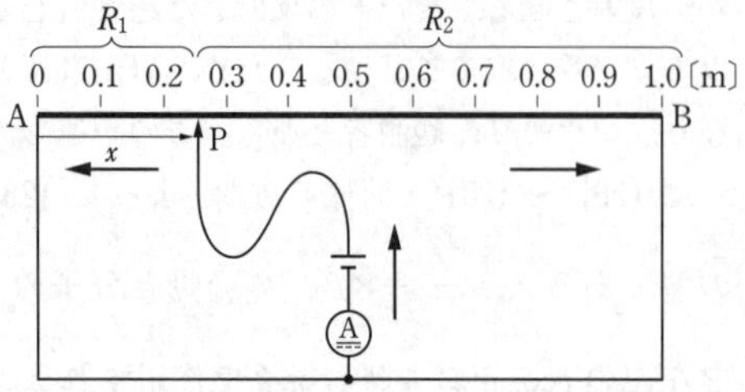

よって，電流が枝分かれて流れるため並列回路であることが確認できる。また，上図からも理解できるように電池と電流計は1本の導線でつながれており，かつ電流計は回路に対して直列接続する観点からも，このすべての要素が取り入れられている電気回路図は②と求まる。

答【30】②

【31】 $x=0.25$〔m〕のときの回路の合成抵抗を求めるために，電気抵抗の並列接続の際の合成抵抗を考える。一般的に並列接続の場合は，接続する電気抵抗の抵抗値を R_1〔Ω〕，R_2〔Ω〕とすると，これらの合成抵抗値 $R_{合}$〔Ω〕は，$\frac{1}{R_{合}}=\frac{1}{R_1}+\frac{1}{R_2}$と表せる。

さて，一様な太さで長さ1.0〔m〕の抵抗線（電熱線）の抵抗値が40〔Ω〕であるため，$x=0.25$〔m〕を接点Pとすると，【30】の図の抵抗線の左側の抵抗線の抵抗 R_1〔Ω〕と右側の抵抗線の抵抗 R_2〔Ω〕の長さは1：3となる。抵抗線の長さに抵抗値は比例するため，40〔Ω〕の抵抗値も同様の比をとる。よって左側の抵抗線の抵抗 R_1〔Ω〕の抵抗値は $R_1=40\times\frac{1}{4}=10$〔Ω〕と求まる。同様に右側の抵抗線の抵抗 R_2〔Ω〕の抵抗値は $R_2=40\times\frac{3}{4}=30$〔Ω〕と求まる。そこで，各抵抗値を上式に代入すると $x=0.25$〔m〕のときの回路の合成抵抗は，$\frac{1}{R_{合}}=\frac{1}{10}+\frac{1}{30}=\frac{4}{30}$と表せるため，$R_{合}=\frac{30}{4}=7.5$〔Ω〕と求まる。

答【31】③

【32】 電流計に流れる電流が最小になるときの接点Pの位置を求めるために，オームの法則と【31】と同様に電気抵抗の並列接続の際の合成抵抗を考える。オームの法則では，抵抗にかかる電圧を V〔V〕，流れる電流を I〔A〕，抵抗値を R〔Ω〕とすると，これらは，$V=RI$〔V〕の関係がある。

さて，【30】の図の抵抗線の左側の抵抗線の抵抗 R_1〔Ω〕と右側の抵抗線の抵抗 R_2〔Ω〕の合成抵抗を $R_{合}$〔Ω〕として，上式に代入すると $V=R_{合}I$〔V〕と表せる。電池の電圧は常に一定であるため定数と捉えると，合成抵抗値 $R_{合}$〔Ω〕と電流 I〔A〕は反比例の関係にあることがわかる。そこで，電流の値が最小値を示すときは，合成抵抗値 $R_{合}$〔Ω〕が最大であると考えられる。よって，合成抵抗値 $R_{合}$〔Ω〕が最大になるときの接点Pの位置を求める。【31】より，並列接続の合成抵抗値 $R_{合}$〔Ω〕は，$\frac{1}{R_{合}}=\frac{1}{R_1}+\frac{1}{R_2}$と表せる。また，【30】の図の抵抗線の左側の抵抗線の抵抗 R_1〔Ω〕を，抵抗値が抵抗線の長さに比例することを利用すると $40x$〔Ω〕と表せる。よって，右側の抵抗線の抵抗 R_2〔Ω〕は $40(1-x)$〔Ω〕となる。この値を上式に代入すると，$\frac{1}{R_{合}}=\frac{1}{40x}+\frac{1}{40(1-x)}$となるため，整理すると，$\frac{1}{R_{合}}=\frac{1-x+x}{40x(1-x)}=\frac{1}{40(1-x)}$となるため，$R_{合}=40x(1-x)$となる。この式を平方完成すると，$R_{合}=-40(x-0.5)^2+10$と表せる。よって，上に凸の二次関数となるため，$x=0.5$〔m〕のときに，合成抵抗値 $R_{合}$〔Ω〕が最大値をとる。よって，電流計に流れる電流が最小になるときの接点Pの位置は，$x=0.5$〔m〕と求まる。

答【32】⑤

【33】 電流計に流れる電流が最小になるときの回路の合成抵抗を求めるために，【32】の平方完成した二次関数を考える。

【32】より，合成抵抗値 $R_{合}$〔Ω〕は $R_{合}=-40(x-0.5)^2+10$ と表せる。【32】より，$x=0.5$〔m〕のときの合成抵抗値 $R_{合}$〔Ω〕を求めるため，そのまま $x=0.5$〔m〕を代入すると，電流計に流れる電流が最小になるときの回路の合成抵抗は，$R_{合}=10$〔Ω〕と求まる。

答【33】⑥

【34】電流計に流れる電流が最大になるときの回路の合成抵抗を求めるために，【32】と同様にオームの法則と，【32】の平方完成した二次関数を考える。

さて【32】と同様に合成抵抗を $R_{合}$〔Ω〕として，オームの法則の式に代入すると $V=R_{合}I$〔V〕と表せる。電圧を定数と捉えると，合成抵抗値 $R_{合}$〔Ω〕と電流 I〔A〕は反比例である。そこで，電流の値が最大値を示すときは，合成抵抗値 $R_{合}$〔Ω〕が最小であると考えられる。よって，合成抵抗値 $R_{合}$〔Ω〕が最小になるときの接点Pの位置を求める。【32】より，合成抵抗値 $R_{合}$〔Ω〕は $R_{合}=-40(x-0.5)^2+10$ と表せる。接点PはAB間の 0.10〔m〕$\leqq x \leqq 0.90$〔m〕の範囲で変えることができるため，この範囲で合成抵抗値 $R_{合}$〔Ω〕の最小値を探ると，上式のうち $-40(x-0.5)^2$ の部分が最大値をとる値のため，$x=0.1$〔m〕もしくは $x=0.9$〔m〕と求まる。

よって，そのまま $x=0.1$〔m〕もしくは $x=0.9$〔m〕を代入すると，$R_{合}=-40(0.9-0.5)^2+10$ となるため，電流計に流れる電流が最大になるときの回路の合成抵抗は，$R_{合}=3.6$〔Ω〕と求まる。

答【34】①

答【30】②【31】③【32】⑤
【33】⑥【34】①

物　理　　　正解と配点

（60分，100点満点）

問題番号		正　解	配　点
1	【1】	③	3
	【2】	⑤	3
	【3】	⑤	3
	【4】	⑥	3
	【5】	⑨	3
2	【6】	⑦	3
	【7】	①	3
	【8】	⓪	3
	【9】	④	3
	【10】	⑤	4
3	【11】	⑦	3
	【12】	④	3
	【13】	⑦	3
	【14】	⑤	3
	【15】	⑧	4
4	【16】	⑧	3
	【17】	⑥	3
	【18】	⑤	3
	【19】	⑨	3
	【20】	③	4

問題番号		正　解	配　点
5	【21】	③	2
	【22】	②	2
	【23】	③	3
	【24】	①	3
	【25】	③	2
	【26】	②	2
	【27】	④	2
	【28】	⑥	2
	【29】	⑧	3
6	【30】	②	3
	【31】	③	3
	【32】	⑤	3
	【33】	⑥	3
	【34】	①	4

令和２年度　化　学　解答と解説

1　物質の構成

(1)　単体なのか元素なのかを判断する際,「元素名の物質を指している」のか「元素名の成分を指している」のかを考えると決定しやすい。

A　水という物質を構成する成分である酸素Oを指しているので，元素の意味で使われている。

この酵素を指している

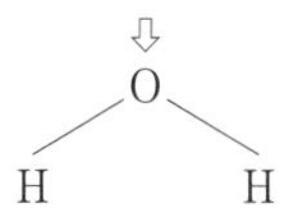

特に「水素と酸素からなり…」という表現は,「水素（という成分元素）と酸素（という成分元素）からなり…」という意味で使われている。つまり「からなり」と出てきた場合は元素と考えてよい場合が多い。

B　水素という物質が，酸素という物質と反応して水ができる。物質である酸素O_2を指しているので，単体の意味で使われている。

$$2H_2 + \underline{O_2} \rightarrow 2H_2O$$

⇧

この酸素を指している

特に「水素と酸素が反応して…」という表現は,「水素（という物質）と酸素（という物質）が反応して…」という意味で使われている。つまり「反応して」と出てきた場合は物質（単体）として考えてよい場合が多い。

C　生物が呼吸に利用する酸素は，酸素という物質。物質である酸素O_2を指しているので，単体の意味で使われている。

すなわち，Aは元素，Bは単体，Cは単体。

答【1】④

(2)　$^{40}M^{2+}$元素記号の右上の数字はイオンの価数を表す。2+とは電子を2個放出したことを示している。2個放出して18個の電子が含まれるので，原子の状態では20個の電子をもっていたことになる。原子では必ず

陽子数＝電子数

なので，陽子を20個もっている（原子番号が20番）。次に，元素記号の左上の数字は質量数を表す。質量数は陽子の数と中性子の数の合計に等しい。つまり

質量数＝陽子の数＋中性子の数

ということになる。質量数が40で陽子の数が20なので，中性子の数は20になる。

答【2】⑤

(3)　(a)　^2Hと^3Hの2つの原子の関係は同位体。同位体とは同じ元素（原子番号が同じ・陽子数が同じ）で，中性子数が異なる（質量数が異なる）ものどうしを指す。水素という同じ元素で質量数が2および3と異なるので，同位体の関係にある。

(b)　O_2とO_3の2つの物質の関係は同素体。同素体とは，同じ元素からできている単体で,性質が異なるものどうしのことを指す。以下の例はよく出題されるので，暗記しておくとよい。

(例)

リンの同素体　黄リンP_4と赤リンPなど

炭素の同素体　黒鉛とダイヤモンドなど

硫黄の同素体　斜方硫黄と単斜硫黄など

(c)　AuとPt　金と白金は異なる元素どうし。元素が異なれば同位体や同素体になりえない。

(d)　CuとSnの合金　とCuとZnの合金。同位体は元素に関する，同素体は単体に関する用語。混合物には用いない。

(e)　ZnとPb　亜鉛と鉛は異なる元素どうし。

答【3】①

(4)　各分子の電子式は次のように表される。

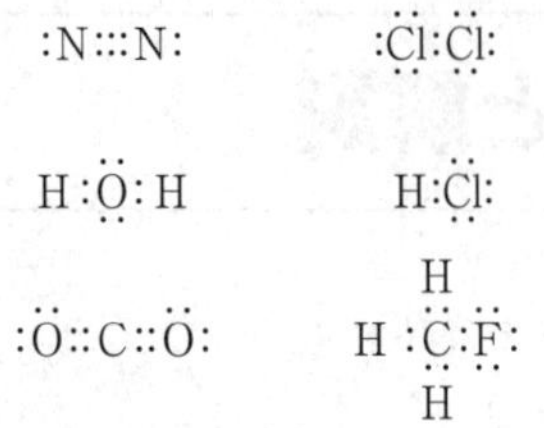

非共有電子対を3組もつ分子は HCl と CH_3F の2つ。

答【4】②

NH_3（三角錐構造），H_2O（折れ線構造），HCl（異なる原子からなる2原子分子），CH_3F（四面体構造で頂点方向に結合する原子のうち1つが異なっている）は各共有結合で生じる極性が，分子全体でも打ち消されないため極性分子である。

N_2，Cl_2はそれぞれ同じ元素どうしの結合なので極性が存在しない。CO_2は炭素と酸素間に極性があるが，分子全体としては打ち消されるため無極性分子である。

答【5】④

(5) 原子番号8番は酸素 O，原子番号13番はアルミニウム Al。非金属元素と金属元素はイオン結合で結びつく。最外殻電子が3個のアルミニウム原子は，3個電子を放出して Al^{3+}となる。最外殻電子が6個の酸素原子は2個電子を受け取って O^{2-}となる。全体の電荷が0になる比で陽イオンと陰イオンが結びつく。$Al^{3+}:O^{2-}=2:3$で結びつくと全体の電荷が0になるので，Al_2O_3という化学式で表される。Al が B，O が A なので B_2A_3と表せる。

答【6】⑤

(6) (a) アルミニウムは金属なので，固体状態で電気伝導性を示す。黒鉛は共有結合の結晶だが，自由電子をもつので電気伝導性を示す。これよりBがダイヤモンドだとわかる。なお，金属ではない黒鉛が電気伝導性を有することは必ず覚えておくこと。

(b) 金属は展性（うすくひろげられる性質）・延性（細長く伸ばせる性質）を示すので，C がアルミニウムだとわかる。これより A が黒鉛だとわかる。

(c) ダイヤモンドをはじめとする共有結合の結晶は，非常に硬いものが多い。例が少ないので，具体例を覚えること。

(例) ケイ素 Si　二酸化ケイ素 SiO_2

すなわち，A は黒鉛，B はダイヤモンド，C はアルミニウム。

答【7】⑥

(7) クリプトン${}_{36}Kr$ は第四周期・18族に属する。第四周期の元素は最外殻電子が N 殻にある。また18族の元素はヘリウム He を除き，最外殻電子数を8個もつ。これらより${}_{36}Kr$ の電子配置は②の K(2)L(8)M(18)N(8)が当てはまる。

答【8】②

(8) ①は正しい。原子番号順にみると遷移元素は原子番号21番のスカンジウム Sc が最初。遷移元素は3族～11族で，第四周期から出現する。

②は正しい。各元素が所属する周期が，第一周期では K 殻，第二周期では L 殻，第三周期では M 殻，第四周期では N 殻，第五周期では O 殻（ただし${}_{46}Pd$ は N 殻），第六周期は P 殻，第七周期は Q 殻が最外殻になる。

③は誤り。希ガス元素以外は当てはまる。希ガスは化学反応性に乏しいので，価電子（原子がイオンになったり原子どうしが結合したりするときに重要な役割を示す電子）の数は0としている。

④は正しい。記述通り。3～11族の元素が遷移元素で，すべて金属元素である。

⑤は正しい。原子番号19番のカリウム K から36番のクリプトン Kr までの18種類。

答【9】③

2 物質の変化

(1) 両辺の各元素の個数が等しくなるように係数をつける。$a=1$とすると左辺のナトリウムが2個になるので，右辺も2個にするために $c=2$とする。$c=2$とすると右辺の塩素が2個になるので，左辺も2個にするために $b=2$とする。$b=2$とすると左辺の水素が2個になるので，右辺の水素も2個にするために $d=1$とする。$a=1$とすると左辺の炭素が1個になるので，右辺の炭素1個にするため $e=1$ とする。これで酸素は両辺とも3個になり，数が合う。これらより，$b=2$ が解答になる。

$Na_2CO_3+2HCl \rightarrow 2NaCl+H_2O+CO_2$

答【10】②

化学反応式の係数より，反応する炭酸ナトリウムの物質量は，生じる二酸化炭素の物質量と等しい。

（CO_2の物質量）

＝（Na_2CO_3の物質量）×（Na_2CO_3のモル質量）

$$\frac{336\ \mathrm{mL}}{22.4\times10^3\ \mathrm{mL/mol}}\times106\ \mathrm{g/mol}=1.59\ \mathrm{g}$$

答【11】③

反応する塩化水素の物質量は，生じる二酸化炭素の物質量の2倍。求める濃度を c mol/L とする。

（CO_2の物質量）×2＝（塩酸のモル濃度）×（体積）

$$\frac{336}{22.4\times10^3}\times2=c\times\frac{50}{1000}$$

$c=0.60$

答【12】⑤

(2) シュウ酸二水和物は126 g/mol なので，シュウ酸二水和物の物質量は次の式で求められる。

$$\frac{\text{シュウ酸二水和物の質量}}{\text{シュウ酸二水和物のモル質量}}$$

＝シュウ酸二水和物の物質量

シュウ酸二水和物1 mol にはシュウ酸が1 mol 含まれるため，シュウ酸水溶液のモル濃度は次の式で求められる。

（溶液のモル濃度）

＝（シュウ酸二水和物の物質量）÷（溶液の体積）

$$\frac{3.15\ \mathrm{g}}{126\ \mathrm{g/mol}}\div\frac{500}{1000}\ \mathrm{L}=0.0500\ \mathrm{mol/L}$$

答【13】⑧

メスフラスコは溶液を調製する器具。後から純水を加えて正確な体積にする。そのため純水でぬれている状態で使える。

ホールピペットは正確な体積をはかりとる器具。純水でぬれていると器具内にある水の分だけ体積が小さくなる。またはかりとる溶液の濃度も変わってしまう。そのため純水でぬれている状態では使えない。

コニカルビーカーは正確にはかりとった溶液を入れる器具。純水でぬれていても溶液に含まれる溶質の物質量は変わらない。そのため純水でぬれている状態で使える。

ビュレットは溶液を滴下する器具。ある濃度の溶液を入れて使うので，純水でぬれているとその濃度が変わってしまう。そのため純水でぬれている状態では使えない。

つまり純水でぬれたまま使えるのはaのメスフラスコとcのコニカルビーカー。

答【14】②

中和反応では，酸が放出する水素イオンの物質量と塩基が放出する水酸化物イオン物質量（もしくは塩基が受け取る水素イオンの物質量）が必ず等しい。

つまり

（酸が<u>放出できる水素イオンの物質量</u>）

＝（塩基が<u>放出できる水酸化物イオンの物質量</u>）

という式が成り立つ。

シュウ酸は2価の酸，水酸化ナトリウムは1価の塩基。求める濃度を c mol/L とする。

（酸の水溶液の濃度）×（水溶液の体積）×（価数）

＝（酸が放出可能な水素イオンの物質量）

（塩基の水溶液の濃度）×（水溶液の体積）×（価数）

＝（塩基が放出可能な水酸化物イオンの物質量）

$$0.0500\times\frac{20.0}{1000}\times2=c\times\frac{12.5}{1000}\times1$$

$c=0.160$

答【15】④

(3) 下線が引かれた元素の酸化数を x とすると，それぞれの酸化数は以下のように求められる。

a	$x+(-2)\times4=-1$	$x=+7$
b	$x+(-2)\times2=0$	$x=+4$
c	$x+(+1)\times3=0$	$x=-3$
d	$x+(-2)\times3=-1$	$x=+5$
e	$x\times2=0$	$x=\pm0$
f	$x+(-2)\times3=-2$	$x=+4$
g	$x+(-2)\times4=-2$	$x=+6$
h	$(+1)\times2+x=0$	$x=-2$

酸化数が－2であるものはhの硫化水素 H_2S

中の硫黄。

答【16】⑧

酸化数が最大なのはaの過マンガン酸イオンMnO_4^-中のマンガンMn。酸化数は+7。

答【17】①

(4) 酸化還元反応では，酸化剤が受け取れる電子の物質量と還元剤が与えられる電子の物質量が必ず等しい。

つまり

（酸化剤が受け取れる電子の物質量）

=（還元剤が与えられる電子の物質量）

という式が成り立つ。

問題文に与えられた電子を用いた化学反応式より，1 molの二クロム酸イオン$Cr_2O_7^{2-}$と反応する過酸化水素H_2O_2の物質量は3 molとわかる。これより，0.10 molの二クロム酸カリウム$K_2Cr_2O_7$と硫酸酸性下で過不足なく反応する過酸化水素の物質量は，0.30 molとなる。

答【18】③

(5) $\underline{S}O_2 + \underline{Cl}_2 + 2H_2O \rightarrow 2H\underline{Cl} + H_2\underline{S}O_4$

Sの酸化数は+4から+6に変化している。SO_2がCl_2に電子を与えて還元させているので，還元剤としてはたらいている。

Clの酸化数は±0から−1に変化している。Cl_2がSO_2から電子を奪って酸化させているので，酸化剤としてはたらいている。

酸化剤：塩素Cl_2　　還元剤：二酸化硫黄SO_2

答【19】③

3 物質の状態

(1) 頂点上の原子は3面で半分ずつに切断されているので$\frac{1}{8}$個分，辺上の原子は2面で半分ずつに切断されているので$\frac{1}{4}$個分，面上の原子は2面で半分ずつに切断されているので$\frac{1}{2}$個分が格子内に含まれる。ナトリウムイオンNa^+の数は内部に1個存在し，辺上に12個配置されているので，$\frac{1}{4}\times 12 = 3$　合計4個分が格子内に含まれる。

答【20】②

なお塩化物イオンCl^-は面上に6個，頂点上に8個配置されているので，$\frac{1}{2}\times 6 + \frac{1}{8}\times 8 = 4$　合計4個分が格子内に含まれ，$Na^+:Cl^- = 1:1$になっている。

ナトリウムイオンと塩化物イオンがそれぞれ1 mol（$=N_A$個）ずつあると，その質量はM g。この値がモル質量（M g/mol）になる。格子内には4個ずつあり，その質量をm gとすると次の式で単位格子の質量が求められる。

$$N_A : M = 4 : m$$

$$m = \frac{4M}{N_A}$$

答【21】⑦

密度は次の式で求められる。

（密度）=（質量）÷（体積）

単位格子（ナトリウムイオン4個，塩化物イオン4個）の質量は【21】の解答，体積はa cm^{3}なので，次のように表せる。

$$\frac{4M}{N_A} \div a^3 = \frac{4M}{a^3 N_A}$$

答【22】⑦

【20】～【22】の問いは【20】を間違えると，残りの2問も連動して間違えてしまう。このような連動する問題には十分注意する必要がある。

(2) 1.0×10^5 Paの酸素O_2は水1.0 Lに対して1.23×10^{-3} mol溶解する。基準（水1 Lで酸素の圧力1.0×10^5 Pa）に対して，今は水の量が10倍の10 L，酸素の圧力が2倍の2.0×10^5 Paなので，次の式で溶解量は求められる。

$$1.23\times 10^{-3}\ \text{mol}\times 10\times 2 = 2.46\times 10^{-2}\ \text{mol}$$

答【23】⑤

気体の状態方程式$PV=nRT$に圧力・体積・絶対温度を代入して求める。

$$2.0\times 10^5\times 1.0 = n\times 8.3\times 10^3\times 300$$

$$n = 8.03\cdots 10^{-2}$$

答【24】⑥

密閉容器中で圧力・空間の体積・温度が一定

になっている状態から，それらの値を変えると溶媒に溶解する気体の量が変化する。それにともなって，気体の圧力が変化するため，水に溶ける量が変わる。このような問題は，以下のように式を立てるとよい。

1．気体の圧力を P Pa とし，気体の状態方程式を用いて空間部に存在する気体の物質量を求める。

2．気体の圧力が P Pa の下で，溶媒に溶解する気体の量を，ヘンリーの法則を用いて求める。

3．空間部分の気体の物質量と溶媒に溶解した気体の物質量の合計は変化しないことを利用して，

(圧力変化前の物質量)＝(圧力変化後の物質量)

という方程式を作る。

容器内の酸素の全物質量（約0.105 mol）は変わらない。求める圧力を P Pa として，気体部に存在する酸素の物質量と水に溶けている酸素の物質量を，それぞれ P を用いて表す。その合計が 0.105 mol になるという方程式を立てて解答を導く。

1．気体の状態方程式を用いて空間に存在する気体の物質量を求める。

$$\frac{P\times0.60}{8.3\times10^3\times300}\ \text{mol}$$

2．水の量が10倍，圧力が$\frac{P}{1.0\times10^5}$倍になるので，ヘンリーの法則を用いて水に溶けている気体の物質量を求める。

$$1.23\times10^{-3}\times10\times\frac{P}{1.0\times10^5}\ \text{mol}$$

3．1と2の合計が，空間の体積を変化させる前に存在した気体の物質量と等しい。

$$\frac{P\times0.60}{8.3\times10^3\times300}+1.23\times10^{-3}\times10\times\frac{P}{1.0\times10^5}$$

$$=0.105$$

$$P=2.89\cdots\times10^5$$

答【25】③

(3) 質量モル濃度は溶媒 1 kg あたりに溶解している溶質の物質量を表す濃度。m mol/kg とは溶媒 1 kg に m mol(＝mM g) を溶かした溶液を指す。

次に，質量パーセント濃度は次式で求められる。

$$\frac{溶質の質量}{溶液の質量}\times100$$

溶液は溶媒（1000 g）と溶質（mM g）の合計なので，(mM＋1000) g と表せる。この溶液に mM g の溶質が溶けていることになる。

$$\frac{mM}{mM+1000}\times100\%$$

答【26】⑥

モル濃度は次式で求められる。

$$\frac{溶質の物質量（単位は mol）}{溶液の体積（単位は L）}$$

溶液の密度が d g/cm^{3}なので，(1000＋mM) g の溶液の体積は

$$\frac{(1000+mM)}{d}\ \text{cm}^3$$

単位を L にするために，1000で割る（1000 cm^3 は 1 L）。

$$\frac{(1000+mM)}{1000d}\ \text{L}$$

そこに m mol の溶質が溶けている。これらを上の式に代入する。

$$m\div\frac{(1000+mM)}{1000d}=\frac{1000md}{(1000+mM)}$$

$$\frac{1000md}{(1000+mM)}\ \text{mol/L}$$

答【27】①

(4) A の沸点が100 ℃で，B の沸点が t_1 ℃。これより A の沸点上昇度は(t_1－100) K と表される。B のグルコース水溶液の濃度は$\frac{1}{10}$ mol/kg。尿素水溶液の濃度は$\frac{3}{10}$ mol/kg。濃度が 3 倍なので沸点上昇度も 3 倍。沸点が100 ℃から 3 (t_1－100) K 上昇するので，

$$100+3(t_1-100)=3t_1-200$$

これより，沸点は（$3t_1$－200) ℃となる。

答【28】⑥

4　物質の変化と平衡

(1)　与えられた熱化学方程式を，上から順番に①，②，③，④とする。②×２＋③×３－①より，

$$2C(\text{黒鉛}) + 3H_2(\text{気}) = C_2H_6(\text{気}) + 85\ \text{kJ}$$

という熱化学方程式が得られる。

答【29】⑥

結合エネルギーは気体分子において，共有結合１mol を切断して気体原子にするために必要なエネルギーである。また気体原子から１mol の共有結合が生じるときに発生するエネルギーともいえる。③＋④より，

$$H_2(\text{気}) + \frac{1}{2}O_2(\text{気}) = H_2O(\text{気}) + 242\ \text{kJ}$$

として，すべての物質が気体として存在するときの熱化学方程式を作る。

求める結合エネルギーを x kJ/mol とする。水素分子１mol の共有結合を切断するのに必要なエネルギーは436 kJ，酸素分子$\frac{1}{2}$ mol の共有結合を切断するのに必要なエネルギーは$\frac{1}{2}x$ kJ。水素原子と酸素原子が結びついて２mol 分の共有結合が生じるときに発生するエネルギーは463×２kJ。発生したエネルギーから必要なエネルギーを引いた値が反応熱になる。

$$463 \times 2 - 436 - \frac{1}{2}x = 242$$

$$x = 496$$

答【30】⓪

(2)　問題文に与えられた電子を用いた化学反応式より，両極において２mol の電子をやり取りすると，負極は Pb から $PbSO_4$へと96 g の質量増加が，正極は PbO_2から $PbSO_4$へと64 g の質量増加があることがわかる。今は0.10 mol の電子をやり取りしているので，以下の式で質量増加量を求めることができる。

負極：$\frac{96}{2} \times 0.10 = 4.8$　　4.8 g の質量増加

正極：$\frac{64}{2} \times 0.10 = 3.2$　　3.2 g の質量増加

答【31】⑤

同様に問題文に与えられた電子を用いた化学反応式より，負極で２mol の電子を失うと１mol の硫酸イオン SO_4^{2-}を消費するのがわかる。また正極で２mol の電子を受け取ると，４mol の水素イオン H^+と１mol の硫酸イオンを消費することがわかる。つまり両極合わせると，２mol の電子のやり取りで水素イオン４mol，硫酸イオン２mol を消費する。これを硫酸 H_2SO_4に換算すると，２mol の電子のやり取りで硫酸２mol 分（＝２×98 g）を消費することになる。つまりやり取りする電子の物質量と，消費する硫酸の物質量が等しいことがわかる。

今は0.10 mol の電子をやり取りしているので，以下の式で硫酸消費量を求めることができる。

$0.10 \times 98 = 9.8$　硫酸消費量9.8 g

答【32】⑦

(3)　反応速度は$\frac{\text{濃度変化量}}{\text{時間}}$で求められる。

$$\frac{(0.50 - 0.30)\ \text{mol/L}}{50\ \text{s}}$$
$$= 4.0 \times 10^{-3}\ \text{mol/(L・s)}$$

答【33】⑦

0～50 s における平均濃度は$\frac{(0.50 + 0.30)}{2}$ mol/L。その間の平均分解速度は4.0×10^{-3} mol/(L・s)。これらを $v = k\,[H_2O_2]$ に代入して，k の値を求める。

$$k = \frac{v}{[H_2O_2]}$$
$$= \frac{4.0 \times 10^{-3}\ \text{mol/(L・s)}}{0.40\ \text{mol/L}}$$
$$= 1.0 \times 10^{-2}/\text{s}$$

答【34】⑨

(4)　気体50 mol のうち20% がアンモニアなので，アンモニアが10 mol 生じたことがわかる。アンモニアが10 mol 生じるためには窒素５mol，

水素 15 mol が反応する必要がある。はじめ，窒素と水素の物質量比が 1 ： 3 なので，はじめの窒素の物質量を n mol とすると，水素は $3n$ mol と表せる。

	N_2	+	$3H_2$	⇄	2NH3
はじめ	n		$3n$		
変化量	− 5		−15		＋10
平衡時	$(n-5)$		$(3n-15)$		10

（単位は mol）

平衡時の物質量の合計が50 mol なので次の式で n の値を求めることができる。

$$(n-5)+(3n-15)+10=50$$

$$n=15$$

これより，平衡時の窒素の物質量は $(15-5)=10$ となり，10 mol だとわかる。

答【35】⓪

平衡定数を表す以下の式

$$K=\frac{[NH_3]^2}{[N_2][H_2]^3}$$

に各気体の濃度を代入する。

$$K=\frac{\left(\frac{10}{10}\right)^2}{\frac{10}{10}\times\left(\frac{30}{10}\right)^3}$$

$$=\frac{1}{27}$$

$$=3.7\cdots\times10^{-2}$$

答【36】⑥

アンモニアの物質量を x mol とする。

$$\frac{1}{27}=\frac{\left(\frac{x}{10}\right)^2}{\frac{1.0}{10}\times\left(\frac{3.0}{10}\right)^3}$$

$$x^2=\frac{1}{100}$$

$$x=\frac{1}{10}=0.10$$

答【37】①

化　学　　正解と配点

（60分，100点満点）

問題番号		正　解	配　点
1	【1】	④	3
	【2】	⑤	3
	【3】	①	2
	【4】	②	3
	【5】	④	3
	【6】	⑤	3
	【7】	⑥	3
	【8】	②	3
	【9】	③	2
2	【10】	②	3
	【11】	③	2
	【12】	⑤	2
	【13】	⑧	2
	【14】	②	2
	【15】	④	3
	【16】	⑧	2
	【17】	①	3
	【18】	③	3
	【19】	③	3

問題番号		正　解	配　点
3	【20】	②	2
	【21】	⑦	3
	【22】	⑦	3
	【23】	⑤	3
	【24】	⑥	3
	【25】	③	3
	【26】	⑥	2
	【27】	①	3
	【28】	⑥	3
4	【29】	⑥	3
	【30】	⓪	3
	【31】	⑤	3
	【32】	⑦	3
	【33】	⑦	2
	【34】	⑨	3
	【35】	⓪	2
	【36】	⑥	3
	【37】	①	3

令和2年度　生　物　解答と解説

1 生物の特徴

【1】【3】【4】 核を有し，その内部に染色体が存在する細胞を真核細胞という。ミカヅキモは単細胞生物の真核生物である。また，核を有さない細胞を原核細胞という。細胞質基質中の染色体にはDNAが含まれる。また，原核細胞には，ミトコンドリアや葉緑体，中心体や小胞体などの小器官は存在せず，リボソームと細胞骨格は存在する。ネンジュモや，ユレモ，アナベナなどはクロロフィルaとチラコイドをもち，酸素発生型の光合成を行う。原核細胞と植物細胞にあり，動物細胞にないのは細胞壁である(a)。また，動物細胞，植物細胞にあり，原核細胞にないのは核膜である（b)。

	構造	主な働き	原核細胞	動物細胞	植物細胞
核	球形またはだ円形。染色体を含む。	染色体の遺伝情報に従って，細胞の働きや形態を決定する。	−	＋	＋
染色体	DNAとタンパク質からなる。	遺伝情報をもつ。	＋	＋	＋
細胞膜	厚さ5～6 mmの膜。	細胞内外への物質の運搬。	＋	＋	＋
細胞質基質	液状でタンパク質などを含む。	化学反応の場となる。	＋	＋	＋
ミトコンドリア	粒状または糸状にみえる。	呼吸を行う。	−	＋	＋
葉緑体	凸レンズ形，クロロフィルを含む。	光合成を行う。	−	−	＋
液胞	内部に細胞液を含む。	物質の濃度調節や貯蔵に関係。	−	＋	＋
細胞壁	セルロースを主成分とする外壁（植物細胞)。	細胞を強固にし，形を保持する。	＋	−	＋

＋：存在する。　−：存在しない。

答【1】⑤【3】③【4】③

【2】 生物体を構成する物質の60～80％は水分である。また，生物の共通性は遺伝情報であるDNAを複製，分配することで自己複製（増殖）し，また生殖によって子孫に残すことである。細胞は，すべての生物の構造および機能の単位であるという説は細胞説と呼ばれる。あらゆる細胞は別の細胞に由来するという一般原理を唱えたのはフィルヒョー (1855)，細胞分裂による細胞の増殖が，親から娘細胞への染色体の伝達であることを明らかにしたのはフレミング。エネルギーのやり取りにはmRNAではなく，ATPが用いられる。このことからATPはエネルギーの通貨と呼ばれる。

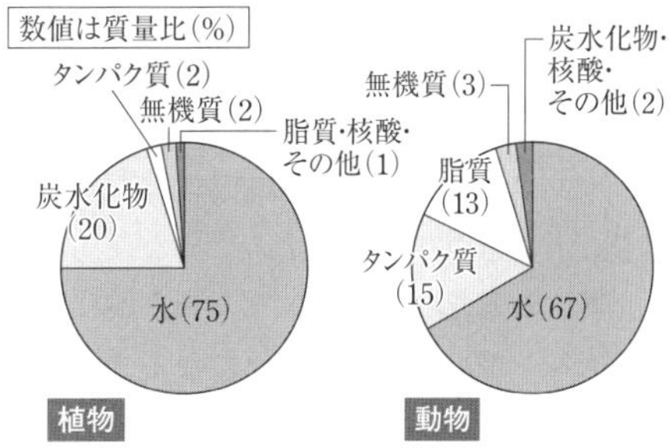

生物を構成する物質

答【2】②

【5】 ミトコンドリアと葉緑体は独自のDNAをもち，このDNAは原核生物同様の環状構造となっている。このことが，これらの細胞小器官が原核生物に起源をもつと考える(細胞共生説)根拠となっている。

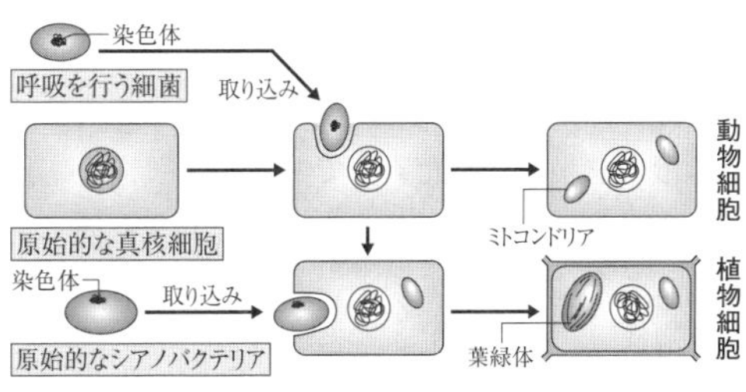

答【5】⑤

2 呼吸と酵素

【6】【9】【10】 細胞内のコハク酸脱水素酵素は，真核生物ミトコンドリアの内膜に結合し，呼吸代謝のクエン酸回路や電子伝達系ではたらく酸

化還元酵素である。この酵素反応によりコハク酸は還元されてフマル酸となり，取り出された水素は，補欠分子族（電子受容体FAD）と結合し$FADH_2$になる。実験のツンベルク管の主室には酵素液が含まれており，副室には基質のコハク酸ナトリウムが含まれている。また，副室に入れるメチレンブルー（Mb）溶液は，酸化型（青色）が水素で還元されると還元型（無色）に色が変化する指示薬である。実験では，メチレンブルーはFADから電子を受け取り，周囲のH^+と結合して還元される。ニワトリの肝臓を生理食塩水で抽出しているので，対照実験では生理食塩水のみを入れる。その結果として，メチレンブルーの青色が消えなければよい。

答【６】⑥【９】④【10】③

【７】 ツンベルク管の中に酸素が残っていると，すぐに水素を切り離して次のような反応が起こり，無色の還元型メチレンブルーが酸化型となりメチレンブルーの色が無色になるまでに時間がかかってしまう。よってアスピレーターなどを用いて空気（酸素）をあらかじめ抜いて減圧しておく必要がある。

$$MbH_2 + \frac{1}{2}O_2 \rightarrow Mb + H_2O$$

答【７】①

【８】（ｉ）は酵素反応の基質を２倍とする条件であるが，問題文では３分後の速度が最大速度の半分であるとなっていることから，この条件では反応速度が２倍となる。その結果，青色は３分よりも早く消えることになる。（ⅱ）は酵素濃度を半分にした条件である。よって反応速度も半分となるので，青色は３分よりも遅く消えることになる。

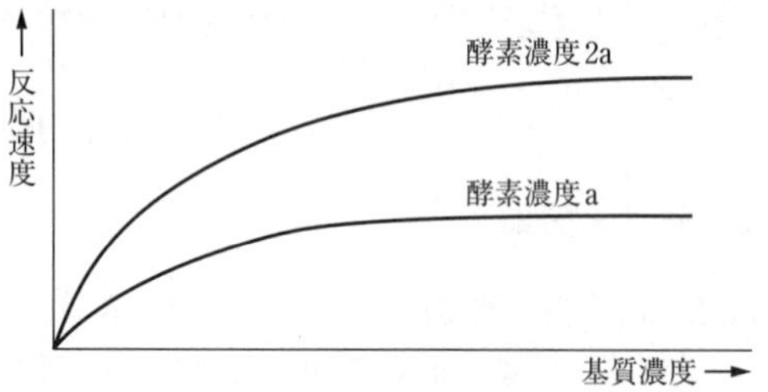

酵素反応と基質濃度

答【８】⑥

３ 種子の呼吸商と呼吸基質

【11】 図２は，有機物が代謝（異化）によって分解される過程図である。脂肪は脂肪酸とグリセリン（**ア**）に分解されることを示している。また，アミノ酸が呼吸基質となる際にはアミノ基が外れ（脱アミノ反応），その結果アンモニアが生ずるため空欄**イ**はアンモニアと判断できる。

答【11】②

【12】 アミノ酸から外れたアミノ基（$-NH_2$）はアンモニア（NH_3）となる。アンモニアは有害で，ヒト（ほ乳類）の体内では肝臓の肝細胞中で，二酸化炭素と反応する尿素回路（オルニチン回路）によって毒性の低い尿素となる。尿素は腎臓でろ過されたのち尿の成分として排出される。

答【12】④

【13】 細胞質基質の解糖系におけるグルコースの分解生成物のピルビン酸からアセチルCoAへの代謝は，脂肪酸や各種の有機酸からも得られる。その後ミトコンドリアのクエン酸回路で二酸化炭素と水に分解される。

答【13】⑤

【14】 呼吸商は単位時間当たりのCO_2排出量(体積)とO_2吸収量(体積)とのモル比で，次の式で求めることができる。

$$\text{呼吸商RQ} = \frac{\text{放出される二酸化炭素}CO_2\text{（モル）}}{\text{吸収される酸素}O_2\text{（モル）}}$$

図１のフラスコＡに加えた水酸化カリウム溶液は，呼吸により放出される二酸化炭素を吸収する。ガラス管の着色液の移動距離（気体の減少量）は吸収した酸素量を示していることになる。また，フラスコＢには蒸留水が入っていることで，ガラス管の着色液の移動距離は，吸収した酸素と放出した二酸化炭素との体積の差となる。よって種子Ｘの呼吸商は次のようになる。

$$RQ = \frac{83-24}{83} = 0.71$$

答【14】②

【15】 種子Ｙの呼吸商を求める。

$$RQ=\frac{130-2}{130}=0.98$$

呼吸基質による呼吸商は

脂肪＝0.7

炭水化物＝1.0

タンパク質＝0.8

よって種子Ｙの呼吸基質は炭水化物と推定できる（成熟した果実などは1より大きくなる）。

答【15】③

4 血液循環

【16】 肺で酸素を吸収した動脈血は，肺静脈の中を心臓の左心房まで戻る。また，左心室から送り出される動脈血は，大動脈の中を流れ全身に送られる。肺動脈を流れるのは静脈血である。ヒト（ほ乳類）の赤血球は脱核しているが，その他のセキツイ動物は有核である。

心臓の構造(外観)

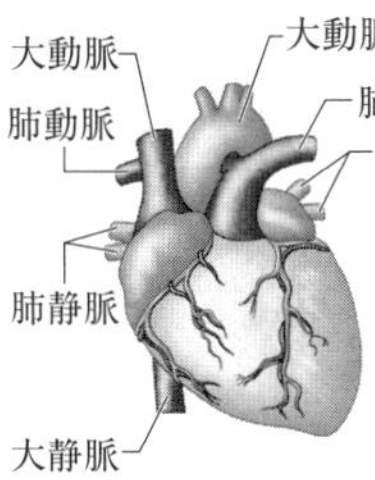

心臓の断面と血流の方向

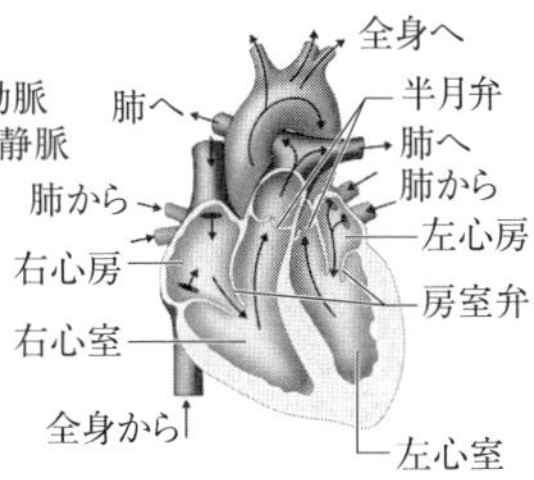

答【16】⑥

【17】 赤血球の寿命は100〜120日で，古くなった赤血球は，主に脾臓で壊されるが，肝臓や骨髄でも行われる。赤血球が破壊される際に生じるヘムの分解産物のビリルビンは胆汁中に分泌される。ヘモグロビンに含まれる鉄イオンは肝臓に貯蔵される。

答【17】⑤

【18】 肺胞での酸素ヘモグロビンの割合は実線のグラフで酸素濃度100の値，つまりa%，組織Ｙでの酸素ヘモグロビンの割合は破線のグラフで，酸素濃度30の値，つまりd%となる。

$$酸素解離度=\frac{a-d}{a}\times 100\ (\%)$$

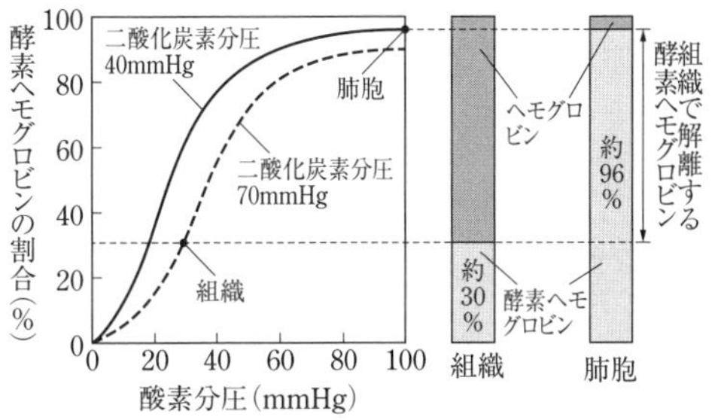

分圧の単位は,mmHgで表している。760mmHgが1013hPa（1気圧）に等しい。

答【18】⑥

【19】 フィブリンは，フィブリノーゲンがトロンビンによって加水分解されたものである。

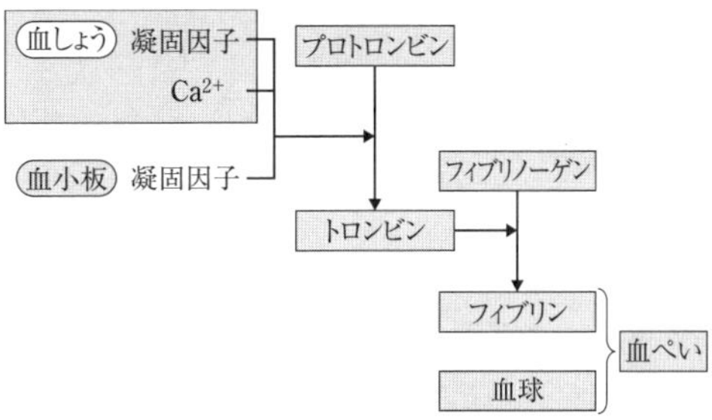

フィブリンの合成過程

答【19】③

【20】 血球のうち，白血球のみがアメーバ運動により毛細血管の隙間から出ることができる。そして全身に存在することにより外界からの異物の排除に関わる。

答【20】②

5 体温調節

【21】 発汗すると，水分の蒸発熱により熱が奪われるので体温は下がる。

答【21】③

【22】 自律神経の中枢は間脳の視床下部にあり，さまざまな恒常性の調節を行う。

答【22】④

【23】 交感神経の作用によって副腎髄質から分泌されるホルモンはアドレナリンである。脳下垂体前葉から分泌される甲状腺刺激ホルモンの作用によって甲状腺から分泌されるホルモンはチロキシンである。

答【23】②

【24】 交感神経は活発に活動するときにはたらき，副交感神経は休息しているときにはたらく。瞳孔は交感神経がはたらくと拡大する。

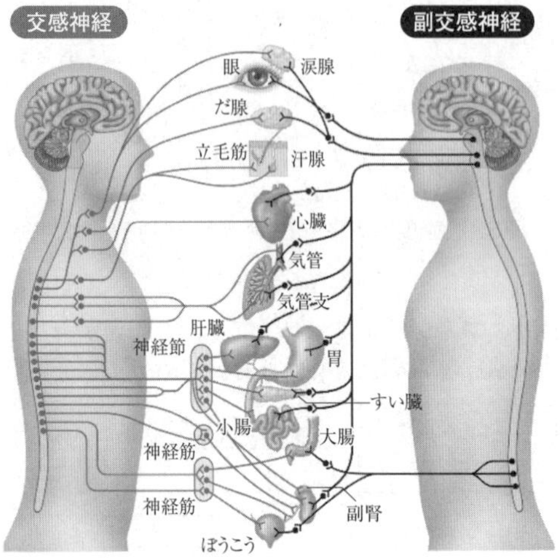

自律神経の多くは，いくつかのものが集まったり再び分かれたりして，内臓諸器官に分布する。

支配器官	瞳孔	立毛筋	心臓（拍動）	気管支	皮膚の血管	胃（ぜん動）	ぼうこう（排尿）
交感神経	拡大	収縮	促進	拡張	収縮	抑制	抑制
副交感神経	縮小	分布していない	抑制	収縮	分布していない	促進	促進

活動状態や緊張状態では，交感神経のはたらきが優位になる。リラックスした状態では，主に副交感神経のはたらきが優位になる。

答【24】⑤

【25】 アドレナリンは，血糖濃度の調節に関わるホルモンでもあり，グリコーゲンをグルコースに分解して血糖濃度を上昇させる。（次図（血糖量の調節）を参照）

答【25】①

6 免疫

【26】 好中球は5種類ある白血球の1種類で中性色素で染まる。他に好酸球，好塩基球などがある。獲得免疫は，病原体を特異的に見分け，それを記憶することで，同じ病原体の侵入に対し，効果的に排除できるしくみで，樹状細胞が抗原提示を行うことによって始まる。

答【26】⑤

【27】 ヘルパーT細胞は，型の合うキラーT細胞を活性化させ，B細胞の増殖・分化を活性化させる。さらに，マクロファージのはたらきを促進する。T細胞にはキラーT細胞，ヘルパーT細胞の他に，制御性T細胞がある。

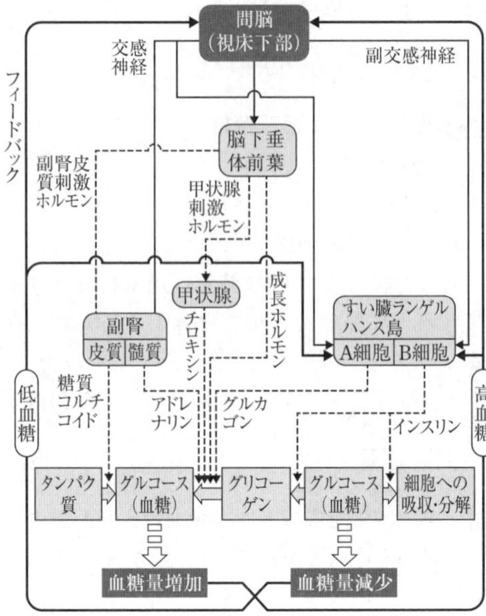

血糖量の調節

答【27】①

【28】 T細胞のTは胸腺（Thymus）の頭文字，B細胞のBは骨髄（Bone marrow）の頭文字である。

答【28】③

【29】 特定の抗原と接触したことのないリンパ球（ナイーブT細胞やナイーブB細胞）と比較して，抗原が一度目に侵入したときにはたらいたT細胞とB細胞の一部は記憶細胞として残る。記憶細胞は再び同じ抗原の侵入を受けると，より敏感に迅速に活性化し，一次応答よりもきわめて短時間で強い免疫反応が起こり，体内に侵入した病原体は，発症前に排除される（二次応答）。

答【29】⑧

【30】 1つの抗体産生細胞（形質細胞）は1種類の抗体を合成する。一次応答において，感染最初につくられる抗体IgMである。

その後，B細胞では定常部の遺伝子で組み換えが起こり，定常部の構造が異なるIgG，IgA，IgEが産生されるようになる。この現象はクラススイッチと呼ばれる。

B細胞がクラススイッチによってどのクラスの免疫グロブリンを産生するようになるかは，ヘルパーT細胞の放出するサイトカインの種類によって決まる。

未分化なB細胞には，可変部の遺伝子断片が多数存在し，V，D，Jの領域に分かれて存在している。B細胞が分化する間に，H鎖の遺伝子ではV，D，J断片それぞれから，また，L鎖の遺伝子ではH鎖とは異なるV，J断片それぞれから1つずつ選ばれて連結，再編成される。このしくみは利根川進によって解明された。

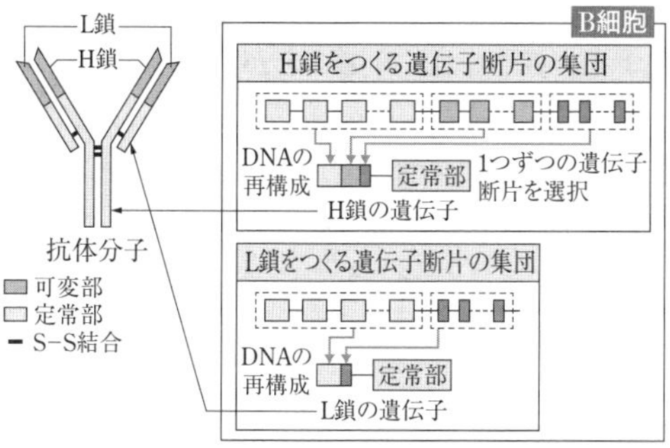

問題文より抗体分子の可変部の遺伝子がH鎖のV，D，Jがそれぞれ40，25，6，また，L鎖のV，Jがそれぞれ40，5である。

造血幹細胞からB細胞に分化する過程で，抗体（免疫グロブリン）をつくる遺伝子集団か多様な免疫グロブリンがつくられる。よってH鎖の遺伝子の組合せは，40×25×6種類，またL鎖の遺伝子の組合せは40×5種類となる。よって全体の組合せは，

$$40 \times 25 \times 6 \times 40 \times 5 = 12 \times 10^5 \text{（種類）}$$

答【30】⑥

7 DNAの解析（PCR法）

【31】 DNAの複製に関して，合成酵素DNAポリメラーゼによるヌクレオチド鎖の伸長には，プライマーが必要である。プライマーは生体内ではRNAであるが，PCR法では人工的に合成した2種類のDNAプライマーが用いられる。

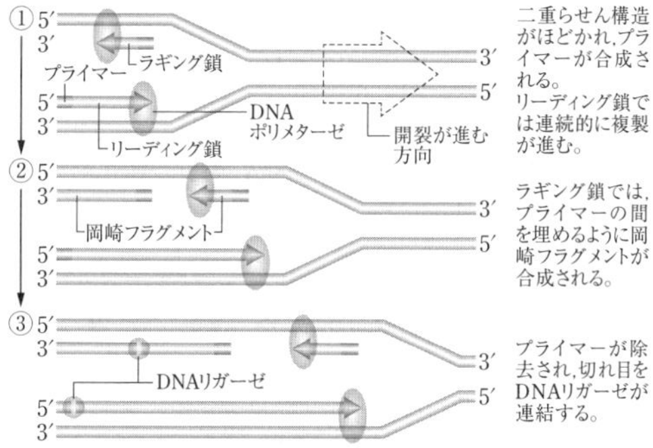

これらのプライマーは，DNAの2本のヌクレオチド鎖において，増幅させたい領域の3′末端部分にそれぞれ相補的に結合するように設計される。クローニングの際，始めにDNAの2本鎖は加熱（95℃）により1本鎖に分かれる。その後低温（55～60℃）の条件でプライマーと結合させたのち，酵素（DNAポリメラーゼ）をはたらかせる（72℃）。

PCR法に用いるDNAポリメラーゼは，好熱菌から単離されたもので，高温条件下でも失活しにくく最適温度が高い。

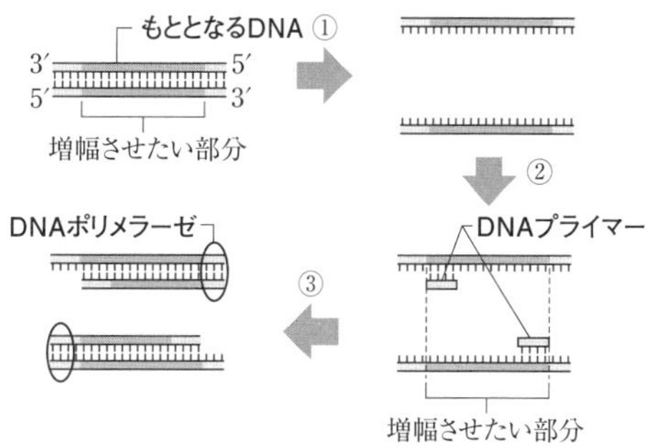

①もととなるDNAやプライマー，DNAポリメラーゼ*，4種類のヌクレオチドなどを加えた混合液を約95℃に加熱して，DNAを1本ずつのヌクレオチド鎖に解離させる。
②約60℃に冷やし，プライマーをヌクレオチド鎖に結合させる。
③約72℃に加熱し，DNAポリメラーゼによってヌクレオチド鎖を合成させる。
※①～③を1サイクルとし，これをくり返すことで目的のDNAを大量に増幅できる。活しにくい。

PCR法では，複製の手順を1回行うと，DNAの半保存的複製にもとづいて，鋳型となる2本鎖DNA1組から2組の2本鎖DNAができる。また，複製の手順を2回行うと，4組の2本鎖DNAが得られる。このようにn回の

複製を行うと，1組の鋳型DNAは2^n組に増加する。増幅させたい部分のみをもつ2本鎖DNAの数は，次のようにして求めることができる。

鋳型となる2本鎖DNAの各鎖（1本鎖DNA）を「長」，1回目の複製で生じた中間の長さの1本鎖DNAを「中」，増幅させたい部分からなる1本鎖DNAを「短」と表すと，PCRによって増幅されるDNAのようすは次のようになる。

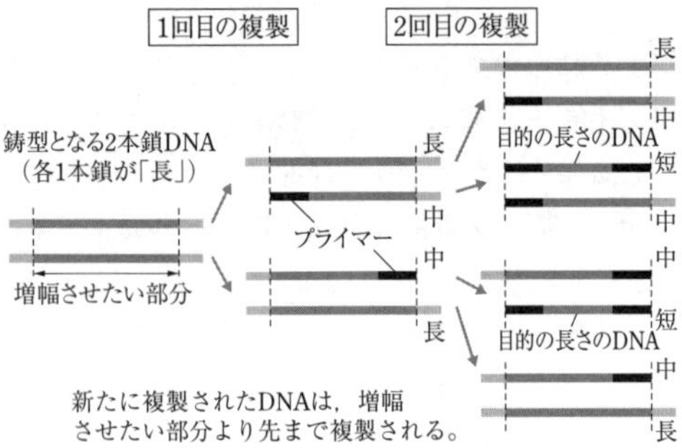

問題文にもあるように，鋳型DNA中の増幅させたい部分（短＋短）は，複製の手順を3回くり返した時点ではじめて2組現れることがわかる。

長＋中の数は，1回目の複製以降変わらず常に2となる。また，2サイクル目以降，中＋短の数は，前のサイクルで生じた数に+2の値となっている。よって，n回目（$n \geqq 2$）のサイクルにおける中＋短の2本鎖の数は，等差数列の考え方より，$2n-2$となる。3サイクル目以降に現れる短＋短という2本鎖の数は，全体の数からこれらの数の和を引いた値となる。n回目のサイクルでは2本鎖DNA全体の数が2^n倍に増えることより，短＋短という2本鎖DNAの数は次のように表される。

$$2^n-\{2+(2n-2)\}=2^n-2n\ (n \geqq 3)$$

たとえば，5サイクル目で合成される32組の2本鎖DNAのうち，増幅させたい部分からなる2本鎖DNA(短＋短)の数は，$2^5-2\times5=22$（対）というようになる。

よって，図のように，増幅したい領域の2本鎖のDNA断片は3サイクル目に2個生じる。

答【31】③

【32】 電気泳動法

寒天ゲルなどに電流を流し，その中でDNAなどの帯電した物質を分離する方法は，電気泳動法と呼ばれる。DNAは，負（－）に帯電するため，寒天ゲル中で電気泳動を行うと陽極へ向かって移動する。このとき，長いDNA断片ほど寒天の繊維の網目に引っかかりやすく，移動速度は遅い。したがって，一定時間電流を流すと，DNA断片の長さに応じて移動距離に差が生じる。長さが既知のDNA断片を平行して同時に泳動すると，目的とするDNA断片のおよその長さを推定することができる。

答【32】④

【33】 細胞内でのプライマーはRNAであり，その後DNAに置き換わる。その意義は，仮にミスが生じても修復しやすいからと考えられている。

答【33】③

【34】 黄・緑・青・赤・緑・黄・黄・青・緑・緑に対応するヌクレオチドの塩基はA・G・T・C・G・A・A・T・G・Gとなる。短いDNA断片からこの順に並んでいるので，塩基配列は，プライマーに続いて5′→3′の向きにA・G・T・C・G・A・A・T・G・Gとなる。したがって，X_1の塩基配列は次のようになり，空欄**カ**の塩基はT，**キ**の塩基はGとなる。

　　　　　カ　　　**キ**
5′…C・C・A・[T]・T・C・[G]・A・C・T‥3′
3′…G・G・T・A・A・G・C・T・G・A‥5′

答【34】④

【35】 X_1のヌクレオチドは20（10×2）あり，そのうちAは5か所にあるので，全塩基中のAの割合は

$$\frac{5}{20}\times100=25\ (\%)$$

答【35】③

8 植　生

【36】 温かさの指数は，植物の生育に必要な最低温度（5℃）を基準として求める数値である。

各月の平均気温が5℃を超える月において，各月の平均気温から5℃を差し引いた数値を求め，1年を通して積算する。亜寒帯は15～45，冷温帯は45～85，暖温帯は85～180，亜熱帯は180～240，熱帯は240以上である。

よって問題の温かさの指数は次の通り。

$1+7+10+14+15+11+4=62$

答【36】⑤

【37】【38】【40】 植生は気温と降水量の影響を受けて成立する。植生とそこに生息する生物のまとまりをバイオームという。バイオームは年間降水量と温かさの指数を含めた年平均気温によって，次図のように分類される。

年平均気温が25℃以上で降水量も2500 mm以上の高温多湿の熱帯地域には，熱帯多雨林が見られる。砂漠は荒原のバイオームで，サバンナより年間降水量が少ない地域である。ステップはサバンナより年平均気温が低い地域に形成される。また，ツンドラはステップより年平均気温が異なる。草原で乾燥に強い木本がまばらに生えるのはサバンナである。砂漠ではサボテンやトウダイグサのように乾燥に適応した植物群集が見られる。チークは雨緑樹林の，オリーブ，コルクガシ，ユーカリは硬葉樹林の樹種の例である。

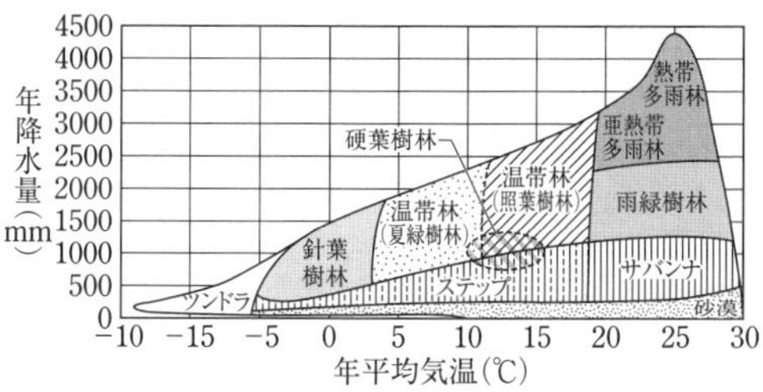

世界のバイオーム

サバンナにはアカシアなどの木本がまばらに生えている。また，ミズナラは夏緑樹林の代表植物である。硬葉樹林は，温帯のうち冬は比較的温暖で降水量が多く，夏は暑くて乾燥が激しい地域に形成される。植物例は，オリーブの他，ゲッケイジュ，ユーカリがある

答【37】②【38】④【40】③

【39】 下図のように南北に長い日本の水平分布は，垂直分布との間に相関性がみられる。

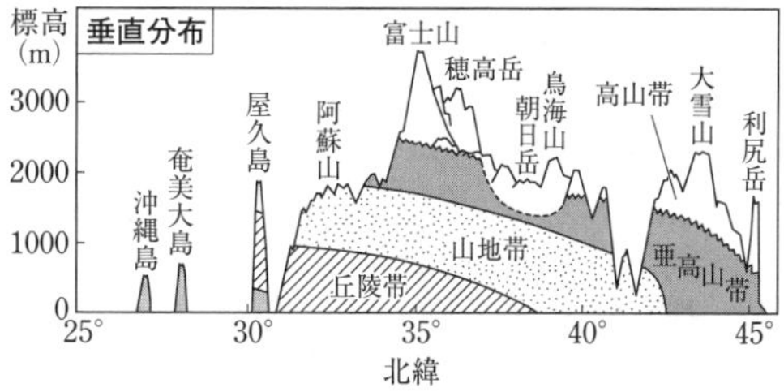

日本の本州中部の垂直分布

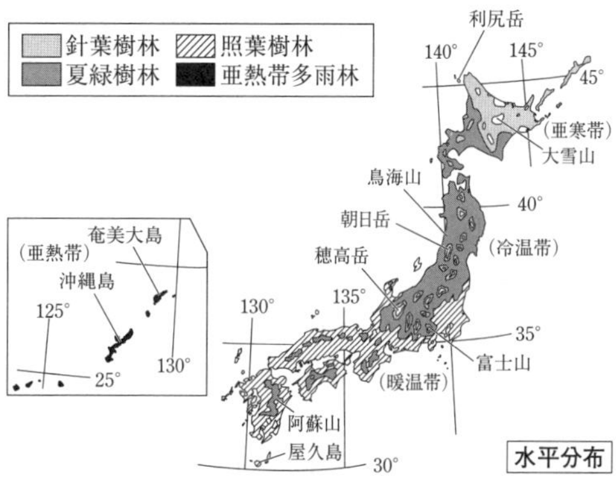

日本の水平分布

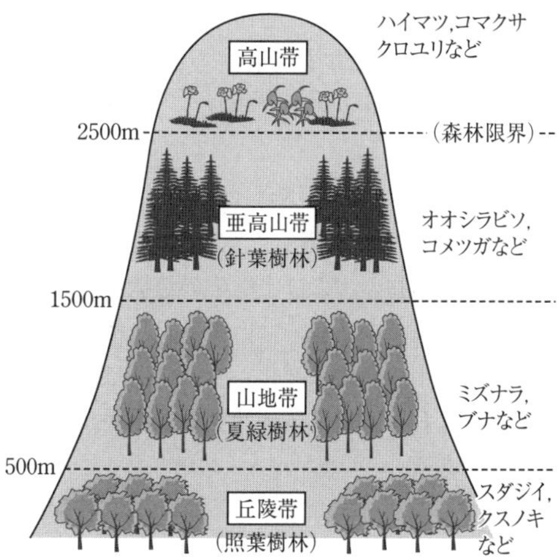

垂直分布の植生

日本本州中部の垂直分布は，標高の高い順から高山帯，亜高山帯，山地帯，丘陵帯となる。標高2500m以上の高山帯は，森林限界を超え，

高山植物のお花畑のほかに低木のハイマツなどが見られる。山地帯のバイオームは夏緑樹林で，代表的な樹種はミズナラである。スダジイは丘陵帯に見られる照葉樹林の例である。高緯度地方では，年平均気温が低くなるため分布域の境界線は低くなる。

答【39】②

9 物質循環

【41】 シアノバクテリアは，光合成を行い，みずから有機物を合成できるので生産者である。

答【41】④

【42】 a は化石燃料の燃焼である。また，c，d，e，f については細菌を含めすべての生物は基本的に呼吸により，二酸化炭素を放出している。

答【42】⑤

【43】 アゾトバクター以外の窒素固定細菌の例としては，クロストリジウム，ある種のシアノバクテリア，マメ科の根に共生する根粒菌などがある。

答【43】①

【44】 アンモニウムイオン（NH_4^+）は，窒素固定細菌により生じるほか，生物の遺体や排出物を腐敗菌が分解することによっても生じる。アンモニウムイオンは，亜硝酸菌により亜硝酸イオン（NO_2^-）に変えられ，亜硝酸イオンは硝酸菌により硝酸イオン（NO_3^-）に変えられる。

答【44】③

【45】 大気中の窒素（N_2）は，空中放電によって酸素（O_2）と反応し，無機窒素化合物に変化する。動物の中には土壌中の無機窒素化合物を直接利用できるものはいない。無機窒素化合物を大気中の窒素に変化させる細菌は脱窒素細菌と呼ばれる。根粒菌が共生する相手はマメ科植物である。

答【45】②

生　物　　　正解と配点

（60分，100点満点）

問題番号		正　解	配　点
1	【1】	⑤	2
	【2】	②	2
	【3】	③	2
	【4】	③	2
	【5】	⑤	3
2	【6】	⑥	2
	【7】	①	2
	【8】	⑥	3
	【9】	④	2
	【10】	③	2
3	【11】	②	2
	【12】	④	2
	【13】	⑤	2
	【14】	②	2
	【15】	③	3
4	【16】	⑥	2
	【17】	⑤	2
	【18】	⑥	3
	【19】	③	2
	【20】	②	2
5	【21】	③	2
	【22】	④	2
	【23】	②	2
	【24】	⑤	3
	【25】	①	2

問題番号		正　解	配　点
6	【26】	⑤	2
	【27】	①	2
	【28】	③	2
	【29】	⑧	2
	【30】	⑥	3
7	【31】	③	3
	【32】	④	2
	【33】	③	2
	【34】	④	3
	【35】	③	2
8	【36】	⑤	3
	【37】	②	2
	【38】	④	2
	【39】	②	2
	【40】	③	2
9	【41】	④	2
	【42】	⑤	2
	【43】	①	2
	【44】	③	2
	【45】	②	3

令和２年度　地　学　解答と解説

1　固体地球とその変動

問１　(1)　海溝付近での地震は，地表付近で発生したり，海溝から大陸側に向けて沈み込むプレートに沿って発生したりする。よって，浅発地震も深発地震も起こる。この条件に見合う場所は，４つの点のうち，A点だけである。

海嶺付近の地震は，地表近くで発生するので，浅発地震のみが現れる。

答【１】①

(2)　D点の位置には，海嶺が存在する。この場所は，南北に貫く大西洋中央海嶺がある。明瞭で規模が大きい海嶺なので，知っていてほしい。

海嶺は，新しくプレートがつくられる場所で，地下からマントル物質が上昇してきている。プレートをつくる高温の物質は盛り上がり，海底山脈をつくるために，周囲よりも水深が浅い。そして，海嶺軸の両側へ広がるために引く離すような力がはたらき，裂け目が生じて浅い地震が発生する。

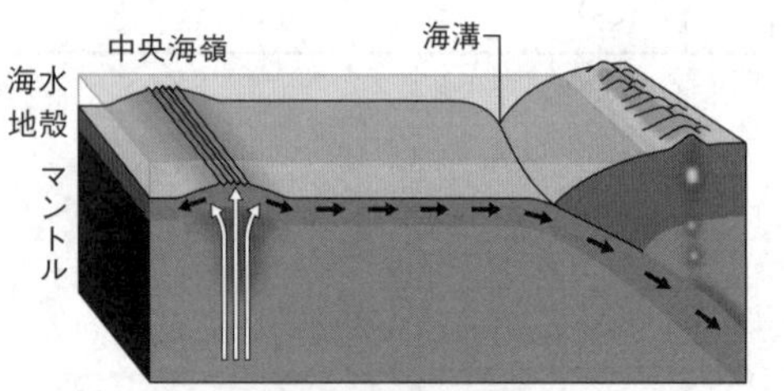

中央海嶺の断面（模式図）

答【２】②

(3)　C点で火山活動が起こっていないならば，同じようなプレートの条件の位置でも火山活動は起こらないと考えてよい。C点は，図２，図３を見ると浅発地震も深発地震も発生しておらず，プレート境界ではないと判断できる。このC点と同じように，地震が発生していないのはB点である。よって，B点は火山活動が起こっていないと考えられる。

一方，A点は(1)で考えたように，浅発地震，深発地震とも起こっているので，海溝付近である。海溝では，プレートが斜めに沈み込んだ先でマグマが発生し，その上の地表では火山活動が起こる。

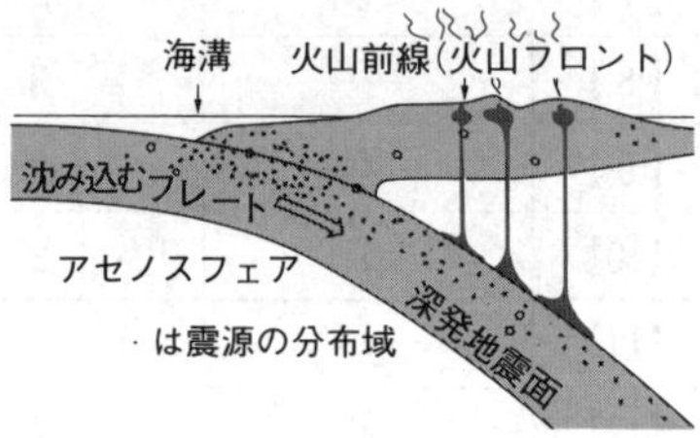

答【３】①

問２　(1)　岩石名は，表１の鉱物組成から判断することができる。斜長石はどの火成岩にも含まれるが，そのほかの主な鉱物は，火成岩を苦鉄質岩や中性岩，珪長質岩に分類するために役立つ。石英やカリ長石が，斜長石に近い割合で含まれるのは，珪長質岩と判断する。珪長質岩のグループに入る火成岩は，流紋岩と花こう岩である。このうち，深成岩は花こう岩である。なお，選択肢４つはすべて深成岩を示している。

火成岩に関わる問題は，次ページ上の分類表がたいへん役に立つ。よく見ておこう。

答【４】③

(2)　黒っぽい色をしている鉱物は，有色鉱物である。珪長質岩に含まれる有色鉱物として最も適当なものは黒雲母である。なお，選択肢４つはすべて有色鉱物を示している。

答【５】④

(3)　斜長石はどの火成岩にも含まれるが，斜長石の化学組成は一定ではない。SiO_2の含有量が少ない苦鉄質岩や超苦鉄質岩をつくる斜長石はCaに富む。反対に，SiO_2の含有量が多い珪長質岩をつくる斜長石はNaに富む。

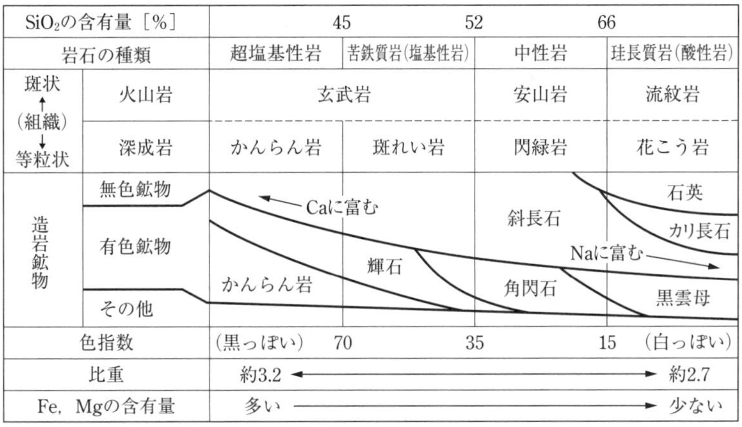

SiO₂の含有量［%］
45
52
66
岩石の種類
超塩基性岩
苦鉄質岩(塩基性岩)
中性岩
珪長質岩(酸性岩)
斑状
(組織)
等粒状
火山岩
玄武岩
安山岩
流紋岩
深成岩
かんらん岩
斑れい岩
閃緑岩
花こう岩
造岩鉱物
無色鉱物
有色鉱物
その他
Caに富む
斜長石
石英
カリ長石
Naに富む
輝石
かんらん岩
角閃石
黒雲母
色指数
(黒っぽい)
70
35
15
(白っぽい)
比重
約3.2
約2.7
Fe，Mgの含有量
多い
少ない

火成岩の分類

なお，Fe や Mg は，苦鉄質岩や超苦鉄質岩自体には多く含まれる。これは，苦鉄質岩や超苦鉄質岩に多く含まれる有色鉱物に Fe や Mg が含まれるためである。

答【6】③

(4) 色指数とは，岩石に含まれる有色鉱物の体積比である。表1より，有色鉱物は「鉱物 A」だけなので，この鉱物の体積比（この問題では，重量比と同じとしている）の5がそのまま色指数になる。

答【7】①

(5) SiO_2の含有率65％の斜長石が岩石全体の40％を構成するので，この部分だけで岩石全体に対して含まれるSiO_2は，

$$\frac{65}{100}\times\frac{40}{100}=0.26 \quad よって \quad 26〔\%〕$$

となる。この方法で，含まれるすべての鉱物について同様に求め，合計する。重量比は全体で100％になることを考え，1つの式で示すと，

$$\left(\frac{65}{100}\times40\right)+\left(\frac{100}{100}\times30\right)+\left(\frac{65}{100}\times25\right)+\left(\frac{35}{100}\times5\right)$$
$$=74〔\%〕$$

答【8】④

問3 (1) 走時曲線の **A** は，グラフの原点から始まる比例の直線である。よって，震源から出た地震波が，一様な性質の層の中を最短距離で伝わったことを意味する。

走時曲線の **B** は，震央距離0 km まで延長すると原点から始まらないことは明らかである。よって，地震波の経路は一様な性質の層を伝わったのではないことになる。経路の途中で，地殻から，層の性質が異なるマントルへ入ったと考える。

答【9】②

(2) 地殻中のＰ波の速度 V_1は，走時曲線の A の傾きで表現されている。原点から出るグラフは，折れ曲がる震央距離 L の36 km で走時（地震波の到達時間）が6.0秒なので，

$$V_1=\frac{36\ \mathrm{km}}{6.0\mathrm{s}}=6.0\ \mathrm{km/s}$$

答【10】②

(3) 走時曲線の **B** は，地殻とマントルの境界で屈折して伝わる地震波を示している。**B** の傾きからは，マントル中を伝わるＰ波の速度 V_2を求めることができる。

選択肢④については，地震波の経路としては正しいが，**B** は地震波の平均の速さにはならないことに注意する。震央距離が遠いほど，**B** はマントル中を通る距離が長くなるので，マントル中の速度が現れていると考えられる。

答【11】③

(4) 与えられた式を使って，値を求めるのではないので，一定の量はすべてまとめて定数とし，変化する量の大小関係だけを考える（比例関係を考える）。

aはV_1，V_2を定数とするので，

$d=L\times$定数

となり，dとLは比例する。したがって，Lが大きければdも大きい。

bについては式変形してLとV_2の関係にすると，

$$L=2d\sqrt{\frac{V_2+V_1}{V_2-V_1}}=2d\sqrt{\frac{V_2-V_1+2V_1}{V_2-V_1}}$$
$$=2d\sqrt{1+\frac{2V_1}{V_2-V_1}}$$

となる。ここで，V_1，dを定数とするので，V_2とLは反比例の関係になっている。したがって，V_2が大きいほどLは小さくなる。

答【12】①

(5) 海洋地殻は玄武岩，マントル上部はかんらん岩からなる。また，大陸地殻は花こう岩からなる。これは，岩石の密度の関係から考えることができる。最も上層にある大陸地殻をつくる花こう岩は密度（比重）が小さく，下層にあるマントル上部をつくるかんらん岩は密度（比重）が大きい。密度（比重）が大きい重い岩石ほど下層に位置する。火成岩の分類表（設問【4】の解説図）で確認しておくとよい。

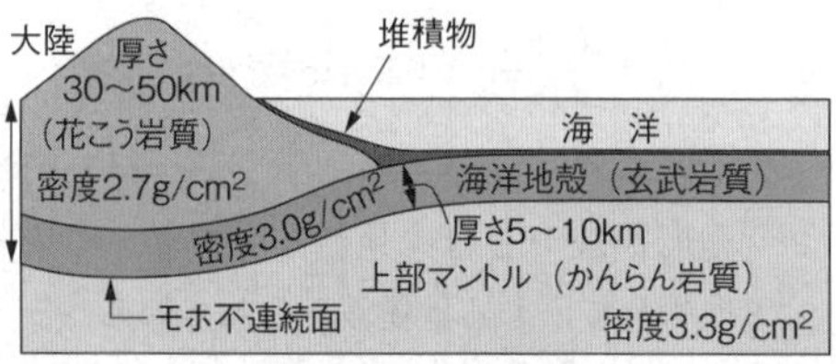

大陸地殻と海洋地殻

答【13】④

問4 (1) 地球の自転による遠心力の大きさは，地軸（回転軸）から離れる（回転半径が大きくなる）ほど，大きくなる。回転半径は低緯度ほど大きい。

また，重力は万有引力と遠心力の合力である。重心の方向は，万有引力の向きに一致する。A点において，2力の合力となる重力の向きは，重心の方向からずれる。

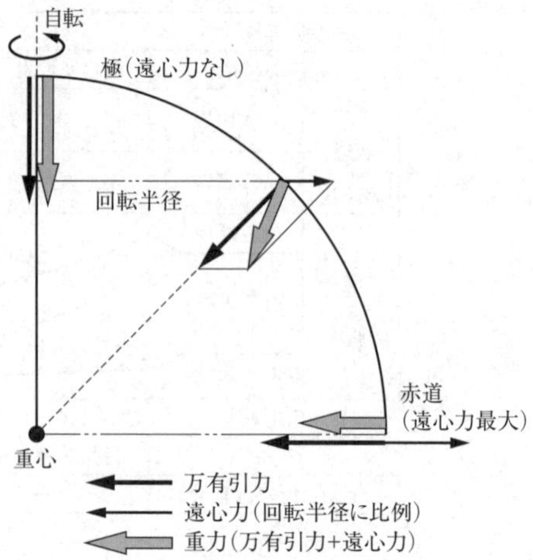

答【14】④

(2) 重心に引かれる力である万有引力は，重心に近いほど大きくなる。地球は赤道半径が極半径より大きいので，地球上において赤道は重心からの距離が最大となる。よって，赤道での万有引力は最小になる。

一方，極では万有引力が最大になる。さらに，(1)の図のように，極では回転軸からの距離がなく遠心力がはたらかないので，重力が最も大きくなる。

答　【15】③

2 地球の歴史

問1 (1) 古生代の後半は，デボン紀・石炭紀・ペルム紀が相当する。この時代は，大気中にオゾン層が形成されて，生物が陸上での生活を始めた頃である。繁栄して大型化した植物はシダ植物で，クックソニアからプシロフィトンへと進化し，さらに，ロボク，リンボク，フウインボクが大型のシダ植物として大森林を形成した。その遺骸が地中で炭化し，石炭になった。時代の名前にも現れている。

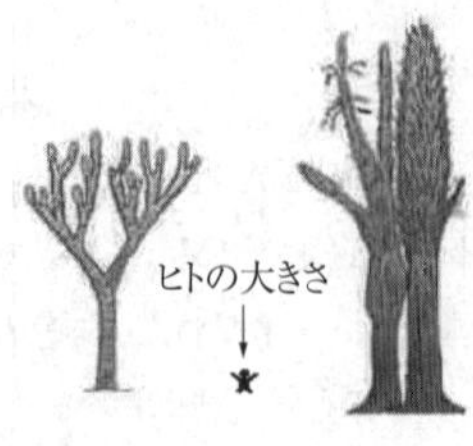

一方，裸子植物は古生代末から中生代にかけて繁栄した。石油が形成されたのも中生代である。

答【16】④

(2) 化石や堆積物などから推定した地質時代の気候変動をみると，中生代は現在と比較して温暖な気候であった。

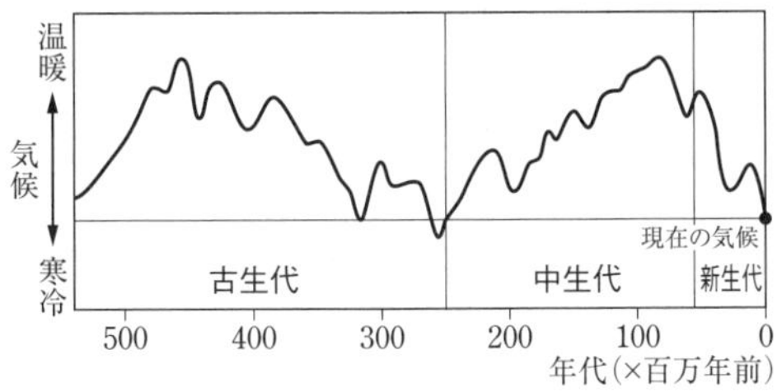

古生代以降の気候変動

陸上では恐竜が繁栄し，海中ではアンモナイトが繁栄した。三葉虫の繁栄は古生代である。

アンモナイト

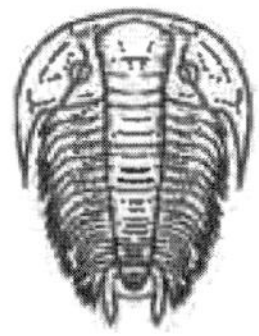

三葉虫

答【17】②

(3) 約260万年前から現在までの新生代第四紀は，約10万年の周期で氷期と間氷期がくり返された氷河時代である。最も近い氷期のピークは約1.8万年前であり，氷床（大陸氷河）が発達した。そのため，海面は現在よりも低かった。日本は大陸と陸続きになり，マンモスなどが渡ってきた。

答【18】①

問2 (1) 砂や泥などは岩石の風化によって形成される。風化は，陸上での気温変化や水との化学反応などによるものであり，海水中の現象とはいえない。

砕屑物は，粒子の直径で名称が区分されている。2 mm より大きい粒子は礫であり，2 mm より小さい粒子は砂，さらに 1 /16 mm より小さい粒子になると泥である。

答【19】③

(2) チャートは，SiO_2の成分でできた殻をもつ放散虫などの遺骸が集積して形成される。

$CaCO_3$はフズリナ（紡錘虫）の成分から石灰岩を，NaCl は海水塩分の沈殿から岩塩を形成し，いずれも堆積岩に分類される。また，Fe_2O_3は縞状鉄鉱層に含まれる赤鉄鉱と呼ばれる鉱物成分である。

答【20】④

(3) 岩石をこすり合わせたときの傷のつき方での判定は，鉱物の硬度を用いる。硬度には10種の標準鉱物があり，値が大きいほど硬い。モースの硬度計という。

硬度	標準鉱物	硬度	標準鉱物
1	滑石	6	正長石
2	石こう	7	石英
3	方解石	8	黄玉（トパーズ）
4	蛍石	9	鋼玉（コランダム）
5	燐灰石	10	ダイヤモンド

石灰岩は$CaCO_3$からなり，方解石の集合体である。一方，チャートはSiO_2からなり，石英の集合体である。方解石と石英では，石英の方が硬い。よって，2つの鉱物をこすり合わせると傷がつくのは方解石なので，石灰岩とチャートでは石灰岩に傷がつく。

また，酸性である塩酸（HCl）を，アルカリ性である石灰岩（$CaCO_3$）にかければ，CO_2が発生する。チャートは発泡しない。

答【21】③

(4) 石灰岩は$CaCO_3$からなり，この成分をもつ生物は，フズリナをはじめとする有孔虫，サンゴなどである。また，チャートはSiO_2からなり，放散虫やケイ藻の殻がもつ成分である。

答【22】①

(5) 炭酸水素カルシウムからなる生物の殻の割合が高い場所では石灰岩が形成されるが，炭酸水素カルシウムがとけない水深3000～4000 m より浅い海底に限られる。チャートは，炭酸水素カルシウム成分が取り除かれた，水深3000～4000 m より深い海底で，陸起源の砕屑物が運ばれてこない，陸から遠いところに堆積する。

答【23】③

(6) 西南日本は，変成帯が帯状に並行している。太平洋岸にあたる中央構造線の南側には，プレートの沈み込みによる低温高圧型の，三波川帯，秩父帯，四万十帯が分布する。秩父帯は古生代後期に形成，最も南側（太平洋側）に位置する四万十帯は，白亜紀から新第三紀にかけてかけて形成された付加体である。

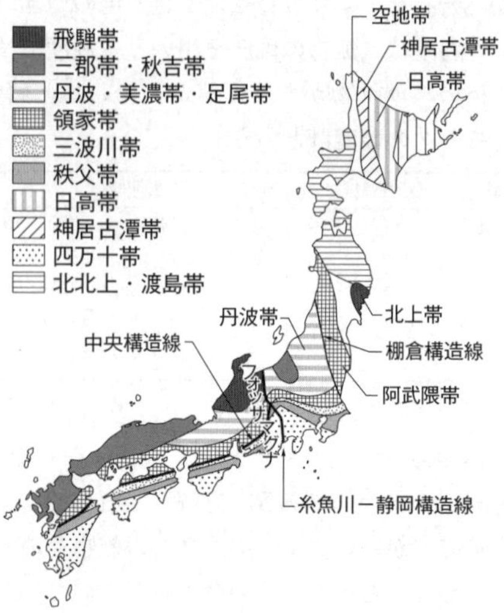

日本の地質構造

付加体とは，海洋プレート上の堆積物が海溝にたまり，海洋プレートの沈み込みによって大陸プレートに削り取られるようにして，くさび形に陸の下に付け加えられた状態をいう。

なお，地溝帯は，断層によって陥没した帯状の凹地をいう。

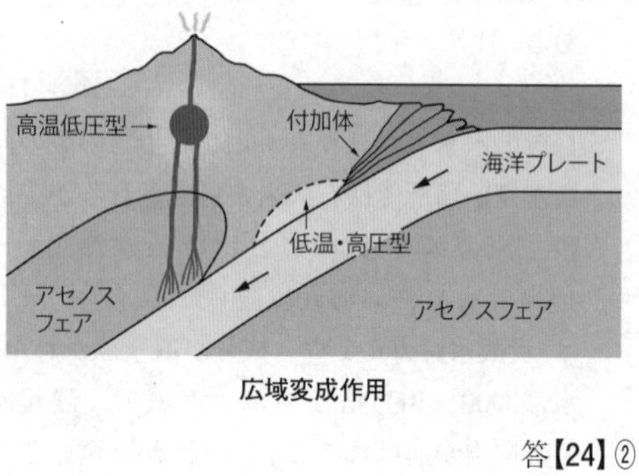

広域変成作用

答【24】②

問3 (1) 問題文より，地層は逆転していないことが確認されているので，地層累重の法則にしたがって上位の地層ほど新しい。A，D，Eの３層の位置を比べると，Dが最も下なので，時代は最も古い。また，図の左右に分かれているAは高さがずれているので，断層fによってずれていると考えられる。Eは，断層fに切られずに断層を覆っているので，Aより新しい。

よって３層の関係は，Dが最も古く，次いでAが堆積し，Eが堆積した。問題は，新しいものから順に並べる指示なので，注意すること。

答【25】⑤

(2) 斜めに切っている断層fに対し，図の左側が断層面の上に乗っている形状なので，左側が上盤となる。断層面の左右におけるA～Dの地層の関係をみると，上盤が相対的に上方にずれている。よって，断層fは逆断層である。

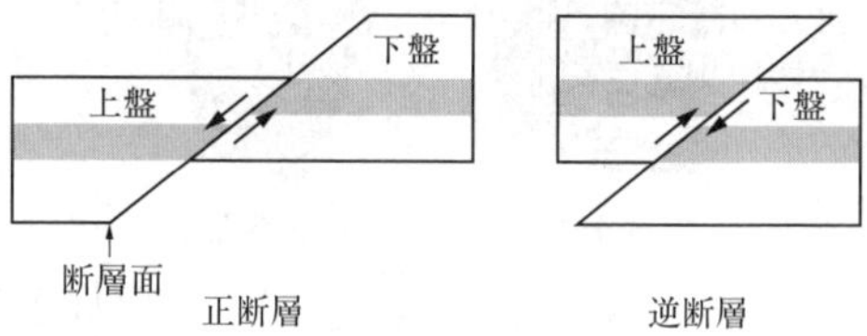

断層の断面図

次に，断層fと不整合uの関係を考える。不整合uはその上下の地層A，Bとともに高さがずれている。よって，断層fは不整合uを切ったと考えることができる。

(1)と合わせて，この地域の地史を，形成順（古いものから順）にまとめると次のようになる。

D→C→B→不整合u→A→断層f→E

Eは，川の流れなどによってAが侵食された上に堆積したのであろう。

答【26】②

(3) 地層の上下判定をするには，１枚の地層中に見られる堆積構造を見る。問題の図に見られるような，一方のとがった波形の構造は，砂地の浅い海底で水の波や流れがつくったものであり，リプルマーク（漣痕）という。「漣」は訓読みで「さざなみ」である。リプルマークは，さざなみをイメージすれば，とがった方が堆積時の上位であることが推測できるだろう。

なお，選択肢にある級化層理(級化成層)は，次図のように，粒径がそろった堆積構造をいう。海底地すべりなどが原因となる混濁流(乱泥流）によってでき，粒径の小さい方が軽いために，あとから堆積するので上位となる。

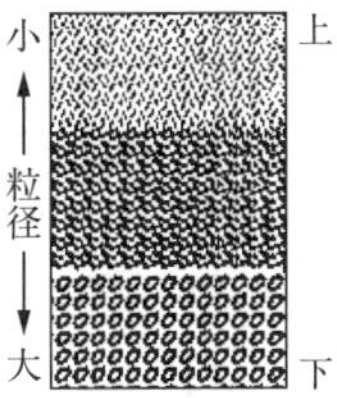

級化層理

答【27】①

3 大気と海洋

問1 (1) 日本列島に沿って，停滞前線が東西に長く延びている。選択肢の4つの時期の中では，梅雨と考えるのが最も適切である。

答【28】③

(2) a点，b点は前線を挟んでいる。前線は暖気と寒気が接していることを示すので，a点とb点には温度差があると考える。温暖前線と寒冷前線に挟まれた地域には暖気がある。これは，はじめに南側の暖気と北側の寒気が接し，渦を巻く低気圧が発生することで，低気圧を中心に前線が折れ曲がった状態になるためである。暖気よりも寒気の方が密度が大きい（重い）ために押す力が大きく，寒冷前線が温暖前線よりも速く進むために，暖気が挟まれた形になる。

答【29】②

(3) Aは停滞前線を示す。(2)の解説のように，停滞前線の南側が高温である。そして，南側に位置する密度の小さい（軽い）暖気が北側の寒気に斜めに乗り上げる形になるので，地上に現れる前線の北側に雲が発達しやすい。

答【30】④

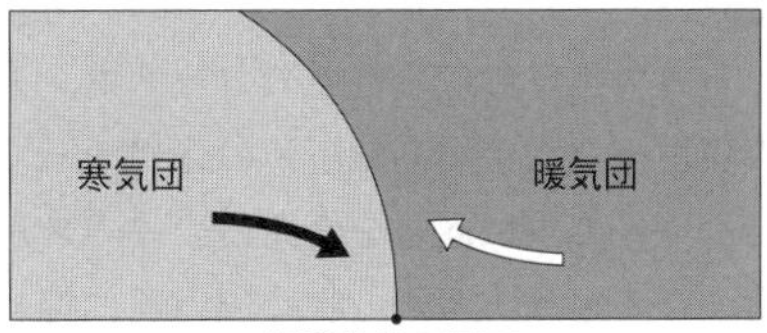

停滞前線の断面

(4) 一定の期間（数週間程度）にわたってほぼ同じような場所に位置することで一定の性質をもつ高気圧は，気団ともいう。高気圧（気団）の性質として，日本の北方にある高気圧は寒冷，南方にある高気圧は温暖である。また，海上にある高気圧は湿潤，陸上にある高気圧は乾燥である。

高気圧	気団名	記号	発源地	活動期	性　質
シベリア高気圧	シベリア気団	cP	シベリア大陸	主に冬	低温・乾燥
北太平洋高気圧（小笠原高気圧）	小笠原気団	mT	小笠原方面の海上	主に夏	高温・多湿
オホーツク海高気圧	オホーツク海気団	mP	オホーツク海	梅雨期および秋雨期	低温・多湿

m：海洋性　c：大陸性　P：寒帯性（寒冷高気圧）
T：熱帯性（温暖高気圧）

日本付近の主な高気圧

Bは，梅雨期に発達するオホーツク海高気圧と推定できる。北方の海上に位置するので，性質は寒冷・湿潤である。

答【31】①

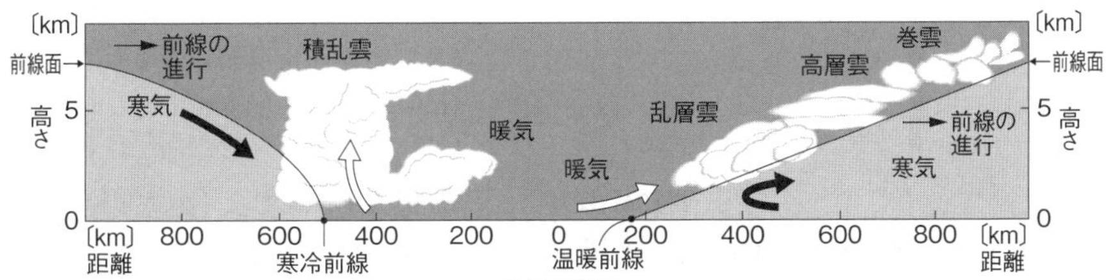

前線の断面

問2 (1) 台風の，月平均の典型的なコースは，太平洋高気圧（北太平洋高気圧）の勢力範囲との関係で考える。低気圧の一種である台風は，高気圧の縁を回りこむ。よって，日本列島が太平洋高気圧に広く覆われる7月は，台風は大陸沿岸を大回りする。太平洋高気圧の勢力が弱まる9月には，台風は日本列島を縦断するようなコースをとる。

答【32】⑥

(2) 日本付近における台風のコースは，太平洋高気圧（北太平洋高気圧）の縁に沿って北上し，やがて東に向きを変える。コースが東向きになるのは，西から吹く偏西風に押し流されているためである。

答【33】④

(3) ①が誤りである。台風は，低気圧の種類では熱帯低気圧に分類される。熱帯低気圧のうち，北太平洋西部で，平均風速の最大値が約17 m/s 以上に発達したものを台風と呼ぶ。

熱帯低気圧のエネルギー源は，海水の蒸発した水蒸気が上昇して凝結するときに放出される潜熱である。上昇気流が維持されていくつもの積乱雲が発達し，熱帯低気圧となる。

台風を含む北半球の熱帯低気圧は，進行方向右側で相対的に風が強い。これは，反時計回りに吹き込む風の向きと，低気圧を押し流す風の向きの関係から説明できる。進行方向の右側では，2つの風がほぼ同じ向きになるので強い風になる傾向がある。左側では2つの風が反対向きになるので風が相対的に強くない傾向がある。これは，地形の影響などを考慮しない場合の傾向である。

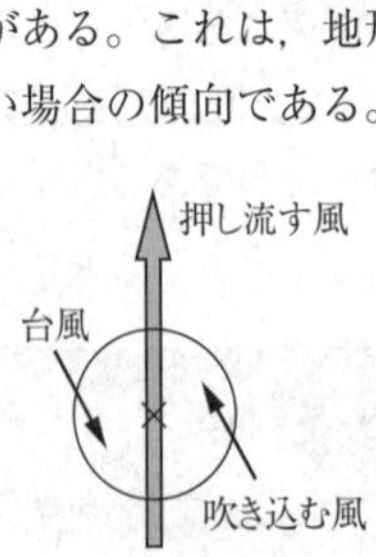

答【34】①

(4) 高潮は，台風などの強い低気圧によって海面が吸い上げられるとともに，強風によって海水が吹き寄せられる現象である。

風の効果に注目すると，南に開いた湾では，南からの風の吹き込みが海面を上昇させる。台風は反時計回りに風が吹き込む。よって，台風の中心が湾の西側を通過すると，湾に南寄りの風が入り込むことになる。

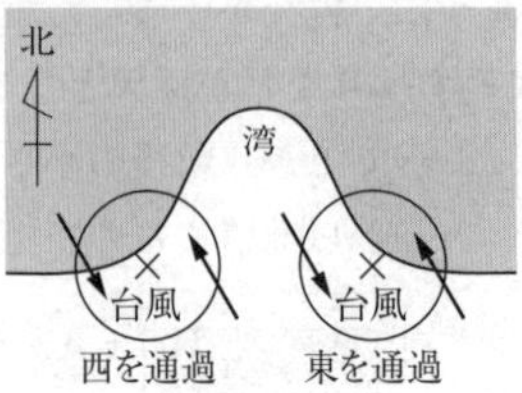

答【35】①

(5) 激しい自然現象による被害の予測をまとめた地図を，ハザードマップ（災害予測地図）という。過去の事例にもとづく想定なので，被災の状況をすべて正しく表現するわけではないが，災害の重要な目安となるので，日頃から確認しておきたい情報である。河川の氾濫だけではなく，火山噴火や津波，土砂災害などについて，自治体ごとに作成されている。

雨によって河川を流れる水量は増える。上流で降った雨は，時間をかけて下流に到達する。したがって，下流の水位は雨が止んでから上昇することがある。雨が止んでも，しばらくは河川の氾濫の危険性は残るので，警戒しなければならない。

答【36】②

問3 (1) エルニーニョ現象の発生周期は一定ではない。数か月から数年の間隔で，不規則にくり返されている。

エルニーニョ現象は，赤道太平洋域の東部（南アメリカ大陸のペルー沖）における海面の平均水温の変動によるもので，通常の海面水温よりも高い場合をいう。逆に，赤道太平洋東部の海面水温が通常よりも低い場合は，ラニーニャ現象と呼ぶ。

答【37】③

(2) 赤道太平洋域で吹く地球規模の風は，貿易風である。貿易風は東風なので，この海域の表層では，日射で暖められた海水が赤道太平洋の西部に吹き寄せられ，西部の海水位が高くなる。東部では，運ばれた海水を補うように，深部から冷水が湧昇している。そのため，赤道太平洋の海面の水温は，通常は東部（ペルー沖）が低い。

ところが，赤道太平洋の東部の気圧が通常よりも下がると，シーソーのように西部の気圧が上がり，東西の気圧差が小さくなる。すると，貿易風が弱くなり，表層の暖水も西に吹き寄せられなくなる。よって，東部での冷水の湧昇も弱くなる。また，東西の海水位の差も小さくなるため，西に吹き寄せられていた表層の暖水が東に戻る。このような過程で，赤道太平洋東部の海面水温が高くなるのが，エルニーニョ現象である。

一方，ラニーニャ現象は，赤道太平洋東西の気圧差が通常よりも大きくなり，貿易風が強まって，暖水の吹き寄せも強まり，東部での冷水の湧昇が活発になるときをいう。

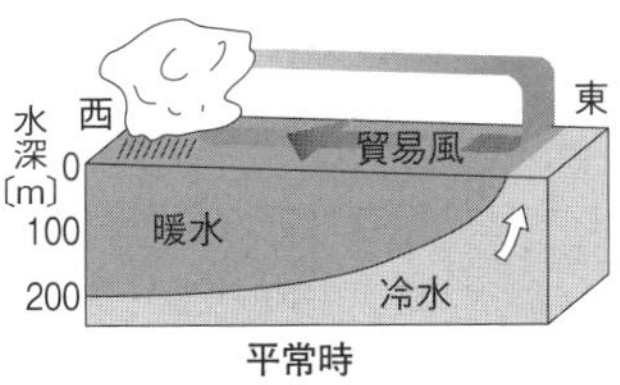

平常時

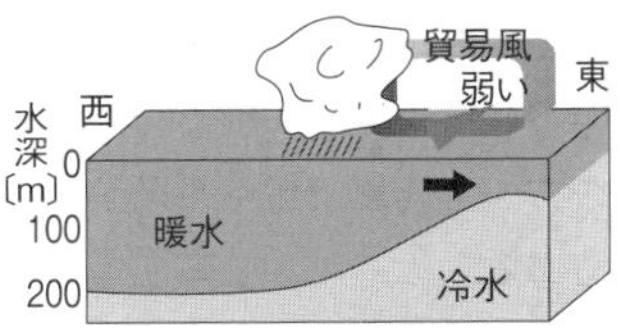

エルニーニョ発生時

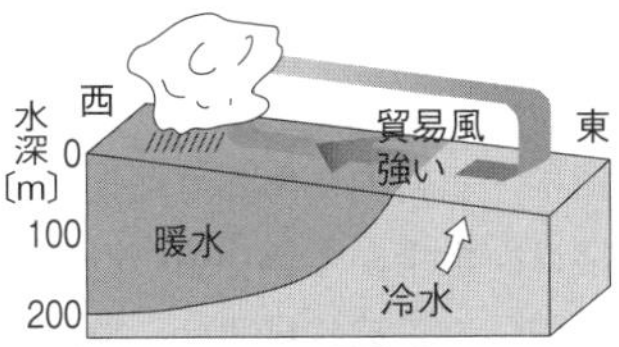

ラニーニャ発生時

答【38】②

(3) エルニーニョ現象が発生しているときは，赤道太平洋表層の暖水が東に戻っているので，雲が発達するような大気中の活発な対流が東に移る。すると，夏の日本付近で発達する太平洋高気圧の勢力が弱まる。このため，梅雨明けは遅れ，夏の気温も通常よりは低くなる傾向が見られる。これは，エルニーニョ現象が発生している期間を平均した傾向であり，夏の毎日が涼しいという意味ではないことに注意する。また，エルニーニョ現象の発生により，世界全体が冷夏になるということではなく，地域によって高温になったり低温になったりと，違いが現れるのが特徴である。

日本における傾向として，エルニーニョ現象では冷夏・暖冬，ラニーニャ現象では猛暑・寒冬になる。

答【39】④

4 地球と宇宙

問1 気圧とは，一定面積に作用する大気の重さである。重さは，天体の重力の大きさによる。重力の大きさは天体の質量で決まる。質量が大きいほど，重力も大きくなる。

火星の質量は地球よりも小さいので，重力が小さく，大気が薄い。気圧も小さい。

答【40】②

問2 水星は，太陽系の惑星の中で唯一，大気がない。このため，太陽光による熱を，大気を使って輸送することができない。太陽光が当たる場所は表面温度が上昇し，太陽光が当たらない場所は表面温度が低下する。

加えて，自転周期が長いために，太陽光の当たる時間の差も大きく，表面温度の差も大きくなり，太陽側と反対側で約600℃の差になっている。水星の自転周期は59日，公転周期は88日なので，太陽の周囲を２回公転する間に３回の自転をする。よって，水星では，太陽が南中してから次に南中するまで180日ほどかかる。

答【41】①

問3 天体の等級と明るさは，等級差と明るさの倍数で関係づけられる。５等級小さくなると（明るくなると）明るさは100倍，１等級小さくなると明るさは約2.5倍になる。

ベテルギウスが超新星爆発を起こすときの等級は，現在の等級に比べて，1－(－11)＝12等級小さい。明るさの倍数を組み合わせるため，等級を12等差＝5等差＋5等差＋1等差＋1等差に分ければ，明るさは次のように求められる。

$100 \times 100 \times 2.5 \times 2.5 = 63000$

答【42】④

問4 ベテルギウスに限らず，恒星は星間ガスが収縮した星間雲から誕生した。その後，星間雲内部の重力によって発生した熱で内部の温度が上昇して原始星になる。

原始星は，重力によって収縮し，内部の中心温度が1000万Kを超えると，水素の核融合反応が始まって莫大なエネルギーを放出する。こうして主系列星となり，恒星としては安定した状態を迎える。恒星は寿命のほとんどの時間は主系列星である。

その後，中心温度が上がると，その外層も温度が高まり，核融合が周囲へと移る。外層での核融合による膨張する力が，中心より小さい重力より大きくなって，恒星は膨張し始める。この段階が巨星（赤色巨星）である。

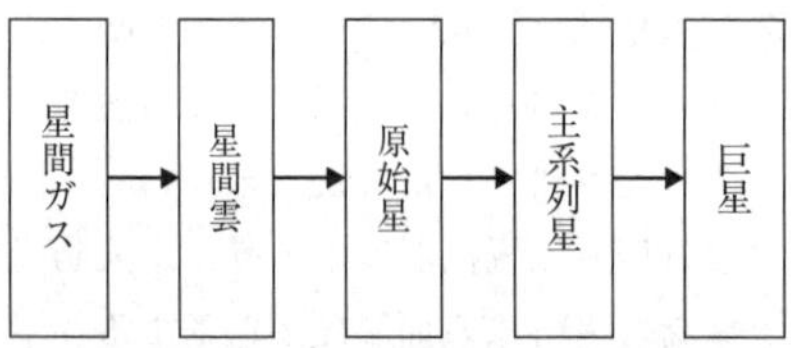

巨星の段階になると，水素から合成されたヘリウムが中心核にあるため，エネルギー源は水素ではなくヘリウムの核融合反応に変わる。さらに，ヘリウムから炭素・酸素ができ，中心温度が上昇すれば炭素・酸素の核融合反応へと移っていく。

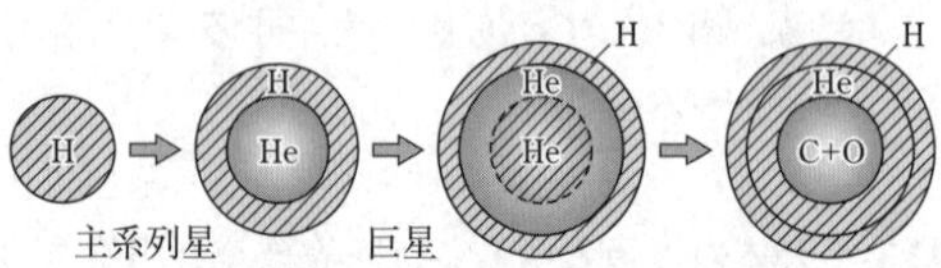

恒星中心部での核融合反応の変化

答【43】④

問5 宇宙は，超高温・超高密度な一点から誕生したと考えられる。ここから宇宙は膨張し続け，膨張に伴って温度は下がっていく。

答【44】②

問6 宇宙の晴れ上がりは，宇宙空間を自由に動き回っていた電子が，ばらばらに存在していた原子核と結合し，原子が形成された現象をいう。そのため，光が直進できるようになり，遠くまで見通せるようになったという考えである。

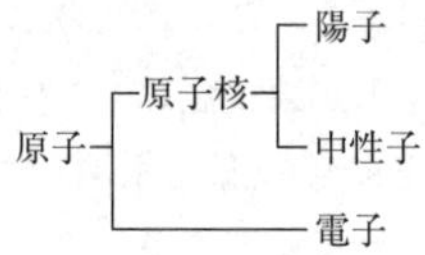

原子の構成

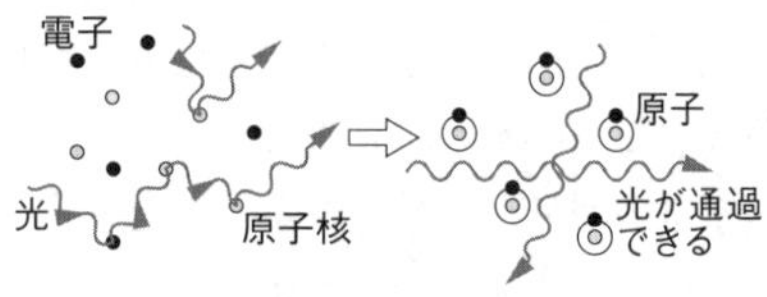

宇宙の晴れ上がり

答【45】③

問7 フレアは，黒点付近の彩層が突然明るく輝く現象で，コロナ中の一部が爆発現象を起こし，彩層を熱するために起こる。

フレアが発生すると，強いX線や紫外線，電波などが放出され，太陽風が強まる。X線などの電磁波は光の一種なので，光速で伝わる。一方，太陽風は電子や陽子からなる荷電粒子である。よって，X線が太陽風よりも先に地球に到達する。太陽から地球までの到達時間は，X線は約500秒，太陽風は1～2日である。

答【46】③

問8 星団は，銀河内にある恒星集団をいう。散開星団は，数十から数百個の恒星が不規則に集まっている。球状星団は，数万から百万個程度の恒星が球状に集まっている。

銀河は，2000億～4000億個の恒星集団をいい，数十個の銀河の集まりを銀河群と呼ぶ。

答【47】①

地　学　　正解と配点

(60分，100点満点)

問題番号		正　解	配　点
1	【1】	①	2
	【2】	②	2
	【3】	①	2
	【4】	③	1
	【5】	④	1
	【6】	③	1
	【7】	①	2
	【8】	④	2
	【9】	②	2
	【10】	②	2
	【11】	③	2
	【12】	①	2
	【13】	④	1
	【14】	④	2
	【15】	③	2
2	【16】	④	2
	【17】	②	2
	【18】	①	2
	【19】	③	2
	【20】	④	2
	【21】	③	2
	【22】	①	2
	【23】	③	3
	【24】	②	2
	【25】	⑤	3
	【26】	②	2
	【27】	①	2

問題番号		正　解	配　点
3	【28】	③	2
	【29】	②	2
	【30】	④	2
	【31】	①	2
	【32】	⑥	2
	【33】	④	2
	【34】	①	2
	【35】	①	2
	【36】	②	2
	【37】	③	2
	【38】	②	2
	【39】	④	2
4	【40】	②	3
	【41】	①	3
	【42】	④	3
	【43】	④	3
	【44】	②	3
	【45】	③	3
	【46】	③	3
	【47】	①	3